普通高等教育农业部“十二五”规划教材
全国高等农林院校“十二五”规划教材

SHOUYI MIANYIXUE

兽医免疫学

第二版

崔治中　主编

中国农业出版社

图书在版编目（CIP）数据

兽医免疫学 / 崔治中主编．—2 版．—北京：中国农业出版社，2015.1（2024.6 重印）

普通高等教育农业部“十二五”规划教材　全国高等农林院校“十二五”规划教材

ISBN 978-7-109-20030-2

Ⅰ.①兽…　Ⅱ.①崔…　Ⅲ.①兽医学-免疫学-高等学校-教材　Ⅳ.①S852.4

中国版本图书馆 CIP 数据核字（2015）第 002259 号

中国农业出版社出版

（北京市朝阳区麦子店街 18 号楼）

（邮政编码 100125）

责任编辑　武旭峰　王晓荣

文字编辑　武旭峰

三河市国英印务有限公司印刷　　新华书店北京发行所发行

2004 年 8 月第 1 版　　2015 年 1 月第 2 版

2024 年 6 月第 2 版河北第 11 次印刷

开本：787mm×1092mm　1/16　　印张：16

字数：378 千字

定价：42.00 元

第二版编审人员

主　编　崔治中

副主编　朱瑞良　秦爱建　韦　平

参编单位和人员

山东农业大学：崔治中、朱瑞良、常维山

扬州大学：秦爱建、孙怀昌、徐建生、成大荣

广西大学：韦　平

河南农业大学：许兰菊、魏战勇

东北农业大学：李一经

华中农业大学：石德时

西南民族大学：岳　华

四川农业大学：王　印

安徽农业大学：王桂军

主　审　刘秀梵　院士

参审单位和人员

扬州大学：金文杰

山西农业大学：田文霞

第一版编审人员

主　编　崔治中　崔保安

副主编　秦爱建

参编单位和人员

山东农业大学：崔治中、牛钟相、朱瑞良、常维山

河南农业大学：崔保安、许兰菊

扬州大学：秦爱建、徐建生

华中农业大学：毕丁仁、王桂枝

东北农业大学：王君伟、李一经

四川农业大学：熊　焰、蒋文灿

安徽农业大学：余为一、潘　玲

江西农业大学：谌南辉

广西大学：韦　平

主　审　刘秀梵（扬州大学）

参审单位和人员

莱阳农学院：王金宝

扬州大学：刘岳龙、徐向明

安徽农业大学：王桂军

第二版前言

作为我国兽医专业本科教育的教材,《兽医免疫学》第一版已出版十年有余了。在过去十年中,免疫学不管是理论研究上,还是应用领域,都有了不少新的发展和变化。此外,在十年的使用过程中,也陆续收到了来自教学第一线的教师们对本书的改进意见和建议。为此,在第一版的基础上做了相应的增补、修改和删节,编写了现在的第二版,作为"普通高等教育农业部'十二五'规划教材"出版。

考虑到过去十年中,原来的主要编写专家中已有一部分退休或不再从事本科教学第一线的工作,这一版的编写人员有了很大的调整,原则上这一版的参编者都是在职且大多都在本科教学第一线的教授或副教授,以便让教材内容及深度更符合我国当前兽医专业及相关专业本科教学的现状。在编写本版教材前,来自9个不同高校的编写专家在交流各自应用第一版《兽医免疫学》的教学情况的基础上,根据农业部规划教材编写要求,就《兽医免疫学》(第二版)编写提纲草案进行了充分酝酿和讨论,特别是深入讨论了要增补、删节或修改的内容和章节。在确定编写提纲后,就不同章节的内容、深度和篇幅达成一致意见,落实各章节的编写人员。考虑到该书是本科生教材,读者对象定位于本专科院校学生,以经典免疫学内容为主,适当加入免疫学最新且已呈结论性的新进展,要简明扼要,通俗易懂。为此,编写参考书仅限于国外分别在2008、2011、2013年新出版的三本《兽医免疫学》或《家禽免疫学》,原则上不采用在学术期刊上发表的论文作为参考内容。

与第一版相比,全书在篇幅上没有明显增减,但本版的内容从25章减少到17章,这意味着对某些章节做了必要的补充,将有些章节作了简化合并,还将在教学中很少提及的章节删除了。由于现在已专门出版了《兽医免疫学实验指导》，本书对免疫学实验部分的内容做了进一步删减，只包含各种常用免疫学实验方法的原理和用途，而不再叙述具体的做法。

本书由每个章节的主持者编写完成后，文稿分别先由编委会内部的2～3人审稿，再由三位副主编分别审阅全稿，最后交给主编统稿后，再送给主审刘秀梵院士审阅定稿。但是，由于我们水平有限，书中仍然难免存在不足，恳切希望各位读者继续提出宝贵意见，以便在再版时纠正。

编　者

2014.11

第一版前言

近年来，兽医免疫学的理论和技术都取得了长足的发展，在生产实践和日常生活中发挥着越来越重要的作用，在高等农业院校兽医专业本科教学中越来越被重视。为了提高教学质量，进一步适应教学改革的需要，我们组织了全国9所院校的十几位具有丰富教学经验和较高科研水平的中青年教师编写了《兽医免疫学》这本教材。编写过程中，在参考其他版本的基础上，以培养复合型人才为目标，以科学、系统为原则，突出了教材的指导性和实用性。

考虑到兽医免疫学是一门系统性非常强的学科，本书全面系统地介绍了免疫学的相关理论和技术。为了增强兽医免疫学在生产中的适用性，本书介绍了抗感染免疫及免疫防治的内容。与其他版本的免疫学教材相比，本书将黏膜免疫单独列为一章，与细胞免疫和体液免疫相并列。此外，为突出兽医免疫学的特点，本书新添了各种动物的免疫学特征一章，并在免疫缺陷一章中，增加了继发性免疫缺陷特别是传染因子引起的免疫缺陷的内容。但考虑到篇幅的限制，本书没有涉及血清学反应和免疫学试验技术中有关操作过程的具体内容，只是介绍了免疫试验的工作原理及其应用范围。

作为本科生教材来说，本书内容略显多了一些，因此在使用本书作为教材时，任课教师可酌情选择内容讲解，有的章节可讲得详细一点，有的章节可简单一点，有的章节甚至在课堂上可省略不讲。鉴于近年来兽医专业研究生数量显著增多，但还没有免疫学方面的相关教材，因此本书免疫学理论的相关章节增加了一些内容，以便作为研究生的参考读物，如细胞因子、主要组织相容性复合体、抗原提呈和免疫调节等。

本书各章内容由各位编者分别编写完成后，分别经2次通信邮审和2次审稿会集中审稿，每章至少经5～6人审阅修改。但是，由于我们水平有限，书中难免存在不足，恳切希望各位读者提出宝贵意见，以便在再版时纠正。

编　者

2004年6月

目 录

第二版前言
第一版前言

第一章 绪论 …… 1
一、免疫及免疫学的概念 …… 1
二、免疫的基本特性和功能 …… 2
三、免疫学发展简史 …… 2
四、免疫学的分支学科 …… 7
五、免疫学在兽医学和生物学发展中的作用 …… 8
复习思考题 …… 10

第二章 免疫系统 …… 11
第一节 免疫器官和组织 …… 11
一、中枢免疫器官 …… 11
二、外周免疫器官 …… 15
第二节 免疫细胞 …… 19
一、淋巴细胞 …… 20
二、树突状细胞 …… 24
三、单核-吞噬细胞系统 …… 25
四、其他免疫细胞 …… 27
第三节 免疫相关分子 …… 28
一、抗原和抗体 …… 28
二、补体 …… 29
三、细胞因子 …… 32
四、免疫细胞膜分子 …… 33
复习思考题 …… 33

第三章 抗原 …… 34
第一节 抗原的概念及其构成条件 …… 34
一、抗原的概念 …… 34

二、构成抗原的条件 …… 35
第二节 抗原决定簇 …… 36
第三节 半抗原与载体现象 …… 39
第四节 抗原的类型 …… 40
第五节 重要的抗原物质 …… 42
复习思考题 …… 47

第四章 免疫球蛋白 …… 48

第一节 免疫球蛋白的性质和结构 …… 48
一、抗体和免疫球蛋白的性质 …… 48
二、免疫球蛋白的结构 …… 49
第二节 免疫球蛋白的种类、特性及其生物学作用 …… 53
一、免疫球蛋白的种类、特性 …… 53
二、免疫球蛋白的生物学功能 …… 56
第三节 免疫球蛋白的抗原性及其多样性 …… 57
第四节 主要畜禽免疫球蛋白的特点 …… 58
第五节 免疫球蛋白多样性的形成 …… 60
第六节 人工制备的抗体 …… 62
一、多克隆抗体 …… 63
二、单克隆抗体 …… 63
三、基因工程抗体 …… 66
复习思考题 …… 67

第五章 细胞因子及其受体 …… 68

第一节 细胞因子 …… 68
一、细胞因子的概念 …… 68
二、细胞因子的命名 …… 68
三、细胞因子的结构 …… 69
四、细胞因子的共同特点 …… 70
五、细胞因子的种类 …… 71
第二节 细胞因子的受体 …… 74
第三节 细胞因子的调节和相互作用 …… 75
第四节 细胞因子的临床应用 …… 76
复习思考题 …… 77

第六章 主要组织相容性复合体 …… 79

第一节 概述 …… 79
第二节 MHC分子结构 …… 80
一、MHC Ⅰ类分子结构 …… 80

二、MHC Ⅱ类分子结构 …… 82
第三节　MHC分子与抗原肽的相互作用 …… 82
第四节　T细胞受体与MHC分子及抗原的相互作用 …… 83
第五节　不同动物MHC的基因组结构特点 …… 84
第六节　MHC的多态性与抗原递呈的遗传特异性 …… 86
第七节　动物MHC与疾病易感性及其他性状的关系 …… 88
复习思考题 …… 91

第七章　先天性免疫 …… 92

第一节　机体的屏障 …… 92
第二节　参与机体先天性免疫的细胞 …… 93
第三节　正常组织和体液中的抗微生物物质 …… 96
第四节　炎症反应 …… 98
第五节　机体组织的先天不感受性 …… 98
复习思考题 …… 99

第八章　抗原递呈细胞和抗原递呈 …… 100

第一节　抗原递呈细胞 …… 100
一、专职抗原递呈细胞 …… 100
二、非专职抗原递呈细胞 …… 103
第二节　抗原递呈 …… 103
一、抗原捕获 …… 103
二、抗原加工与递呈 …… 104
复习思考题 …… 105

第九章　T细胞对抗原的特异性免疫应答 …… 107

第一节　概述 …… 107
第二节　T细胞对抗原的识别 …… 108
一、T细胞表面抗原受体及辅助受体 …… 109
二、协同刺激物 …… 111
三、T细胞对抗原的识别过程 …… 113
四、T细胞识别抗原的特点 …… 113
第三节　T细胞在抗原刺激下的活化过程 …… 114
一、免疫突触 …… 114
二、T细胞活化的连续触发模式 …… 114
三、细胞活化过程中的信号转导 …… 115
第四节　效应T细胞的作用 …… 117
复习思考题 …… 119

第十章 B细胞免疫应答 …… 120
第一节 B细胞及其表面膜蛋白分子 …… 120
第二节 B细胞的激活、分化和增殖 …… 122
一、B细胞的活化 …… 122
二、B细胞活化的分子机理 …… 122
第三节 B细胞对抗原的免疫应答 …… 124
一、胸腺依赖性抗原（TD）诱导的B细胞免疫应答 …… 124
二、非胸腺依赖性抗原（TI）诱导的B细胞免疫应答 …… 127
第四节 免疫辅助细胞在B细胞免疫应答中的作用 …… 128
第五节 体液免疫反应的一般规律 …… 130
复习思考题 …… 131

第十一章 黏膜免疫反应 …… 133
第一节 黏膜免疫系统的构成 …… 133
一、黏膜免疫系统的组织结构 …… 134
二、黏膜免疫系统的细胞组成 …… 135
第二节 黏膜免疫应答的机理 …… 136
一、黏膜免疫应答中的抗原递呈 …… 136
二、黏膜淋巴组织的免疫应答 …… 137
第三节 sIgA与黏膜免疫反应 …… 138
第四节 黏膜疫苗与黏膜免疫 …… 141
第五节 黏膜免疫在动物疫病防控中的作用 …… 142
复习思考题 …… 143

第十二章 变态反应 …… 144
第一节 Ⅰ型变态反应 …… 145
一、变应原 …… 145
二、致敏过程和反应机理 …… 145
三、临床表现及疾病 …… 147
四、预防与治疗 …… 148
第二节 Ⅱ型变态反应 …… 149
一、Ⅱ型变态反应发生机理 …… 149
二、临床表现及疾病 …… 149
第三节 Ⅲ型变态反应 …… 151
一、Ⅲ型变态反应发生机理 …… 151
二、临床表现及疾病 …… 151
第四节 Ⅳ型变态反应 …… 154
一、Ⅳ型变态反应发生机理 …… 154

二、临床表现及疾病 …… 155
复习思考题 …… 155

第十三章　免疫应答的调节 …… 156

第一节　抗原的调节作用 …… 156
第二节　免疫应答调节作用 …… 157
第三节　抗体的调节作用 …… 158
第四节　神经内分泌系统的调节作用 …… 159
复习思考题 …… 160

第十四章　抗感染免疫 …… 161

第一节　抗病毒免疫 …… 161
第二节　抗细菌和真菌免疫 …… 164
第三节　抗寄生虫免疫 …… 170
复习思考题 …… 173

第十五章　免疫防治 …… 174

第一节　抗感染中的被动免疫和主动免疫 …… 174
一、被动免疫 …… 174
二、主动免疫 …… 178
第二节　疫苗的种类及其使用 …… 179
一、疫苗的种类 …… 179
二、疫苗的使用 …… 184
第三节　免疫失败的原因及防控对策 …… 188
一、动物机体因素 …… 189
二、环境因素 …… 190
三、疫苗及免疫程序 …… 190
四、其他因素 …… 192
复习思考题 …… 193

第十六章　其他临床免疫 …… 194

第一节　自身免疫和自身免疫性疾病 …… 194
一、概述 …… 194
二、常见的自身免疫性疾病 …… 196
三、自身免疫性疾病的治疗 …… 198
第二节　移植免疫 …… 199
一、器官移植与免疫排斥 …… 199
二、器官移植排斥的类型 …… 200
三、移植排斥反应的防止 …… 201

第三节 抗肿瘤免疫 …… 202
一、肿瘤抗原的分类 …… 203
二、抗肿瘤免疫的机理 …… 203
三、肿瘤的免疫诊断 …… 204
四、肿瘤的免疫学治疗 …… 205
第四节 免疫缺陷性疾病 …… 207
复习思考题 …… 208

第十七章 免疫学检测技术 …… 209

第一节 血清学检测技术 …… 209
一、概论 …… 209
二、血清学反应的类型 …… 213
三、血清学反应在兽医学上的应用 …… 224
第二节 细胞免疫检测技术 …… 225
一、T 细胞免疫检测的方法 …… 225
二、B 细胞免疫检测的方法 …… 227
三、其他免疫细胞检测的方法 …… 228
四、细胞免疫活性物质的检测 …… 229
五、细胞免疫检测技术在兽医学上的应用 …… 230
复习思考题 …… 230

附录 兽医免疫学常用缩略语英汉对照 …… 231

主要参考书目 …… 242

第一章 绪　　论

内 容 提 要

免疫是机体识别自己与非己异物，并能将非己异物排出体外的复杂的生理学功能。免疫学是研究机体免疫系统组织结构和生理功能的科学。免疫的基本特点包括识别自身与非自身、特异性、免疫记忆等；免疫的基本功能主要是免疫防御、免疫稳定、免疫监视。免疫学的发展经过了经验时期、经典时期及现代免疫学发展时期三个阶段。本章还概述了免疫学的分支学科以及免疫学在兽医学和生物学中的作用。

一、免疫及免疫学的概念

（一）免疫的概念

免疫（immune）一词来源于拉丁文 immunis，其原意为“免除服役”或“免除税收”，后来专用于人对一些传染病产生的某种抵抗力。很早以前人们就观察到了机体发生的免疫现象，如传染病患者痊愈后，对该病即产生不同程度的不感受性，即抗御病原微生物在机体内的生长增殖，解除其毒素或毒性酶等代谢产物的毒害作用。在相当长的时期内，就将这种不感受性称为“免疫”，意即免除感染、抗御疫病。古老的免疫概念是指机体对病原微生物的再感染有抵抗力，而不患疫病或传染病。

随着科学的发展，人们对更多现象的观察，这种传统的概念逐渐发生了变化。20 世纪初，人们观察到一些与抗感染无关的免疫现象，如血型不符的输血引起受者的输血反应；注射异种动物血清引起的血清病；同种异体间组织移植发生的排斥反应；有些物质引起的过敏反应等。免疫的概念实际上已大大地超过了抗感染的范围。近 30 年来，免疫学理论系统逐渐形成，对免疫功能的类型特点及其对机体的影响、免疫应答的发生及其机制等诸多问题有了更为全面的认识。现代免疫的概念是指机体识别自己与非己异物，并能将非己异物排出体外的复杂的生理学功能。免疫对机体的影响具有二重性：正常情况下，这种生理功能对机体有益，可产生抗感染、抗肿瘤等维持机体生理平衡和稳定的免疫保护作用；在一定条件下，当免疫功能失调时，也会对机体产生有害的反应和结果，如引发超敏反应、自身免疫病。

（二）免疫学的概念

免疫学是一门既古老又富有活力，具有巨大发展潜力的新兴学科。早期的免疫学主要是研究机体对病原微生物的免疫力，故属于微生物学的一个分支。随着研究的深入，人们发现许多免疫现象与微生物无关。20 世纪 70 年代末期，由于细胞生物学、分子生物学、生物化学和遗传学等学科的发展及相互渗透，免疫学逐渐成为一门独立的学科。现代免疫学是研究机体免疫系统组织结构和生理功能的科学，主要涉及如下领域：免疫系统对抗原的识别及应答；免疫系统对抗原的排异效应及其机制；免疫功能异常所致病理过程及其机制；对抗原耐受的诱导、维持、破坏及其机制；免疫学理论在疾病预防、诊断和治疗中的应用等。

二、免疫的基本特性和功能

（一）免疫的基本特性

1. 识别自身与非自身（recognition of self and non-self） 免疫功能正常的动物机体能识别自身与非自身的大分子物质，这是机体产生免疫应答的基础。动物免疫细胞（T 淋巴细胞、B 淋巴细胞）胞膜表面具有抗原受体，它们能与一切大分子抗原物质的表位（epitope）结合。免疫系统的识别功能相当精细，不仅能识别存在于异种动物之间的一切抗原物质，而且对同种动物不同个体之间的组织和细胞的微细差别也能加以识别，是一种亚分子水平的识别。

2. 特异性（specificity） 动物机体的免疫应答和由此产生的免疫力具有高度的特异性，即具有很强的针对性，如接种新城疫疫苗可使鸡产生对新城疫病毒的抵抗力，而对其他病毒如鸡马立克病病毒则无抵抗力。

3. 免疫记忆（immunological memory） 免疫具有记忆功能。动物机体在初次接触抗原物质时，除刺激机体形成产生抗体的细胞（浆细胞）和致敏淋巴细胞外，也形成了免疫记忆细胞，如再次接触相同抗原物质可产生更快、更强的免疫应答。如动物患某种传染病康复后或使用疫苗接种后，可产生长期的免疫力，这与免疫记忆相关。

（二）免疫的基本功能

机体免疫系统通过识别自己与非己异物，并对其产生应答，主要发挥如下三大基本功能。

1. 免疫防御（immune defense） 即抗感染免疫，主要指机体针对外来抗原（如微生物及其毒素）的免疫保护作用。在异常情况下，此功能也可能对机体产生不利影响，表现为：若应答过于强烈或持续时间过长，则在清除抗原的同时，也可能导致组织损伤和功能异常，如发生超敏反应；若应答过低或缺如，则可发生免疫缺陷病。

2. 免疫稳定（immune homeostasis） 免疫系统内存在极为复杂而有效的调节网络，借此实现免疫系统功能的相对稳定性。该机制若发生异常，可能使机体对“自己”或“非己”抗原的应答过强或过弱，从而导致自身免疫病的发生。

3. 免疫监视（immune surveillance） 由于各种体内外因素的影响，正常个体的组织细胞也可不断发生畸变和突变。机体免疫系统可识别此类细胞并将其清除，这一功能称为免疫监视。若该功能发生异常，可能导致肿瘤的发生或持续的病毒感染。

三、免疫学发展简史

免疫学是人类在与传染病斗争过程中发展起来的。从 11 世纪，中国人接种“人痘”预防天花的正式文字记载算起，直至今日，免疫学发展已经历近 10 个世纪。它和其他自然科学一样，都经历了经验阶段、实验阶段和理论阶段。在发展的各个阶段中，有所重叠，难以截然分开。回顾免疫学发展简史，将有助于了解其形成的历史背景、现状和发展动态。

(一) 免疫学的经验时期 (11 世纪至 18 世纪)

人类对免疫学现象的认识及其应用，可追溯到数百年前中国医学家用人痘苗预防天花的实践。天花是一种烈性传染病，健康人一旦接触患者，几乎无不遭受感染，但感染后的幸存者，即不会再次感染。我国劳动人民在长期防治天花的实践中，发现了用人痘痂皮进行接种，造成人为轻度感染，可达到预防天花的目的。据清代朱纯嘏的《痘疹定论》中记载，宋真宗或仁宗时期（11 世纪）就有吸入天花痂粉预防天花的传说。在清代俞茂鲲《痘科金镜赋集解》中，则更明确记载种痘法始于 16 世纪的明朝隆庆年间。自清初以后，人痘接种术就已在中国逐步推广。清初医家张璐还在《医通》中综合叙述了痘浆、旱苗、痘衣等多种预防接种方法。在发现天花病毒之前，就应用这些方法来预防天花，可视为人类认识机体免疫的开端，也是祖国医学对人类的伟大贡献。其后，我国应用人痘接种预防天花的方法，经丝绸之路西传至欧亚各国，东传至朝鲜、日本及东南亚国家。接种人痘预防天花，带有危险性，有可能发生天花，故这一方法未能非常广泛地应用。但其流传至世界各国，为后来发明应用牛痘苗预防天花提供了宝贵经验。

18 世纪末，英国医生 Jenner 观察到牛患有牛痘，病牛局部痘疮酷似人类天花。挤奶女工为患有牛痘的病牛挤奶，其手臂部亦可发生牛痘疮，其后不会再得天花，由此他意识到接种“牛痘”可预防天花。继而通过长期的人体试验，确证接种牛痘苗可预防天花，并对人体无害。他把接种牛痘称为“Vaccination”，取意于拉丁文 Vacca（牛），于 1798 年公布了他的论文。在 Jenner 年代，全然不知天花是由天花病毒感染所致。但他从实践观察中，总结发现的种牛痘预防天花，既安全又有效，是一个划时代的发明，从而为人类传染病的预防开创了人工免疫的先河。在此阶段，人们对免疫学现象主要为感性认识，故被称为经验免疫学时期。

(二) 免疫学的经典时期 (19 世纪至 20 世纪中叶)

从 19 世纪中叶开始，实验生物学获得飞速发展，人们对免疫功能的认识已不仅限于对某些现象的观察，而是进入了科学实验时期。由于显微镜的发明，可直接观察到细菌，使多种病原菌被发现。其中法国科学家巴斯德（Louis Pasteur，1822—1895）和德国科学家科霍（Robert Koch，1843—1910）奠基的研究微生物学的方法，为各种传染病病原的发现和证实提供了经典的实用技术和方法。

1850 年，首先在感染羊的血涂片中看到炭疽杆菌。Pasteur 发明了液体培养基，用以培养细菌，并证实人工培养的炭疽杆菌能使动物感染发病。继而，Koch 发明了固体培养基，成功分离培养了结核杆菌。Koch 还提出了病原菌致病的概念。1880 年 Pasteur 又意外地观察到陈旧的鸡霍乱菌培养物（在室温下长期放置而减毒的）注射到鸡体内，鸡不会发病死亡，但再给这些鸡注射新鲜培养的鸡霍乱菌，它们仍不发病，而未注射过陈旧培养物的对照鸡多数发病死亡。在 1881 年，Pasteur 将炭疽杆菌经高温灭活，制成死菌苗，以及将狂犬病的病原体，经兔胚传代，获得减毒株，制成活疫苗，进行预防接种，二者都对相应传染病呈现出显著的预防效果。

病原体致病过程中产生免疫的现象，使人们认识到病原体感染能使人和动物产生免疫力，对防止再次感染起到一定的抵抗力。由此，人们才真正认识到 Jenner 的接种牛痘苗预防天花的科学性和重大意义。为了纪念 Jenner 的贡献，Pasteur 将疫苗称为“Vaccine”，将免疫接种称为“Vaccination”。这些实例说明细菌学发展使人们成功地分离培养病原菌，并进而制备菌苗成为可能，为应用免疫学方法预防传染病打开了新局面。时至今日，预防接种仍是人类控制并消灭各种动物和人类传染病的主要手段。

Roux 和 Tersin 在 1888 年发现白喉杆菌因其分泌的白喉外毒素可使机体致病，用对白喉毒素有抵抗力的动物血清（免疫血清）注射健康动物，可使它们获得对白喉毒素的抵抗力。1890 年，Von Behring 和 Kitasata 正式用白喉毒素抗血清治疗白喉病人，是人工被动免疫建立的先驱。随后，他们又成功地将白喉及破伤风的外毒素脱毒成类毒素，进行预防接种。

20 世纪初，许多科学家先后发现了免疫血清在体内和体外试管内能凝集、杀灭和溶解细菌。在免疫血清中，溶血素、凝集素、沉淀素等特异组分相继被发现。为此，将血清中能与相应细菌或其毒素反应的物质称为抗体，将能刺激机体产生抗体的物质（细菌、类毒素）称为抗原，从而建立了抗原、抗体的概念。在此期间建立了各种体外检测抗原抗体反应的方法，称为血清学试验，为病原鉴定和血清抗体的检测提供了可靠方法，更有助于传染病诊断和流行病学调查。随着细菌学发展进一步推动了抗感染免疫的发展，也使免疫学对于传染病的预防、治疗和诊断的重要作用逐渐显现出来。此外，血清学研究发展又促进了免疫学的发展。20 世纪 30 年代，人们开始对抗原的特异性、抗体的理化性质、抗原抗体反应机制进行了广泛研究。例如，应用偶联蛋白的人工结合抗原，即用芳香族低分子化合物与蛋白质载体结合免疫动物，研究芳香族分子的结构与活性基团的部位对产生的抗体特异性影响，认识到抗原的特异性是由抗原分子上的某些特殊化学基团决定的，即抗原决定簇或表位。它们结构不同，抗原性也不同。Landsteiner 的研究开拓了免疫化学的领域，并使以抗体为中心的体液免疫在 20 世纪上半叶占据免疫学研究的主导地位。他首先证明抗体主要存在于血清的 γ 球蛋白组分中；其后证明抗体是四肽结构，并借二硫键连接在一起，还发现抗体分子的氨基端可变区是与抗原发生特异性结合的部位；于 60 年代初，将抗体统一命名为免疫球蛋白（Ig），并证明抗体具有不均一性，可分为 IgG、IgM、IgA、IgE 和 IgD 五类。随后，有关免疫球蛋白分子结构和生物学活性的研究便成为免疫化学的中心课题。

事实上早在 20 世纪初已观察到一些异常的免疫现象。Richer 和 Portier 在用海葵触角提取液注射犬致犬死亡的试验中即观察到，少数犬可因注射量不足或其他原因而幸存，2～4 周后，当再用这种提取液给幸存犬注射时，犬出现了严重症状：呕吐、便血、晕厥、窒息，以至死亡。这种现象被称为过敏反应（auaphylaxis）。Vanpirquet 和 Schick 在应用异种动物血清如马的白喉毒素抗血清治疗患者时，亦能引起患者出现发热、皮疹、水肿、关节肿胀等症状，这一现象被称为血清病。这一现象证明给人和动物使用免疫血清不仅仅可增强抵抗力，有时也可能出现过敏反应，后来将其统称为超敏反应（hypersensitivity）。从此人们认识到适宜的免疫应答，有免疫防卫作用；不适宜的免疫应答，则有致病作用。超敏反应的研究开创了免疫学的一个新的分支，即免疫病理学，它专门研究免疫应答引起的组织损伤效应。

免疫学在此阶段的发展与微生物学密切相关，并成为微生物学的一个分支。此阶段取得的重大成就对多种基本免疫现象的本质获得了初步认识。

（三）现代免疫学的发展时期（20 世纪中叶至今）

1969 年 7 月在美国华盛顿成立了国际免疫学联合会（International Union of Immunology Societies，IUIS)，并于 1971 年在华盛顿召开了第一次 IUIS 会议。在第一次 IUIS 会议上学者们一致认为，再将免疫学包含在微生物学中是不合理的，应将免疫学从微生物学中独立出来。IUIS 的成立，标志着现代免疫学的建立，有力推动了免疫学发展。自此以后，免疫学又取得了几次重大的突破。

1. 20 世纪 70 年代的重要发现 早在 1957 年，美国的美籍华人张先光和 Glick 发现切除雏鸡的腔上囊（又称法氏囊），可导致鸡发生抗体反应缺陷，从而提出了鸡的腔上囊是抗体生成的细胞中心，后来这类细胞被称为 B 细胞。在 1961 年，Miller 及 Good 等发现小鼠新生期切除胸腺或新生儿先天性胸腺缺陷，均会导致严重的细胞免疫缺陷，且抗体产生亦严重下降，从而发现了执行细胞免疫的细胞，称之为 T 细胞，并证明胸腺是 T 细胞发育成熟的器官。Gowan 等（1965）首先证明了淋巴细胞的免疫功能，T 细胞及 B 细胞分别负责细胞免疫及体液免疫；Claman 和 Mitchell 等（1967 年）证明了 T 细胞及 B 细胞之间的协同作用，T 细胞参与诱导 B 细胞产生抗体，从而解释了胸腺切除后抗体产生缺陷的原因。1969 年，Claman、Mitchell 等人又提出了 T 细胞及 B 细胞亚群的概念。Cooper 等人证明了淋巴细胞在外围淋巴组织的分布，由此确立了动物免疫系统的组织学和细胞学基础。

进入 20 世纪 70 年代，Clannue 等证明了巨噬细胞在免疫应答中的作用，它是参与机体免疫应答的第三类细胞。从而证明了机体免疫应答的发生是由多细胞相互作用的结果，并初步揭示了 B 细胞的识别、活化、分化和效应机制，使免疫学的研究进入细胞生物学和分子生物学领域。

1975 年以后，单克隆抗体（monoclonal antibody，McAb）技术建立，McAb 的普遍使用，可以鉴定细胞表面不同的蛋白质分子，并以特征性分子为标记。Cantor 和 Reinherz 等分别将小鼠和人的 T 细胞分为细胞毒性 T 细胞、辅助性 T 细胞等不同功能亚群；Gershou 等还证明了抑制性 T 细胞的存在。1976 年，Cohen 发现了 T 细胞生长因子（T cell growth factor，TCGF)，使 T 细胞体外培养增殖成功。随后，更多种类的细胞因子被发现，从而揭示了在免疫应答中，细胞因子具有介导和调节 T 细胞、B 细胞、T 细胞各亚群间相互作用的功能。

免疫网络学说（immune network theory）是 Jerne（1972）根据现代免疫学对抗体分子独特型的认识而提出的。这一学说认为在抗原刺激发生之前，机体处于一种相对的免疫稳定状态，当抗原进入机体后打破了这种平衡，导致了特异抗体分子的产生，当达到一定量时将引起抗 Ig 分子独特型的免疫应答，即抗独特型抗体的产生。因此抗体分子在识别抗原的同时，也能被其抗独特型抗体分子所识别。这一点无论对血流中的抗体分子或是存在于淋巴细胞表面作为抗原受体的 Ig 分子都是一样的。在同一动物体内一组抗体分子上独特型决定簇可被另一组抗独特型抗体分子所识别。而一组淋巴细胞表面抗原受体分子亦可被另一组淋巴细胞表面抗独特型抗体分子所识别。这样在体内就形成了淋巴细胞与抗体分子所组成的网络结构。网络学说认为，这种抗独特型抗体的产生在免疫应答调节中起着重要作用，使受抗原刺激增殖的克隆受到抑制，而不至于无休止地进行增殖，从而得以维持免疫应答的稳定平衡。

总之，以 T 细胞为中心的免疫生物学研究，是 20 世纪 70 年代免疫学研究最活跃的领域之一。对于 T 细胞的发生、分化与功能研究，对 T 细胞亚群的鉴别以及对 T 细胞抗原识别受体的研究，都取得了较大的进展。这个时期也是细胞免疫研究迅速发展的时期，应视为现代免疫学的第一次突破。其主要成就是：对T细胞、B细胞研究，阐明了免疫细胞及其相互间的作用，免疫细胞介导的特异性免疫应答过程及对此过程的免疫调节。

2. 20世纪80年代的重要发现 20世纪60年代Dreyer和Bennet等提出假设，认为编码Ig肽链的基因是由胚胎期彼此分隔的两种基因组成，二者在B细胞分化发育过程中发生重排和拼接才能表达；日本学者利根川进克隆出编码Ig分子V区和C区的基因，证明了Ig基因的结构，阐明了Ig分子抗原结合部位多样性的起源，以及遗传和体细胞突变在抗体多样性形成中的作用。1984年，M. Davis及T. Mak等在实验室分别克隆出小鼠及人的T细胞受体（TCR）的编码基因，证明其与Ig基因相似，亦是经基因重排，编码不同特异性的受体。

3. 20世纪90年代的重要发现 20世纪80年代发现了T细胞识别抗原的MHC限制性，90年代发现T细胞活化需要双信号作用，即TCR与抗原肽-MHC分子结合产生第一信号，CD28等协调刺激分子与其配基B7等结合产生第二信号。其后又发现了信号转导途径，即激酶间的级联活化，致转录因子活化，转位至核内，结合于基因的调控区，使基因活化，其编码的产物如细胞因子，促使细胞增殖及分化，成为效应细胞。这些发现使人们认识到，免疫细胞之间的信息传递方式有两种：一是通过细胞表面的受体与配体的相互作用；二是通过细胞产生的可溶性分子（细胞因子）促进细胞间的联系。

在研究细胞毒性T淋巴细胞（CTL）对靶细胞的杀伤机制中，发现了CTL表达FasL（Fas之配基），靶细胞表达其受体Fas，当CTL与靶细胞结合，Fas结合FasL，活化一组半胱天冬氨酸蛋白酶（caspase），此酶呈级联活化，导致DNA断裂，细胞死亡，称之为细胞程序化死亡（cell programmed death），又称凋亡（apoptosis）。1997年发现，由抗原或多克隆激活剂激活的T细胞，可以自引发生凋亡，称为激活诱导的细胞死亡（activation-induced cell death，AICD）或激活诱导的凋亡。T、B细胞活化后都表达Fas受体，由Fas和FasL这对分子介导，激活诱导的凋亡是机体控制特异性免疫应答强度，避免免疫应答过强造成损伤的一种重要的反馈调节机制。Fas和FasL一旦发生突变丧失其功能，解除了反馈作用，可使受抗原刺激活的T、B细胞的增殖失控，造成机体损伤，引起自身免疫病。

角膜上皮细胞和睾丸Sertoli细胞均能大量表达FasL，因此在它们周围，表达Fas分子的免疫细胞不能存活，从而使这些组织免受免疫应答的干扰。这是对免疫豁免现象的一种新认识。

20世纪90年代中期以来，逐渐弄清抗原递呈细胞（APC）摄取、加工、处理抗原的主要环节及其机制，从而初步阐明特异性免疫应答的启动及其本质。

4. 20世纪90年代以来的现代免疫学

（1）核酸疫苗及其应用：核酸疫苗是指将编码某一特定蛋白质抗原或者转录子的基因片段扩增出来，然后与载体相连接而构建的基因表达载体。它是继病原体疫苗、亚单位疫苗之后的第三代疫苗。在实验方法上也有新的探索，如mRNA免疫、表达库免疫、基因免疫毒素的研究、黏膜基因免疫等，使核酸疫苗的研究有了一定的深度和广度。

（2）人类免疫相关基因及其编码蛋白质的功能研究：人类基因组计划（human genomic program，HGP）1985年由美国科学家提出，于1990年正式启动。我国于1994年在陈竺、杨焕明等著名学者的倡导下启动了HGP，参与测序区域占人类整个基因组的1%。

1999年，由Pederson率先提出免疫组学概念，最初的定义只局限于研究抗体和TCR

可变区的分子结构与功能。而目前的定义是研究免疫相关的全套分子、作用靶分子及其功能。

(3) 免疫相关疾病的致病基因和易感基因的鉴定：随着人类基因组计划的完成，极大地促进了单基因遗传疾病的研究，并开发了全基因组扫描、定位克隆等先进技术。而在多基因复杂性疾病的研究中，单核苷酸多态性（single nucleotide polymorphisms，SNPs）以及与之相关的人类的细胞抗原（HLA）、细胞因子及其受体、免疫信号转导分子等成为目前国际研究的热点。此外，近年来发现，在不同个体中还存在有另外一类基因突变，即拷贝数量多态性（copy number polymorophsim，CNP），其表现为大片段 DNA 序列（>100kb）的缺失或增加。目前，该领域的研究才刚刚开展，期待今后会有更多这方面的研究成果。

(4) 肿瘤免疫组学研究：肿瘤免疫组学主要是利用基因组学、转录组学及蛋白质组学等相关的高通量技术开展肿瘤抗原谱及免疫应答分子谱的研究。近年来已有一些相关的成果发表，如利用 SEREX（serological analysis of recombinant cDNA expression libraries）技术筛选肿瘤病人的肿瘤抗原谱；利用蛋白质芯片建立肿瘤抗原及抗原表位谱等。Jongeneel 等人建立了肿瘤免疫组数据库，成为第一个全面反映肿瘤抗原谱和免疫应答谱的数据库（httpwww. licr. org/cancerimmunome DB）。

(5) 病原体免疫组学：2005 年，在美国国家健康研究院（National Institute of Health，NIH）的支持下，建立了国际上最大的免疫表位数据库，该数据库收集了目前国际上发现的所有 B 细胞表位和 T 细胞表位，旨在促进免疫学家开展抗感染免疫的研究和疫苗及诊断试剂的开发。

综上所述，免疫学是一门年轻而发展迅速的学科。尤其是近年来，在医学和生物学研究中不断发现免疫学的一些基本现象，这使得人类对于自身机体免疫系统在免疫识别和监视以保持体内环境平衡中的重要性和复杂性有了更加深刻的认识。相信在今后探索生命奥秘的过程中，免疫学将会为我们开拓一个更加广阔的领域。

四、免疫学的分支学科

免疫学的研究内容在深度上已由单一层次发展成多层次的学科，已从群体生物学、个体生物学和细胞生物学向分子生物学水平迈进，继而向基因水平发展；广度上，随着分子生物学、细胞生物学、分子遗传学和生物高新技术等诸多学科发展，免疫学的基本理论和操作技术又获得了更深入发展，其内容已渗透到化学、生物学、生理学、病理学、药理学、毒理学、遗传学、组织学、数学、光学及临床医学等其他许多相关学科中去，建立了许多分支学科，诸如免疫化学、免疫生物学、免疫生理学、免疫病理学、免疫药理学、免疫毒理学、免疫遗传学、免疫组织学、免疫诊断学、免疫分类学、光免疫学、临床免疫学、移植免疫学、肿瘤免疫学、免疫酶学、神经内分泌免疫学等。

现代免疫学涉及的领域，主要为基础免疫学、临床免疫学和免疫学技术三个方面。

(一) 基础免疫学

基础免疫学（basic immunology）是免疫生物学的主要组成部分，其主要研究内容有：①免疫系统：涉及免疫器官、免疫细胞、免疫分子的结构功能，以及相应基因的结构和表达特点。可以将这一部分看作免疫学的一个基本的、结构性的阐述。②免疫应答：主要包括特异性免疫应答的三个阶段：识别、活化和效应。有时还加上免疫调节的内容。可以将这一部分看作免疫学的一个动态的、功能性的阐述。

（二）临床免疫学

临床免疫学（clinical immunology）通常包括两个方面：①免疫病理：着重反映免疫系统功能失调或病理条件下的应答特点和对临床疾病进行免疫治疗的原理。通常包括感染免疫、超敏反应、自身免疫病、免疫缺陷病、肿瘤免疫、移植免疫、免疫药理等。由于这部分是从疾病相关的角度阐述免疫学基本原理，与基础免疫学的关系极为密切，往往被看作应用性基础免疫学。②临床疾病免疫学：研究机体各系统疾病所涉及的免疫学问题和疾病发生的免疫学机制，以及从免疫学角度提出相应的防治措施。如生殖免疫学、血液免疫学等。

（三）免疫学技术

免疫学技术是现代免疫学的重要组成部分，是诊断免疫学发展的基础。通过与分子生物学、蛋白质化学、细胞生物学、仪器分析相结合，免疫学技术的研究、开发和推广进展迅速，成为免疫学、临床检验学相互渗透的重要而活跃的领域。免疫技术应用的另一个重要方面是诱导免疫应答，包括激发抗体的产生、诱发对特定抗原的免疫反应、应用佐剂增强抗原的免疫原性等。

五、免疫学在兽医学和生物学发展中的作用

现代免疫学以分子、细胞、器官及整体调节为基础，不断向生物学、医学和兽医学各学科渗透，并逐渐形成诸多免疫学分支学科和交叉学科，已成为生命科学的前沿学科之一，并推动着医学、兽医学和生物学的全面发展。

（一）免疫学技术在兽医学中的应用

免疫学是一门实用性很强的科学，在兽医学上主要应用于各类畜禽疾病的诊断、预防和治疗。

1. 免疫诊断 血清学试验的最大特点是其具有高度的特异性，可以直接从某些标本中检出微生物，其敏感度可达几十微克的水平。血清学试验也可以用于检测相应的抗体，判断机体的感染史、免疫功能的状态等。兽医临床对某些动物传染病，如鸡白痢、鸡伤寒和禽白血病等则主要依靠血清学试验进行确诊，或进行流行病学调查。而对另一些慢性传染病，如结核病、马鼻疽等则主要依靠变态反应试验检出隐性带菌者。因此，免疫学技术及相关制剂在临床诊断中得到广泛应用。

2. 免疫预防 应用疫苗接种来预防病原微生物的感染历来都是疫病防控的中心任务。新中国成立后，我国的兽医生物制品发展迅速，生产的品种达百种以上。已应用兔化牛瘟疫苗在我国消灭了牛瘟；依靠疫苗接种，猪瘟、鸡新城疫、鸭瘟等烈性传染病得到有效控制。其中我国研制的猪瘟兔化弱毒苗和马传贫弱毒苗等已达国际领先水平。一大批新产品，如仔猪大肠杆菌病 ST1－LTB 双价基因工程菌苗、仔猪大肠杆菌病 K88－ST1－LTB 三价基因工程菌苗、鸡大肠杆菌病中草药佐剂多价灭活疫苗、亚低温（2～8℃）保存耐热性鸡马立克病 HVT 活疫苗以及免疫增强复合剂等也可达国际先进水平。还有一些已研制成功并投放市场，如猪呼吸与繁殖障碍综合征（PRRS）耐热双价活疫苗、猪呼吸与繁殖障碍综合征（二价）-猪细小病毒-猪伪狂犬病（PRRS－PPV－PRV）三联耐热活疫苗等。这些新产品的研制成功与投产，为相关疾病的预防控制提供了保障，在一定程度上推动了我国生物制品业的进步和发展。

随着人们生产、生活方式的改变以及生物不断的演化，新的病原体将不断出现，并严重威胁畜禽养殖业的发展。控制并消灭新出现的传染病，研制有效疫苗并进行预防接种将是兽医工作者的主要任务之一。

3. 免疫治疗 在兽医学中，抗血清被动免疫是应用最广的免疫治疗方法。某些病毒病在发病初期应用抗血清治疗也有一定效果，如鸡传染性法氏囊病。兽医临床上对某些名贵种畜（禽）应用抗体血清进行短期预防也是可行的。初生幼畜（禽）的传染病如小鹅瘟、鸭病毒性肝炎、番鸭细小病毒病等常可通过对母畜（禽）的免疫而获得天然被动免疫的保护。

（二）免疫学促进了生命科学的发展

免疫学，由于其自身的学科特点，在其学科发展过程中，揭示出一系列生命科学的基本规律与机理，免疫学研究成果迅速转化为一系列有重大应用价值的产品，成为一门独立而完善的生命科学的前沿学科，有力地推动着生命科学的全面发展。

1. 免疫学理论促进生命科学研究 免疫系统的基本生物学功能是识别“自己”与“非己”，表现为机体对自身成分产生免疫耐受而对非己成分产生免疫应答。已确认，免疫应答涉及复杂的细胞间信息交流、细胞内信号转导和能量转换，阐明其本质，有助于理解生命过程中诸多生物学现象的本质。

免疫系统的功能如同其他生理功能一样，均受遗传控制。目前，有关遗传因素对机体生理功能的控制知之甚少。近 20 年来，以 MHC 为主要研究目标的免疫遗传学进展迅速，揭示了机体生理功能遗传控制的机制。

机体组织细胞在发育成熟过程中均伴有膜表面标志的变化，这一特点在免疫细胞表现得尤为明显。已发现，不同发育阶段发生恶性病变的免疫细胞均表达特有的膜表面标志，从而成为研究细胞恶变机制的理想模型。

随着许多基本免疫生物学现象的本质被阐明，如 MHC 的结构和功能、免疫球蛋白基因表达的等位排斥、免疫球蛋白及其他免疫因子的分子生物学特征、细胞因子表达的分子机制等，极大地拓宽了分子生物学的研究领域，并丰富了分子生物学研究内容，加深了对真核细胞基因结构和表达调控的认识。

2. 免疫学方法和技术对生命科学研究的推动 日新月异并不断改进的免疫学技术、免疫学试剂，为生命科学研究提供了有力手段，如单克隆抗体的问世开拓了生命科学研究的新纪元；免疫组化结合分子杂交技术，使得有可能定量、定性、定位检测基因及其产物。生命科学的实践证明，现代生物学进展在一定程度上有赖于免疫学新技术的应用和推广。

近 20 年来，单克隆抗体的应用，使原来血清学试验的检测灵敏度（最小检出值），从纳克（ng，10^{-9}）至皮克（pg，10^{-12}）级向着飞克（fg，10^{-15}）级进展。在理论上几乎任何一种生物活性物质都可用免疫血清学的方法加以检测。

在肿瘤诊断方面，血清学试验可用作早期诊断的普查，还可应用各种细胞免疫测定技术作为诊断、疗效监测和推断其转归的辅助方法。免疫学技术除用于传染病诊断、微生物学分析、肿瘤诊断外，还可以用于自身免疫病、免疫缺陷病、超敏反应性疾病等与免疫有关疾病的诊断、发病机理研究、病情监测及疗效评价等方面。此外，免疫检测技术还可以应用于农业和其他生命科学方面，如生物活性物质的超微量测定、物种鉴定等。

（秦爱建编写，崔治中、韦平审稿）

复习思考题

1. 解释名词：免疫，免疫学，免疫记忆，免疫防御，免疫监视。
2. 免疫的基本特性有哪些?
3. 免疫的三大基本功能是什么?
4. 简述免疫学在兽医临床上的应用。
5. 试述近代免疫学发展时期的重大突破有哪些。

第二章 免疫系统

内 容 提 要

免疫系统是动物的重要系统，参与机体抗感染、自身稳定以及免疫监视等功能。该系统由免疫器官或组织、免疫细胞和相关免疫分子组成。免疫器官或组织分为中枢免疫器官和外周免疫器官，前者包括骨髓、胸腺以及禽（鸟）类的法氏囊，后者包括脾脏、淋巴结以及黏膜相关淋巴组织。所有参与免疫应答的细胞及其前体细胞、过渡型细胞、终末效应细胞统称为免疫细胞。其中，在受到抗原物质刺激后能分化增殖、发生特异性免疫应答、产生抗体或致敏淋巴细胞的免疫细胞称为免疫活性细胞，包括T细胞和B细胞。免疫分子主要包括抗原、分泌型免疫分子以及免疫细胞膜分子等，其中免疫细胞膜分子是免疫细胞间或介质与细胞间相互识别的物质基础，也是鉴别淋巴细胞的重要依据。

免疫系统（immune system）是生物体识别“非自体物质”（例如病原微生物）并能将之消灭或排除的防御系统。它是人类以及其他脊椎动物在系统发生过程中长期适应外界环境进化形成的，与神经系统、内分泌系统、呼吸系统等一样，是机体的一个重要系统。该系统是免疫细胞生长、发育并执行免疫应答功能的场所，由各类免疫器官、免疫组织、免疫细胞（例如造血干细胞、淋巴细胞、树突状细胞、单核细胞、巨噬细胞、粒细胞、肥大细胞、红细胞等）和免疫分子（如抗体、补体、细胞因子等）组成。免疫器官、免疫细胞和免疫分子相互关联、相互作用，共同协调，完成机体免疫功能。

第一节 免疫器官和组织

免疫器官（immune organ）是机体中执行免疫功能的器官，按其发生的时间顺序和功能的差异可分为中枢免疫器官和外周免疫器官。

一、中枢免疫器官

中枢免疫器官（central immune organ）又称为初级免疫器官（primary immune organ），是免疫细胞产生、发育和成熟的场所，并对外周免疫器官发育和全身免疫功能具有调节作用。其主要包括骨髓、胸腺，在禽类还包括法氏囊。中枢免疫器官的特点是在胚胎期发生较早，为淋巴上皮结构，可诱导来自骨髓的造血干细胞分化成熟为具有免疫活性的淋巴细胞，此过程不需要抗原物质的刺激作用。若在动物发育早期切除中枢免疫器官，则会造成机体的免疫功能缺陷或低下。

（一）骨髓

骨髓（bone marrow）是机体重要的造血器官，分为红骨髓（red bone marrow）和黄骨髓（yellow bone marrow）。红骨髓主要分布在扁骨、不规则骨和长骨骺端的骨松质中，造血功能活跃；黄骨髓多分布于长骨的中间，没有造血的能力。当机体贫血时，一部分黄骨髓会转化为红骨髓进行造血。动物出生后一切血细胞均来自骨髓中的干细胞，同时骨髓也是各种免疫细胞发生和分化的场所（图 2－1）。

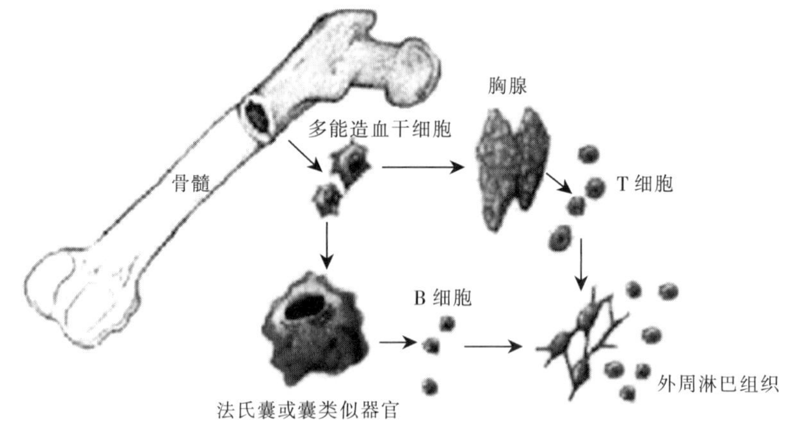

图 2－1　骨髓中的多能造血干细胞是免疫细胞的来源

骨髓中的多能造血干细胞（multipotential hemopoietic stem cell）又称造血干细胞（hemopoietic stem cell），首先增殖分化成髓样干细胞和淋巴样干细胞。髓样干细胞进一步分化成红细胞、单核细胞、粒细胞、血小板和巨噬细胞等。淋巴样干细胞则发育成各种淋巴细胞的前体细胞，如一部分淋巴干细胞分化为祖 T 细胞，随血流进入胸腺后，被诱导并分化为成熟的淋巴细胞称为胸腺依赖性淋巴细胞（thymus dependent lymphocyte），简称 T 细胞，参与细胞免疫；一部分淋巴干细胞分化为 B 细胞的前体细胞和自然杀伤（NK 细胞）。在禽类，这些前体 B 细胞（B-cell progenitor）随血流进入法氏囊发育为成熟的淋巴细胞，称为囊依赖性淋巴细胞（bursa dependent lymphocyte），简称 B 细胞，参与体液免疫。哺乳类动物的前体 B 细胞仍继续留在骨髓内分化发育直至成熟。

骨髓的造血诱导微环境（hemopoietic inductive microenvironment）对造血干细胞的生长发育极为重要，其构成包括骨髓神经成分、微血管系统及纤维、基质以及各类基质细胞组成的结缔组织成分。基质细胞（stromal cell）是造血微环境中的重要成分，包括有网状细胞、成纤维细胞、血窦内皮细胞、巨噬细胞、脂肪细胞等。一般认为，骨髓基质细胞不仅起支持作用，并且分泌细胞因子（如 IL－7 等），调节造血细胞的增殖与分化，从而使得发育中的各种血细胞在造血组织中的分布呈现一定规律。

骨髓中的血窦由动脉毛细血管分支形成，形状不规则。血窦腔大而迂曲，最终汇入骨髓的中央纵行静脉。窦壁衬贴有孔内皮，内皮基膜不完整，呈断续状。血窦壁周围和血窦腔内的单核细胞和巨噬细胞有吞噬并清除血流中的异物、细菌和衰老死亡血细胞的功能。值得注意的是，骨髓还是哺乳动物浆细胞生存并持续产生抗体的场所。

（二）胸腺

胸腺（thymus）是所有脊椎动物都有的免疫器官，在胚胎早期就开始发育。各种哺乳动物的胸腺结构相似，人的胸腺位于胸腔纵隔的前上方，分为左、右两叶；猪、牛、马、绵羊等动物的胸腺可向上延伸到甲状腺；鸡的胸腺则在颈部两侧呈多叶排列。生长激素和甲状腺素能刺激胸腺生长，而性激素则促使胸腺退化。胚胎后期及初生时，其相对重量最大；出生后继续发育，在育成期时其绝对重量最大。之后随年龄增长，胸腺开始缓慢退化，淋巴细胞减少，逐渐被脂肪组织代替，但仍保留一定的功能。

胸腺表面有结缔组织被膜，结缔组织伸入胸腺实质把胸腺分成许多不完全分隔的小叶（图 2-2）。小叶周边为皮质，深部为髓质。皮质不完全包围髓质，相邻小叶的髓质彼此衔接。皮质主要由淋巴细胞和上皮性网状细胞构成，胞质中有颗粒及泡状结构。网状细胞间有密集的淋巴细胞。胸腺的淋巴干细胞又称为胸腺细胞（thymocyte），在皮质浅层细胞较大，是刚从骨髓迁移来的较原始的淋巴细胞。位于皮质浅层的上皮性网状细胞称为抚育细胞（nurse cell），中层为中等大小的淋巴细胞，深层为小淋巴细胞。皮质内还有巨噬细胞、树突状细胞等。髓质中淋巴细胞少而稀疏，上皮性网状细胞多而显著，形态多样，胞质中有颗粒及泡状结构，为其分泌物。在哺乳类的胸腺髓质内还有一种由髓质上皮细胞、巨噬细胞和细胞碎片组成的圆形或椭圆形的环状结构，称为胸腺小体或哈塞尔小体（Hassail's corpusle 或 Hassail's body），曾被认为是退化细胞群，不具有重要意义；但最近的研究发现胸腺小体可产生一些能引导胸腺中树突状细胞诱导 T 细胞发育的化学信号。在 T 细胞分化过程中，一些自身反应性 T 细胞能够逃过胸腺的选择过程并被释放到循环系统中，胸腺小体则产生化学信息，引导某些树突状细胞将自身反应性 T 细胞变成自身耐受性 T 细胞（图 2-3）。

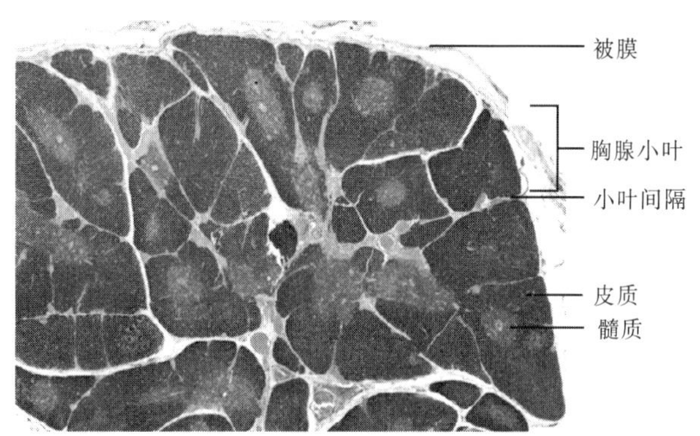

图 2-2 胸腺的组织结构

淋巴干细胞进入胸腺后逐步发育，并分化成熟为 T 细胞。T 细胞的分化与成熟是在胸腺上皮细胞产生的数种胸腺肽类激素诱导下完成的。骨髓中的淋巴干细胞经血液循环进入胸腺后，在胸腺激素影响下，先在皮质增殖分化成淋巴细胞，然后进入髓质，最终分化为成熟 T 细胞，再随血流迁移到周围淋巴组织。在 T 细胞分化成熟的过程中，绝大多数细胞死亡，只有不到 5%分化成熟为有功能的 T 细胞亚群，其意义是消除对无免疫功能以及对自体成分起反应的细胞克隆。

胸腺是重要的免疫器官，其发育缺陷或缺失可导致 T 细胞的减少或消失。例如，在非近交的小鼠中发现的裸小鼠（nude mice），由于染色体上等位基因的突变，已失去正常胸腺，仅有胸腺残迹或异常上皮，这种上皮不能使 T 细胞正常分化。由于 T 细胞缺陷，机体不能执行正常 T 细胞功能。尽管裸小鼠的 B 细胞发育正常，但由于缺乏辅助性 T 细胞的帮助，其功能的发挥亦受到影响。如果新生动物摘除胸腺后，则外周免疫器官中的淋巴细胞明

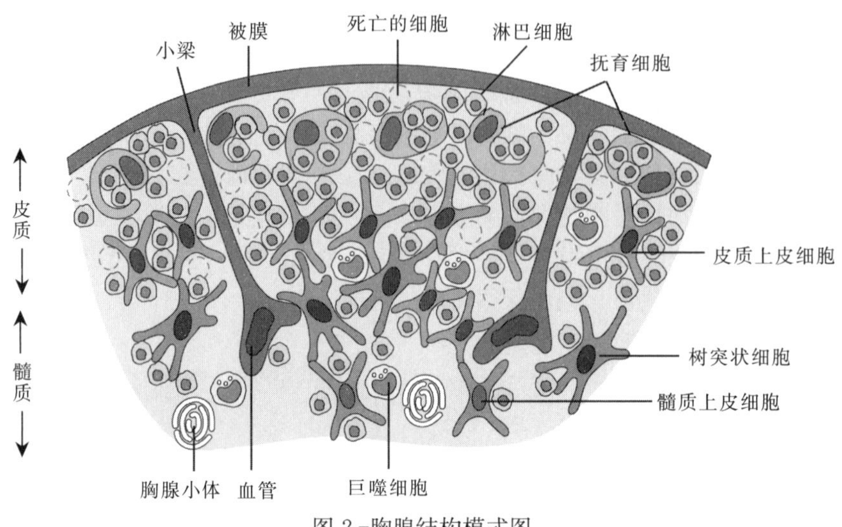

图 2-胸腺结构模式图

显减少，对排斥异体移植物能力下降，对抗体的生成也有影响，动物极易患病死亡。而成年动物切除胸腺后则不易发生免疫功能受损现象，这是由于在外周免疫器官中已有大量成熟的T细胞建立了坚强的细胞免疫功能。

（三）腔上囊

腔上囊（cloacal bursa）是禽类特有的免疫器官，位于泄殖腔背侧后上方，是一个盲囊状结构（图 2-4、图 2-5），最早由意大利解剖学家 Fabricius 发现，故又称法氏囊（bursa of Fabricius）。腔上囊是 B 细胞分化成熟的场所，鸡和火鸡的为球形，而鸭、鹅的则为椭圆形的柱状盲囊。

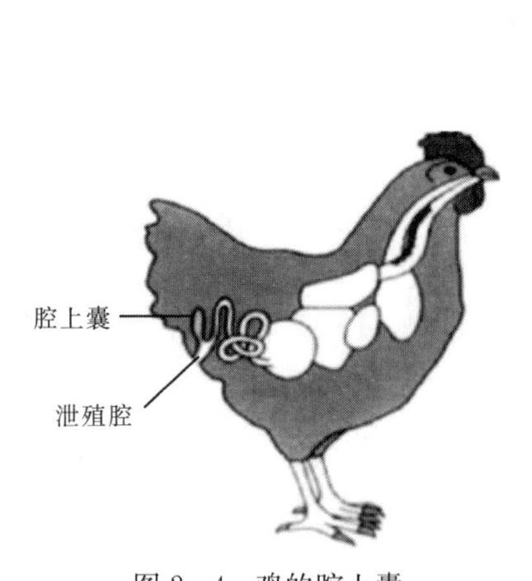

图 2-4　鸡的腔上囊

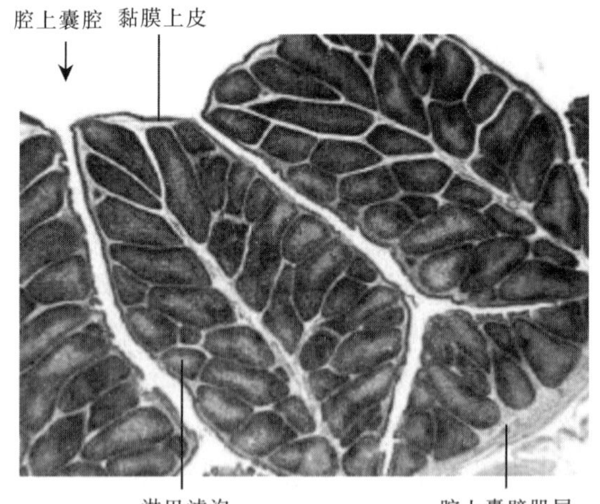

图 2-5　腔上囊的组织学结构

禽类在胚胎发育的第 5 天即出现腔上囊的原基。刚出壳的雏禽，其腔上囊相对重量最大。雏鸡 1 日龄时，腔上囊重 50～80mg，育成期体积最大，可达 3～4 g，性成熟后逐渐退化萎缩。鸭、鹅的腔上囊退化较慢，7 月龄开始退化，12 个月后几乎完全消化。实验证明，鸡胚在 18 胚龄以前切除腔上囊，对体液免疫有显著影响；18 胚龄以后切除，IgM 产生正常，而 IgG 产生受影响；出壳前后切除，只有 IgA 受到影响。

腔上囊是诱导分化 B 细胞成熟的场所。来自于骨髓的多能干细胞，经血液循环迁移到腔上囊，在腔上囊的微环境中，可能是在囊素（bursin）的诱导下，分化成熟为 B 细胞。成熟的 B 细胞离开腔上囊进入血液循环中，定居于脾脏、淋巴结的特定部位，并继续增殖。B 细胞受到抗原刺激后可转化为浆细胞产生抗体，发挥体液免疫作用。现在普遍认为哺乳动物并不存在独立的囊类似结构，胚胎时的肝脏、出生后的骨髓均兼有腔上囊功能，是 B 细胞分化与成熟的场所。

在 B 细胞的分化与成熟的过程中也进行类似 T 细胞在胸腺的选择作用。大部分都无法分化成为成熟的 B 细胞，只有少数经适当基因重组的细胞会存活下来，凡是能对自身抗原反应的 B 细胞都被消除。

二、外周免疫器官

外周免疫器官（peripheral immune organ）由淋巴结、脾脏、扁桃腺以及黏膜相关淋巴组织等组成，也称为次级免疫器官（secondary immune organ）。它与中枢免疫器官的差别在于来源不同，出现较晚，终生存在。外周免疫器官不但是成熟 T 细胞和 B 细胞定居的场所，而且是这些细胞受抗原刺激后发生免疫应答的部位。

（一）淋巴结

淋巴结（lymph node）是哺乳动物和少数水禽特有的外周免疫器官（鸡等鸟类缺乏）。淋巴结的数量很多，但不同动物的淋巴结数量相差很大，牛的淋巴结大约有 300 个，人约 450 个，马约 800 个，犬约 60 个。淋巴结表面为一层结缔组织被膜，数条输入淋巴管（afferent lymphatic vessel）穿越被膜与被膜下淋巴窦连通。被膜的结缔组织伸入实质形成小梁（trabecula），构成淋巴结的支架。淋巴结的实质分为皮质和髓质两部分，绝大多数动物的淋巴结皮质位于浅层，而髓质位于深层（图 2-6）。

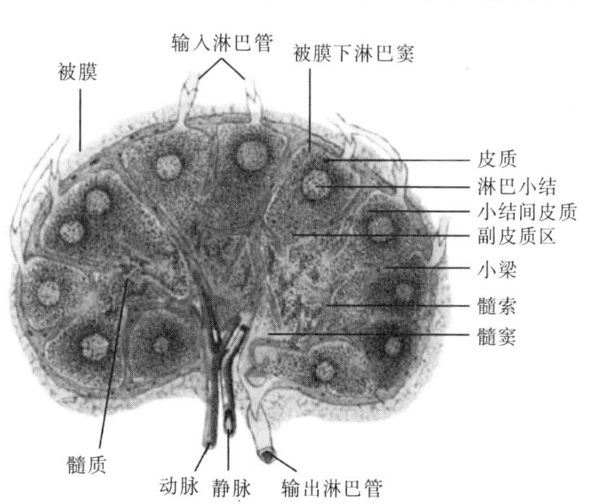

图 2-6 淋巴结的结构模式图

淋巴结的皮质由淋巴小结（lymphatic nodule）、副皮质区（paracortex zone）和皮质淋巴窦（cortical lymphatic sinus）组成。皮质的浅层淋巴小结又称淋巴滤泡（lymphatic follicle），或称初级淋巴小结（primary lymphatic nodule），主要由 B 细胞（约占 95%）和少量滤泡树突状细胞（follicular dendritic cell，FDC）、巨噬细胞以及 T 细胞组成。当 B 细胞受抗原刺激后，初级淋巴小结中央呈现细胞旺盛增殖的结构特征，称为生发中心（germinal center）或次级淋巴小结（secondary follicle）。皮质的深层或淋巴滤泡与髓质的交界处有许多弥散的淋巴细胞聚集，称为副皮质区（paracortical zone），是 T 淋巴细胞聚集的部位，故又称为胸腺依赖区（thymus dependent area）。副皮质区内的毛细血管十分丰富，并且毛细血管最初汇合所形成的微静脉结构十分特别，其内皮细胞呈高柱状或立方形，称为高内皮小静脉（high endothelial venule，HEV）或毛细血管后微静脉，这是初始 T 细胞和初始 B 细胞进入淋巴结的门户。此外，在副皮质区内还有许多巨噬细胞和来自皮肤与黏膜上皮组织的树突状细胞，它们是最早向 T 细胞和 B 细胞递呈抗原的细胞。

在淋巴结的中央部分是髓质（medulla），由髓索与髓窦组成。髓索是由迁移中的 T 细胞、B 细胞、浆细胞以及巨噬细胞、肥大细胞和嗜酸性粒细胞等组成，这些细胞在髓质中排列呈不规则的条索状，故名髓索（medullary cord）。位于髓索之间的网状组织称为髓窦（medullary sinus），髓窦即髓质淋巴窦，前与皮质淋巴窦相连，向后则汇合成一条淋巴管，即输出淋巴管（efferent lymphatic vessel）。髓窦内有较多巨噬细胞和树突状细胞，可吞噬淋巴液中的各种异物，从而发挥过滤淋巴液的功能。

猪的淋巴结结构与多数动物不同，其结构比较特殊（图 2－7），无明显的门部。小猪的淋巴结皮质和输入淋巴管位于淋巴结中央，而髓质和输出淋巴管位于四周。成年猪淋巴结的皮质与髓质排列很不规则，淋巴小结常沿淋巴结深层的小梁淋巴窦分布，淋巴小结的帽朝向小梁淋巴窦。淋巴小结周围主要为松散的未分化的淋巴组织，其中含有巨噬细胞和浆细胞。窦腔狭窄，无明显的髓索。输入淋巴管从多处进入被膜，一直穿行到中央区域，汇入小梁淋巴窦，最后汇集成几支输出淋巴管，从被膜的不同地方穿出。猪淋巴结的淋巴循环也与其他哺乳动物不同。

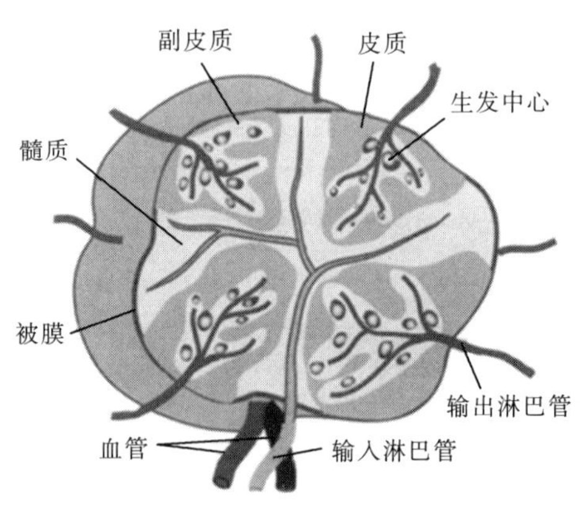

图 2－7　猪的淋巴结结构模式图

鱼类、两栖类和鸡都没有淋巴结，其淋巴组织广泛分布于体内，有的为弥散性，如消化道管壁中的淋巴组织；有的为淋巴集结，如盲肠扁桃体；有的呈小结状等，它们在抗原刺激后都能形成生发中心。鹅、鸭等水禽类，有两对淋巴结，即颈胸淋巴结和腰淋巴结。

淋巴结是淋巴细胞定居和增殖的场所，它的功能主要包括以下三方面。

（1）过滤淋巴液：通过淋巴窦内吞噬细胞的吞噬作用以及抗体等免疫分子的作用，杀伤病原微生物，清除异物。

（2）免疫应答的发生基地：进入淋巴循环系统的抗原物质被抗原递呈细胞（antigen presenting cell，APC）捕获后，由 MHC 分子递呈给免疫活性细胞，从而启动细胞免疫应答和体液免疫应答。

（3）淋巴细胞再循环的重要组成环节：外周淋巴器官和组织内的淋巴细胞如果没有遇到抗原，可经输出淋巴管离开淋巴结而再次进入血流循环，然后又通过高内皮小静脉重新回到淋巴结，如此周而复始，使淋巴细胞从一个淋巴器官到另一个淋巴器官，从一处淋巴组织至另一处淋巴组织，这种现象称为淋巴细胞再循环。参与再循环的淋巴细胞多位于淋巴器官或淋巴组织内，其总数约为血液中淋巴细胞总数的数十倍，总称为淋巴细胞再循环库。淋巴细胞再循环增加了与抗原和 APC 接触的机会，有利于识别抗原，促进细胞间的协作，并使分散于全身的淋巴细胞成为一个有机的统一体。除效应 T 细胞、幼浆细胞、K 细胞和 NK 细胞外，大部分淋巴细胞均参与再循环，尤其以记忆 T 细胞和记忆 B 细胞最为活跃。在淋巴结内活化的 T 细胞通过再循环分布于感染病灶发挥其效应作用，而在淋巴结内分化的浆细胞则经过再循环进入骨髓，并在骨髓长期生存，产生抗体。

（二）脾脏

脾脏（spleen）是体内最大的外周淋巴器官，是血管通路上的重要过滤器官，其结构特点是淋巴组织围绕着小动脉分布。不同动物脾脏的形态有很大的差异，如禽类的脾脏为四面体形，猪、马、牛、羊、兔等动物的脾脏呈长条索状，人脾为扁椭圆形。脾门是血管、输出淋巴管和神经通道。脾脏外部包有结缔组织被膜，并伸入脾实质形成脾小梁。脾脏的实质分为白髓（white pulp）、边缘区（marginal zone）和红髓（red pulp）三部分（图 2-8）。白髓包括脾小结（splenic module）和动脉周围淋巴组织鞘（periarteriolar lymphoid sheath），是淋巴细胞聚集之处。T 淋巴细胞沿中央小动脉呈鞘状分布，相当于淋巴结的副皮质区，为 T 细胞集中的区域，即胸腺依赖区。脾小结是 B 细胞居留之处，故为胸腺非依赖区。在脾脏淋巴细胞中 T 细胞占 35%～50%，B 细胞占 50%～65%。红髓位于白髓周围，可分为脾索和血窦（或称脾窦）两部分。脾索为网状结缔组织形成的条索状分支结构，网眼中有大量红细胞、巨噬细胞、树突状细胞、血小板、淋巴细胞和浆细胞等，血窦为迂曲的窦状毛细血管，其分支吻合成网。中央动脉离开白髓后，其分支通过脾索与血窦相连，血窦汇成小静脉，最后形成脾静脉出脾。在红髓与白髓之间称为边缘区（marginal zone），中央动脉分支由此进入动脉周围淋巴组织鞘，是再循环淋巴细胞入脾之处。边缘区内有较多的树突状细胞、巨噬细胞、T 细胞和 B 细胞。当抗原流经边缘区时，树突状细胞和巨噬细胞捕获抗原，并将抗原分子固定于细胞表面，供 B 细胞识别。与淋巴结不同，脾脏没有输入淋巴管。近来发现，脾内树突状细胞含量甚丰，是体内树突状细胞的主要器官。

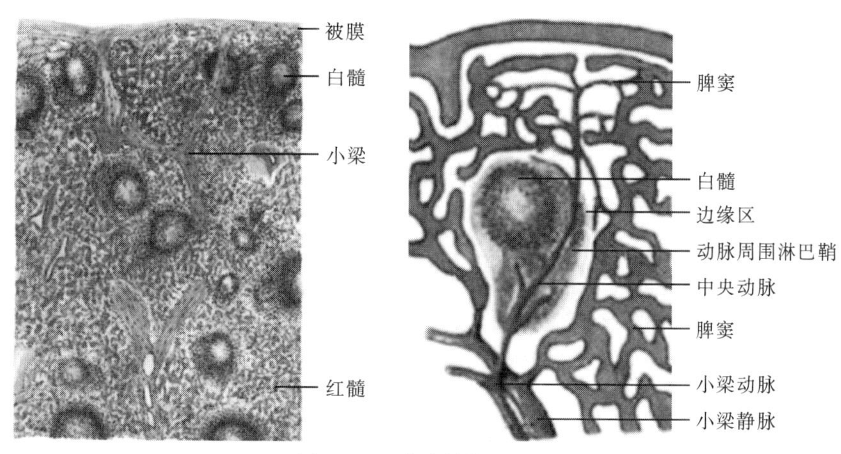

图 2-8 脾脏结构示意图

脾脏是具有多种功能的器官，它的主要功能包括以下几方面。

（1）免疫应答的重要部位：脾脏含有大量的淋巴细胞、树突状细胞和巨噬细胞。血液中的抗原在脾脏中可引起有力的细胞免疫和体液免疫应答。边缘区是免疫应答启动的重要部位。细胞免疫应答引起微动脉淋巴鞘明显的增大和免疫活性细胞输出的增多。体液免疫应答引起脾小结和脾索中浆细胞的增多，同时在脾脏输出血液中抗体的浓度增加。与淋巴结比较，脾脏中 B 细胞的比例更大，还存在有许多抗体依赖细胞毒性免疫细胞，在特异抗体存在下可实现对靶细胞的直接杀伤作用。脾脏还能产生对免疫应答有调节作用的活性物质，如促吞噬素（tuftsin）。促吞噬素作为一个参与免疫调节的体液因子，通过激活多形核白细胞、单核细胞、巨噬细胞，提高它们的吞噬、游离及产生细胞毒的功能，增强机体细胞免疫功能。除此之外，脾脏还产生其他多种免疫因子，促进吞噬作用，清除体内外抗原。

（2）储血：脾脏是血液重要的储存库，将血细胞浓集于脾索、脾窦之中。当急性大失血时，脾会收缩将血细胞释放到循环血液之中。

（3）滤血：血液中的细菌、异物、抗原抗体复合物及衰老的血细胞在流经脾脏时，被大量的巨噬细胞吞噬和消化。因此，脾脏是血液有效的过滤器官。

（4）造血：脾脏是胚胎阶段重要的造血器官，胚胎后期成为淋巴器官，但在成年动物脾中仍有少量造血干细胞，当动物体严重缺血或在某些病理状态下，可以恢复造血功能，产生红细胞、粒细胞及血小板。

（三）黏膜相关淋巴组织

在人和动物的呼吸道、消化道、泌尿生殖道、眼结膜以及外分泌腺（如唾液腺、乳腺、泪腺）等部位都覆盖着黏膜，由此将机体与外界环境隔离开来。这些黏膜组织的固有层和上皮细胞下分布有无被膜的淋巴组织以及某些带有生发中心的器官化的淋巴组织（如扁桃体、小肠的派氏淋巴结以及阑尾），称为黏膜相关淋巴组织（mucosa associated lymphoid tissue，MALT），也称为黏膜免疫组织（mucosal immune tissue）。

黏膜相关淋巴组织在胎儿期就已开始发育，但在出生时还未发育完全。随着年龄的增长，受骨髓和胸腺的影响以及在抗原的刺激下逐步完善。健康动物的大多数淋巴细胞位于黏膜免疫组织，是对黏膜表面的抗原进行摄取和发生应答的部位。

1. 肠相关淋巴组织 早在1677年，Peyer就在哺乳动物肠道黏膜上发现了小肠黏膜下的集合淋巴结，并称之为派氏淋巴集结（Peyer's patches，PP结）。对哺乳动物及禽的研究表明，PP结有明显的淋巴上皮，上皮下有淋巴组织，淋巴组织中有许多淋巴滤泡，是肠相关淋巴组织（gut-associated lymphoid tissue，GALT）的重要组成部分（图2-9）。覆盖滤

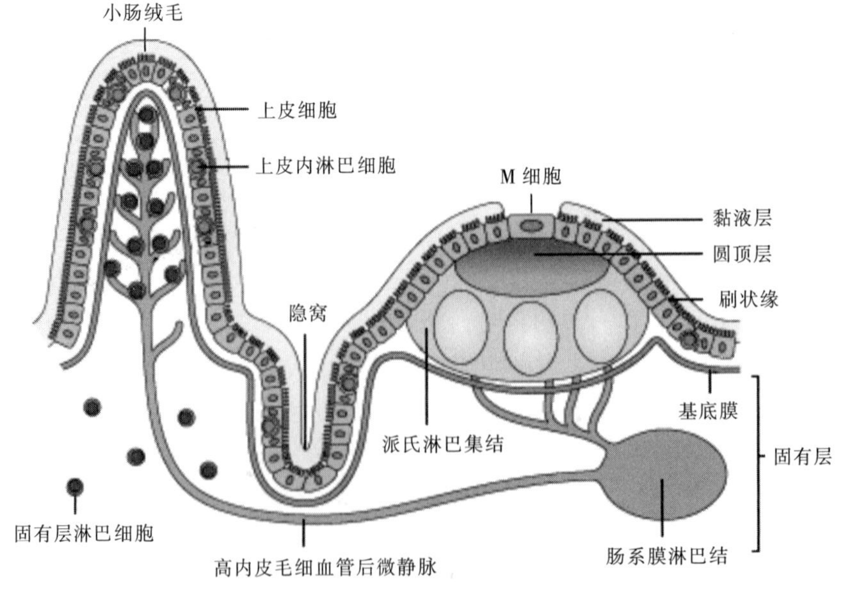

图2-9 肠相关淋巴组织模式图

泡的上皮细胞被称为M细胞（microfold cell）或滤泡结合上皮（follicle-associated epithelial，FAE）。用电镜观察M细胞有较短的微绒毛，胞质中有多量空泡和极少的溶酶体。上皮层内有多量的上皮内淋巴细胞（intraepithelial lymphocyte，IEL）和极少的杯状细胞（goblct cell，GC）。淋巴滤泡同脾脏和淋巴结的淋巴滤泡一样，其中央区为B细胞富有区，其中包含原始生发中心。扁桃体以及肠道内的淋巴集结均属于GALT。

2. 支气管相关淋巴组织 通过对兔、火鸡、鸡支气管相关淋巴组织（bronchus-associated lymphoid tissue，BALT）的研究，发现BALT与GALT结构十分相似。BALT上皮为无纤毛、有不规则微绒毛的扁平上皮细胞，其表面有深深的内陷，顶部胞质中有很多空泡，胞质内溶酶体、内质网很少；上皮层内有大量淋巴细胞使上皮层增厚。鸡BALT的位置在二级支气管内及其末端的开口处，火鸡BALT在初级支气管内及初级支气管与二级支气管的交界处。

3. 眼结膜相关淋巴组织 通过对兔、猪、火鸡、鸡眼结膜的研究表明，这些动物眼结膜上存在眼结膜相关淋巴组织（conjunctiva-associated lymphoid tissue，CALT），而且形态特征与其他黏膜结合淋巴组织非常相似。CALT上皮最早为扁平上皮，上皮细胞的表面积较非淋巴组织上皮大，细胞表面的微绒毛较短且不规则。上皮细胞间有桥粒连接，胞质内有多量空泡及少量线粒体，上皮层内有淋巴细胞，上皮层下为弥散的淋巴细胞组织、淋巴小结。CALT主要位于下眼睑结膜穹隆处；上眼睑也有CALT，但淋巴小结数量少且较分散，主要集中在鼻泪管周围。CALT的形态随日龄而变化，可逐渐由扁平上皮变为柱状上皮，淋巴细胞的数量也大为减少。

另外，哈德尔腺（Harder's gland）是禽类眼窝内腺体之一，又称瞬膜腺，位于眼窝中腹部，眼球后中央。它在视神经区呈喙状延伸，呈不规则的带状，属于CALT。腺泡上皮由一层柱状腺上皮排列而成，上皮基膜下是大量浆细胞和部分淋巴细胞。它能分泌泪液、润滑瞬膜，对眼睛具有机械保护作用，并且能接受抗原刺激，分泌特异性抗体，通过泪液带入上呼吸道黏膜分泌物内，成为口腔、上呼吸道的抗体来源之一，故在局部可形成坚实的免疫屏障。

4. 其他黏膜相关淋巴组织 除了上述黏膜相关淋巴组织外，在唾液腺、泪腺、胰腺和乳腺、鼻腔、泌尿生殖道等处，都具有黏膜相关淋巴组织。其中，分布于鼻腔黏膜的称为鼻相关淋巴组织（nasal-associated lymphoid tissue，NALT），分布于泌尿生殖道黏膜的称为泌尿生殖道相关淋巴组织（urogenital-associated lymphoid tissue，UALT）。

第二节 免疫细胞

免疫细胞（immunocyte）是所有参与免疫应答的细胞及其前体细胞、过渡型细胞、终末效应细胞的统称。成熟的免疫细胞主要包括淋巴细胞、树突状细胞、单核细胞、巨噬细胞和粒细胞等（图2-10），所有免疫细胞均起源于造血干细胞。其中，在机体受到抗原物质刺激后能分化增殖、发生特异性免疫应答、产生抗体或淋巴因子的免疫细胞称为免疫活性细胞（immune competent cell，ICC），主要是T细胞和B细胞。

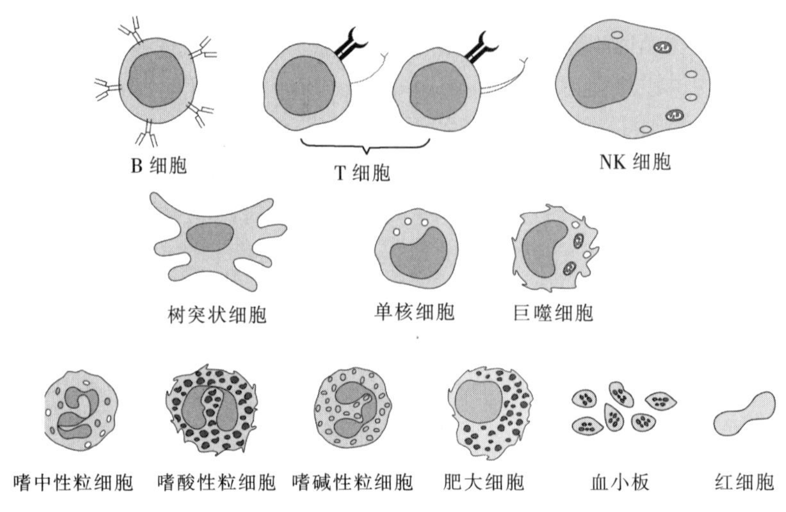

图 2-10 免疫细胞模式图

一、淋巴细胞

淋巴细胞（lymphocyte）是构成机体免疫系统的主要细胞群体，人体大约有 10^{12} 个淋巴细胞，在免疫应答过程中起核心作用。按其形态大小可分为大（11～18μm）、中（7～11μm）、小（4～7μm）三类；按其性质和功能可分为 T 细胞、B 细胞、NK 细胞和 NKT 细胞等。不同类型的淋巴细胞很难从形态学上分辨，只能通过其不同的表面膜分子和不同的反应性进行区分。

（一）T 细胞

T 细胞也称为 T 淋巴细胞，是胸腺依赖性淋巴细胞（thymus-dependent lymphocyte）的简称（图 2-11）。来源于骨髓的（胚胎期则来源于卵黄囊和肝）前体 T 细胞进入胸腺后，在皮质区迅速增殖，由 $CD4^{-}CD8^{-}$ 双阴性细胞（double negative，DN）逐渐分化为 $CD4^{+}CD8^{+}$（double positive，DP）的双阳性细胞，并发生基因重排。DP 细胞为过渡型细胞，不能识别 MHC 分子的 DP 细胞在皮质内凋亡或被巨噬细胞吞噬，只有能够识别 MHC 分子的才能继续发育，即 T 细胞发育的正向选择。迁移至髓质的 DP 细胞分化发育为 $CD4^{+}$ 或 $CD8^{+}$ 的单阳性（single positive，SP）细胞，但其中能够识别自身抗原肽的 SP 细胞则发生凋亡或形成禁忌细胞，即 T 细胞发育的负向选择。只有不能识别自身抗原肽的 SP 细胞才能继续发育为成熟的 T 细胞，发挥免疫功能（图 2-12）。

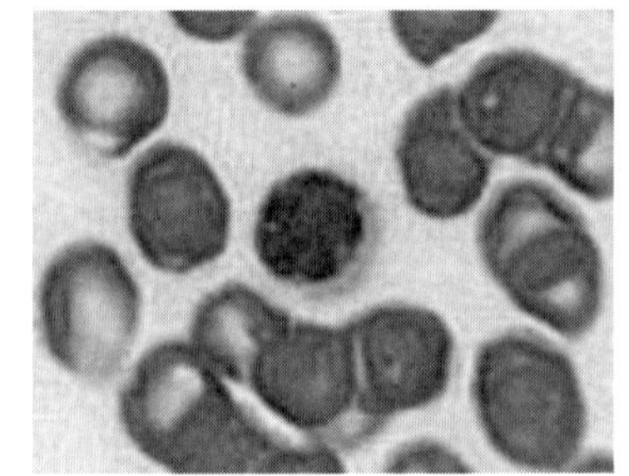

图 2-11 T 细胞的形态

成熟的 T 细胞经血流分布至外周免疫器官，有的在淋巴结的胸腺依赖区定居，约占淋巴细胞总数的 75%，有的在脾脏白髓的中央动脉周围，占淋巴细胞总数的 35%～50%，并可经血液→组织→淋巴→血液，循环往复，周游全身，以发挥细胞免疫功能和免疫调节作用。T 细胞在外周血液中的含量较多，占淋巴细胞总数的 80%～90%，在胸导管中则高达 95%以上。

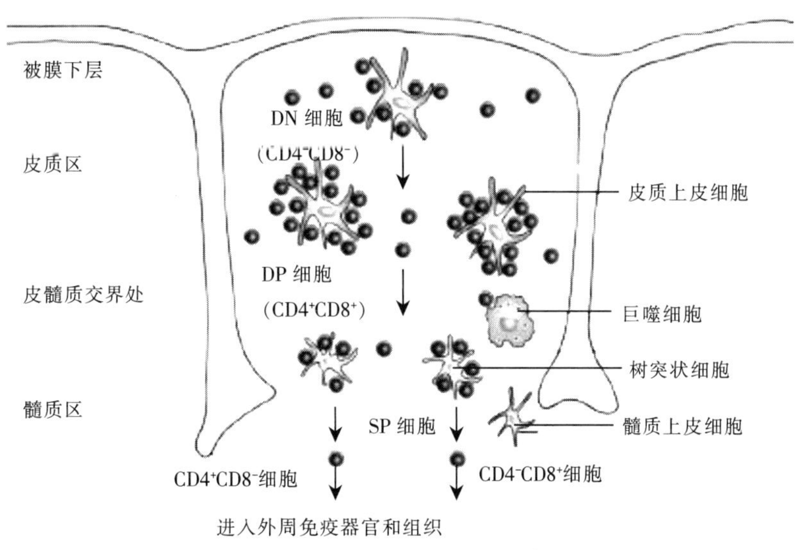

图 2-12 T 细胞的分化发育

根据其表型及免疫功能的不同，T 细胞可再区分成多个亚群，主要包括细胞毒性 T 细胞（cytotoxic T lymphocyte，CTL 或 Tc）、辅助性 T 细胞（helper T lymphocyte，Th）、抑制性 T 细胞（suppressor T lymphocyte，Ts）等。CTL 能特异性杀伤带抗原的靶细胞，如移植细胞、肿瘤细胞及受微生物感染的细胞等，其杀伤力较强，可反复杀伤靶细胞，而且在杀伤靶细胞的过程中本身不受损伤。CTL 与自然杀伤细胞构成机体抗病毒、抗肿瘤免疫的重要防线。Th 细胞通过与主要组织相容性复合体Ⅱ类分子（MHC Ⅱ）递呈的多肽抗原反应被激活。一旦激活，可以分泌细胞因子，调节或者协助免疫反应。主要表面标志是 CD4，调控或“辅助”其他淋巴细胞发挥功能。Ts 细胞能抑制 Th 细胞活性，从而间接抑制 B 细胞的分化和 Tc 细胞的杀伤功能，对体液免疫和细胞免疫起负向调节作用。如其功能失常，则免疫反应过强，引起自身免疫性疾病。在 Ts 细胞调节途径中存在诱导 Ts 细胞（Tsi）、转导 Ts 细胞（Tst）和效应 Ts 细胞（Tse）3 种细胞亚群，在抗原刺激后连锁活化，最终由 Tse 产生 T 细胞抑制因子作用于 Th 细胞。

T 细胞受到抗原刺激后即可分化增殖为淋巴母细胞，其中少数可形成长寿的记忆细胞，而大多数继续分化增殖为效应淋巴细胞（或称为致敏淋巴细胞），参与细胞免疫应答。

（二）B 细胞

B 细胞为 B 淋巴细胞的简称。禽鸟类的 B 细胞在腔上囊内成熟，也称为腔上囊依赖淋巴细胞（bursa dependent lymphocyte）；哺乳动物的 B 细胞则在骨髓等组织中发育，又称为骨髓依赖淋巴细胞（bone marrow dependent lymphocytes）。与 T 细胞相比，其体积略大，但形态上不易区别（图 2-13）。

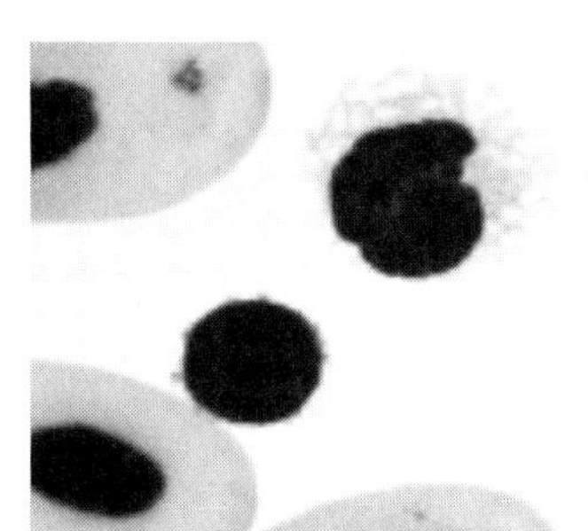

图 2-13 B 细胞的形态

骨髓造血干细胞最初分化为前 B 细胞（pre-B cell），进一步发育成未成熟 B 细胞。未成熟的 B 细胞可在细胞表面表达 IgM（immunoglobulin M），此后相继表达 IgD 并发育为成熟的 B 细胞。在此过程中，只有能表达 IgM 的未成熟 B 细胞才能继续发育，不能表达 IgM 的则发生凋亡，即 B 细胞发育的正向选择。表达了 IgM 的未成熟 B 细胞可继续发育，但能够识别自身抗原的则发生凋亡或形成禁忌细胞，即 B 细胞发育的负向选择。只有不能识别自身抗原的细胞才能继续发育成熟，成为具有免疫功能的 B 细胞（图 2－14）。

成熟的 B 细胞经外周血迁出，进入脾脏、淋巴结，分布于脾小结、脾索及淋巴小结、淋巴索及黏膜相关淋巴组织中；若未遇抗原刺激，数天后相当数量的 B 细胞死亡。B 细胞在骨髓和集合淋巴结中的数量较 T 细胞多，在血液和淋巴结中的数量比 T 细胞少，在胸导管中则更少，仅少数参加再循环。

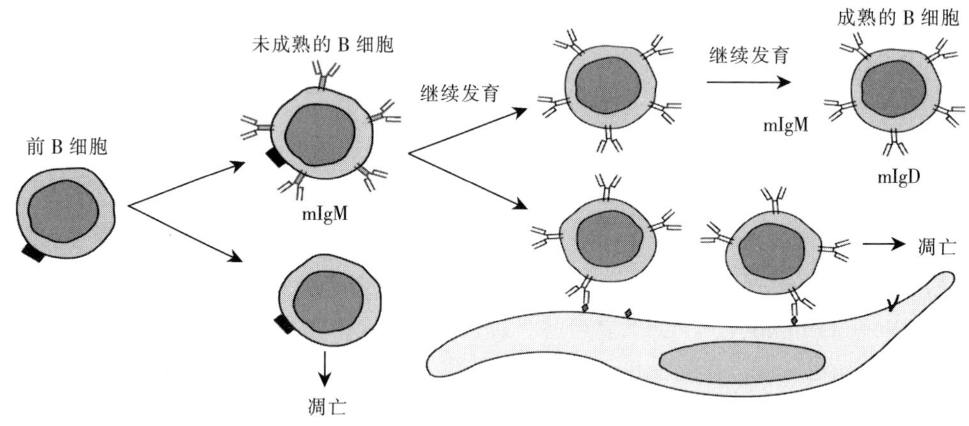

图 2－14　B 细胞的分化发育

B 细胞受抗原刺激后，会分化增殖为浆母细胞。除少数分化为记忆细胞外，大部分浆母细胞继续分化增殖为浆细胞。浆细胞为球形或椭球形，大小不等，7～15μm，胞质丰富，细胞核为车轮状，高尔基体发达，可合成和分泌抗体，发挥体液免疫的功能（图 2－15）。B 细胞在体内存活的时间较短，仅数天至数周，但其记忆细胞在体内可长期存在。

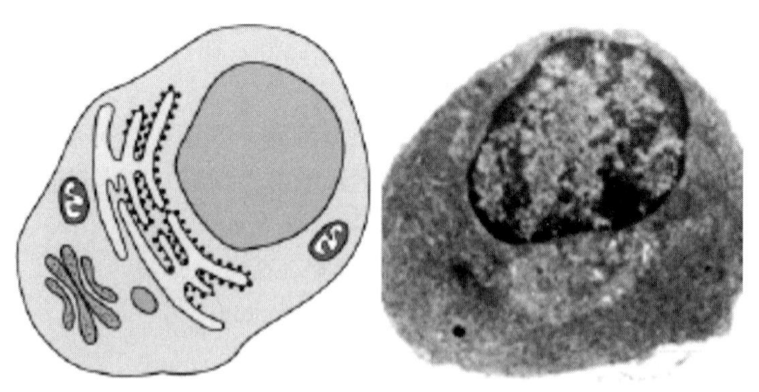

图 2－15　浆细胞的形态

根据产生抗体时是否需要 Th 细胞协助，可将 B 细胞分成 B1 和 B2 两个亚群。B1 细胞为 T 细胞非依赖性细胞，在接受胸腺非依赖性抗原刺激后活化增殖，不需 Th 细胞的协助，只产生 IgM，不表现再次应答，易形成耐受现象。B1 细胞表面仅有膜表面免疫球蛋白 M（mIgM）。B2 细胞为 T 细胞依赖性细胞，这类细胞在接受胸腺依赖抗原刺激后发生免疫应答，必须有 Th 细胞的协助，能发生再次应答，不易形成耐受。B2 细胞可产生 IgM 和 IgG

抗体，细胞表面同时有 mIgM 和 mIgD。

（三）自然杀伤细胞

自然杀伤细胞（natural killer cell）简称 NK 细胞，是一类不需经抗原活化，也不需要特异性抗体参与，或无需靶细胞上的 MHC－Ⅰ类或Ⅱ类分子的参与即可杀伤靶细胞的淋巴细胞。NK 细胞表面也有 Fc 受体，可以结合免疫复合物中的 Fc 段，发挥抗体介导的细胞杀伤作用（图 2－16）。

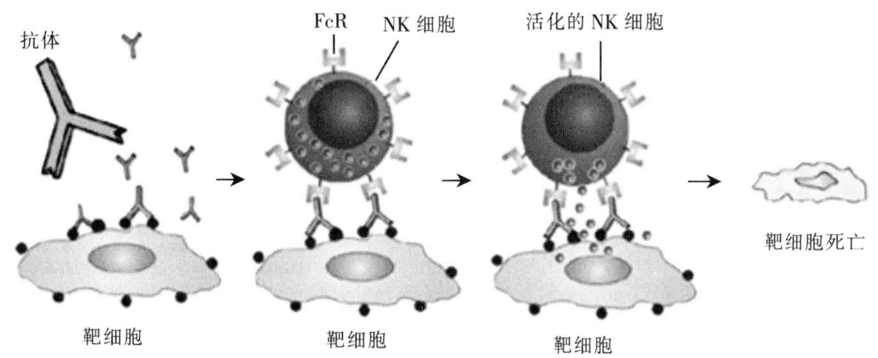

图 2－16　抗体介导的 NK 细胞杀伤作用

NK 细胞是一类异质性、多功能的细胞群体，是由骨髓多能干细胞直接分化而来，约占外周血淋巴细胞总数的 7%。在外周血和脾脏中 NK 细胞表现的活性最高，其次为淋巴结，骨髓中 NK 细胞的活性较低，胸腺中则测不出有 NK 细胞活性。因姬姆萨（Giemsa）染色时，在胞质中有许多特殊的嗜天青蓝色颗粒，故也称为大颗粒淋巴细胞（large granular lymphocyte，LGL），颗粒的含量与细胞的杀伤作用呈正相关。但并非所有的 LGL 均具有 NK 细胞的活性。典型的 LGL 细胞的大小介于小淋巴细胞和单核细胞之间，平均直径为 12～15μm；细胞表面粗糙，上面有很多短小绒毛，这些绒毛同细胞的快速运动有关；其胞质丰富，着色较浅，细胞核呈肾形。

NK 细胞的免疫功能主要表现在三方面：一是抗肿瘤，它参与抗肿瘤的非特异性免疫，抑制或杀灭肿瘤细胞，其抗肿瘤作用不需要有抗原的刺激，也不需补体的协助，反应迅速，作用明显；二是抗感染，NK 细胞能够杀伤多种病毒感染的细胞；三是参与特异性免疫调节，如 NK 细胞可直接识别杀伤 B 细胞或抑制 B 细胞分泌抗体，也可通过作用于 Th 细胞或抗原递呈细胞（APC）而间接影响 B 细胞的功能。

（四）NKT 细胞

NKT 细胞（natural killer T cell）是继 T 细胞、B 细胞、NK 细胞之后发现的第四类淋巴细胞，因其表面既有 T 细胞受体（TCR），又有 NK 细胞特有的抗原受体（鼠 NK1.1/人 CD161）而得名。

目前认为 NKT 细胞发育有两种可能途径，即胸腺依赖途径和非胸腺依赖途径。胸腺依赖途径指 NKT 细胞在胸腺内发育分化后释放到外周血、肝脏和脾脏；非胸腺依赖途径则强调 NKT 细胞可独立地在外周器官（如肝脏）分化成熟。但确切公认的发育途径还不很清楚，推测 NKT 细胞可能主要来源于胸腺依赖途径。

NKT 细胞主要分布于肝脏、骨髓和胸腺，以 $CD4^-CD8^-$ NKT 细胞为主，也含有一定

比例的 $CD4^+$ NKT 细胞。活化的 NKT 细胞不但能分泌 Th1 和 Th2 细胞因子，同时还具有与 Tc 细胞相同的杀伤靶细胞作用，从而参与机体免疫应答，发挥抗病毒和胞内寄生菌感染、抗肿瘤以及参与免疫调节等作用。

二、树突状细胞

树突状细胞（dendritic cell，DC）最早由美国学者 Steinman（1973）首先发现，因其形状具有树突样或伪足样突起而命名（图 2-17）。其膜表面带有大量表达的 MHC-Ⅱ类分子，能移行至淋巴器官并刺激初始型 T 细胞（naive T cell）增殖活化。它们具有一些相对特异性表面标志，其细胞质内含一个大而不规则的核，线粒体发育完好，有丰富的管状溶酶体。

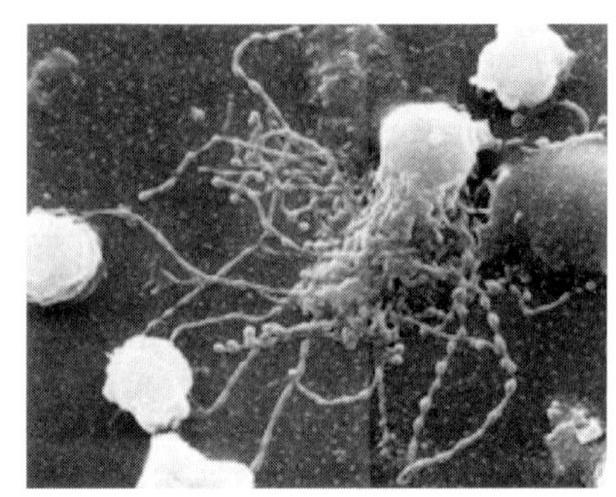

图 2-17 树突状细胞的形态

DC 起源于骨髓干细胞（图 2-18），由于在发育过程中其移行至不同部位而有不同命名，如在淋巴滤泡中称为滤泡树突状细胞（follicular dendritic cell），在淋巴结胸腺区称为并指状细胞（interdigitating cell），在皮肤表皮部位称为朗罕细胞（Langerhan's cell），分布于输入淋巴管的称为褶皱细胞或面纱细胞（veiled cell）。骨髓干细胞在 GM-CSF、TNF-α、IL-4 等作用下，发育分化成树突状细胞，又再分为两个亚群，分别称为 DC1、DC2。DC1 系由髓系干细胞发育分化而成，与单核细胞及粒细胞有共同的祖细胞，广泛分布于除脑以外的结缔组织和上皮组织。DC2 则由淋巴干细胞发育分化而成，与 T 细胞和 NK 细胞有共同的前体细胞，主要分布于淋巴组织，机体其他组织中分布的 DC 数量极微。

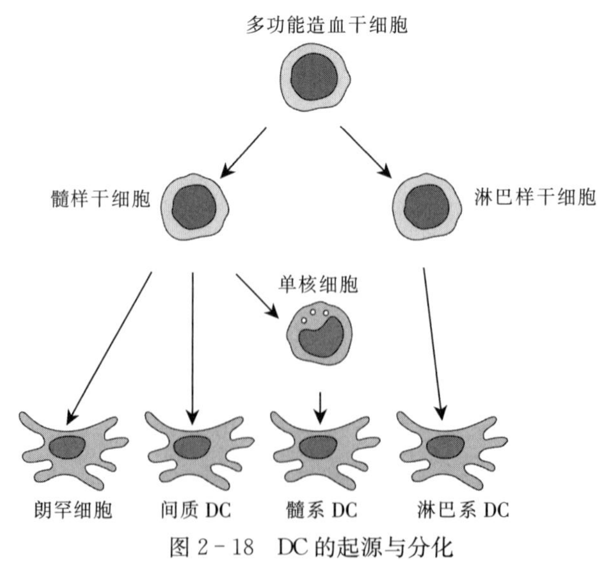

图 2-18 DC 的起源与分化

DC 在体内具有迁移的能力，其迁移大致可分为两个阶段：

第一阶段先由造血组织到达外周组织：广泛存在于全身非淋巴组织。这一阶段的 DC 尚未成熟。通过巨胞饮作用（macropinocytosis）和受体介导的内吞作用而具有极强摄取和加工抗原的能力。未成熟 DC 合成的 MHC－Ⅱ类分子和协同刺激分子（B7－1、B7－2、CD40）积累于内体和溶酶体中，不表达于细胞膜上，所以未成熟 DC 还不能激活初始型 T 细胞。

第二阶段由外周组织迁至淋巴组织的 T 细胞富集区：未成熟 DC 在各组织中摄取抗原后，运动力增强，经淋巴管进入淋巴组织的 T 细胞区，同时发育为成熟 DC。这一阶段的 DC 表面高度表达 MHC－Ⅰ类和Ⅱ类分子以及协同刺激分子与黏附分子（LFA－3、ICAM－1、ICAM－3 等），具有很强的递呈抗原作用和激活 T 细胞的功能。但淋巴组织中的成熟 DC 不具有吞饮和吞噬能力，不能主动摄取抗原，只能递呈自身具有进入 DC 细胞能力的病毒抗原、细菌内毒素抗原等。成熟 DC 通过 MHC－Ⅰ类和Ⅱ类分子可广谱递呈病毒等抗原，并激活 $CD8^+$、$CD4^+$ T 细胞。近年来有研究报告，DC1 可激活 Th1 细胞，DC2 激活 Th2 细胞。

DC 的主要功能是处理和递呈抗原，是体内递呈抗原功能最强的细胞。胸腺髓质中的 DC 参与胸腺中的阴性选择，它可递呈自身抗原肽－MHC 的复合物给 T 细胞，然后使识别自身抗原并与之有较高亲和力的 T 细胞克隆失能。DC1 对 T 细胞免疫应答可产生强烈的刺激作用，并可分泌 IL－12；DC2 则倾向于促进 Th2 分化，并可递呈源自凋亡细胞的肽片段，在外周性免疫耐受中起重要作用。迁移中的 DC1，在遭遇抗原后产生活性，移向淋巴器官启动免疫应答。DC 对 B 细胞的生长以及抗体的分泌及类别调控也有重要作用。DC 不同于其他抗原递呈细胞，其最大特点是能够显著刺激初始 T 细胞增殖，而 B 细胞及巨噬细胞（macrophage，Mφ）仅能刺激已活化的或记忆性 T 细胞。

三、单核-吞噬细胞系统

早在 1900 年，俄国科学家 Elie Metchnikoff 就发现人和动物体内有吞噬和消灭病原异物的吞噬细胞，大者称为大吞噬细胞（即嗜单核细胞与巨噬细胞），小者为小吞噬细胞（即嗜中性粒细胞）；并认为这些吞噬细胞担当着机体的保护作用，因此提出最初的噬菌细胞免疫学说。Aschoff（1924）将这些吞噬细胞（除粒细胞外）和血液中的单核细胞以及骨髓和淋巴器官内的网状细胞与内皮细胞归纳为一个系统，称为网状内皮系统（reticulo-endothelial system，RES），并认为这些细胞的起源、形态和功能相同。此后许多实验发现，网状细胞和内皮细胞在发生来源方面不同于巨噬细胞，又缺乏明显的吞噬功能，也不能转变成吞噬细胞，因此 van Furth（1972）建议将此系统的网状细胞和内皮细胞排除，改称为单核-吞噬细胞系统（mononuclear phagocyte system，MPS）。

该系统的细胞均源于骨髓的髓系干细胞（myeloid stem cell）。髓系干细胞在白细胞介素－3（interleukin－3，IL－3）、巨噬细胞集落刺激因子（macrophage colony-stimulating factor，M－CSF）、粒细胞/巨噬细胞集落刺激因子（granulocyte-macrophagecolony-stimulatingfactor，GM－CSF）的作用下发育成前单核细胞（promonocyte），再成熟为单核细胞（monocyte），随后不断扩增并进入血液循环；单核细胞在血液中存留 1～2d，就从不同部位穿出血管壁进入其他组织内并发生形态的变化，成为 Mφ。Mφ 因所在的部位的不同而有不同的名称，如结缔组织中的组织细胞（histocyte）、肺泡中隔的尘细胞（dust cell）、肝血窦中的枯否细胞（Kuffer's cell）、骨组织中的破骨细胞（osteoclast）、神经组织中的小胶质细胞（microglial cell），而淋巴结、脾脏中的游离及固定的仍称为巨噬细胞。单核细胞占白细胞总数的3%～8%，是白细胞中体积最大的细胞，直径14～20μm，呈圆形或椭圆形，胞核形态多样，呈卵圆形、肾形、马蹄形或不规则形等；前单核细胞比单核细胞稍大，核质比>1；巨噬细胞比单核细胞大1～3倍，核质比<1，胞膜表面有较多的脊状突起，胞质中有较完备的细胞器（图2-19）。

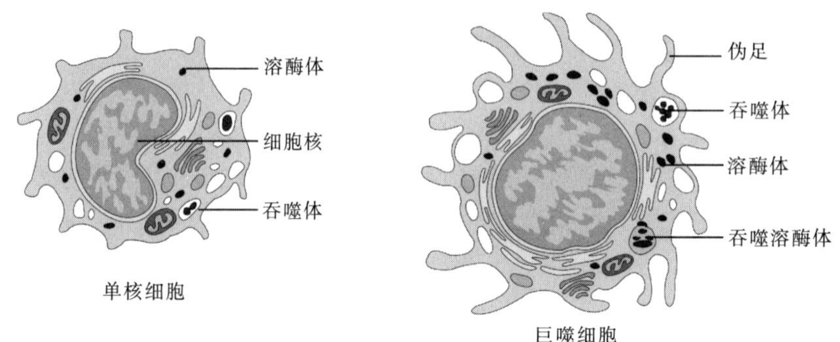

图2-19 单核细胞与巨噬细胞的形态结构

MPS在机体内分布广，细胞数量也很多，其功能不仅是吞噬作用，还与机体的免疫功能密切相关，是机体中重要的抗原递呈细胞（APC）（图2-20）。当机体未受到抗原刺激时，常处于静息状态，细胞器较不发达，几乎不运动，但寿命较长。在炎症或其他因子的刺激下，可从静息转向活化，细胞增大，代谢增强，溶酶体增多，细胞的变形运动及吞噬能力均增强。在淋巴因子和干扰素的刺激下，可进一步活化；活化的单核-巨噬细胞表面带有MHC-Ⅱ类抗原，能捕获、加工、递呈抗原并分泌IL-1，激活免疫活性细胞并促进其增殖与分化。在免疫应答的效应阶段，巨噬细胞等又能集聚于病灶周围，在淋巴因子等的激活作用下，成为破坏靶细胞和吞噬细菌的重要成分。巨噬细胞还能分泌数十种重要的活性物质，如补体成分、凝血因子、生长因子、活化因子、激素样物质、酶、细胞抑制物、结合蛋白以及单核因子等。但它们并不是同时分泌这么多种物质，而是在不同组织受到不同的刺激下产生不同的分泌物。

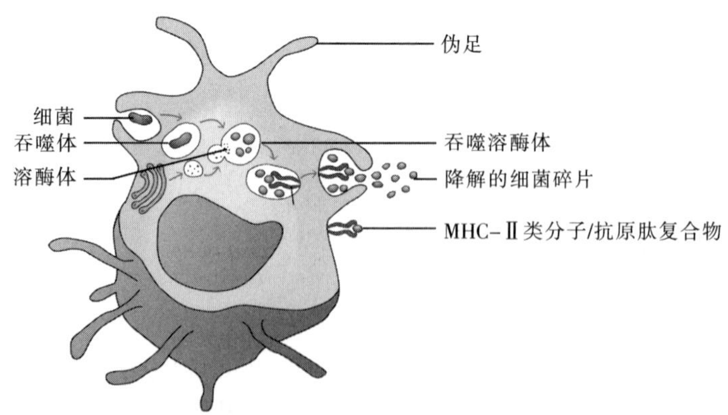

图2-20 巨噬细胞吞噬、加工以及递呈抗原的模式图

过度激活（如在细菌脂多糖、内毒素和高浓度干扰素的刺激下）的巨噬细胞，称为超活化巨噬细胞（hyperactive macrophage），此时已不能处理抗原，但吞噬力更强，还能释放H_2O_2、超氧离子和肿瘤坏死因子等活性物质，代谢极为活跃，但寿命短。巨噬细胞与淋巴

细胞、粒细胞、肥大细胞在功能上具有相互促进和相互制约的关系。

四、其他免疫细胞

1. 嗜中性粒细胞（neutrophil） 在瑞氏染色的血涂片中，嗜中性粒细胞的胞质呈无色或极浅的淡红色，有许多弥散分布的细小的（直径0.2～0.4μm）浅红或浅紫色的特有颗粒；细胞核呈杆状或2～5分叶状，叶与叶之间有细丝相连，故又称为多形核白细胞（图2-21）。该细胞占血液中粒细胞总数的90%以上，具有高度的游离与吞噬功能。

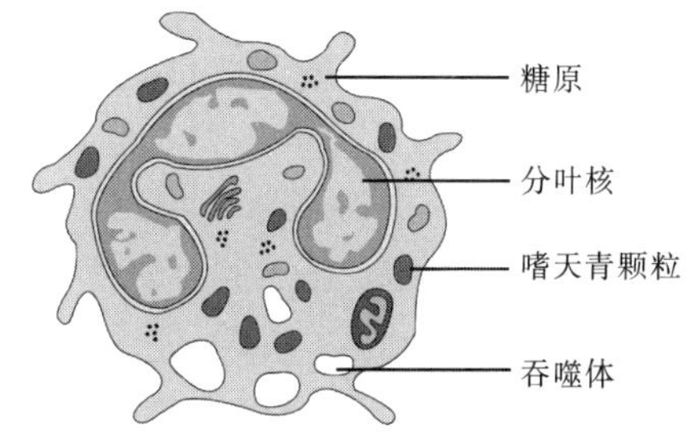

图2-21 嗜中性粒细胞的形态结构

嗜中性粒细胞来源于骨髓的造血干细胞，在骨髓中分化发育；在血管内停留的时间平均只有6～8h，然后很快穿过血管壁进入组织发挥作用，而且进入组织后不再返回血液中来。其存活期短，为2～3d。在血管中的嗜中性粒细胞，约有一半随血流循环，通常作白细胞计数只反映了这部分中性粒细胞的情况；另一半则附着在小血管壁上。同时，在骨髓中尚储备了约2.5×10^{12}个成熟嗜中性粒细胞，在机体需要时可立即动员这部分粒细胞大量进入循环血流。

嗜中性粒细胞在机体的非特异性细胞免疫系统中起着十分重要的作用，它处于机体抵御微生物病原体特别是在化脓性细菌入侵的第一线。当炎症发生时，嗜中性粒细胞大量增加并被趋化性物质吸引到炎症部位，并可通过非特异性吞噬杀灭细菌。由于嗜中性粒细胞内含有大量溶酶体酶，因此能将吞噬入细胞内的细菌和组织碎片分解。嗜中性粒细胞还表达IgG的Fc受体（FcγR），可在IgG抗体参与下通过细胞毒性作用而特异性破坏细菌以及其他靶细胞。由于嗜中性粒细胞是通过糖酵解获得能量，因此在肿胀并血流不畅的缺氧情况下仍能够生存。当嗜中性粒细胞本身解体时，释出各溶酶体酶类能溶解周围组织而形成脓肿。

2. 嗜酸性粒细胞（eosinophil） 在瑞氏染色的血涂片中，其胞质呈浅红色，因其中充满鲜红色颗粒（直径0.5～1.5μm）常不易见到细胞质。核为杆形或分叶形。颗粒内含组胺酶、芳基硫酸脂酶、磷脂酶、酸性磷酸酶、氰化物和过氧化物酶等（图2-22）。

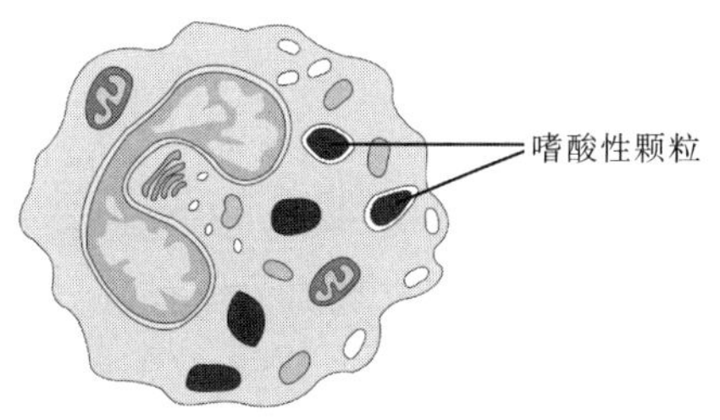

图2-22 嗜酸性粒细胞的形态结构

嗜酸性粒细胞占血液粒细胞总数的2%～5%，具有趋化作用、吞噬作用和杀菌作用，主要在抗蠕虫感染免疫中发挥作用。嗜酸性粒细胞的细胞膜可表达IgE的Fc受体。当蠕虫感染机体后，刺激$CD4^+$ Th2细胞分泌IL-4、IL-5，诱导B细胞产生抗蠕虫IgE。IgE先与蠕虫表面的抗原结合，嗜酸性粒细胞经表面的Fc受体与IgE结合后被激活，释放出的生物活性介质对发育中的蠕虫有强大的毒性作用。

3. 嗜碱性粒细胞（basophil） 在瑞氏染色血涂片中，其胞质呈极浅棕红色，核为肾形或分叶形（1～4叶），被颗粒所遮盖，核的轮廓常不清。颗粒为嗜碱性且具异染色，呈紫色，直径0.1～2.0μm，内含组胺、肝素、5-羟色胺等多种生物活性介质（图2-23）。该细胞在血液中的数量很少，仅占血液粒细胞总数的0.2%。嗜碱性粒细胞的细胞膜表达高亲和力的IgE的Fc受体。当过敏原刺激机体产生IgE后，IgE就通过Fc受体与嗜碱性粒细胞结合；当过敏原再次进入机体时，就可与嗜碱性粒细胞上的IgE结合，激活嗜碱性粒细胞，释放各种生物活性介质，引发Ⅰ型超敏反应。

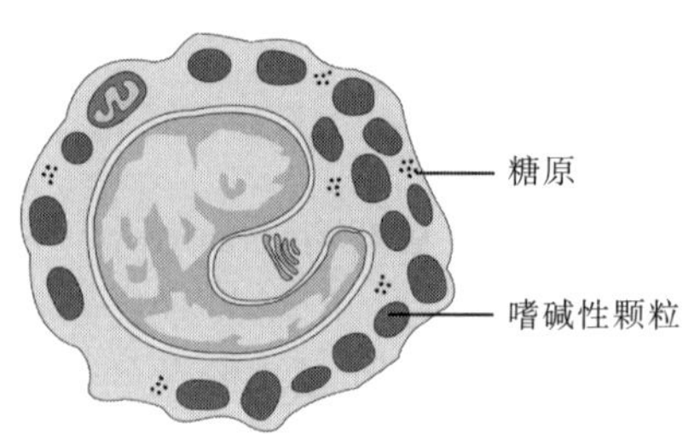

图 2－23　嗜碱性粒细胞的形态结构

4. 肥大细胞（mast cell）　主要分布于黏膜与结缔组织中，与血液中的嗜碱性粒细胞一样，其胞质中也具有强嗜碱性颗粒，细胞膜也表达高亲和力的IgE的Fc受体，因此其功能类似于嗜碱性粒细胞。

研究发现，肥大细胞表达CD40、CD40L，能促进T细胞、B细胞和抗原递呈细胞（APC）的活化；表达MHC－Ⅱ类分子、协同刺激分子（B7－1、B7－2），也能起APC的作用；还能分泌IL－1、IL－3、IL－4、IL－5、IL－6、IL－8、IL－10、IL－12、IL－13A、GM－CSF、TNF－α及趋化因子等，发挥免疫调节等作用。

5. 红细胞（erythrocyte，E）　是血液中数量最多的细胞。长期以来，一直认为红细胞的主要功能是运输O_2和CO_2。1981年，Siegel提出了“红细胞具有免疫功能”的理论，随后许多学者对红细胞的免疫功能进行了系统研究，取得许多可喜成果。发现越是高等动物，红细胞免疫功能越健全。红细胞表面具有许多与免疫有关的物质，如C3bR等。由于红细胞数目众多，所以其发挥的免疫功能是白细胞所无法代替的。红细胞具有识别、黏附、浓缩、递呈抗原和清除免疫复合物的能力。另外，红细胞还具有免疫调节作用。

第三节　免疫相关分子

免疫分子是现代分子免疫学的主要研究对象，其种类主要包括：抗原、分泌型免疫分子（抗体、补体、细胞因子）以及免疫细胞膜分子等。

一、抗原和抗体

在免疫学发展早期，研究人员应用细菌或其外毒素给动物注射，经一段时间分离该动物的血清，并发现血清中存在一种能使细菌发生特异性凝集的组分或能特异中和外毒素毒性的组分（图2－24）。其后建立了抗原与抗体的概念，将血清中这种具有特异性反应的组分称为抗体（antibody，Ab），而将能刺激机体产生抗体的物质称为抗原（antigen，Ag）。

随着现代免疫学的发展，已经证明除了微生物或毒素物质，其他非自身物质进入机体后，也能触发机体发生免疫应答。凡是能刺激机体产生抗体或致敏淋巴细胞，并能与产生的抗体或致敏淋巴细胞结合发生特异性免疫反应的物质称为抗原。抗原进入机体后可激发免疫系统，B细胞分化增殖为浆细胞后可产生一种能与相应抗原特异性结合的免疫球蛋白，就称为抗体，主要存在于血清等体液中。在第三章和第四章中将分别详细介绍抗原和抗体分子的相关特性。

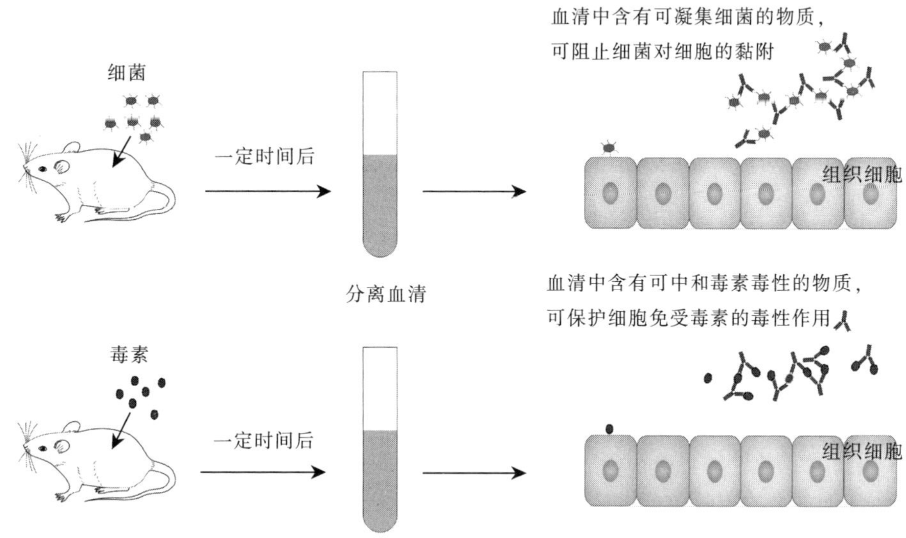

图 2-24 抗原与抗体的发现

二、补　体

早在19世纪末，比利时科学家 Jules Bordet 通过体外实验发现，在新鲜免疫血清内加入相应细菌，可以将细菌溶解，并将这种现象称为免疫溶菌现象。但如果将免疫血清60℃处理30min，血清只能凝集细菌，但不再有溶菌能力（图2-25）。这表明在免疫血清中含有两种物质与溶菌现象有关，其中对热相对稳定的组分是抗体，而将对热不稳定的组分称为补体（complement，C）。单独的抗体或补体均不能引起细胞溶解现象。

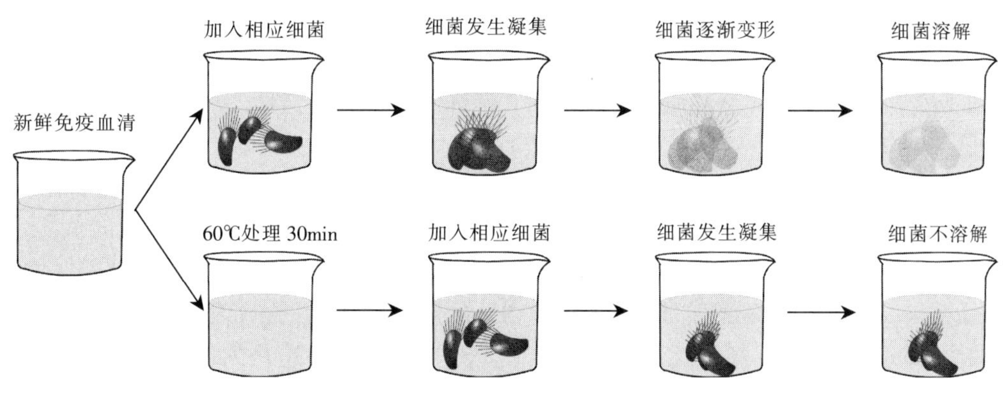

图 2-25 补体的发现

20世纪60年代后，由于蛋白质化学和免疫化学技术的进步，补体成分的成功分离与纯化，证明了补体不是单一的成分，并对补体的生物学意义有了新的认识，从而建立了现代补体概念。现代免疫学认为，补体是存在于脊椎动物血清与组织液中的一组经活化后具有酶活性的不耐热的大分子，是一组参与免疫效应的球蛋白。它是由30余种可溶性蛋白、膜结合性蛋白和补体受体（complement receptor，CR）组成的多分子系统，故也称为补体系统（complement system）。

（一）补体系统的组成

补体系统的各种成分按其生物学功能可以分为固有成分、调节蛋白以及补体受体三类。

补体的固有成分是指存在于体液中、参与补体激活级联反应的补体成分，包括：参与经典激活途径的 C1q、C1r、C1s、C4、C2；参与旁路激活途径的 B 因子、D 因子；参与甘露聚糖结合凝集素激活途径的 MBL、丝氨酸蛋白酶（serine protease）；以及参与上述三条途径的共同末端通路的 C3、C5、C6、C7、C8 和 C9。

调节蛋白是指以可溶性或膜结合形式存在、参与调节补体活化和效应的一类蛋白分子，包括：血浆或组织液中的备解素（properdin，P 因子）、H 因子、I 因子、C1 抑制物、C4 结合蛋白等；存在于细胞膜表面的衰变加速因子（decay accelerating factor，DAF）、膜辅助因子蛋白（membrane cofactor protein，MCP）、同种限制因子（homologous restriction factor，HRF）、膜反应溶解抑制因子（membrane inhibitor of reactive lysis，MIRL）等。

（二）补体系统的命名

一般按照补体成分的发现和功能进行命名。参与补体经典激活途径的固有成分，按其被发现的先后分别命名为 C1（q、r、s）、C2……C9。补体系统的其他成分以英文大写字母表示，如 B 因子、D 因子、P 因子、H 因子。补体调节蛋白多以其功能命名，如 C1 抑制物、C4 结合蛋白、促衰变因子等。补体活化后的裂解片段，以该成分的符号后面附加小写英文字母表示，如 C3a、C3b 等；具有酶活性的成分或复合物，在其符号上划一横线表示，如 $C\overline{4b2a}$；灭活的补体片段，在其符号前加英文字母 i 表示，如 iC3b。

（三）补体成分的合成与特性

已证明多个器官和多种细胞合成补体成分，其中肝细胞和巨噬细胞是合成大多数补体成分的主要细胞。补体成分占血清蛋白总量的 10%左右，大多是 β 球蛋白，少数几种为 α 或 γ 球蛋白，分子质量 25～390ku。补体含量相对稳定，仅在某些疾病时有所变动；在血清中的以 C3 含量为最高，其次为 C4、S 蛋白和 H 因子，各约为 C3 含量的 1/3；其他成分的含量仅为 C3 的 1/10 或更低。一般以无活性形式存在于血清中，主要在血液和肝脏中代谢，半衰期约 1d。补体的各种成分性质不稳定，56℃经 30min 即失去活性。

（四）补体的激活

正常情况下，补体系统以酶原或无活性形式存在于体液中，一旦被某种因素激活，补体各组分便被转化为具有酶活性状态，产生一系列连锁的级联反应。

1. 经典途径（classical pathway） 该途径是通过 C1 与经典途径激活因子（主要是 IgM、IgG_1、IgG_2 或 IgG_3 的抗原-抗体复合物）的结合而激活的；C1q 与单个 IgM 分子或相邻两个 IgG 分子结合；继而激活 C1r 和 C1s，经典补体激活途径的反应顺序是：C1→4，2→3→5→6→7→8→9（图 2－26）。最终在细胞膜形成约 10nm 左右的“孔洞”而导致靶细胞破裂。

2. 甘露糖结合凝集素途径（mannose-binding lectin pathway） 甘露糖结合凝集素（mannose-binding lectin，MBL）是一种钙依赖性糖结合蛋白（图 2－27），属于凝集素家族，可识别病原体表面的甘露糖残基和果糖残基，从而与病原体表面结合。正常血清中 MBL 水平极低，在炎症急性期反应时，其水平明显升高。MBL 在补体激活过程中扮演的角色类似经典途径的 C1q 分子，首先与细菌的甘露糖残基结合，然后与丝氨酸蛋白酶结合，形成 MBL 相关的丝氨酸蛋白酶（MBL-associated serine protease，MASP－1、MASP－2）。

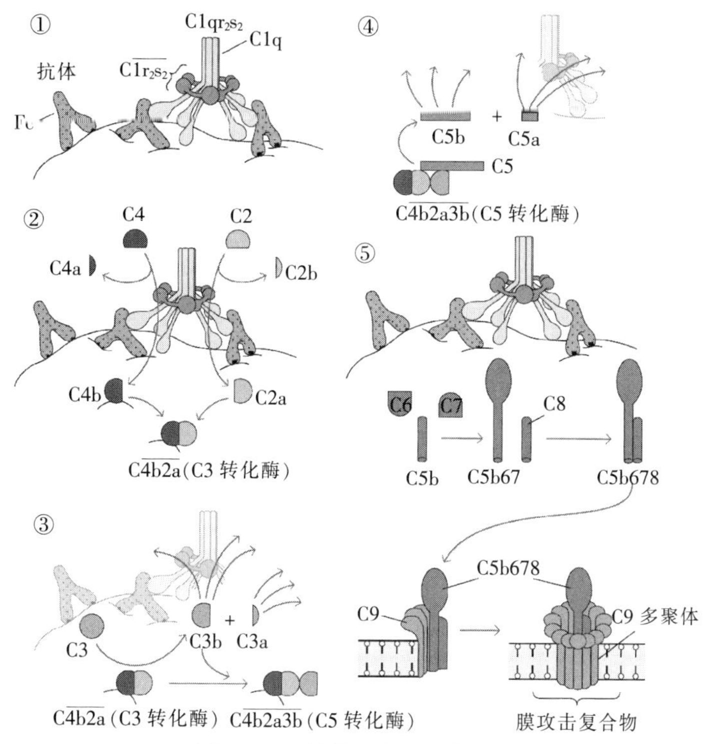

图 2-26 补体活化的经典途径

①C1q 识别抗原抗体复合物，激活 C1 分子；②激活的 C1 分子裂解 C4 和 C2，形成 C3 转化酶 C $\overline{4b2a}$；③C $\overline{4b2a}$ 裂解 C3 分子，并与 C3b 结合形成 C5 转化酶 C $\overline{4b2a3b}$；④C5 转化酶裂解 C5 分子；⑤C5b 结合 C6、C7，启动膜攻击复合物的形成

MASP 具有与活化的 C1q 同样的生物学活性，可水解 C4 和 C2 分子，继而形成 C3 转化酶，其后的反应过程与经典途径相同。这种补体激活途径被称为 MBL 途径（MBL pathway）。此外，C 反应蛋白（CRP）也可与 C1q 结合并使之激活，然后依次激活补体其他成分。

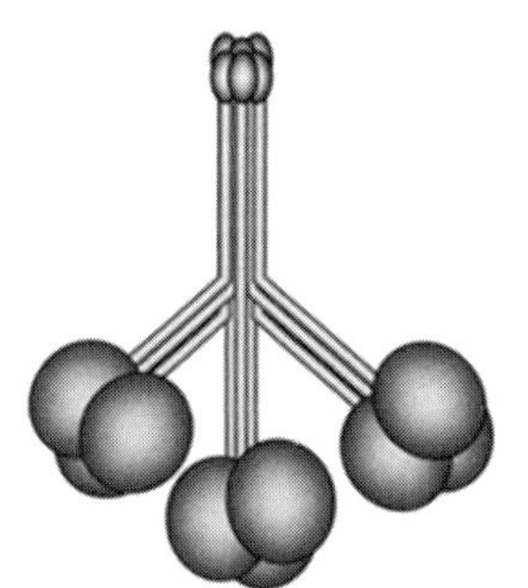

图 2-27 MBL 的结构模式

3. 替代途径（alternative pathway） 又称旁路途径，它与经典途径的不同之处是越过 C1、C4 和 C2，直接激活补体 C3，然后完成 C5～C9 的激活过程；参与此途径的还有 B、D、P、H、I 等因子。激活物主要是细胞壁成分，如内毒素、某些蛋白水解酶、IgG4、IgA 聚合物等。正常生理条件下，C3 在蛋白酶的作用下产生水解少量的 C3b，C3b 可与 B 因子结合形成 C3bB；在 D 因子的作用下，C3bB 中的 B 因子裂解出无活性的 Ba 后形成 C3bBb，即旁路 C3 转化酶；C3bBb 可与 P 因子结合成更为稳定的 C3bBbP；这一过程由于受到 H 因子和 I 因子的限制作用，而不能大量的形成 C3bBb 和 C3bBbP。当激活物出现时，为 C3b 和 C3bBb 提供了可结合的表面，并保护它们不受 I 因子和 H 因子的灭活，这时即可形成足够的 C3 转化酶，从而使得补体系统进入激活状态。C3bBb 裂解 C3 产生 C3a 和 C3b，C3b 可与上述的 C $\overline{3bBb}$或 C $\overline{3bBbP}$形成多分子的复合物，如 C $\overline{3bBb3b}$或 C

$\overline{3bBbPC3b}$，此即 C5 转化酶，其作用类似经典途径中的 C $\overline{4b2a3b}$，可使 C5 裂解为 C5a 和 C5b，自此以后的补体激活过程与经典途径相同（图 2－28）。

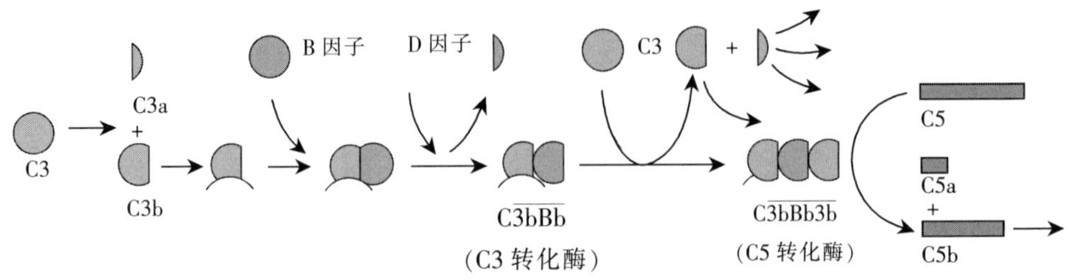

图 2－28　补体活化的替代途径

4. 补体激活的放大　无论是那条路径被激活，其产生的 C3b 均可在 P 因子、D 因子的作用下形成更多的 C $\overline{3bBb}$，继而进一步使 C3 裂解产生 C3b。C3b 既是 C3 转化酶的组成成分，又是 C3 转化酶的作用产物，由此形成了一个的正反馈放大环路，称为 C3b 正反馈环或称 C3b 正反馈途径。

（五）补体激活的调节

补体系统被激活后，可发挥广泛的生物学效应，参与机体的防御功能。如果补体系统活化失控，可产生造成病理效应。正常机体的补体活化处于严密的调控之下，从而维持机体的自身稳定。

1. 补体的自身调控　补体激活过程中产生的中间产物不稳定，是补体级联反应的重要自限因素。另外，只有在细胞表面形成的抗原抗体复合物才能触发经典途径，而旁路途径的 C3 转化酶则仅在特定的物质表面才具有稳定性，因此正常机体内一般不会发生过强的自发性补体激活反应。

2. 调节因子的作用　补体调节因子以特定方式与不同的补体成分相互作用，使补体的激活与抑制处于精细的平衡状态，调节蛋白的缺失是造成某些疾病发生的原因。

（六）补体的生物学功能

补体是动物长期进化而获得的非特异免疫机制。一方面在抗体形成的基础上形成抗原抗体复合物，激活补体系统以杀伤侵入的病原微生物。另一方面，在抗体未形成前的感染早期，补体又可以通过 MBL 途径、替代途径单独产生抗感染作用。

三、细胞因子

细胞因子（cytokine，CK）是免疫原、丝裂原或其他刺激剂诱导多种细胞产生的低分子质量可溶性蛋白质或小分子多肽，是一类能在细胞间传递信息、具有免疫调节和效应功能的蛋白质或小分子多肽。细胞因子可分为白细胞介素（interleukin，IL）、干扰素（interferon，IF）、肿瘤坏死因子超家族（tumor necrosis factor，TNF）、集落刺激因子（colony stimulating factor，CSF）、趋化因子（chemokine）、生长因子（growth factor，GF）等。

细胞因子在体内主要通过自分泌（autocrine action）、旁分泌（paracrine action）或内分泌（endocrine action）等方式发挥作用（图 2－29），具有多效性、重叠性、拮抗性、协同性、级联性、网络性等多种生理特性，形成了十分复杂的细胞因子调节网络，参与机体多种重要的生理功能。多种重要的细胞因子将在第五章中详细叙述。

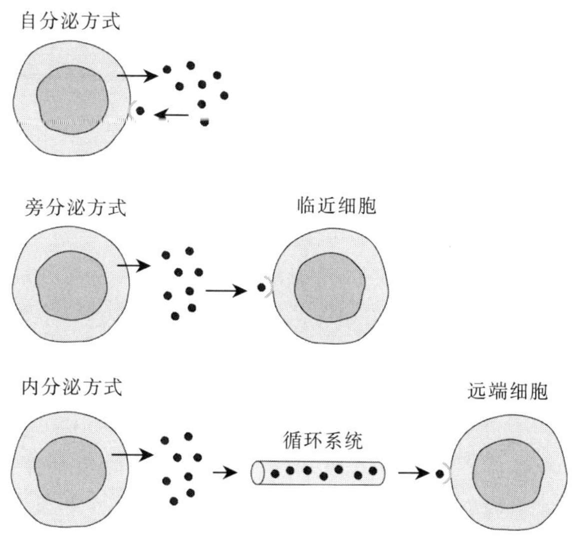

图 2-29 细胞因子的作用方式

四、免疫细胞膜分子

免疫细胞膜分子是免疫细胞间或介质与细胞间相互识别的物质基础，在免疫反应的发生中起着重要作用。免疫细胞表面主要膜分子有 T 细胞抗原识别受体、B 细胞抗原识别受体、主要组织相容性抗原、白细胞分化抗原、细胞因子受体，此外还有黏附分子、促分裂素受体以及其他受体和分子。免疫细胞表面的多种膜分子也是鉴别淋巴细胞的重要依据，通常也称为淋巴细胞表面标记（cell surface marker）。研究免疫细胞膜分子对于深入了解免疫应答的本质以及临床某些疾病的诊断、预防和治疗都具有十分重要的意义。

复习思考题

1. 解释名词：免疫系统，免疫器官，免疫细胞，免疫分子。
2. 简述家畜或家禽免疫器官的组成及其功能。
3. 免疫细胞包括哪些细胞？免疫活性细胞包括哪些细胞？
4. 什么是淋巴细胞再循环？其意义是什么？
5. DC 和 Mφ 的生物学作用是什么？

（成大荣编写，岳华、朱瑞良审稿）

第三章 抗 原

内 容 提 要

抗原是指能刺激机体产生抗体或致敏淋巴细胞，并能与产生的抗体或致敏淋巴细胞结合发生特异性免疫反应的物质。抗原具有免疫原性和反应原性两种基本特性。一种物质是否能构成抗原，决定于这种物质是否是异源物质、分子的大小和结构、物理状态、进入机体的途径等。根据不同的分类方法，抗原分为不同的种类。根据诱导抗体产生是否需要T细胞分为胸腺依赖性抗原和非胸腺依赖性抗原；根据抗原物质的性质分为天然抗原、人工抗原和合成抗原；根据抗原的来源分为异种抗原、同种抗原、自身抗原和异嗜性抗原；根据免疫原性分为完全抗原和不完全抗原；根据化学组成分为蛋白质抗原、多糖抗原、类脂抗原、核酸抗原等；根据参与免疫学诊断方法分为凝集原、沉淀原、病毒中和抗原、免疫保护性抗原和凝血素抗原等。细菌、病毒等微生物和寄生虫具有不同的抗原组成，可引起不同的免疫反应。

第一节 抗原的概念及其构成条件

一、抗原的概念

凡能刺激机体免疫系统启动特异性免疫应答，产生抗体或致敏淋巴细胞，并能与产生的抗体或致敏淋巴细胞结合发生特异性免疫反应的物质称为抗原（antigen，Ag）。抗原具有两种基本特性，即免疫原性和反应原性，这两种基本特性统称为抗原性（antigenicity）。

1. 免疫原性（immunogenicity） 指抗原能刺激机体的免疫系统产生抗体或致敏淋巴细胞的特性。具有这种特性的物质称为免疫原（immunogen）。

2. 反应原性（reactionogenicity） 指抗原能与相应的抗体或致敏淋巴细胞发生特异性反应的特性。

具有上述两种特性的物质称为完全抗原，各种微生物和大多数蛋白质属完全抗原。有些小分子物质单独存在时虽能与相应的抗体结合而具有免疫反应性，但不能诱导免疫应答，即无免疫原性，称为半抗原（hapten，HP）。半抗原与蛋白质载体（carrier）结合后具有免疫原性，成为完全抗原。

免疫原性是相对某些种类的动物机体而言的，有些物质能诱导某类动物产生免疫应答，但对另外的动物则不能引起免疫应答。因此在描述一种物质诱发免疫应答反应时，必须考虑到被免疫的动物免疫应答的能力。

二、构成抗原的条件

（一）异源性

指与自身成分相异或未与宿主胚胎期免疫细胞接触过的物质。正常情况下，机体的免疫系统具有精确识别“自己”和“非己”物质的能力。抗原是指非己的异种或异体物质，如病原微生物及其产物、异种动物血清都是良好的抗原，这类物质称为异种抗原（heterogenous antigen）。而且种族关系越远，组织结构间差异越大，则抗原性越强。如鸭血清蛋白对鸡虽是抗原，但抗原性弱，对家兔则很强。

同种异体间的物质有时也有抗原性，如血型抗原、组织相容性抗原等，因此不同个体间进行组织或器官移植时，可引起移植排斥反应，只有同卵双生个体间进行组织或器官移植时才不被排斥。这种对不同个体具有抗原性的物质称为同种异体抗原（alloantigen）。

自身组织对机体通常是没有抗原性的，这是因为在胚胎期间针对自身组织的免疫活性细胞株（禁忌细胞株）已被排除或抑制了，因此动物出生之后便对自身的组织不产生免疫反应。但机体自身的某些成分，如眼球晶体蛋白、甲状腺蛋白及精子蛋白等，平时不进入血流，未与免疫活性细胞接触过，一旦因外伤、感染、电离辐射或其他原因进入血流时，也能刺激机体产生抗体。或由于机体识别异物的功能紊乱，也常把一些本来不具有抗原性的自身物质视为异物。上述物质均称为自身抗原（autoantigen），对机体组织来讲是最弱的抗原，但却是引起自身免疫性疾病的主要原因。

（二）分子大小

抗原物质要求一定的分子质量，分子质量大于10 000u的物质，有良好的免疫原性，分子质量越大，抗原性越强。在有机物质中蛋白质的抗原性最强。某些结构复杂的多糖或类脂与载体蛋白结合也有抗原性。抗原分子质量越大，颗粒越大，其表面的抗原决定簇就越多；胶体状态的大分子物质，能长期停留在体内，不易被机体破坏或排除，有利于持续刺激机体产生特异性免疫反应。

（三）分子结构

化学组成和结构越复杂，抗原性越强。一般球状分子蛋白质的抗原性较直链分子蛋白质强，如明胶的分子质量高达1.0×10^5u，但抗原性很弱；而卵清蛋白分子质量为4.0×10^4u，RNA酶的分子质量为1.4×10^4u，胰岛素的分子质量为5 734u，由于它们具有必要的化学结构，也有一定的抗原性。如在明胶分子中加入2%的酪氨酸，就能增强其抗原性。

（四）物理状态

抗原的物理状态对免疫原性是很重要的。聚合状态的蛋白质较单体状态的蛋白质抗原性强。一些免疫原性弱的可溶性抗原，由于分子的聚集而增加质点的大小或吸附在颗粒表面时，都可能使其获得免疫原性。如聚集状态的牛γ球蛋白，对小鼠是强免疫原，但经过超速离心，呈非聚集状态时则不能诱导免疫反应。许多抗原溶于生理盐水中给动物注射，则显示出弱免疫原性，不能引起动物的免疫反应，若加入弗氏佐剂或吸附在氢氧化铝胶等大分子颗粒上，常可增强其免疫原性。

（五）进入机体的途径

抗原分子只有完整的进入免疫活性细胞所在的场所，如脾、淋巴结和血流等处，才能刺激机体产生抗体或致敏淋巴细胞。若在未进入这些场所之前，在消化道内就分解成小分子的氨基酸或短肽链时，由于氨基酸的结构在各种生物体内都相同，则失去异物的特性，便没有抗原性。因此像疫苗这类抗原物质，一般都采用注射的方式接种，如必须口服，则应在疫苗制剂的外面包裹一层防止消化酶破坏的物质。

第二节　抗原决定簇

（一）抗原的化学基团

由于肽链末端氨基酸的组成、空间分布、立体构型和旋光性等的不同，抗原物质表面的特殊化学基团可表现出不同的特异性。如将比较简单的化学分子—COOH、—SO_3H 或—AsO_3H_2 连接于苯胺上，通过偶氮化，再与血清蛋白结合，形成结合抗原（conjugated antigen）或偶氮蛋白（azoprotein）。用这种抗原注射动物所获得的抗体与不同化学基团连接的结合抗原分别作免疫学反应，就可以证明抗原的特异性完全决定于所结合的化学基团。抗原特异性是免疫学方法广泛用于诊断、鉴定与防治的基础。

（二）抗原决定簇的概念

抗原的特异性不是由整个抗原分子决定的，而是由抗原分子中具有特殊立体构型和免疫活性的化学基团决定的，这些基团称为抗原决定簇（antigenic determinant，AD），也称为抗原决定基或称抗原表位（epitope）（图 3－1）。决定簇的性质、数量和空间构象决定于抗原的特异性。抗原借决定簇与相应淋巴细胞表面的受体结合，激活淋巴细胞引起免疫应答；也借决定簇与相应抗体发生特异性结合并产生免疫反应。因此，抗原决定簇是被免疫细胞识别的标志及免疫反应具有特异性的物质基础。

图 3－1　抗原表面决定簇模式图

（三）抗原的免疫优势决定簇

尽管所有具有免疫原性的抗原都能诱发免疫应答，但不同的免疫原分子同时注射宿主，诱发的免疫应答是有差别的。有的免疫原能诱发产生高效价的抗体，有的产生低效价的抗体。同一种免疫原分子上有许多抗原决定簇或抗原表位，它们诱发免疫应答的能力也不相同，不同抗原决定簇诱发产生抗体的数量也不相同。那些能诱导产生高效价抗体的决定簇称为免疫优势决定簇（immunodominant determinant）。有的决定簇不能诱导产生抗体，称为免疫静止决定簇（immunosilent determinant）。免疫优势还可以表现在氨基酸残基的分子水平上。改变决定簇内某一单个的氨基酸残基，就可能引起决定簇免疫优势的变化。

（四）抗原决定簇的组成

抗原决定簇是由一定数量的特异物质构成。在天然抗原中构成一个抗原决定簇所必须的条件是：蛋白质抗原的每个决定簇由 5～7 个氨基酸组成的短肽链；碳水化合物抗原的每个决定簇是由 6 个六碳糖组成的短糖链；核酸半抗原的每个抗原决定簇约含有 6～8 个核苷酸。

一般而言，只有暴露在分子的表面时抗原决定簇才能呈现它的作用。

（五）抗原决定簇的分类

1. 构象决定簇和序列决定簇 抗原决定簇在结构上有两大类：一是构象决定簇（conformational determinants），二是顺序决定簇（sequential determinant）。构象决定簇是指序列上不相连而依赖于蛋白质或多糖的空间构象形成的决定簇，是B细胞抗原受体（BCR）或抗体识别的决定簇，故又称为B细胞决定簇，一般暴露于抗原分子的表面。BCR可直接识别和结合构象决定簇。

序列决定簇是指一段相连的氨基酸序列所形成的决定族，又称线性决定簇（linear determinants），多存在于抗原分子的内部。是T细胞受体（TCR）识别的主要决定簇，故又称为T细胞决定簇。因T细胞决定簇位于抗原分子内部，所以需经抗原递呈细胞（APC）加工处理后，才能被TCR识别，B细胞亦可识别线性决定簇（图3-2）。

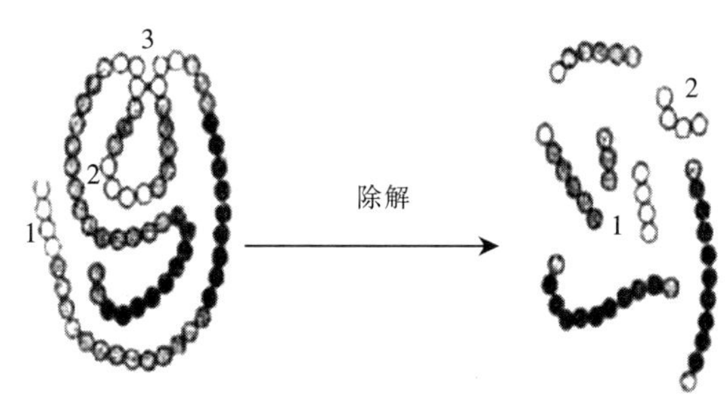

图3-2 抗原分子中B细胞决定簇和T细胞决定簇

● 为T细胞决定簇，○ 为B细胞决定簇

B细胞决定簇：1表示在分子表面为线性结构，2表示隐蔽性抗原决定簇，3表示构象决定簇；T细胞决定簇为线性结构，位于分子任意部位；天然抗原分子经酶解后，易失去的是B细胞构象决定簇3，而决定簇1和2仍然存在

2. 功能性决定簇和隐蔽性决定簇 一个抗原分子可具有一种或多种不同的表位。位于分子表面的决定簇易被相应的淋巴细胞识别，具有易接近性，可以启动免疫应答，称为功能性决定簇；位于抗原分子内部的决定簇，一般不能引起免疫应答，称为隐蔽性决定簇。若各种理化因素使抗原结构发生改变，暴露出分子内部的决定簇，即成为变性抗原。例如创伤、感染或射线等作用，可使自身组织变性，成为自身抗原，从而诱发自身免疫病。

（六）抗原的结合价和交叉反应性

1. 抗原结合价 抗原结合价（antigenic valence）指能和相应抗体结合的功能性决定簇的数目。半抗原为单价，大多数天然抗原的分子结构十分复杂，由多种、多个决定簇组成，是多价抗原，可以和多种抗体结合。

每个抗原分子上抗原决定簇的数目称为抗原结合价或抗原价（antigen valence），抗原价与抗原分子质量大小有关，分子质量每达5 000～9 000u有一个决定簇，例如鸡卵白蛋白分子质量40 500u，有5个决定簇；白喉杆菌外毒素分子质量70 200u，有8个决定簇；牛血清白蛋白分子质量69 000u，有18个决定簇。简单半抗原一般只与一个抗体分子结合，称为单价抗原（monovalent antigen）。大部分天然抗原分子结构复杂，含有多个抗原决定簇，称为多价抗原（multivalent antigen）。

抗原物质分子表面有几个抗原决定簇即为几价抗原，通常说的多价抗原是指表面有多个抗原决定簇。每个抗原决定簇可刺激机体产生一种抗体，因此一种抗血清中往往含有针对该抗原各个决定簇的多种类型的特异性抗体。多价抗原与一个抗体分子结合后，其他的决定簇还可以和另外的相应抗体结合。如果抗原、抗体比例合适的话，就可以形成“网格状”结构的复合物（图 3－3），呈现肉眼可见的凝集反应或沉淀反应。但也有些抗原分子的决定簇较少，甚至少到一个决定簇，这种单价抗原，主要是简单的半抗原，它只能与相应的抗体结合，但不能相互凝集，也不出现可见的沉淀反应。

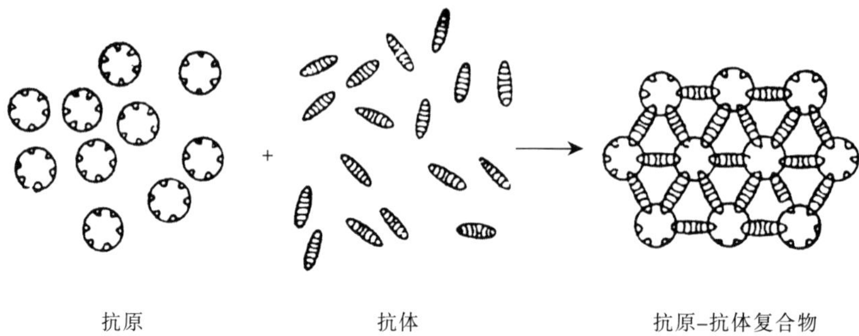

图 3－3　抗原-抗体特异性结合形成网格状的结构

每种抗原都可以具有数种不同的抗原决定簇，在亲缘关系较近的一些抗原物质中，其中有些抗原决定簇为本身所特有，而有的抗原决定簇是和其他抗原所共有，这种共有的抗原成分称为共同抗原（common antigen）或类属抗原（group antigen）。如马流产沙门菌的菌体抗原有 4、12，而肠炎沙门菌的菌体抗原为 1、9、12，其中的 4 和 9 分别为马流产沙门菌和肠炎沙门菌所特有，称 4 和 9 为特异性抗原；而 12 则为两者所共有，称为类属抗原。用这两种细菌分别给家兔免疫，所制得的免疫血清中的抗体，除能与本菌发生明显的特异性反应外，还能与含有类属抗原的另一种细菌发生反应，这种反应称为交叉反应或类属反应。通常交叉反应的反应强度较特异性反应弱。抗原的特异性是免疫学诊断、预防和治疗疾病的基础，正确区分特异性抗原和类属抗原，不但可以鉴定微生物的种类，还可以了解各种微生物之间是否有亲缘关系以及亲缘关系的远近。

2. 抗原的交叉反应性　不同抗原物质之间有时可出现不同程度的交叉反应，发生交叉反应主要有以下几种形式。

（1）不同物种间存在共同的抗原组成：某些微生物与人、动植物的组成成分中存在着共同抗原，可引起交叉反应，如异嗜性抗原（heterophile antigen）。例如链球菌与人心肌存在着共同抗原成分，当链球菌感染机体侵袭到心脏时，可以引起变态反应性心肌炎。

（2）不同抗原分子存在共同的抗原决定簇：沙门菌属的多糖抗原是菌群分型的主要依据，其决定簇由 6～7 种多糖组成，此多糖的特异性又决定于末端的决定簇，根据末端决定簇可进行分群。如“决定簇 2”为 A 群沙门菌所共有；末端为伤寒杆菌糖和甘露糖的“决定簇 9”为 D 群沙门菌所共有；而末端由鼠李糖和葡萄糖组成的“决定簇 12”则为 A、B、D 三个群所共有。决定簇 2、9 是群特异性的抗原，其单因子血清可用于沙门菌的分群。

（3）不同决定簇之间存在部分相同构型：蛋白质抗原的决定簇通常决定于多肽末端的氨基酸组成，特别是末端氨基酸的羧基对特异性影响最大。如末端氨基酸相似，即可出现交叉反应。而交叉反应的强度与相似的程度成正比。

第三节 半抗原与载体现象

（一）半抗原

只具有反应原性而不具有免疫原性的一类小分子抗原物质，称为半抗原。它是一类不完全抗原，当与大分子载体蛋白连接后，具有免疫原性。青霉素等药物、药理活性肽类、一些激素、cAMP和cGMP等代谢物、嘌呤、嘧啶碱基、核苷、核苷酸、寡核苷酸、人工多聚核苷酸等分子量较小的物质均为半抗原，它们与适宜的载体蛋白结合成复合物后免疫动物，即可诱导机体产生针对该半抗原的高度特异性抗体。这种抗体可用于放射免疫测定或其他免疫测定中，用以检测极微量的相应半抗原物质。

半抗原可分成两类：

（1）复合半抗原：无免疫原性，但具有免疫反应性，在试管中与相应抗体发生特异性结合，并产生肉眼可见的反应。

（2）简单半抗原：一种无免疫原性的单价半抗原，但能与抗体发生肉眼不可见的结合，其结果阻止了抗体再与相应的完全抗原或复合半抗原间的可见反应。例如肺炎链球菌荚膜多糖的水解物即为简单半抗原或阻抑半抗原。

（二）半抗原-载体现象

通过动物对已知半抗原载体复合物的反应可证明，抗体的特异性虽然依赖于半抗原决定簇，但载体大分子对于抗体反应的性质和量也有影响。例如用已知的半抗原载体复合物（如半抗原二硝基苯DNP与载体卵白蛋白OA结合）免疫动物，可引起动物对DNP的初次免疫反应，产生抗DNP抗体。用同一半抗原载体进行再次免疫时，则引起机体对半抗原的再次免疫反应。但是如果用DNP和另一载体［如牛γ球蛋白（BGG）］第二次免疫该动物时，则只引起初次反应，而不能刺激机体发生再次应答。半抗原只有结合于相同的载体时，才能引起再次免疫反应，这一现象称为载体效应（carrier effect）。单独用载体或半抗原免疫动物，都不能引起对半抗原的体液免疫反应。载体除增加半抗原大小、使其获得免疫原性外，在引起再次免疫反应的免疫记忆中也起着主要作用（表3-1）。

表3-1 半抗原-载体效应

实验组别	初次免疫	再次免疫	抗DNP抗体产生情况
1	DNP-BGG	DNP-BGG	+++
2	DNP-BGG	DNP-OA	±
3	DNP-BGG	BGG	+

半抗原-载体效应的发现进一步证明，T细胞表面的抗原受体主要和免疫原的载体决定簇相互作用，而B细胞表面的抗原受体则和半抗原决定簇相互作用。实验证明，如果用DNP和载体（OA）复合物免疫动物之后，再用同一复合物或单独用OA作抗原，均可引起细胞介导免疫应答再次反应。但如果单独用DNP或DNP与另一载体（BGG）复合物作抗原，则不引起细胞介导免疫应答（cell-mediated immunity，CMI）的再次反应。说明致敏的T淋巴细胞只能识别载体，不能对半抗原或结合在另一载体上的半抗原发生免疫反应。细胞介导免疫应答的特异性识别决定于载体，而体液免疫应答的特异性决定于半抗原。

任何一个完全抗原均可看作是半抗原与载体的复合物。在免疫应答中，T细胞识别载体，B细胞识别半抗原，故细胞免疫应答中载体起重要作用，而体液免疫应答时，也必须通过T细胞对载体的识别，从而促进B细胞对半抗原的反应。例如牛的胰高血糖素可引起豚鼠明显的体液免疫应答。它可被胰蛋白酶裂解为两个片断，一个片段能引起T细胞的母细胞化，另一片段能与胰高血糖素抗体结合，而对T细胞的功能没有影响。现已证明，胰高血糖素是含有29个氨基酸残基的多肽，其体液抗体的决定簇位于分子N端一半的肽段（1～17），而C端的肽段（18～29）主要和细胞免疫特异性有关。并非所有抗原都如此简单，大多数抗原物质具有多种抗原决定簇，可以看作是多种半抗原和载体的复合物。

第四节　抗原的类型

根据不同的分类方法，可把抗原分为不同的种类。

（一）根据诱导抗体产生是否需要T细胞辅助进行分类

根据刺激机体产生抗体是否需要T细胞辅助，将抗原分为胸腺依赖性抗原和非胸腺依赖性抗原。

1. 胸腺依赖性抗原　刺激机体后使B细胞分化成浆细胞的过程中需要辅助性T细胞协助的抗原称为胸腺依赖性抗原（thymus dependent antigen，TDAg）或T细胞依赖性抗原。绝大部分抗原均属此类，如异种红细胞、异种组织、微生物、异种蛋白及人工复合抗原等。

2. 非胸腺依赖性抗原　不需要T细胞协助就能直接刺激B细胞分化成浆细胞者称为非胸腺依赖性抗原（thymus independent antigen，TIAg）。如大肠杆菌脂多糖（LPS）、肺炎链球菌荚膜多糖（SSS）、聚合鞭毛素（POL）和聚乙烯吡咯烷酮（PVP）等。此类抗原的特点是由同一构成单位重复排列而成，例如POL由鞭毛素单体（MON）重复而成。MON与POL不同，前者结构简单、分子质量小，必需依赖辅助性T细胞才能激活B细胞产生抗体。

（二）根据抗原物质的性质进行分类

根据抗原物质是天然的生物物质还是人工合成物质可将抗原分为天然抗原、人工抗原和合成抗原。

1. 天然抗原　指自然界中天然存在的来自于动物、植物和微生物的抗原物质。如微生物及其毒素、寄生虫、动物血清、各种血细胞以及植物花粉等均为天然抗原。天然抗原有的呈颗粒状，如血细胞、细菌等；有的为可溶性，如血清蛋白、细菌毒素等。

2. 人工抗原　经过人工化学改造的天然抗原即为人工抗原。制备人工抗原主要是为了研究了解免疫原性的化学基础，因此将高度复杂的天然抗原用已知的化学基团置换，这种方法可以为免疫反应的特异性本质提供很多重要的信息。

3. 合成抗原　是指用化学方法将某些已知氨基酸按一定顺序聚合成大分子多肽，使其具有抗原性。可以使用一种氨基酸也可以使用多种氨基酸构成多肽，这种合成肽可以是直链的，也可以是带有侧链的。合成抗原一方面可用于抗原结构、抗原特异性等免疫理论的研究，同时合成肽所构成的第三代疫苗可能为将来的人工自动免疫提供更为优秀的无副作用的生物制品。

（三）根据抗原的来源进行分类

根据抗原的来源不同，可将抗原分为异种抗原（heteroantigen）、同种抗原（alloantigen，homoantigen）、自身抗原（autoantigen）、异嗜性抗原（heterophile antigen）。

1. 异种抗原 与被免疫动物不同属的抗原，如各种疫苗、异种红细胞、异种蛋白等。大部分抗原均为异种抗原。

2. 同种抗原 来自于被免疫动物同种属但不同个体动物的抗原，如血型抗原、组织相容性抗原等。

3. 自身抗原 被免疫动物的自身组织在某种特定条件下所形成的抗原。

4. 异嗜性抗原 指一类与种族特异性无关的，存在于人、动物、植物、微生物之间的性质相同的抗原，称为异嗜性抗原。由于这一现象首先由 Forssman 发现，故又称为 Forssman 抗原。他发现用豚鼠肝、脾等脏器悬液免疫所制备的抗血清，不仅对原来的脏器抗原发生反应，还可以凝集绵羊红细胞，在补体参与下，可使绵羊红细胞发生溶解。说明豚鼠组织与绵羊红细胞间有共同抗原。除绵羊红细胞外，异嗜性抗原还存在于马、犬、猫和小鼠等的红细胞表面，也可存在于病原微生物与机体某些组织成分中。如溶血性链球菌的细胞膜与肾小球的基底膜及心肌组织有共同抗原，反复感染链球菌后，可刺激机体产生抗肾抗体和抗心肌抗体，导致针对宿主自身的免疫反应，从而被认为是肾小球肾炎和心肌炎等自身免疫病的发病原因之一。

（四）根据免疫原性进行分类

根据抗原诱发免疫反应的能力可将抗原分为完全抗原和不完全抗原（半抗原）（表 3-2）。

1. 完全抗原 既具有免疫原性，又具有反应原性的物质称为完全抗原。如大多数的异种蛋白都是完全抗原。病原微生物，如细菌及其毒素、病毒、立克次体、螺旋体、原虫等也都是完全抗原，而且是抗原性很强的抗原。

2. 不完全抗原 仅有反应原性而缺乏免疫原性或免疫原性很不完善的物质，称为不完全抗原或半抗原。如大多数的多糖、类脂以及青霉素、磺胺等药物。

表 3-2 抗原按免疫原性分类

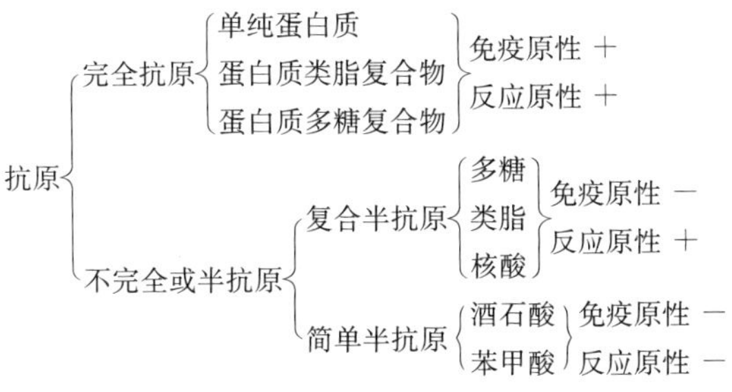

注：+表示反应为阳性；−表示反应为阴性。

（五）根据化学组成进行分类

天然抗原种类繁多，有数百万种之多，但就其化学性质来说，主要有以下几类（表 3-3）。

表 3-3 抗原根据化学组成分类

类别	天然抗原
蛋白质	血清蛋白（白蛋白、球蛋白）、酶、细菌外毒素、病毒结构蛋白等
脂蛋白	血清脂蛋白
糖蛋白	血型物质、组织相容性抗原
脂质	结核杆菌的磷脂质和糖脂质
多糖	肺炎链球菌等的荚膜
脂多糖	革兰阴性菌的细胞壁（抗原、内毒素）
核糖	核蛋白等

（六）根据抗原存在部位进行分类

根据抗原存在于菌体的部位不同，分为表面抗原（surface antigen）和深部抗原（deep antigen）。

1. 表面抗原 包围在细菌细胞壁外面的抗原称为表面抗原。随细菌的种类和结构不同，可有不同的名称。例如肺炎链球菌表面的抗原称为荚膜抗原；大肠杆菌和痢疾杆菌表面的抗原称为包膜抗原或 K 抗原；伤寒杆菌的表面抗原称为 Vi 抗原。

2. 深部抗原 细菌的内部结构如胞质膜和核蛋白质等均具有抗原性，谓之深部抗原。深部抗原只有在菌体裂解后，才暴露出来。

（七）根据临床应用分类

根据参与免疫学诊断方法或免疫学防治的作用不同，又可以把抗原分为不同种类。

1. 凝集原（agglutinogen） 参与凝集反应的抗原称为凝集原。凝集原又可分为平板凝集抗原、试管凝集抗原、SPA 协同凝集抗原等。凝集原为颗粒性抗原或吸附可溶性抗原的颗粒。

2. 沉淀原（precipitinogen） 参与沉淀反应的抗原称为沉淀原。沉淀原又可分为环状沉淀反应抗原、絮状沉淀反应抗原、琼脂扩散反应抗原等。沉淀原可以是类脂、多糖或蛋白质，为可溶性抗原（细菌培养物滤液、细胞或组织浸出液、血清蛋白等）。

3. 保护性抗原 也称为中和抗原，是能刺激机体产生中和抗体的病毒组成成分。当相应中和抗体与病毒的这种抗原相结合时，可使病毒失去吸附细胞的能力，或抑制病毒侵入和脱衣壳，使病毒失去感染力。

4. 血凝素抗原 某些病毒的囊膜上有血凝素，如鸡新城疫病毒、流感病毒、减蛋综合征病毒、兔出血症病毒等，能凝集某些动物的红细胞。血凝素具有抗原性，能刺激机体产生相应抗体。相应抗体能抑制特定病毒对红细胞的凝集作用。

第五节 重要的抗原物质

（一）细菌抗原

细菌虽小，但结构复杂，一个细菌并非一种抗原，每一种结构都由若干抗原组成，因此一个细菌是多种抗原成分的复合体。细菌的细胞质含有复杂的酶和核蛋白，其中很多具有抗原性，但是因为被局限在微生物内部，所以其刺激机体产生保护性免疫应答方面往往没有细菌表面抗原重要，故这里着重叙述表面抗原。

1. 鞭毛抗原（flagellar antigen） 又称 H 抗原（鞭毛德文单词 Hauch 的第一个字母）。鞭毛抗原主要决定于丝状体，因丝状体占鞭毛的 90%以上。细菌鞭毛由一种蛋白亚单位（亚基）组成，称为鞭毛蛋白（flagellin）或鞭毛素。鞭毛是由这些亚单位聚合而成的空心柱状结构。不同菌种的鞭毛蛋白，其氨基酸种类、序列等彼此有所不同。其共同特点是不含半胱氨酸，含少量芳香族氨基酸。鞭毛抗原不耐热，56～80℃即可破坏。鞭毛抗原的特异性较强，用之制备抗鞭毛因子血清，可用于沙门菌和大肠杆菌的免疫诊断。近年来有人用鞭毛蛋白多聚体检查人和动物的免疫缺陷。

2. 菌体抗原（somatic antigen） 菌体抗原主要指革兰阴性细菌细胞壁抗原。菌体抗原又称 O 抗原（菌体德文单词 Ohen 第一个字母）。菌体抗原由多糖、类脂和蛋白质组成。紧靠胞质膜外有一层肽聚糖网，之外为脂蛋白，它与外边的外膜相连。外膜之外是类脂 A，类脂 A 之外附着一个多糖组成的核心，称为共同基核（common core）。在所有的沙门菌中，类脂 A、共同基核或完全相同，或极为相似。所有沙门菌基核都含有 D-葡萄糖、D-半乳糖、磷酸庚糖、1-酮糖-3 脱氧辛酮糖和 D-氨基半孔糖等 5 种糖。共同基核上连接有多糖侧链。已鉴定出有 5 种单糖连接于共同基核上，4 个或 5 个单糖残基构成一种 LPS 的 O 抗原。菌体抗原的特异性决定于侧链上单糖的种类、序列及空间立体构型。许多革兰阴性杆菌，如沙门菌 O 抗原具有很强的毒性，每千克体重 0.01μg 就可以引起人体发热、白细胞减少等症状。由于这些物质是细菌细胞壁组成成分，只有在细胞溶解时才释放出来，因此又称为内毒素。内毒素与菌体抗原密切相关，但二者不完全相同，用特殊方法可将其分开。如沙门菌用酚水溶液（酚：水=45：55，体积比）在 68℃条件下进行提取，可以得到有毒性的类脂，而菌液用 0.1mol/L 的醋酸 100℃处理 2h，则得到无毒的具有抗原特异性的多糖，说明类脂多糖可以分开。

3. 荚膜抗原（capsular antigen） 又称为 K（kapsel）抗原。荚膜由细菌菌体外的黏性物质组成，电镜观察呈稠密丝状纤维网格（Roth，1977）。绝大多数细菌的荚膜物质是由两种以上的单糖组成的多聚糖，仅少数细菌（如炭疽杆菌和枯草杆菌等相关种）的荚膜物质为 D-谷氨酰多肽。各种细菌荚膜多糖互有差异，同种不同型间多糖侧链亦有差异，如肺炎链球菌各型的荚膜多糖侧链互不相同，因而抗原性不同。有荚膜的细菌，能抵抗吞噬作用，所以有荚膜的细菌，除非有抗体存在，通常不易从血流中清除。由于这种原因，所以针对 K 抗原的抗体具有较好的免疫保护作用，不含 K 抗原的疫苗免疫效果较差。

4. 菌毛抗原（pili antigen） 许多革兰阴性菌（如大肠杆菌的某些菌株、沙门菌、痢疾杆菌、变形杆菌等）、少数革兰阳性菌（如某些链球菌）菌体表面可以看到很多细小、坚韧、没有弯曲的绒毛，称为菌毛（也叫纤毛）。

菌毛由菌毛素（蛋白质）组成，有很强的抗原性。60℃加热处理不影响其抗原性，对盐酸和乙醇的抵抗力强，但 100℃加热 1h 即失去其抗原性。菌毛抗原与相应抗体发生凝集时反应很迅速，外观呈云雾状，所以易与鞭毛凝集相混淆，但菌毛凝集不因 0.05mol/L 盐酸或 50%乙醇处理而消失。

菌毛与致病性有密切关系，正常机体存在着天然抗病菌侵袭的能力，如呼吸道的纤毛、肠蠕动、细胞分泌的杀菌物质和分泌液的荡涤作用等。因此，细菌要侵犯消化道、呼吸道及泌尿生殖道，就必须具有附着该处细胞表面的能力。越来越多的实验证明，细菌的普通菌毛具有黏附能力，因此菌毛又称黏附素。不同的细菌菌毛对不同的组织具有黏附性。

猪源的病原性大肠杆菌的 K88、K99、987P 和禽源的 F1 等，已经证明属于菌毛抗原，在细菌学诊断上也极其重要。

针对菌毛抗原研发的疫苗在相应疫病的防控中也证明是有效的。目前，菌毛疫苗已广泛用于欧洲及北美洲，将疫苗接种于志愿者体内，证明能预防细菌性腹泻，也可以预防新生小猪、犊牛的腹泻。鉴于菌毛的类别很多，且不同种间无交叉保护作用，因此找出具有广泛保护作用的菌毛，以此制备疫苗将会在防治细菌性感染中发挥重大作用。

（二）病毒抗原

各种病毒结构不一，因而抗原成分复杂，各种病毒都有自己的抗原结构。

1. 囊膜抗原（envelope antigen） 有囊膜的病毒，抗原特性主要由囊膜上的纤突（spikes）决定。一般将此病毒表面抗原也称为 V 抗原。囊膜抗原有型和亚型的特异性，如正黏病毒和副黏病毒，特别是流感病毒外膜上的血凝素（hemagglutinin，HA）和神经氨酸酶（neuraminidase，NA）具有很高的特异性，是流感病毒亚型分类的基础。血凝素和神经氨酸酶的变异，导致出现新的抗原性，也即出现新的变异型，可引起流感的又一次流行。

2. 衣壳抗原（capsid antigen） 无囊膜的病毒，其抗原特异性常取决于颗粒表面的衣壳结构蛋白，如口蹄疫病毒的结构蛋白 VP_1、VP_2、VP_3 和 VP_4 等，即属此类抗原。这些抗原具有型和亚型特异性。

病毒在体内复制时，常出现某些大分子物质。如口蹄疫病毒，在同一培养物中常有四种抗原成分，其一为感染性病毒粒子，直径 23±2nm，沉降系数 140S；其二为直径 21nm，沉降系数 75S 的空衣壳；其三为直径 7～8nm，沉降系数 12S 的衣壳降解蛋白（壳微体）；第四种颗粒，沉降系数小于 4.5S，称为病毒感染相关抗原（virus infection associated antigen，VIA 抗原）。口蹄疫病毒的空衣壳及壳微体都不产生细胞致病作用（CPE），无蚀斑，都没有感染力，但有免疫原性和血清反应能力，英国曾用其制成疫苗。VIA 抗原也可使机体产生抗体，但病毒子装配完成后，VIA 抗原并不存在于病毒结构中。它可能是没有酶活力的病毒特异性核糖核酸聚合酶，因为它的抗体能抑制聚合酶的活力，只有当病毒在动物体内或组织培养物内复制时才能形成。用灭活的疫苗免疫动物则不产生此种抗原及相应的抗体。由于 VIA 抗体只存在于感染动物的血清中，故检查此种抗体在临床诊断及进出口检疫中极为重要。

3. 可溶性抗原（soluble antigen） 是指病毒的内部抗原，在病毒感染的早期出现，不具有感染性。病毒在不敏感的宿主体内仅引起对病毒表面抗原的免疫应答，而病毒在易感宿主体内增殖，释放全部病毒抗原，包括表面抗原、内部抗原（即可溶性抗原）及非结构蛋白抗原，均能引起免疫应答。

（三）毒素抗原

破伤风梭菌、白喉杆菌和肉毒梭菌等都能产生外毒素（exotoxin），并释放到环境中。细菌外毒素具有很强的抗原性，能刺激机体产生抗体，称为抗毒素（antitoxin）。细菌外毒素经 0.3%～0.4%甲醛或其他适当方法（如酸处理、39～40℃加热）处理后，毒力降低但仍保留免疫原性，称为类毒素（toxoid）。

外毒素分子的毒性基团与抗原决定簇不是同一物质，但在空间排列上是互相靠近的基团。如对白喉毒素的研究表明，它是分子质量为62 000u的一条多肽链，可被酶降解为两个具有不同功能的片段。片段A（分子质量24 000u）具有酶活性，为毒素的活性中心；片段B（分子质量为38 000u）能识别敏感细胞受体，与之结合后使片段A进入细胞。即对活体细胞的毒性作用需要毒素分子两个片段的协同作用，片段B识别细胞受体，片段A发挥毒性作用。研究证明，抗片段B抗体对毒素分子具有高度亲和力，能在机体内中和毒素、阻止毒素与敏感细胞结合，而抗片段A抗体则缺乏中和毒素的能力。

（四）寄生虫抗原

寄生虫抗原成分复杂，由多种物质组合而成。在这些抗原成分中，有的是弱抗原，有的是强抗原，后者可以激发宿主的免疫应答，引起体液免疫和细胞免疫。

寄生虫抗原有多糖、类脂和蛋白质抗原。电泳分析表明有些虫体可以鉴定出25～30种抗原成分。寄生虫组织的总蛋白量变异很大，占干重的20%～80%。寄生虫的组织蛋白分两大类，即可溶性蛋白和颗粒性蛋白。可溶性蛋白包括酶、激素等可溶性抗原物质；颗粒性抗原与细胞膜及细胞内膜结合，与保持虫体外形有一定关系，如胶原蛋白、角蛋白及硬蛋白。所以寄生虫抗原可以说是最复杂的抗原之一。特别是蠕虫，具有比较完整的消化、生殖及排泄系统，能不断地向虫体外输出含有可溶性抗原的分泌物和排泄物。现在一般研究所用的寄生虫抗原制剂多为效应不明确的多种抗原混合物，如全虫浸出物抗原，不能产生坚强的免疫保护，其原因可能就是抗原成分混杂，各种抗原刺激产生的免疫分散和削弱了功能抗原引起的有效免疫应答。

寄生虫抗原不断变异为其重要特征之一。有些寄生虫，如锥虫变异现象严重，其变异型已达数十种，一个变异型引起一次虫血症高峰，继而出现相应的凝集素等抗体并产生细胞免疫，将大部分虫体杀死，其中一部分虫体结构又发生变异，原有的抗体对变异的虫体失去作用，然后再出现新的抗体，如此反复，使宿主长期呈现带虫状态。大多数蠕虫虽不像锥虫那样频繁变异，但在发育过程中，随着不同发育阶段，其体表抗原结构也发生变化。

在某些情况下，许多蠕虫和原虫能在具备完整免疫系统的宿主体内长期生存，引起慢性感染。尽管宿主在受到同种虫体感染时可表现出不同的抵抗性，即产生获得性免疫，但这种免疫功能常很低下，对虫体根本无作用，这是因为寄生虫产生的组织相容性复合体欺骗抗原，具备了逃避宿主免疫监视的功能。这些欺骗抗原无论在理化性质上，还是在分子结构上均与宿主某些组织成分及分子结构相近或相同，它们被覆于虫体表面，宿主的免疫系统对此难于识别，机体的免疫系统不能很好地产生免疫应答，不能排除虫体。

寄生虫抗原还有一个重要特点是容易激发产生IgE型抗体，在再感染时常可引起局部过敏反应（肠痉挛）而出现排虫现象。

（五）血型抗原

红细胞膜上的同种异型表面抗原称为血型抗原（blood group antigen）。大多数血型抗原是糖蛋白（glycoprotein，GP），由黏多糖和黏蛋白之类复合蛋白质构成，其抗原特异性决定于多糖的侧链。主要的糖为D-半乳糖、L-岩藻糖、N-乙酰基-D-氨基半乳糖等。根据这些糖蛋白多糖侧链的不同，可以将动物红细胞分为多个血型，这种血型特异性抗原又称为血型因子。

血型抗原有两种存在形式：一种是与类脂细胞膜结合的形式，一种是水溶性的分泌形式。大多数血型抗原与细胞膜结合，为细胞膜的组成部分，也有个别血型抗原游离存在于血清或其他体液内，但能被动地吸附于红细胞表面，例如牛的 J 抗原、绵羊的 R 抗原和猪的 A、O 抗原等。一个红细胞表面可以有许多种不同的血型抗原，其表型为基因所控制。血型抗原一般不受环境变化和疾病的影响，而按孟德尔遗传规律传给后代。

到目前为止，已发现的畜禽血型系统，牛有 12 个系统，80 多个血型；猪有 15 个系统，马有 7 个系统，羊 7 有个系统，鸡有 10 个系统，各有 100 多个血型。血型抗体可以是天然存在于同种动物体内的血型抗体（同族凝集素），也可以将红细胞（抗原）免疫同种动物或异种动物，并经吸收后制成因子血清。检查血型常用的方法有凝集试验、凝集抑制试验、Coombs 试验、溶血试验及沉淀试验等。

（六）组织相容性抗原

组织相容性抗原（histocompatibility antigen，HA）有多种，是一个很复杂的系统，称为组织相容性抗原系统（histocompatibility antigenic system），是机体识别和排斥外来组织的抗原系统。目前已确定有 HA 的动物有 10 种以上，其中研究较多的是人的 HLA（human leucocyte system A）系统和小鼠的 H－2 系统。

（七）超抗原

一般的蛋白质抗原称为普通抗原，尽管其抗原决定簇可以多到十几个，但只有 $1/10^6$～$1/10^4$ 的 T 细胞受其刺激而活化。超抗原（superantigen，SAg）的概念是由 White 等于 1989 年首先提出的。SAg 是指一类只需极低浓度（1～10μg/L）即可强烈刺激多克隆 T 细胞（大约占 T 细胞的 20%）活化，产生极强免疫应答的抗原分子。SAg 激活 T 细胞不需要抗原递呈细胞（APC）的加工、处理，而是以完整的蛋白质形式直接与递呈细胞膜上的 MHC－Ⅱ类分子的抗原肽结合槽的外侧结合，形成超抗原- MHC－Ⅱ分子复合物，以诱导免疫应答反应（图 3－4）。

SAg 均按其来源可分为外源性超抗原和内源性超抗原两类，前者包括金黄色葡萄球菌肠毒素 A～E、A 族链球菌 M 蛋白和致热外毒素 A～C 等，后者包括小鼠乳腺肿瘤病毒产生的蛋白质等。近年还发现可作用于 T 细胞的 SAg -热休克蛋白（heat shock protein），作用于 B 细胞的 SAg -金黄色葡萄球菌 A 蛋白（SPA）和人类免疫缺陷病毒 *gp*120 等。

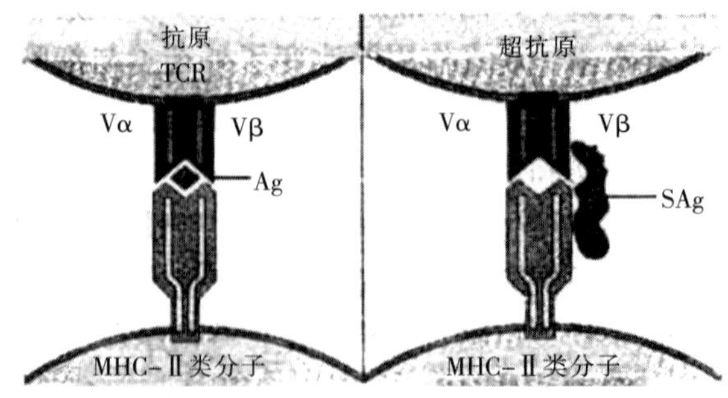

图 3－4　抗原和超抗原与 TCR 的不同部位结合

SAg 可能参与机体的生理和病理反应。因 SAg 激活 T 细胞的方式异常，可导致机体免疫功能紊乱，可能与病因不明的风湿性关节炎、金黄色葡萄球菌所致的毒素性休克综合征、艾滋病、自身免疫性疾病等有关，故为研究该类疾病的发病机制提供了新的探索方向。

复习思考题

1. 解释名词：抗原，抗原性，免疫原性，反应原性，抗原决定簇，异嗜性抗原，完全抗原，超抗原，主要组织相容性抗原。

2. 构成抗原的条件有哪些?

3. 什么是半抗原载体现象?

4. 根据不同的分类方法，抗原可以分成哪些种类?

5. 什么是构象决定簇和顺序决定簇?

6. 如何理解抗原的交叉反应性?

（朱瑞良编写，岳华、秦爱建审稿）

第四章 免疫球蛋白

内 容 提 要

抗体是能够与最初诱导其产生的抗原发生结合的免疫球蛋白，是体液免疫的重要物质基础。单体免疫球蛋白由4条呈镜像双面对称的肽链构成（H2L2），即两条重链（H）和两条轻链（L），其结构与功能密切相关。免疫球蛋白分子也是良好的抗原，根据抗原性的差异，可分为IgG、IgM、IgA、IgE和IgD五种同种型抗体，具有各自的功能和特点。由于同种型免疫球蛋白抗原性的细微差异又存在不同的类、亚类、独特型等多样性。基于B淋巴细胞发育过程中的免疫球蛋白基因组的V（D）J基因重排、体细胞重组等机制产生大量的多样性抗体，能最大限度地满足机体识别自然界各种抗原的需求。人工制备的多克隆抗体、单克隆抗体、基因工程抗体等在疾病诊断、免疫防治及基础研究中发挥重要作用。

第一节 免疫球蛋白的性质和结构

一、抗体和免疫球蛋白的性质

抗体（antibody，Ab）是机体受到抗原刺激后由B淋巴细胞分化为浆细胞产生的并能与相应抗原发生特异性结合的免疫球蛋白（immunoglobulin，Ig），也称为可溶性抗原受体。抗体是糖蛋白，存在于血液（血清）、淋巴液、组织液和其他外分泌液中，是介导体液免疫重要的效应分子。因此，将抗体介导的免疫称为体液免疫（humoral immunity，HI）。抗体是1890年Behring在研究白喉外毒素时发现的，它能中和毒素的毒性作用，并可以通过血清从免疫动物转移给未免疫动物。从免疫动物获得的血清称为“抗血清”，而存在于抗血清中可以中和毒素的免疫活性物质亦称为“抗毒素”。以后的研究发现，除了毒素以外，机体对其他物质进行应答时同样可以产生介导过继免疫的活性物质，在20世纪30年代将包括“抗毒素”在内的这些活性物质统称为抗体。1939年，Tiselius和Kabat对正常血清电泳后发现，其中的蛋白被分为四个部分，即白蛋白和α、β、γ球蛋白（图4-1）。而免疫动物血清中γ球蛋白含量急剧升高，证明抗体与γ球蛋白密切相关（图4-2），因此抗体又被称为γ球蛋白。进一步研究发现，抗体不但存在于γ球蛋白部分，也存在于α和β球蛋白部分，因而世界卫生组织（1968年）和国际免疫学联合会的专门委员会（1972年）决定，将具有

抗体活性及化学结构与抗体相似的球蛋白统一命名为免疫球蛋白。

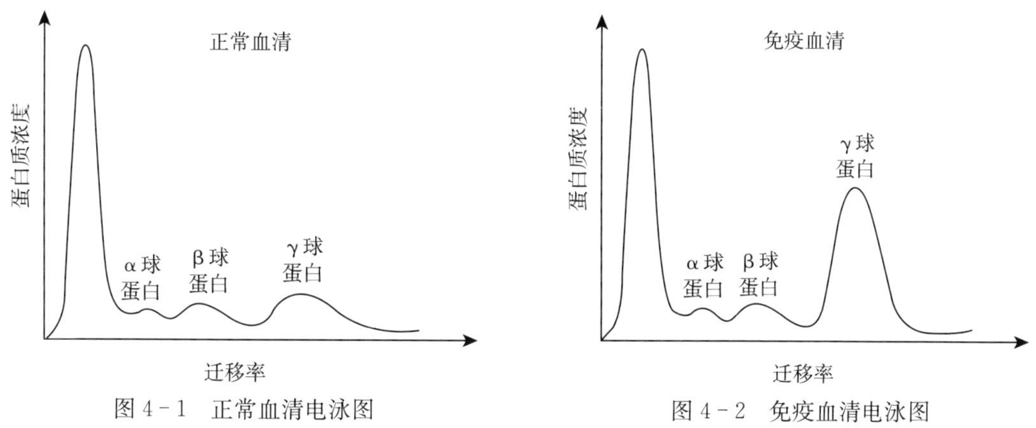

图4-1 正常血清电泳图

图4-2 免疫血清电泳图

二、免疫球蛋白的结构

(一) 四肽链结构

X射线晶体衍射结构分析发现，所有单体Ig都具有双面对称的相似结构，即都有两条分子质量较小的轻链（light chain，简称L链）和两条分子质量较大的重链（heavy chain，简称H链）。一个Ig的两条H链是完全相同的，而两条L链也是完全相同的，两条H链之间通过两个或两个以上的二硫键结合在一起，每条H链又通过一个二硫键与一条L链C端结合，形成一个互为镜像的Y字形结构，即H_2L_2结构（图4-3）。L链分子质量为25ku，由214个氨基酸组成，H链分子质量为50～75ku，由450～550个氨基酸组成。

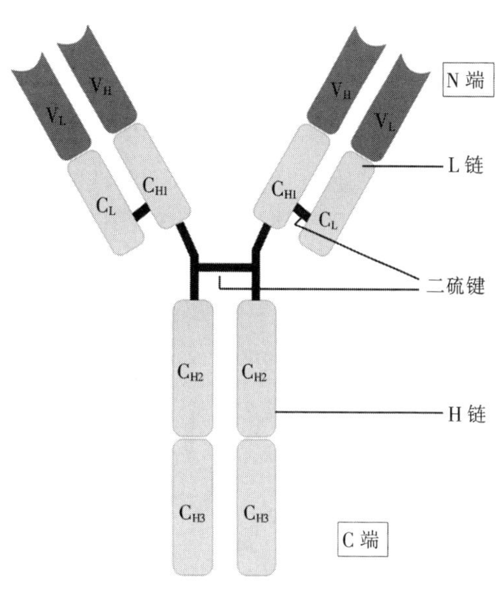

图4-3 免疫球蛋白分子的基本结构

H链恒定区氨基酸的组成和排列顺序都不尽相同，抗原性也有差异，因此有5种不同类型的H链，即μ、γ、δ、ε和α，其对应的Ig分别称为IgM、IgG、IgE、IgD和IgA。根据L链恒定区结构的差异，将其分为两个型，即κ型和λ型，一条天然Ig上两条L链的型别是相同的。不同种属生物体内两型轻链的比例不同，正常人血清Ig的κ∶λ约为2∶1，而小鼠则为20∶1。κ∶λ异常可反映免疫系统的异常，如人类Ig λ链过多，提示可能有产生λ型的B细胞肿瘤。

(二) 可变区与恒定区

1. 可变区 在轻链靠近N端约1/2区域和重链靠近N端约1/4区域的氨基酸序列随抗体特异性不同而有较大变化，故称为可变区（variable region，简称V区）。轻链和重链的可变区分别称为V_L和V_H（图4-3）。

2. 超变区 V_H和V_L各有3个特殊区域的氨基酸（至少5～7个）组成和排列顺序高度可变，称为超变区（hypervariable region，HVR）。尽管三个超变区在氨基酸序列上并不连续，但当 Ig 分子折叠形成天然构象时，它们就聚在了一起，与抗原表位的空间位置互补，因此又称为互补决定区（complementarity-determing region，CDR），分别用 HVR1（CDR1）、HVR2（CDR2）、HVR3（CDR3）表示。在 CDR 以外的区域，氨基酸的组成和序列变化不大，称为框架区（framework region，FR）。V_H 和 V_L 各有 4 个 FR（FR1、FR2、FR3 和 FR4），为超变区提供适合的三维空间折叠，使 CDR 从 FR 形成的平面结构上突出，形成大小、形态各异的环状结构，共同构成 Ig 的抗原结合位点，决定着抗体的特异性，负责识别特异性抗原表位（图 4-4）。每对 V_H 和 V_L 相对应，构成一个抗原结合位点（antigen-binding site），每个单体 Ig 分子有两个相同的抗原结合位点，在功能上称为双价抗体。

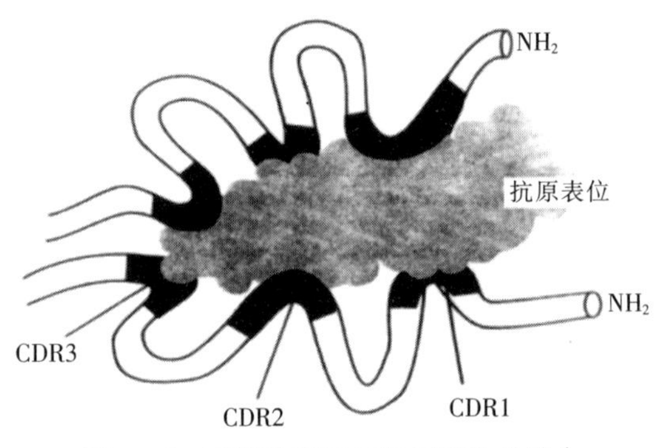

图 4-4　互补决定区与抗原表位的结合

3. 恒定区　在轻链靠近 C 端约 1/2 区域和重链靠近 C 端约 3/4 区域，氨基酸的数量、种类、排列顺序及含糖量变化较小，称为恒定区（constant region，简称 C 区）。H 链和 L 链的 C 区分别称为 C_H 和 C_L（图 4-3），是抗体分子中介导效应功能的部位。寡糖侧链多结合在 C_H 区的氨基酸上，而不结合在 V_H、V_L 或 C_L 区，据信与 Ig 的稳定性有关。

（三）结构域

Ig 单体的 H 链和 L 链通过链内折叠形成数个结构域（domain），Ig 的 L 链有 V_L、C_L 两个结构域，IgG、IgA 和 IgD 的 H 链有 V_H、C_{H1}、C_{H2}、C_{H3} 四个结构域，IgM 和 IgE 的 H 链有 5 个结构域（多一个 C_{H4}）（图 4-5）。虽然这些结构域的功能不同，但其氨基酸序列高度同源，结构非常相似。每个结构域含有 70～110 个氨基酸残基，由其两端的半胱氨酸残基形成一个链内二硫键，可稳定结构域。在 1 个 Ig 结构域中，线性氨基酸序列折叠形成一个独特的"β 桶状（β barrel）"结构（图 4-5）。这种 Ig 折叠结构赋予蛋白质更高的稳定性，

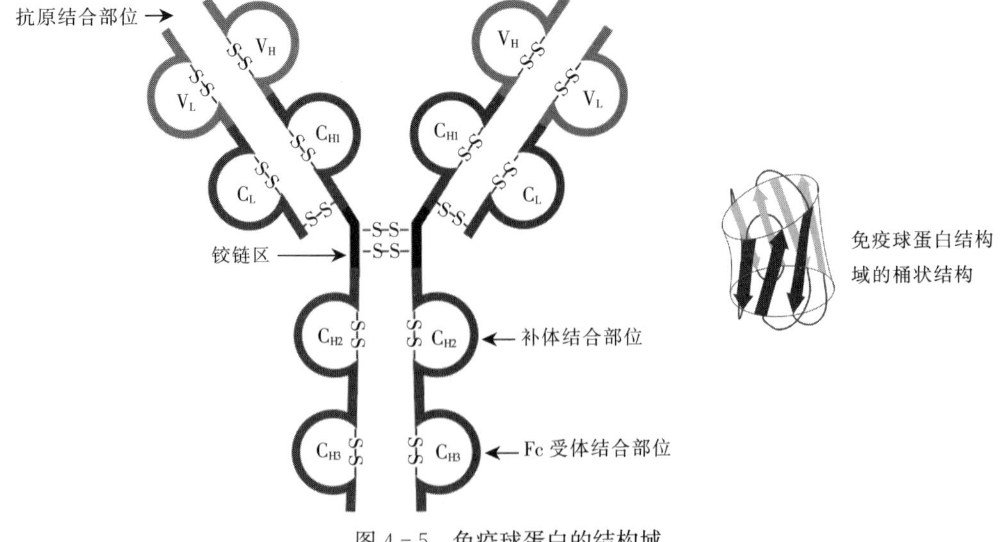

图 4-5　免疫球蛋白的结构域

因此 Ig 即便在极端 pH 环境条件下（如在肠道中）也很稳定，通常能抵抗蛋白酶的水解作用。

结构域的功能：①V_H 和 V_L 是抗原结合位点，负责识别抗原表位。②C_{H1} 为遗传标志所在地，决定着抗体的抗原特异性。③C_{H2} 具有补体结合的位点，参与活化补体。④C_{H3}（或 C_{H4}）能与一些免疫活性细胞如巨噬细胞、淋巴细胞、嗜碱性粒细胞、肥大细胞等细胞表面的 Fc 受体结合，介导调理吞噬、细胞毒作用及超敏反应。⑤与 Ig 选择性通过哺乳动物的胎盘有关。⑥与 Ig 通过黏膜进入呼吸道、消化道等外分泌液中的外分泌作用有关。

（四）铰链区

铰链区（hinge region）位于 Ig 的 C_{H1} 和 C_{H2} 之间。该区域有 10～60 个氨基酸，富含脯氨酸，不形成 α 螺旋。这一结构使 Ig 分子中心部位变得坚韧，而铰链区的甘氨酸残基则让它的二级结构变得灵活，从而让 Ig 的双臂可以围绕脯氨酸稳定的锚定位点进行摆动、弯曲甚至旋转，进而改变 Y 形双臂之间的距离，便于抗原结合位点能更好地与抗原表位互补结合，也有利于补体结合位点的暴露（图 4－6）。

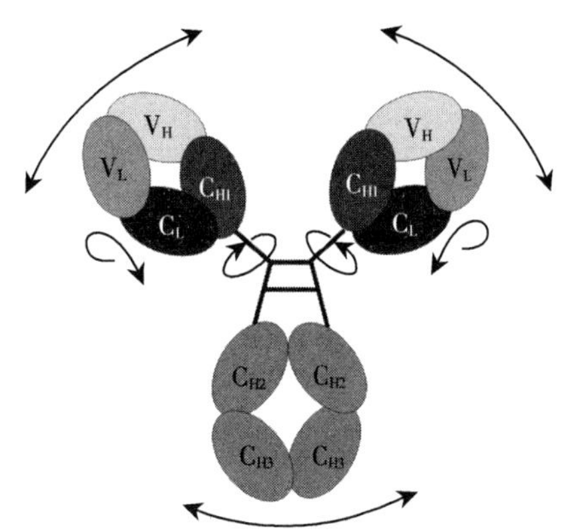

图 4－6　免疫球蛋白的铰链区

（五）免疫球蛋白的水解片段

铰链区易被木瓜蛋白酶、胃蛋白酶等蛋白水解酶裂解称为大小不等的片段（图 4－7）。

1. 木瓜蛋白酶的水解片段　木瓜蛋白酶在铰链区链间二硫键的 N 侧将 1 个单体 Ig 裂解成 3 个大小相似的片段，其中两个完全相同的抗原结合片段（antigen binding fragment，Fab 片段）和一条可结晶片段（fragment crystallizable，Fc 片段）。每个 Fab 片段由 1 条完整的轻链和重链的 V_H 和 C_{H1} 组成，有 1 个抗原结合位点，可与抗原结合但不发生凝集或沉淀反应；Fc 片段是由链内二硫键连接的两条 H 链的 C_{H2}、C_{H3}（C_{H4}）组成，无抗原结合活性，是 Ig 与效应分子或细胞相互作用的部位。

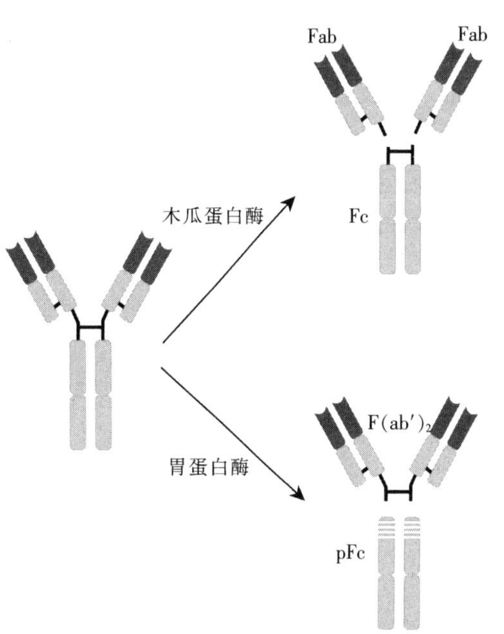

图 4－7　免疫球蛋白的水解片段

2. 胃蛋白酶的水解片段　胃蛋白酶在链间二硫键连接部位的 C 侧将 1 个 Ig 裂解为大小不同的两个片段，小片段类似于 Fc 片段，最终被降解为更小的片段，并失去 Fc 片段原有功能，故称为 pFc；大片段包含 2 个 Fab 片段及铰链区，称为 F（ab′)$_2$ 片段，有两个抗原结合位点，可同时结合两个抗原表位，能发生凝集反应和沉淀反应。

由于 F（ab′）$_2$ 保留了结合相应抗原的生物学活性，同时又避免了完整的抗体分子与带有 Fc 受体的细胞结合而引起的非特异反应，还可减少被动免疫治疗时导致超敏反应等副作用。因此，常用 Fab 片段或 F（ab′）$_2$ 片段代替完整抗体，例如经胃蛋白酶水解后精致提纯的破伤风抗毒素因去掉 Fc 片段而减少超敏反应的发生。

（六）连接链和分泌片

1. 连接链（joining chain，J 链） J 链是一段富含半胱氨酸的多肽链，约 15ku，由一个独立的基因编码，通过二硫键与 μ 和 α 重链尾件上的酸性小肽相结合，5 个 IgM 单体聚合成经典的五聚体；而 2～3 个 IgA 单体则分别形成二聚体或三聚体（图 4－8）。

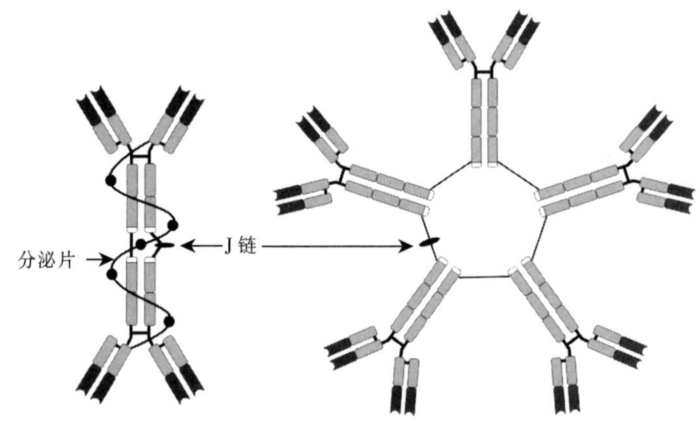

图 4－8 连接链和分泌片

2. 分泌片（secretory piece，SP） SP 是外分泌型免疫球蛋白的特殊结构，是一条高度糖基化的多肽链，称为多聚 Ig 受体（poly-Ig receptor，PIgR）或分泌片。SP 由黏膜上皮细胞合成，并表达于细胞膜上，是 sIgA 受体分子的一部分，识别 sIgA 的 J 链，并与 sIgA 的 C 端结构域结合，通过胞吞转运作用（transcytosis），经上皮细胞分泌到外分泌液中（图 4－9）。SP 具有保护 sIgA 抵抗蛋白水解酶水解的作用。

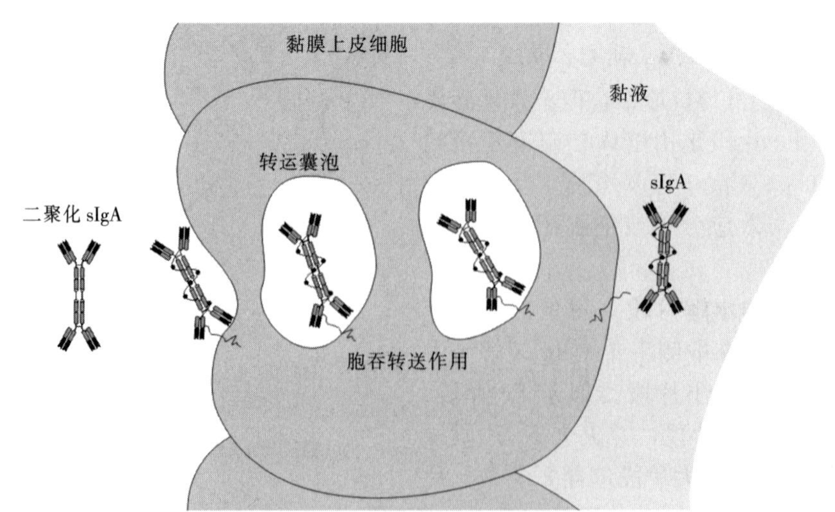

图 4－9 免疫球蛋白的胞吞转运

(七) 免疫球蛋白的结构型

免疫球蛋白的基本结构是 H_2L_2。依据 B 细胞活化的不同阶段及微环境不同的细胞因子信号，这一核心结构能产生不同的结构型，如分泌型免疫球蛋白（secreted Ig，sIg）和膜型免疫球蛋白（membrane Ig，m Ig）。

1. 分泌型免疫球蛋白 sIg 是浆细胞分泌的最短和最简单的 Ig 分子，即抗体，具有和最初被特异性抗原活化的 mIg 相同的抗原特异性，但 sIg 的 C 端序列在最后一个 C_H 结构域紧连一个称为尾件（tailpiece）的特异性的短氨基酸序列（图 4-10），有利于 sIg 的分泌。

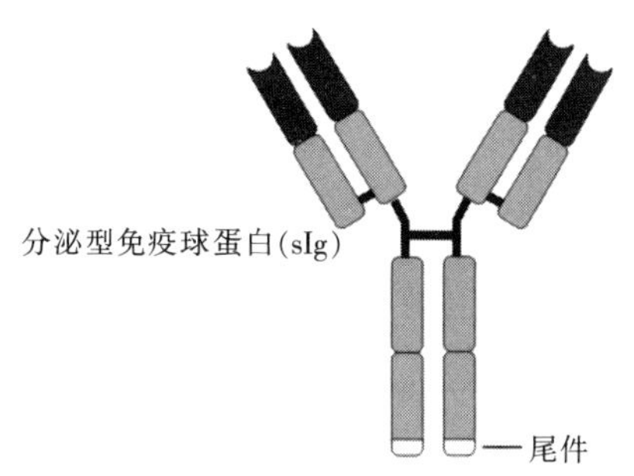

2. 膜型免疫球蛋白 mIg 与 sIg 结构非常相似，但没有尾件，代之以一个加长的尾部（跨膜区和胞内区，图 4-11）。mIg 最终结合在细胞膜上，含有 Fab 段的胞外区展示在细胞的外部，延伸至最后一个 C_H 结构域。跨膜区（transmembrane，TM）富含疏水氨基酸侧链，当 Ig 重链在粗面内质网上合成时，TM 结构域的疏水残基让重链锚定在内质网膜上，H 链和 L 链结合后，锚定的 mIg 通过高尔基体进入转运泡被运送到细胞表面。

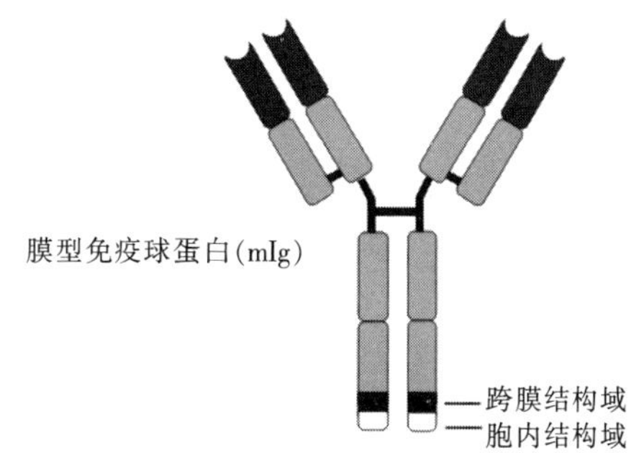

图 4-10 mIg 与 sIg 的结构型

3. 多聚免疫球蛋白 四肽链结构是免疫球蛋白单体的基本结构，mIg 通常以单体形式存在，但在 sIg 中 IgM 和 IgA 则通过二硫键将连接链（J 链）和两个或几个 Ig 单体的尾件连接在一起，形成多聚体（图 4-8）。

4. 外分泌型免疫球蛋白 IgA 主要以多聚体形式存在于外分泌液中，又称为外分泌型免疫球蛋白（图 4-8、图 4-9）。

第二节 免疫球蛋白的种类、特性及其生物学作用

一、免疫球蛋白的种类、特性

(一) IgG

IgG 是由腔上囊、脾脏、淋巴结、骨髓中的浆细胞产生的，具有典型的 Ig 单体结构，由两条相同的 L 链和两条相同的 γ 链组成。L 链可能为 λ 型，也可能是 κ 型。IgG 的分子质量约为 150ku，有四个亚类，即 γ_1 - IgG_1、γ_2 - IgG_2、γ_3 - IgG_3、γ_4 - IgG_4，是分子质量最小的 Ig。在炎症发生时血管通透性增强，更易于 IgG 渗出血管参与全身性免疫防御。IgG 有 40%～50%分布于血液中，其余存在于组织液中，是血液中含量最高的 Ig，占 Ig 总量的 75%～80%（表 4-1、表 4-4）。

表 4-1 人和动物的各类免疫球蛋白的特性

	IgG	IgA	IgM	IgD	IgE
			物理学特性		
分子质量（ku）	150	170～420	900	180	190
H 链分子质量（ku）	50～55	62	65	70	75
H 链类型	γ	α	μ	δ	ε
亚类	γ_1、γ_2、γ_3、γ_4	$\alpha_1 \alpha_2$	—	—	—
型	k，λ	k，λ	k，λ	k，λ	k，λ
			生理学特性		
正常血清中的含量（mg/mL）	8.0～16.0	1.4～4.0	0.4～2.0	0.03	0.002～0.05
半衰期（d）	23	6	5	3	<3
			生物学特性		
结合补体能力	+	—	++++	—	—
Ⅰ型超敏反应	—	—	—	—	++++
通过胎盘能力	+	—	—	—	—
单体数	1	1～3	1、5	1	1

表 4-2 主要畜禽和人血清免疫球蛋白含量（mg/100mL）

	IgG	IgM	IgA	IgG_3	IgG_6	IgE
马	1 000～1 500	100～200	60～350	100～1 500	10～100	—
牛	1 700～2 700	250～400	10～50	—	—	—
绵羊	1 700～2 000	150～250	10～50	—	—	—
猪	1 700～2 900	100～500	50～500	—	—	—
犬	1 000～2 000	70～270	20～150	—	—	2.300～4.200
鸡	300～700	120～250	36～60	—	—	—
人	800～1 600	50～200	150～400	—	—	0.002～0.050

IgG 能与相应的病原及其产物如细菌及其毒素、病毒等结合，引起凝聚和调理作用。如果有足够多的 IgG 分子（至少要有 2 个），以适当构型聚集在抗原表面时还可以通过经典途径激活补体。IgG 是二次免疫应答产生的主要抗体，其亲和力高，在体内分布广泛，在抗体介导的抗细菌、抗病毒和抗外毒素等多种免疫防御机制中起着重要作用，是机体抗感染的"主力军"。

IgG 是唯一通过胎盘屏障进入胎儿体内的 Ig，人类和某些动物（如兔）的胎盘母体侧滋养层细胞具有 IgG 特异性 Fc 受体（FcγR），IgG 与其结合后通过细胞的外排作用，将 IgG 分泌到胎盘的胎儿侧并进入胎儿的循环，在新生动物的抗感染免疫中起重要作用。IgG 也是引起Ⅱ、Ⅲ型超敏反应的抗体。

哺乳动物的 IgG，如人 IgG_1、IgG_2 和 IgG_4，可通过其 Fc 段与金黄色葡萄球菌 A 蛋白结合，可用于纯化抗体及免疫诊断等。

（二）IgA

IgA 由呼吸道、消化道及泌尿生殖道黏膜等体表固有层的浆细胞产生，富含糖类，H 链为 α 链，IgA 有 IgA_1 和 IgA_2 两个亚类。单体的分子质量为 170ku，主要存在于血清中，占血清免疫球蛋白总量的 10%～15%。大多数 IgA 以二聚体的形式存在于外分泌液中（如泪液、黏液、乳汁、唾液等），称为分泌型 IgA（sIgA）。

sIgA 是外分泌液中主要的 Ig，在保护肠道、呼吸道、乳腺、眼睛对抗微生物入侵过程中发挥重要作用。它不激活经典补体途径，也没有调理作用，但它能与相应病原微生物（细菌、病毒）结合，阻止病原体黏附到细胞表面，而使其丧失黏附和感染能力，是黏膜表面抗感染免疫的第一道屏障。在传染病的预防接种中，经滴鼻、点眼、饮水等途径免疫，均可产生相应的黏膜免疫力。

新生动物易发生呼吸道、胃肠道感染可能与 sIgA 合成不足有关。sIgA 不能通过胎盘，但新生动物可以从初乳中获得，故 sIgA 是母体将特异性免疫力传递给后代的一种重要的天然被动免疫物质。

（三）IgM

IgM 是由次级淋巴器官中的浆细胞最早产生的 Ig，在绝大多数动物血清中的含量仅次于 IgG。它由 5 个（有时有 6 个）IgM 单体组成可溶性的多聚体（图 4－9），是分子质量最大（900ku）的 Ig，又称巨球蛋白，因而不能渗出血管壁，仅存在于血液中（表 4－1、表 4－4）。表达在 B 细胞表面的 mIgM 是单体，构成 B 细胞抗原受体（B-cell antigen receptor，BCR），是 B 细胞分化过程中的主要的表面标志，也是表达最早的抗体。单体 IgM 分子中 H 链为 μ 链，比 IgG 和 IgA 的 H 链多一个 C_{H4} 结构域和一个位于 C 末端的约有 20 个氨基酸残基的小片段，但没有铰链区。IgM 的补体激活位点位于 C_{H4} 区域。

初次免疫应答时机体产生的主要是 IgM，是首先出现的抗体，然后才产生 IgG 等，在原发性感染中起重要作用，检查 IgM 水平可用于初次发生传染病的早期诊断。在二次免疫应答中尽管也有 IgM 产生，但含量较低，往往被占优势地位的 IgG 所掩盖。它与抗原的结合时，理论上应为 10 价，但往往因为空间位阻（steric hindrance）作用而低于 10 价。尽管如此，IgM 仍有很高的抗原结合价和亲合性，在补体激活、病毒中和、调理吞噬及凝集作用等较 IgG 高 15 倍以上。

（四）IgD

IgD 为单体 Ig，由两条轻链和两条 δ 重链组成，在马、牛、羊、猪、犬、啮齿动物、灵长类动物及多种硬骨鱼（鲶鱼、比目鱼、鲤鱼、鲑鱼、虹鳟鱼、河豚、斑马鱼、鳕鱼）中发现有分泌性 IgD（sIgD），在兔、猫、鸡体内未发现 IgD 存在。IgD 主要是作为成熟 B 细胞膜上的特异抗原受体（BCR）而存在（图 4－11），称为 mIgD，在血液中含量极低。

不同物种间 IgD 存在较大差异，小鼠的 IgD 缺少 Cδ2 结构域，H 链仅有两个 C 区和一个较长的铰链区，链间没有二硫键，不易被蛋白酶破坏，分子质量约为 170ku。而马、牛、羊、犬、猴、人类的 IgD 有三个 C 区和一个由 2 个开放阅读框编码的长的铰链区。

IgD 的功能目前尚不十分清楚，可能在免疫防御系统中参与先天性免疫和适应性免疫的协调。

（五）IgE

IgE 由皮肤黏膜下层浆细胞产生，为单体结构，由两条 L 链和两条 ε 链组成。ε 链有 4

个 C 区，借 Cε4 与细胞结合，因此不能像其他 Ig 那样通过连接和覆盖在抗原表面发挥作用，而是作为一种信号传导分子引起剧烈的炎症反应。IgE 与肥大细胞和嗜碱性粒细胞等细胞上的 IgE 特异性 Fc 受体（FcεR）紧密结合，一旦抗原与 IgE 结合，即使机体呈致敏状态。当其与再次进入的抗原结合后导致细胞中的炎性分子（如组胺、5-羟色胺、白三烯等）的快速释放，使血管扩张、腺体分泌增加和平滑肌痉挛，引起炎症和一系列过敏反应。这种剧烈的免疫反应能提高局部的防御能力，有助于清除异物。IgE 介导的Ⅰ型变态反应对寄生虫有一定的免疫作用，但也会给机体造成严重损伤。IgE 的半衰期是所有 Ig 中最短的，仅为 2～3d，且对温热十分敏感，轻微加热处理即失活。

二、免疫球蛋白的生物学功能

抗体能与抗原发生特异性结合，在体内可以清除抗原并免除感染。不同类型的 Ig 通过不同的生物学效应清除抗原。主要包括中和作用、活化补体、调理作用、抗体依赖的细胞介导的细胞毒作用（antibody dependent cell-mediated cytotoxicity，ADCC）。在体外，主要发生抗原抗体反应，用于建立各种血清学检测方法。

（一）中和作用

能与病原体及其产物如细菌毒素等发生特异性结合并发挥中和作用的抗体称为中和抗体。中和抗体能中和细菌毒素的毒性作用或阻断病毒感染靶细胞。中和抗体也能中和昆虫毒液或蛇毒，阻止其结合到靶细胞上，发挥保护效应。

（二）活化补体作用

与抗原结合的抗体可以活化补体的经典途径。当抗原抗体结合后，暴露出抗体 Fc 段的补体结合位点，与 C_1q 结合，激活补体的经典途径，产生攻膜复合物（membrane attack complex，MAC），导致靶细胞如细菌细胞或被病原感染细胞的裂解。

（三）调理作用

抗体如 IgG 的 Fc 段与嗜中性粒细胞、巨噬细胞上 IgG 的 FcR 结合，从而增强吞噬细胞的吞噬作用，称为调理作用（opsonization）。例如细菌特异的 IgG 抗体可以其 Fab 段与相应的细菌结合后，其 Fc 段与巨噬细胞或嗜中性粒细胞表面 IgG 的 FcR 结合，通过 IgG 的 Fab 段的“桥联”作用，促进吞噬细胞对细菌的吞噬作用（图 4-11）。

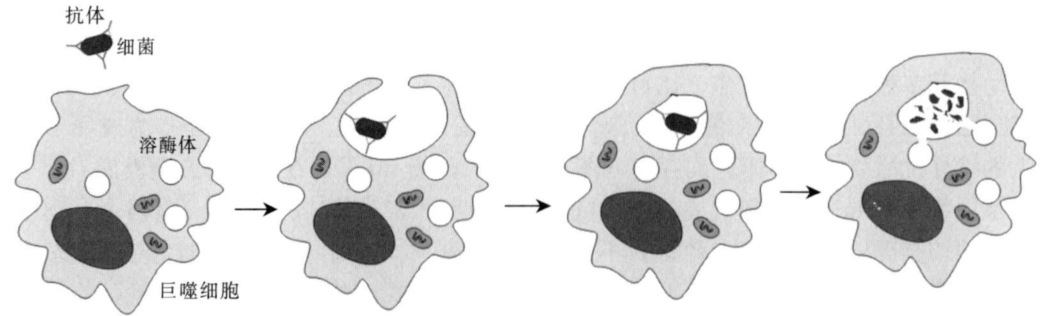

图 4-11　抗体的调理作用

（四）抗体依赖的细胞介导的细胞毒作用（ADCC）

当病原体被抗体包被形成较大颗粒无法被巨噬细胞吞噬时，则发生 ADCC 作用。ADCC

通常由某些表达 FcRs 具有细胞毒能力的效应细胞介导产生，如 NK 细胞、嗜酸性粒细胞、嗜中性粒细胞、单核细胞以及巨噬细胞。当病原微生物与抗体结合后，抗体 Fc 片段与效应细胞表面的 FcR 结合，诱导细胞脱颗粒。效应细胞释放的颗粒物质聚集到靶细胞表面，可以水解膜脂质双层结构，在膜表面形成亲水性通道，导致靶细胞内外矿物质平衡失调，最终裂解死亡。NK 细胞和活化的单核细胞、巨噬细胞的 FcγR 还可以引起 TNF 和 IFN－γ 的大量释放，加速靶细胞死亡。

NK 细胞是 ADCC 作用中的重要效应细胞。人类 NK 细胞通过 FcγR 结合至 IgG_1 和 IgG_3 单体的 Fc 段，发挥 ADCC 效应。通常，NK 细胞主要杀伤结合 IgG 的靶细胞（图 4－12）。寄生虫类病原体不易被嗜中性粒细胞或 NK 细胞杀伤，但对嗜酸性粒细胞敏感，原因是嗜酸性粒细胞高表达 FcεR 和 IgA 特异性受体（FcαR），能够通过 IgE 或 IgA 的桥联作用杀伤寄生虫，尤其是蠕虫。

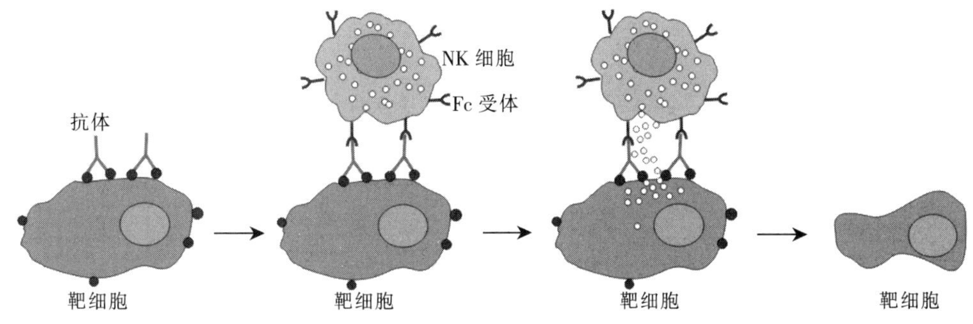

图 4－12　抗体介导的 ADCC 作用

第三节　免疫球蛋白的抗原性及其多样性

据测算，成年动物大约有 10^7 种 B 细胞克隆，每种克隆约有 10^5 个 B 细胞。每一种 B 细胞克隆产生一种特异性 Ig 分子，每种 Ig 分子的组成和抗原性均有差异（如抗原性、抗原结合特异性、氨基酸组成和序列、二硫键的数量和位置、寡糖的种类和数量等），称为免疫球蛋白的多样性。Ig 分子不仅具有抗体活性，同时自身也是良好抗原，因种属和个体的遗传因素不同，B 细胞产生的 Ig 分子在抗原性上也就各不相同，这种受遗传基因控制产生的抗原性差异，称为免疫球蛋白分子的遗传标志（genetic marker）。它们可以用血清学方法来测定及分类，又称为免疫球蛋白血清型。Ig 的遗传标志有同种型、同种异型和独特型等 3 种（表 4－3）。

（一）同种型

同种动物所有个体的免疫球蛋白类、亚类、型、亚型都相同，不同种属动物则不同。这种存在于同种属动物 Ig 分子中的抗原表位称为同种型（isotype），是同种属动物所有个体共有的抗原特异性标志，存在于 Ig 的 C 区。

1. 类（class）　根据同一种属的所有个体内 C_H 抗原性的差异，将重链分为 μ、γ、α、δ 和 ε 链 5 类，其相应的 Ig 依次为 IgM、IgG、IgA、IgD 和 IgE。

2. 亚类（subclass）　根据同一类 Ig 的 C_H 抗原性、二硫键的位置和数目等的差异，将

Ig 再细分为不同的亚类，如 $IgG_{1\sim4}$、$IgA_{1\sim2}$等（表 4-3）。

表 4-3 免疫球蛋的类型

名　称		变异部位	举　例
同种型	类	C_H	IgG、IgM、IgA、IgD、IgE
	亚类	C_H	$IgG_{1\sim4}$、$IgA_{1\sim2}$、
	型	C_L	κ、λ
	亚型	$C_{L(\lambda)}$	OZ（+）、OZ（-）、Kern（+）、K ern（-）
	群	V_H、V_L	V_H、V_κ 和 V_λ
	亚群	V_H、V_L	$V_{H\,I\sim IV}$；$V_{\kappa\,I\sim IV}$；$V_{\lambda\,I\sim VI}$
同种异型		$C_{H(\gamma_1\sim\gamma_3)}$	Gm1、Gm2、Gm3
		$C_{H(\alpha_2)}$	Am1、Am2
		$C_{L(\kappa)}$	Km1、Km2、Km3
独特型		V_H/V_L	

3. 型（type） 根据同一种属所有个体的 C_L 抗原性差异，可将 Ig 分为两个型，即 λ 型和 κ 型。任何一个 Ig 分子上两条 L 链总是同型（κ 或 λ）。

4. 亚型（subtype） 在同一型 Ig 中，根据其 C_L 区 N 端氨基酸排列的差异，又可分为不同的亚型。λ 型 Ig 有 4 个亚型，即 λ_1/OZ（+）（190 位为亮氨酸）、λ_2/OZ（-）（190 位为精氨酸）、λ_3/kern（+）（154 位为甘氨酸）和 λ_4/kern（-）（154 位为丝氨酸）。κ 型尚未发现有亚型。

（二）同种异型

同一种动物不同个体的 Ig 分子的 H 链的氨基酸组成及序列有一定差异，因而其免疫原性亦不同，称为同种异型（allotype），与此相关的氨基酸称为异型标志。目前已证明人类 Ig 有 Gm、Am、Km 三组异型标志，分别位于 IgG 和 IgA 的 C_H 区及 κ 型 C_L 区。如在 γ_1、γ_2、γ_3 链上有同种异型标志 G1m、G2m 和 G3m（G 是 IgG，数字代表亚类，m 即标志 "marker"）。同种异型是稳定的遗传标志，可用于亲子鉴定。

（三）独特型

同一动物个体不同 B 细胞克隆产生的 Ig 的 V 区抗原性也不尽相同，称为独特型（idiotype，Id）。这是每一个 Ig 分子所特有的抗原特异性标志，其与抗原结合的表位又称为独特位（idiotope），由 5～6 个特异性氨基酸组成，每一个 Fab 片段有 5～6 个独特位。独特型在异种、同种异体甚至同一个体内均可刺激产生相应的抗体，称为抗独特型抗体（anti-idiotype Ab，AId）。

第四节 主要畜禽免疫球蛋白的特点

尽管目前还不能确定所有动物都具有全部 5 种 Ig，但所有哺乳动物都有 IgG、IgM、IgA 和 IgD，有的还有 IgE。不同种类动物各类 Ig 的基本特征相似，但在物种进化过程中，编码 Ig H 链的基因（immunoglobulin heavy chain gene，IGHG）发生突变，导致多种不同亚类的出现。不同动物 Ig 的亚类、亚型和独特型数量及其在血清中的含量均不相同（表 4-

2、表4-4)。

(一)马的免疫球蛋白

马有IgG、IgM、IgD、IgA和IgE等5类Ig。马的IgG有7个亚类:IgG_1、IgG_2、IgG_3、IgG_4、IgG_5、IgG_6、和IgG_7。$IgG_{1\sim4}$以前分别命名为IgGα、IgGc、IgG[T]和IgGb。IgG_6以前称为IgG[B]。IgG_3富含碳水化合物,在马抗破伤风类毒素血清中含量很高;IgG_3不能结合豚鼠补体,但能发生沉淀反应。

(二)牛的免疫球蛋白

牛有4种Ig,即IgG、IgM、IgA和IgD。牛的IgG有IgG_1、IgG_2和IgG_3三个亚类,占血清IgG总量的50%。牛乳中的Ig主要是IgG_1而不是IgA,因为IgG_1的Fc片段能被乳腺选择性的吸收。IgG_2的含量与遗传密切相关,在牛个体间差异很大,IgG_2的Fc片段能选择性结合于巨噬细胞和嗜中性粒细胞的IgG_2的Fc受体上,因为该受体与其他Fc受体不同,只能与铰链区很短的IgG_2结合。牛的IgM含有3个由特别长的多肽链组成的环状结构(该结构至少有61个氨基酸残基,且序列高度可变),因而因分子质量异常巨大。牛的L链有a、b两个同种异型,一些牛的L链也发现有同种异型的B1。

(三)绵羊的免疫球蛋白

绵羊的Ig种类与牛类似。绵羊的IgG有IgG_1和IgG_2和IgG_3三个亚类。有人报道一些绵羊有IgG_{1a}(可能是一种同种异型)。羊IgA有两个亚类,还有热不稳定性的IgE(分子质量为210ku)。

(四)猪的免疫球蛋白

猪有4类Ig,即IgG、IgM、IgA和IgE。IgG有IgG_1、IgG_2、IgG_3、IgG_4、IgG_5、IgG_6等6个亚类。IgG_3有一个独特的长铰链结构。IgG是猪血清中主要免疫球蛋白,占血清免疫球蛋白总量的85%,IgM占12%,二聚体IgA占3%。有报道显示IgG有4个同种异型,IgM有1个同种异型。

(五)犬的免疫球蛋白

犬有IgG、IgM、IgA、IgD和IgE等5类Ig,犬的IgG有IgG_1、IgG_2、IgG_3和IgG_4共4个亚类;IgE有2个亚类:IgE_1和IgE_2。

(六)猫的免疫球蛋白

猫有IgG、IgA、IgM和IgE等4类Ig。IgG有IgG_1、IgG_2和IgG_3共3个亚类,可能还有IgG_4。IgM有一种同种异型,IgA有两个亚类IgA_1、IgA_2,IgE也可能有2个亚类。

(七)鸡的免疫球蛋白

鸡有IgY、IgA、IgM和IgE等4类Ig。IgY是机体内主要的Ig,其分子质量为200ku,与哺乳动物的IgG功能相同,但结构有显著差异。IgY的H链(μ链)有一个V区和三个C区,但没有铰链区。有些禽类有截断的IgY,只有两个C区,没有Fc区,故称为IgY。鸡的IgY可能有三个亚类,至少有5个同种异型,两个位于IgY的C_{H1}区,两个位于IgM的H链上,另一个在L链上。

(八)小鼠的免疫球蛋白

小鼠有IgG、IgM、IgA、IgD和IgE等5类Ig。小鼠IgG有IgG_1、IgG_{2a}、IgG_{2b}和IgG_3共4个亚类。

表 4-4 家畜和人 Ig 的类和亚类

种	类				
	IgG	IgA	IgM	IgE	IgD
马	Ga、Gb、Gc、G（B）、G（T）a、G（T）b	A	M	E	D
牛	G_1、G_2（G_{2a}、G_{2b}）	A	M	E	—
绵羊	G_1、（G_{1a}?）、G_2、G_3	A_1、A_2	M	E	—
猪	G_1、G_2、G_{2b}、G_3、G_4	A_1、A_2	M	E	—
犬	G_1、G_2、G_3、G_4	A	M	E_1、E_2	D
猫	G_1、G_2、G_3、（G_4?）	A_1、A_2	M	E	—
鸡	G_1、（G_{2a}、G_3?）	A	M	E	—
小鼠	G_1、G_{2a}、G_{2b}、G_3	A_1、A_2	M	E	D

第五节 免疫球蛋白多样性的形成

机体可能产生针对自然界中存在的几乎所有抗原决定簇的特异性抗体，这远远超出了动物的基因组可能编码和储存的范围，越来越多的研究证实，Ig 基因座可通过相对较少的 DNA 编码组合产生大量的特异性抗体。

（一）编码抗体分子的基因结构

Ig 由分别由位于不同染色体上（表 4-5）的三个基因座编码：*Igh* 编码 H 链、*Igκ* 编码 κ 型 L 链，*Igl* 编码 λ 型 L 链。每一个基因座是由大量编码 V 区的 DNA 片段（基因片段）和一个或多个编码 C 区的基因片段所组成。不同动物和人类已经鉴定出的各类基因片段见表 4-6。

表 4-5 人类和小鼠免疫球蛋白基因群的染色体定位

基因座	人	小鼠
Igh	14	12
Igκ	2	6
Igl	22	16

表 4-6 不同哺乳动物 Ig 基因座可能存在的基因片段数量

品种	*Igκ*V	*Igκ*J	*Igι*V	*Igι*J	*Igh*V	*Igh*J	*Igh*D
马	20	5	25	4	>7	5	10
牛	—	—	20	4	15	2	10
羊	10	3	>100	1	7	2	>1
猪	250	>5	100	3	20	1	2
小鼠	111	9	14	3	200	7	18
人	48	9	36	8	215	27	30
大鼠	—	—	—	—	353	5	21

1. *Igh* 基因座 人类 V_H 链由 V、D、J 三个基因共同编码 V 区中的 100～130 个氨基酸。V 基因片段编码 V_H 中 N 端 98～102 个氨基酸（包括 CDR_1 和 CDR_2），D 基因片段编码 H 链 CDR_3 大部分氨基酸残基，J 基因片段编码 CDR_3 剩余的氨基酸及第 4 个骨架区。一段长长的非编码区将 J 基因与 C_H 基因分隔开，C_H 基因由多个 C 基因组成，在基因组 3′到 5′端依次为 $5'-C_\mu-C_\delta-C_\gamma-C_\varepsilon-C_\alpha-3'$。人类有 9 个，小鼠有 8 个。人类 *Igh* 基因座上的功能性外显子被命名为 C_μ、C_δ、$C_{\gamma3}$、$C_{\gamma1}$、$C_{\alpha1}$、$C_{\gamma2}$、$C_{\gamma4}$、$C_{\varepsilon1}$ 和 $C_{\alpha2}$，在小鼠中它们被称为 C_μ、C_δ、$C_{\gamma3}$、$C_{\gamma1}$、$C_{\gamma2b}$、$C_{\gamma2a}$、C_ε 和 C_α。每个 C_H 外显子负责编码一种特定的 Ig 类别。

在 B 细胞成熟过程中，随机从 VDJ 基因片段中各选择一个基因片段相互连接，重新排列成一个功能性的 VDJ 基因，再与一个 C_H 基因连接，形成一条编码 H 链的基因。

2. *Igκ* 基因座 *Igκ* 基因座有三个片段，可变区有 V 和 J 两个片段，V 基因片段负责编码 V 区大部分（1～95/96）氨基酸，J 基因片段位于 V 基因片段下游，负责编码 κ 链 V 区其余（95/96～110）氨基酸；恒定区只有一个 C_κ 外显子，位于 J 基因片段的下游，负责编码 C_L 区氨基酸。

3. *Igl* 基因座 *Igl* 基因座有三个基因片段，V 基因片段编码可变区 N 端约 95 个氨基酸，C 基因片段编码 λ 型 L 链 C 端 110 个氨基酸，J 基因片段编码两者之间的 15 个氨基酸。与 C_κ 不同的是 C_λ 有多个基因片段，每个 J_λ 基因与一个 C_λ 相连。

不同动物 Ig 亚型的比例各不相同，小鼠、家兔、猪和人类 Ig 以 λ 型为主，分别为 95%、90%、60%、60%，而其他哺乳动物则以 κ 型为主，如反刍动物 98%，马属动物 60%～90%。

（二）抗体多样性的形成机制

1. V（D）J 重组机制 在一个发育的 B 细胞中，编码 Ig 蛋白 V 区的可变外显子（variable exon，V）与编码 C 区的恒定外显子（constant exon，C）是分离的，并且 V 外显子是由大量较小的基因片段拼接而成。当 B 细胞前体成熟时发生体细胞重排，随机选择和组合某个基因座的 V、J（或还有 D）基因的某个片段造成 DNA 水平的永久性物理拼接（图 4－13），称为 V（D）J 重排，因而产生了众多不同的独特的 V 外显子。在一个发育的 B 细胞中，独特的 V 外显子和 C 外显子被共同转录产生原始的 mRNA 转录本，随后被剪切编码一个完整的 Ig 蛋白的 mRNA。这些 mRNA 像其他 mRNA 一样被翻译，产生 H 链和 L 链。正是每一个发育 B 细胞基因组的这种重排共同造就了庞大和多样的抗体库。

2. 体细胞重组 在一个 B 细胞遭遇抗原之前，有 3 种因素参与抗体多样性的形成。

（1）众多胚系基因片段及其多样性组合：抗体对抗原识别的多样性主要来自存在于 *Igh*、*Igκ* 和 *Igl* 基因座上众多 V、D、J 基因片段（表 4－6）。这些基因座上单个的 V、D 或 J 片段是被随机组合到一起的，因此，组合一个 B 细胞的 V_H 和 V_L 外显子存在成千上万种可能性。推测一条小鼠的 *Igκ* 链 V 外显子的生成：每个前体 B 细胞都至少可产生 250 个 V_κ 基因片段×4 种功能性 J_κ＝1 000 种不同的外显子序列。前体 B 细胞选择一种 V_κ 和 J_κ 片段进行不可逆的共价结合，形成 V_κ 外显子，这个 V_κ 外显子从此就固定在这个细胞的基因组 DNA 中，决定这一 B 细胞克隆及其子代细胞 V_κ 相关的抗原特异性。*Igh* 基因座也发生同样的组合选择和结合，但它们还要加上 D_H 片段带来的多样性。虽然 D_H 片段只编码少量氨基酸，但其在 *Igh* 基因座上的出现极大地增加了重链的多样性。例如小鼠 Ig 重链可能生成 100 种 V_H 片段×15 种 D_H 片段×4 种 J_H 片段＝6 000 种不同的外显子序列，如果没有 D_H

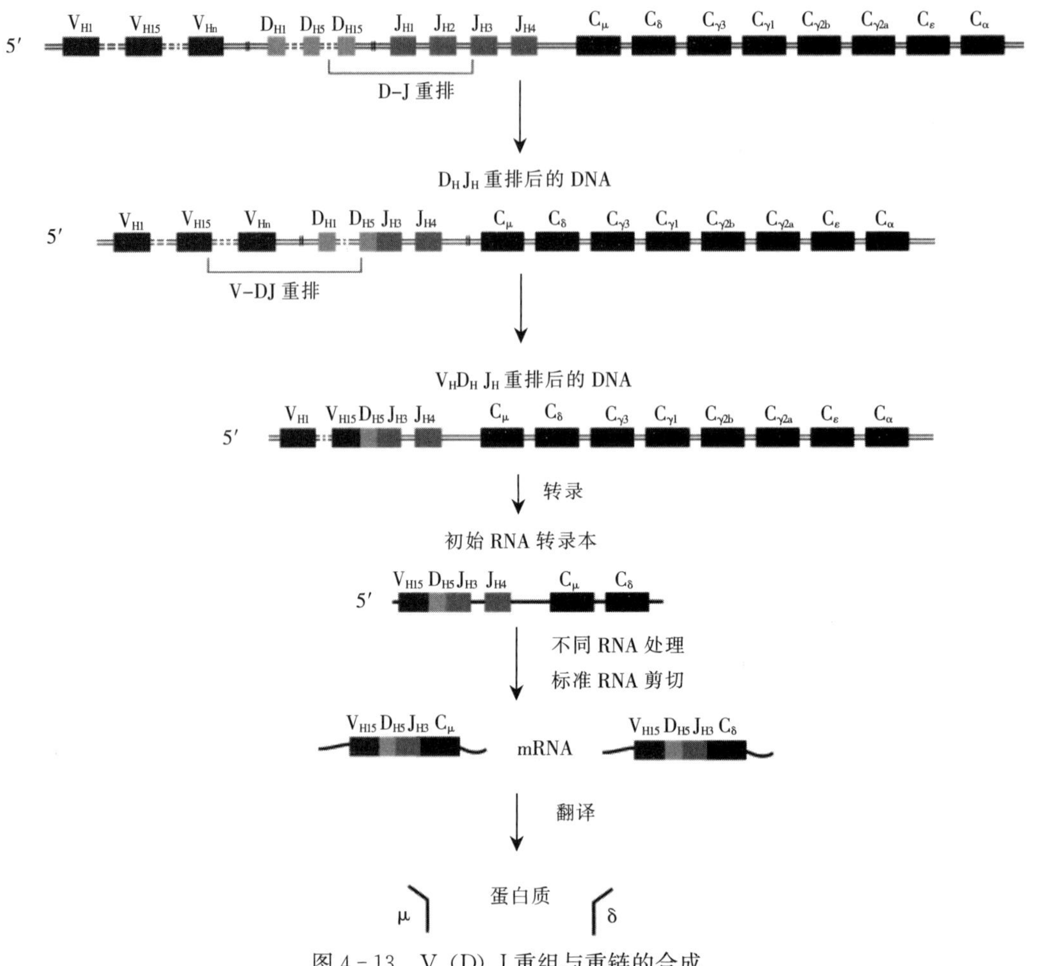

图 4-13　V（D）J 重组与重链的合成

片段，则只有 400 种。

（2）基因片段连接位点的多样性：V、D 和 J 基因片段的融合并不精确，因此产生了连接的多样性。可能与连接区域的核苷酸缺失、V（D）J 重组时的 P 和（或）N 核苷酸插入有关。成人体内约有 80%显示出不同类型的连接多样性。

（3）重链和轻链配对的随机性：成熟 Ig 分子抗原结合位点由 L 链和 H 链的 V 区构成，如上述计算，小鼠共存在超过 1 000 种编码 L 链的 V_L 外显子，以及超过 6 000 种编码 H 链的 V_H 外显子，这还不包括 N 及 P 插入引起的多样性。一个 B 细胞只能合成一种 H 链和一种 L 链，但可以推断 6 000 种 H 链和 1 000 种 L 链基因都有可能出现在这个 B 细胞中，因此，L 链和 H 链可能的组合就达到了 1 000×6 000=6 000 000 种。

综合抗体多样性所有可能的机制，推测机体可产生 1.8×10^{16} 种不同特异性的抗体。

第六节　人工制备的抗体

抗体的生物学特性使其在疾病诊断、免疫防治及基础研究中发挥重要作用，因而需要大量抗体，人工制备抗体是大量获得抗体的有效途径。人工制备的抗体主要有多克隆抗体、单克隆抗体及基因工程抗体等。

一、多克隆抗体

天然抗原分子中常含有多种不同的抗原特异性的抗原表位。以天然抗原免疫动物，体内多个不同的 B 细胞克隆被激活，产生的抗体实际上是针对多种不同抗原表位的 Ig，称为多克隆抗体（polyclonal antibody，pAb）。获得 pAb 的主要途径是将抗原物质经过不同途径多次免疫动物后采血分离血清，也称高免血清，含高效价 pAb。由于母禽血清 IgY 可在卵黄形成过程中进入卵黄，因而，多次免疫母禽的卵黄中也含有高效价 pAb，亦称高免卵黄抗体，是大量获得多克隆抗体的另一重要途径，在动物和人类传染病防治中发挥越来越大的作用。pAb 的优点是制备方法简便，廉价易得，但因存在与靶抗原无关抗原的抗体、质量难以控制、不易标准化等缺点，在诊断、免疫预防和治疗及科学研究的应用等方面受到了一定的限制。

二、单克隆抗体

（一）单克隆抗体的概念

单克隆抗体（monoclonal antibody，McAb）指由一个 B 细胞分化增殖形成的浆细胞产生的针对单一抗原表位的抗体。McAb 的型、亚型和独特型及识别抗原表位的抗原结合表位特异性、亲和力等完全一致，可有效避免了 pAb 的缺陷。采用传统方法把单个浆细胞从体内分离出来，使其大量增殖，形成一个单克隆并产生 McAb 是不可能的，因为浆细胞（或 B 细胞）在体外不能持续繁殖，也难以培养。直到 1975 年，Köhler 和 Milstein 成功地创立了淋巴细胞杂交瘤技术，即通过人工方法将可产生特异性抗体但短寿的浆细胞与不产生抗体但长寿的骨髓瘤细胞融合，形成 B 细胞杂交瘤，这种杂交瘤既具有 B 细胞分泌特异性抗体的能力，又具有骨髓瘤细胞无限增殖的能力。同时建立了能够持续分泌 McAb 的杂交瘤细胞株，也称为 McAb 技术。McAb 技术被誉为免疫学技术上的一场革命，极大地推动了免疫学及其他生物学科的发展，二人因此共同获得 1984 年度诺贝尔医学奖。McAb 与 pAb 的特性见表 4－7。

表 4－7 McAb 与 pAb 的比较

项 目	多克隆抗体	McAb
Ab 产生细胞	多个 B 细胞克隆	单个 B 细胞克隆
Ab 特异性	较高，识别多种 Ag 表位	高，仅识别单一 Ag 表位
Ab 同质性	不同特异性，不同类别 Ig 的混合	类别、结构及与特异性高度一致
标准化	较难，批次间不同，个体间有差异	批次间差异小，易于标准化
交叉反应	常有	极少
有效 Ab 含量	0.1～1.0mg/mL	0.5～5mg/mL（小鼠腹水）
其他血清蛋白	较多	体外培养仅有少量小牛血清，腹水中有少量杂蛋白
凝聚性反应	有	无
无关 Ig 含量	10.0～15.0mg/mL	体外培养一般没有，小鼠腹水中 0.5～1.0mg/mL

（二）单克隆抗体技术的原理

细胞合成DNA有两条途径：一个是生物合成的主要（路）途径，利用糖和氨基酸合成核苷酸，进而合成DNA，而该途径可以被叶酸拮抗物氨基蝶呤所阻断。另一个为旁路途径，当叶酸代谢被阻断，即不能通过主要途径合成DNA时，细胞仍能通过次黄嘌呤鸟嘌呤磷酸核糖转移酶（hypoxanthine-guanine phosphoribosyl transferase，HGPRT）和胸腺嘧啶核苷激酶（thymidine kinase，TK）利用次黄嘌呤（hypoxanthine）和胸腺嘧啶核苷（thymidine），将核苷酸前体合成核苷酸，进而合成DNA。根据这一原理，将HGPRT缺陷性骨髓瘤细胞与经免疫小鼠脾细胞融合后，在含有次黄嘌呤（H）、氨基蝶呤（A）和胸腺嘧啶核苷（T）的选择培养基（HAT）中培养，未与脾细胞融合的骨髓瘤细胞由于主要途径被阻断，又因为缺乏HGPRT不能通过旁路途径合成DNA而死亡。未融合的淋巴细胞，也因无法连续传代而在2周内死亡。只有脾细胞与骨髓瘤细胞融合形成的杂交细胞，它从脾细胞既获得HGPRT基因因而能在HAT培养基中存活，又获得产生Ig的基因，还从骨髓瘤细胞获得在体外无限增殖的性能，成为能在体外无限复制并分泌McAb的杂交瘤细胞。

（三）单克隆抗体技术基本程序

制备单克隆抗体的基本程序如图4-14所示。简言之，用抗原免疫动物，取免疫动物的脾细胞与HGPRT$^{(-)}$骨髓瘤细胞按一定比例混合，在聚乙二醇（PEG）介导下发生细胞融合。将融合细胞混合物分配到含HAT培养基的96孔板中，培养一定时间后，通过抗体测定，确定分泌抗体的阳性细胞孔，然后进行杂交瘤细胞的克隆化。将纯化后的目的细胞株大量复制后冻存待用。对单克隆抗体的性质鉴定后，按需要生产特异性单克隆抗体。

（四）单克隆抗体在生物医学领域中的应用

单克隆抗体特异性强，大大降低了抗原抗体的非特异性反应，使实验结果更加可信；单克隆抗体的均一性和生物学活性的一致性使抗原抗体反应结果质量稳定且更具有可比性，有利于标准化和规范化，是建立亲和层析、免疫组化、免疫检验方法的重要物质基础，同时也是肿瘤治疗的导向武器（生物导弹）。目前，国内外报道的畜禽单克隆抗体已达数百种，其中针对畜禽病毒性传染病病原的单克隆抗体也有100多种，包括了大多数主要的动物传染病的单克隆抗体。另外一部分则是针对动物免疫球蛋白、独特型抗体、激素、组织抗原、毒素、酶类等。随着研究的深入，单克隆抗体在生物医学领域中巨大的应用价值日益凸显。

1. 单克隆抗体在检测中的应用

（1）传染病诊断：单克隆抗体的特异性好，灵敏度高，在鉴别病原的种、亚型、病原变异株等方面具有独特的优势。传染病诊断是单克隆抗体最大的应用领域，既可通过对病原体（细菌、病毒）及其产物的检测，用于传染病的诊断，也可用于已知病原的鉴定及分型。

（2）肿瘤病的诊断：通过对肿瘤特异性抗原或肿瘤相关抗原的检测，用于肿瘤性疾病的诊断，如甲胎蛋白、癌胚抗原等；也可将同位素标记肿瘤特异性抗体引入体内，通过放射免疫显影技术用于体内肿瘤大小的判定及转移灶的定位。

（3）淋巴细胞表面标志的检测：单克隆抗体由于其与抗原结合的特异性及检测过程中逐级放大的特点，可以精确定位和定量抗原，是免疫学和血清学研究的重要工具，被广泛用于酶联免疫吸附测定（ELISA）、流式活化细胞分选仪、免疫印迹和免疫组化研究中，其灵敏度可达到微克（μg）水平。可利用它更全面、更细微地分析抗原结构，特别是分析细胞表面的小分子抗原。还可用于区分淋巴细胞亚群和细胞分化阶段、分析体内免疫反应机制、判

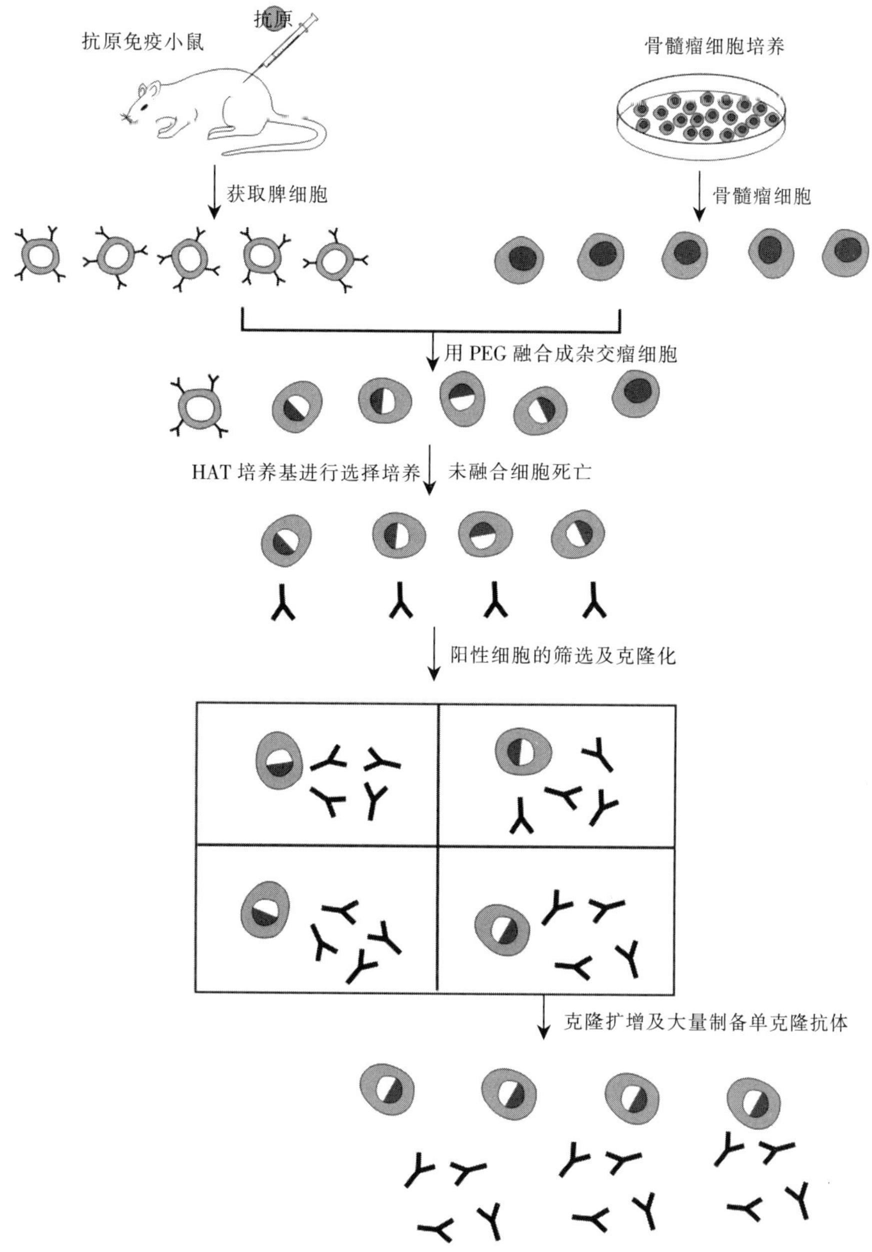

图 4-14　单克隆抗体制备过程

断机体免疫水平和免疫调节水平、检测 CD 分子等表面标志，这对了解 T 淋巴细胞亚群的数量和质量，对疾病诊断和免疫学基础研究具有重要意义。

（4）微量成分的测定：应用单克隆抗体技术和免疫学技术结合已广泛用于对机体或组织中多种微量成分进行测定，如细胞因子、酶、激素、维生素、药物残留等。如已经有单克隆抗体用于孕激素、γ 干扰素等体内微量活性物质及氯霉素、盐酸克伦特罗等药物残留的检测。

2. 抗原纯化　纯化抗原是利用各种蛋白间的相似性来除去非蛋白物质的污染，利用各蛋白质的差异将目的蛋白从其他蛋白中纯化出来。而单克隆抗体在这一领域的应用主要是利用单克隆抗体能与其相应的抗原特异性结合，因而能够从复杂系统中识别出某种单一成分。只要得到针对某一成分的单克隆抗体，利用它作为配体，固定在层析柱上，当样品流经层析柱时，待分离的抗原可与固相的单克隆抗体发生特异性结合，其余成分不能与之结合。将层析柱充分洗脱后，改变洗脱液的离子强度或 pH，欲分离的抗原与抗体解离，收集洗脱液便可得到纯化的抗原。如用抗人绒毛膜促性腺激素（hCG）亲和层析柱，就可从孕妇尿中提取到纯的 hCG。与其他提取方法（沉淀法、高效疏水色谱法等）相比，具有简便、快速、经济、产品活性高等优点。

3. 单克隆抗体在疾病治疗中的应用

（1）传染病的治疗：McAb 亦可用于细菌和病毒性疾病的治疗。犬细小病毒单克隆抗体对犬细小病毒病具有良好的预防和治疗效果，作为特效药，已广泛用于该病的防治。国外已报道用抗乙肝病毒表面抗原的 McAb 中和人体内乙型肝炎病毒，借以切断母婴传播或保护易感人群。

（2）肿瘤治疗：目前已报道用 McAb 治疗骨髓瘤、白血病、消化道癌和胰腺癌等有一定效果，其机理多数人认为是通过抗体依赖细胞毒作用以及 McAb 与补体共同作用选择性的杀伤肿瘤细胞；也可以采用抗体导向药物治疗，利用具有高度特异性的 McAb 作为载体，将对肿瘤细胞具有很强杀伤作用的化学药物、毒素、放射性核素等与 McAb 结合在一起，制成所谓生物导弹，用于肿瘤患者，使其直接作用于肿瘤病灶局部，从而特异地杀伤肿瘤细胞而达到治疗的目的。

（3）纯化生物制剂：用已知 McAb 制备成离子交换层析柱、十二磺酸钠-聚丙烯酰胺凝胶电泳（SDS-PAGE）及 McAb 亲和层析柱，可用于生物制剂的纯化，如干扰素、白细胞介素等。用 McAb 纯化的生物制品纯度高、成本低，具有广阔的应用前景。

三、基因工程抗体

基因工程抗体（genetically engineered antibodies ）是指利用 DNA 重组技术或基因敲除技术对鼠源抗体基因进行改造生产的新型抗体，亦称“第三代抗体”。这些基因工程抗体保留或增强天然抗体的特异性和主要生物学活性，减少鼠源成分。与传统抗体相比，基因工程抗体具有分子小、免疫原性低、可塑性强及成本低等优点，有效避免了 McAb 在临床治疗中的缺陷，从而更好地发挥抗体在抗病毒抗肿瘤治疗中的作用。目前基因工程抗体主要有以下几种类型：

（一）完整的抗体分子

1. 嵌合抗体（chimeric antibody） 是指将鼠源抗体的可变区与人源抗体的恒定区融合而制成的抗体。其具有鼠源抗体结合抗原的特异性和亲和力，同时降低了鼠源抗体对人体的免疫原性（图 4 - 15）。

2. 重构抗体（reshaped antibody，RAb） 是指利用基因工程技术，将人抗体高变区（V）中的 CDRs 序列改换成鼠单克隆抗体 CDRs 序列，最大限度地降低了鼠源成分（图 4 - 16）。

3. 完全人源化抗体 采用基因敲除术将小鼠 Ig 基因敲除，代之以人 Ig 基因，然后用抗原免疫小鼠，再采用杂交瘤技术即可产生大量完全人源化的抗体。

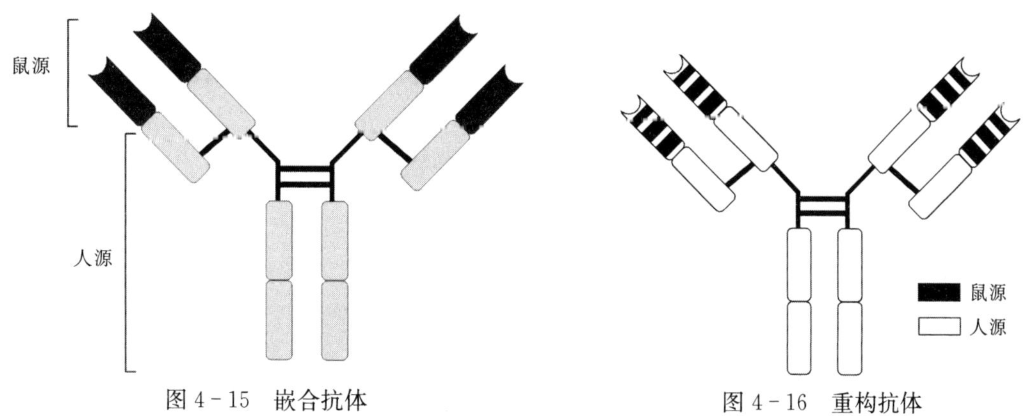

图 4-15 嵌合抗体　　图 4-16 重构抗体

(二) 抗体分子片段

小分子抗体是利用重组 DNA 技术，通过细菌表达的决定抗体特异性的结构域片段，其大小只有完整 IgG 分子的 1/6～1/2，小分子抗体有分子质量小、穿透性强、免疫原性低、半衰期短的优点，还可在大肠杆菌等原核体系表达、易于进行基因工程操作。目前研究较多或实用前景较明确的抗体分子片段主要有单链抗体（single chain antibody，ScAb）、双链抗体（diabody）、Fab 片段、单域抗体（single domain antibody）、双特异性抗体（bispecific antibody，BsAb）等。

复习思考题

1. 名词解释：γ球蛋白、Ab、Ig、V 区、CDR、Fab、超变区、F（ab′）$_2$、骨架区、Fc 片段、sIg、McAb、mIg、V（D）J 重组、多克隆抗体、单克隆抗体、McAb、基因功能抗体、铰链区、J 链、功能区、同种型、独特位。
2. 简述抗体的基本结构及其各部分的功能。
3. 各类免疫球蛋白的主要特性及其生物学作用是什么？
4. 何谓抗体的双重性，各自的物质基础是什么？为什么说免疫球蛋白是多种多样的？
5. 简述 Ig 的基因群及其抗体多样性产生的机理。
6. McAb 与常规血清抗体有何不同？何谓杂交瘤技术？其基本原理是什么？
7. 免疫球蛋白的重链分哪 5 种类型？区分的依据是什么？

（岳华编写，朱瑞良、成大荣审稿）

第五章 细胞因子及其受体

内 容 提 要

细胞因子是一类由免疫细胞和相关细胞受抗原或丝裂原刺激后产生的非抗体、非补体的具有激素样活性的多功能多肽和蛋白质分子，包括白细胞介素、干扰素、肿瘤坏死因子、集落刺激因子等四大系列几十种。白细胞介素（IL）是由多种细胞产生并作用于多种细胞的一类细胞因子，由于最初是由白细胞产生又在白细胞间发挥作用，所以由此得名，现仍一直沿用。其主要负责信号传递，联络白细胞群，调节细胞的活化、增殖和分化作用。本章还对细胞因子的结构，命名方法及共同特点、调节和相互作用以及细胞因子的受体进行了阐述。

第一节 细胞因子

一、细胞因子的概念

细胞因子（cytokine，CK）是指一类由免疫细胞和相关细胞受抗原或丝裂原刺激后产生的非抗体、非补体的具有激素样活性的多功能多肽和蛋白质分子。许多细胞能够产生细胞因子，主要有三类：第一类是活化的免疫细胞，包括淋巴细胞、单核巨噬细胞等；第二类是基质细胞类，包括血管内皮细胞、成纤维细胞、上皮细胞等；第三类是某些肿瘤细胞。在免疫应答过程中，细胞因子对于细胞间相互作用、细胞的生长和分化有重要调节作用。

研究细胞因子有助于阐明分子水平的免疫调节机制，有助于疾病的预防、诊断和治疗，特别是利用细胞因子治疗肿瘤、感染、造血功能障碍、自身免疫病等，已收到初步疗效，具有非常广阔的应用前景。

二、细胞因子的命名

细胞因子的种类繁多，就目前所知，具体包括白细胞介素（interleukin，IL）、干扰素（interferon，IFN）、肿瘤坏死因子（tumor necrosis factor，TNF）、集落刺激因子（CSF）等四大系列几十种。这些细胞因子有各自的生物学活性，它们在介导机体多种免疫反应如肿瘤免疫、感染免疫、移植免疫、自身免疫过程中发挥着重要的作用。

细胞因子的命名不是根据这些蛋白质之间系统关系确定的，许多细胞因子最初以其细胞来源或鉴定方法命名。细胞因子的命名由国际免疫学联合会白细胞介素命名委员会负责，命名以每种细胞因子的起源和结构为基础，并表明其对白细胞的功效。

（一）白细胞介素的命名

白细胞介素是一种在淋巴细胞和其他白细胞之间传递信息的细胞因子，按照其发现的先后顺序进行编号。白细胞介素的定义广泛，是一组异源的蛋白混合物，它们除了名字之外并没有多少共同之处。到 2011 年已报道的白细胞介素有 37 种，对其中部分分子了解较多，但对其他则知之甚少。

（二）干扰素的命名

干扰素（IFN）是最先发现的细胞因子。早在 1957 年，Issacs 等人发现病毒感染的细胞产生一种因子，可抵抗病毒的感染，干扰病毒的复制，因而命名为干扰素。根据其来源和结构，可将 IFN 分为 IFN－α、IFN－β、IFN－γ，它们分别由白细胞、成纤维细胞和活化的 T 细胞产生。

（三）集落刺激因子的命名

在造血细胞的体外研究中发现一些细胞因子可刺激不同的造血干细胞在半固体培养基中形成细胞集落，这类因子被命名为集落刺激因子（CSF）。根据它们的作用范围，分别命名为粒细胞集落刺激因子（G－CSF）、巨噬细胞集落刺激因子（M－CSF）、粒细胞和巨噬细胞集落刺激因子（GM－CSF）和多克隆集落刺激因子（Multi－CSF，又称 IL－3）。不同发育阶段的造血干细胞起促增殖分化的作用，是血细胞发生必不可少的刺激因子。广义上，凡是刺激造血的细胞因子都可统称为 CSF，例如促红细胞生成素（erythropoietin，Epo）、刺激造血干细胞的干细胞因子（stem cell factor，SCF）、可刺激胚胎干细胞的白细胞抑制因子（leukemia inhibitory factor，LIF）等均有集落刺激活性。

（四）肿瘤坏死因子的命名

肿瘤坏死因子（TNF）是巨噬细胞分泌的细胞因子，正如其名字所示，它们能杀死肿瘤细胞，尽管这不是它们的主要功能。TNF－α 是急性炎症的重要介质。TNF 和其他参与免疫调节和炎症的相关细胞因子属于同一家族，TNF 超家族的其他重要成员包括 CD 178（也称为 CD951 或 fas 配基）和 CD154（CD40 配基）。

三、细胞因子的结构

细胞因子具有多种结构，它们可分为若干结构族（表 5－1）。

表 5－1　细胞因子结构族分群

结构族	结　构	举　　例
1 群	4α 螺旋束	IL－2、3、4、5、6、7、9、11、13、15、21、23、30，GM－CSF、G－CSF，促红细胞生成素，催乳素，瘦素
	干扰素亚族	IFN－α/β，IFN－γ
	白细胞介素-10 亚族	IL－10、19、20、22、24、26
2 群	β 折叠	TNFs，TGF－β，IL－1α、IL－1β、IL－18
3 群	α 螺旋和 β 折叠	趋化因子
4 群	混合基序	IL－12
未分群	独特结构	IL－17A－F、IL－14、IL－16

第 1 群细胞因子（如促红细胞生成素）是最大的一个家族，由 4α 螺旋束构成，包括多种白细胞介素、生长激素和瘦素等。在第 1 群细胞因子中有 2 个相关的主要亚族蛋白，即干扰素亚族和 IL－10 亚族。第 2 群细胞因子由长链 β 折叠构成，包括 TNFs、IL－1、IL－18 和 TGF－β。第 3 群细胞因子为具有 α 螺旋和 β 折叠的小分子蛋白，包括趋化因子和相关分子等。第 4 群细胞因子由不同结构基序组成的结构域构成，包括 IL－12。IL－17 家族、IL－14 和 IL－16 是结构独特的蛋白质，不属于上述家族。

根据细胞因子的生物学活性及作用模式，第 1 群细胞因子均为涉及免疫调节或干细胞调节；第 2 群细胞因子主要与细胞的生长、调节、死亡和炎症有关；第 3 群细胞因子主要与炎症有关；第 4 群细胞因子的活性因其亚成分而异，如 IL－12 由第 1 群结构与干细胞受体组合形成，其作用与第 1 群细胞因子相似。

四、细胞因子的共同特点

目前被发现并得以正式命名的细胞因子有数十种，且每种细胞因子均有独特的生物学活性，但作为一组多样性的多肽或蛋白质分子，这些细胞因子均有许多共同的特点。

（1）为低分子质量的分泌型蛋白质：常被糖基化，分子质量大小不等，绝大多数细胞因子为分子质量小于 25ku 的糖蛋白，分子质量低者如 IL－8 仅 8ku。多数细胞因子以单体形式存在，少数如 IL－5、IL－12、M－CSF 和 TGF－β 等以双体形式发挥生物学作用。

（2）主要功能：与调节机体的免疫应答、造血功能和炎症反应有关。

（3）分泌方式：通常以旁分泌（paracrine）或自分泌（autocrine）形式作用于附近细胞或细胞因子产生细胞本身。在生理状态下，绝大多数细胞因子只产生局部作用。

（4）高效能作用：细胞因子在 pmol（10^{-12}mol）水平就能发挥显著的生物学效应。这与细胞因子和靶细胞表面特异性受体之间亲和力极高有关，其解离常数为 10^{-12}～10^{-10}mol。

（5）多种细胞产生：一种 IL 可由许多种不同的细胞在不同条件下产生，如 IL－1 除单核细胞、巨噬细胞或巨噬细胞系产生外，B 细胞、NK 细胞、成纤维细胞、内皮细胞、表皮细胞等在某些条件下均可合成和分泌。

（6）多重调节作用（multiple regulatory action）：细胞因子不同的调节作用与其本身浓度、作用靶细胞的类型以及同时存在的其他细胞因子种类有关。有时动物种属不一，相同的细胞因子的生物学作用可能有较大的差异，如人 IL－5 主要作用于嗜酸性粒细胞，而鼠 IL－5 还可作用于 B 细胞。

（7）重叠的免疫调节作用（overlapping regulatory action）：单一细胞因子可具有多种生物学活性，但多种细胞因子也常具有某些相同或相似的生物学活性。

（8）以网络形式发挥作用：细胞因子的作用并不是孤立存在的，它们之间通过合成分泌相互调节、受体表达的相互调控、生物学效应的相互影响而组成细胞因子网络，也可以取得协同效应，甚至取得两种细胞因子单用时所不具有的新的独特的效应。

（9）与激素、神经肽、神经递质共同组成了细胞间信号分子系统。

归纳起来，细胞因子有如下的特性：短寿命蛋白；结构和受体高度多样性；能局部和（或）全身性发挥作用；多效性：作用于多种细胞；冗余性：生物学功能重叠；精细调节；大剂量时有毒性。

五、细胞因子的种类

（一）白细胞介素

白细胞介素（interleukins，IL）是由多种细胞产生并作用于多种细胞的一类细胞因子。由于最初是由白细胞产生又在白细胞间发挥作用，所以由此得名，现仍一直沿用。IL 主要负责信号传递，联络白细胞群，调节细胞的活化、增殖和分化作用。同时白细胞介素与相应细胞的结合，还可以扩大和调节免疫应答。自 1972 年由 Gery 命名了 IL－1 以来，到目前已发现有 34 种白细胞介素，它们主要进行免疫调节，提高机体抗感染的能力。如 IL－1 能促进胸腺细胞、T 细胞的活化、增殖和分化；能协同 IL－4 等细胞因子刺激 B 细胞的增殖和分化，促进免疫球蛋白的合成和分泌，刺激骨髓多能干细胞的增殖；通过提高 NK 细胞对 IL－2 等细胞因子的敏感性增强 NK 细胞的杀伤活性。IL－2 在体外能促进 T 细胞分化成熟和扩增，诱导 CTL、NK 和 LAK 等多种杀伤细胞的分化和效应；直接作用于 B 细胞，促进其增殖、分化和免疫球蛋白分泌，并且还能活化巨噬细胞。IL－13 作为一种造血因子促进造血干细胞的定向分化和增殖，刺激皮肤上皮细胞、CD4－CD8－TCRαβ 细胞、肥大细胞、嗜碱性粒细胞的增殖，阻止肥大细胞发生程序性死亡。IL－4 主要作用于 B 细胞、T 细胞、巨噬细胞、肥大细胞等 4 种靶细胞，表现为促进 B 细胞增殖，增强其表达能力，诱导其产生 IgG_1 和 IgE 类抗体；促进 T 细胞增殖与 CTL 产生；激活单核-巨噬细胞的杀伤功能。此外，IL－4 还有单独激活小鼠腹腔巨噬细胞的抗肿瘤、协同 IL－3 刺激肥大细胞增殖等功能。IL－6 主要表现在诱导 B 细胞和 T 细胞的增殖分化，加速肝细胞急性期蛋白（acute phase protein）的合成；抑制 M1 髓样白血病细胞系的生长，促进其成熟和分化；抑制黑素瘤、乳腺癌细胞生长等。IL－8 能趋化和激活嗜中性粒细胞，趋化嗜碱性粒细胞、T 淋巴细胞。IL－2 与 IL－12 协同诱导 CTL 的分化，促进同种异体 CTL 反应，刺激 PHA 活化 $CD3^+$ T 细胞（包括 $CD4^+$ 和 $CD8^+$）增殖。

（二）集落刺激因子

集落刺激因子（CSF）主要包括以下几种类型。

1. 粒细胞集落刺激因子（G－CSF） G－CSF 是由 T 细胞、成纤维细胞、单核-巨噬细胞、内皮细胞、成骨细胞、骨髓基质细胞等受到内毒素、IL－1、TNF－α 等细胞因子刺激后分泌产生的一种蛋白质，以二硫键连接形成二聚体，分子质量为 18～20ku，由 175 个左右的氨基酸残基组成，因种属不同而有差异，如小鼠 177 个氨基酸，人分别由 177 个和 174 个氨基酸组成，对 pH2～10、热处理、变性剂等相对稳定。

G－CSF 的生物学活性无种属特异性，主要是促进嗜中性粒细胞系的造血细胞的增殖和活化，延长成熟嗜中性粒细胞的存活时间，并增强其吞噬杀伤作用。此外，可诱导产生 IL－1。

2. 巨噬细胞集落刺激因子（M－CSF） M－CSF 是由活化的 T 细胞、B 细胞、骨髓基质细胞、星形细胞、成骨细胞、内皮细胞等多种类型的细胞产生的一种糖蛋白。以二硫键连接形成二聚体，分子质量 40～90ku，大多为 40ku 左右。

M－CSF 的主要生物学活性是促进巨噬细胞的增殖、分化，延长其存活时间，增强其功能，并具有诱生 INF－α、抑制癌细胞生长的作用。

3. 粒细胞-巨噬细胞集落刺激因子（GM－CSF） GM－CSF 是由 T 细胞、B 细胞、肥大细胞等产生，分子质量为 22ku 的糖蛋白，能诱导骨髓干细胞形成粒细胞-巨噬细胞集落，并促使靶细胞产生 IL－1、TNF 等。

4. 促红细胞生成素（EPO） EPO 主要由肾脏的肾小管内皮细胞产生。此外，肝脏内中央静脉周围的肝细胞、骨髓巨噬细胞等亦可产生 EPO。EPO 是一种糖蛋白，分子质量为30～39ku。

EPO 的生物学活性很独特，仅刺激红细胞形成，而对其他造血细胞的形成几乎无任何作用。但是，EPO 对红细胞造血过程的完整调节，还需要其他因子的协同作用，包括 IL－3、GM－CSF 和 IL－1 等。

5. 干细胞因子（SCF） SCF 又称 C－kit 配体、肥大细胞生长因子（MGF）等，主要由成纤维细胞、肝细胞、内皮细胞、巨噬细胞等产生。以可溶性和膜结合性两种形式存在，分子质量为 31ku，在体内以非共价键相连的同源二聚体形式存在。SCF 可促进肥大细胞增殖分化，协同 IL－3、GM－CSF、G－CSF、EPO 等细胞因子促进髓性、淋巴性红细胞系造血细胞的形成。

（三）肿瘤坏死因子

肿瘤坏死因子（tumor necrosis factor，TNF）主要由 LPS 刺激单核细胞和巨噬细胞产生。此外，嗜中性粒细胞、LAK、星状细胞、内皮细胞、平滑肌细胞亦可产生 TNF－α。

TNF 是一类含微量葡萄糖、半乳糖胺、唾液酸及果糖的糖蛋白，其氨基酸组成和分子质量因种属不同而差异很大，但在功能上无明显种属特异性。TNF 对 DNA 酶、RNA 酶、葡萄糖苷酶、神经氨基酸酶及非特异性脂酶等有抵抗性，对蛋白酶敏感，等电点为 4.1～4.8，在 pH 为 4～9 的环境中稳定，65℃加热 30min、反复冻融及－20℃保存 3 个月其活性稳定。

1998 年，科学家根据其细胞来源和分子结构不同，将 TNF 分为 α 型和 β 型。TNF－α 主要由 LPS 等激活的单核-巨噬细胞产生，分子质量 17ku 左右，即经典的 TNF；TNF－β 主要由激活的 T 细胞产生，分子质量 25ku 左右，即淋巴毒素（LT）。TNF－α 的生物学活性相当广泛，除了具有抗肿瘤作用外，对免疫反应、机体代谢、炎症反应等都具有重要的调节和介导作用。TNF－β 具有杀伤带有相应抗原的肿瘤细胞和移植物的异体组织细胞，抑制靶细胞分裂繁殖的作用。

TNF 生物学活性的发挥与浓度高低密切相关：①低浓度的 TNF（约 10^{-9}mol/L）主要通过自分泌或旁分泌方式在局部调节白细胞和内皮细胞的功能，诱发炎症反应；可增强或促进血管内皮细胞与白细胞之间的黏附；激活炎性浸润的白细胞，杀死病原微生物；刺激单核-巨噬细胞和其他类型细胞分泌 IL－1、TNF、IL－6 等炎性细胞因子；辅助激活 T 细胞并促进 B 细胞产生抗体，增强 MHC－Ⅰ类抗原的表达，提高 CTL 对病毒的杀伤作用。②高浓度的 TNF 进入血液循环，以内分泌方式作用于全身，可导致发热；放大某些细胞因子介导的炎症反应；提高机体非特异性免疫功能；激活凝血系统；抑制骨髓造血干细胞的功能；通过抑制脂蛋白酶的活性而影响组织代谢。

（四）转化生长因子-β

转化生长因子-β（transforming growth factor－β，TGF－β）是一类调节细胞生长和分化的细胞因子，分子质量为 25ku，由两个 12.5ku 的亚基通过两个二硫键连接而成二聚体，只有二聚体的形式才有生物学活性。TGF－β 在酸性环境中高度稳定。在 95°C 1mol/L 醋酸中仍可保留全部的生物学活性。几乎所有的肿瘤细胞均能分泌 TGF－β，大多数机体细胞也能分泌 TGF－β，其中，以血小板中的 TGF－β 含量最高。一般情况下，多数机体细胞所分泌的是处于非活化状态的 TGF－β，需经过酸性环境处理或蛋白酶的裂解作用才能成为活化状态的 TGF－β。此外，还有一种上皮生长因子（epidermal growth factor，EGF）类似物 TGF－α，在命名上与 TGF－β 相似，但两者差异极大。TGF－α 分子质量为 56ku，是由 500 个氨基酸残基组成的单链多肽。

TGF－β 不仅参与炎症反应、组织修复、胚胎发育等过程，还对细胞的增殖、分化和免疫功能具有显著的调节作用。TGF－β 对细胞增殖分化有双重作用：①对许多原代或传代细胞，包括肝细胞、胚胎成纤维细胞、T 细胞和 B 细胞等有抑制作用；②在 EGF 和 TGF－α 协同作用下刺激鼠肾（NRK）或纤维细胞在软琼脂中生长。此外，TGF－β 通过抑制免疫效应细胞的增殖、分化、活化来调节免疫功能，还可抑制细胞因子的产生。

（五）趋化因子家族

趋化因子（chemokine）是细胞因子领域中一大家族结构同源的，大小为 8～18ku，具有细胞趋化作用的细胞因子。该细胞因子家族的成员有三种细胞来源：①抗原激活的 T 细胞；②LPS 或细胞因子激活的单核-巨噬细胞、内皮细胞、成纤维细胞或上皮细胞；③血小板。

根据结构和功能的特点，目前已知的 19 种趋化因子可分为 α 和 β 两个趋化因子超家族。α 超家族包括 IL－8、IP－10、N4P－4、INA－78、GCP－2、Mig 和 PF－4 等，可以趋化并激活嗜中性粒细胞，而对单核细胞没有作用。β 超家族的有 MCP－1、MCP－2、MCP－3、MIP－1α、MIP－1β 等，可趋化并激活单核细胞，但对嗜中性粒细胞无明显作用。

当病原微生物侵入机体时，趋化因子迅速将嗜中性粒细胞动员起来，使其聚集在感染部位，发挥其吞噬与杀菌功能。

（六）干扰素

根据干扰素（interferon，IFN）的来源和结构的不同，可分为Ⅰ型和Ⅱ型。根据 IFN 抗原特异性的不同可分为 α、β、γ 三类，其中 α（白细胞干扰素 Le）和 β（成纤维细胞干扰素 F）类干扰素称为Ⅰ型干扰素，γ 型干扰素称为Ⅱ型干扰素，即免疫干扰素。IFN 不含核酸，不被 DNA 酶或 RNA 酶破坏，对蛋白酶敏感，对湿度、温度及 pH 作用相当稳定，－20℃下可长期保存。干扰素的生物学活性具有相对的种属特异性，即由刺激物诱导某一种生物细胞产生的干扰素，只作用于同种生物细胞，使其获得保护力，而对其他生物细胞则无明显的作用。干扰素的生物学活性相当高，1mg 纯干扰素约含 10 亿个活性单位。

1. IFN－α 和 IFN－β Ⅰ型 IFN 包括 IFN－α 和 IFN－β，主要由白细胞、成纤维细胞等在细菌、DNA 或 RNA 病毒、多聚肌苷酸多聚胞苷酸（Poly I－C）、多核苷酸等刺激物诱导下产生。Ⅰ型 IFN 在 pH 为 2 或 pH 为 11 以及热（56℃）条件下仍稳定，而Ⅱ型 IFN－γ 则很易丧失活性。IFN－α 分子不同亚型由 166～165 个的氨基酸组成，无糖基，分子质量约 19ku，不同种属之间同源性 70％左右。IFN－β 分子含 166 个氨基酸，有糖基，分子质量为 23ku。IFN－β 与 IFN－α 氨基酸组成有 26％～30％同源性。

Ⅰ型 IFN 具有广谱的抗病毒、抗肿瘤和免疫调节作用。

（1）抗病毒作用：①抑制某些病毒的吸附（如 VSV）、脱衣壳和最初的病毒核酸转录（如 SV－40、单纯疱疹病毒 1 型、流感病毒和 VSV）、病毒蛋白合成（如 VSV、SV－40）以及成熟病毒的释放（如逆转录病毒、单纯疱疹病毒 1 型）等；②通过 NK 细胞、巨噬细胞和 CTL 杀伤病毒感染靶细胞。

（2）抑制和杀伤肿瘤细胞：主要是通过促进机体免疫功能，提高巨噬细胞、NK 细胞和 CTL 的杀伤水平。

（3）免疫调节作用：促进大多数细胞 MHC－Ⅰ类抗原的表达，活化 NK 细胞和 CTL。

（4）抑制如成纤维细胞、上皮细胞、内皮细胞和造血细胞的增殖：其机理可能是下调某些生长因子受体表达，使细胞停留在 G0/G1 期。

2. IFN－γ 由活化 T 细胞以及活化 NK 细胞产生。在 DNA 水平上 IFN－γ 基因与 IFN－α/β 基因无同源性。小鼠成熟 IFN－γ 分子由 133 个氨基酸残基组成。人 IFN－γ 成熟分子由 143 个氨基酸组成，分子质量为 40ku。人和小鼠 IFN－γ 氨基酸水平同源性只有 40％左右。

IFN－γ 生物学作用有较严格的种属特异性，其生物学功能主要表现为以下几个方面：

（1）诱导单核细胞、巨噬细胞、树突状细胞、皮肤成纤维细胞、血管内皮细胞、星状细胞等 MHC－Ⅱ类抗原的表达，使其参与抗原递呈和特异性免疫的识别过程。此外，IFN－γ 可上调内皮细胞 ICAM－1（CD54）表达，促进巨噬细胞 IgG 的 Fc 受体表达，协同诱导 TNF 并促进巨噬细胞杀伤病原微生物。

（2）促进 LPS 体外刺激小鼠 B 细胞分泌 IgG_{2a}，降低 IgG_1、IgG_{2b}、IgG_3 和 IgE 的产生；抑制由 IL－4 诱导的小鼠 B 细胞增殖、IgG_1 和 IgE 的产生以及 FcεRⅡ表达；促进 SAC 诱导的人 B 细胞的增殖。

（3）协同 IL－2 诱导 LAK 活性，促进 T 细胞 IL－2R 表达。

（4）诱导急性期蛋白合成和髓样细胞分化。

第二节　细胞因子的受体

细胞因子通过细胞表面的受体而起作用，这些受体至少由两个功能单位构成，一个负责与配体结合，一个负责信号的传导，二者可以在同一蛋白分子，也可位于不同分子。细胞因子受体（cytokine receptor，CKR）根据其结构主要分为以下几类：

第一类受体为管道连接受体（channel-linked receptor），是递质门控离子通道（transmitter gated in channel），受体本身是一个通道，结合激动剂后管道打开允许离子通过。管道连接受体存在于炎症细胞和免疫细胞，其作用尚不明确。

第二类受体由具酪氨酸激酶（tyrosine kinases，TK）活性的蛋白质组成，是典型的生长因子和细胞因子受体，某些酪氨酸激酶能使磷酸基团转移至核内转录因子使其活化，而其他酪氨酸激酶则通过产生第二信使而间接发挥作用。

第三类受体为一大类膜结合的鸟苷三磷酸（guanosine triphosphate，GTP）结合蛋白（称为 G 蛋白）关联受体。G 蛋白的作用靶标包括离子通道、腺苷酸环化酶、磷脂酶 C 和某些蛋白质激酶。唯一将 G 蛋白作为免疫受体的是趋化因子 C5α 和血小板激活因子受体。

第四类受体可激活中性鞘磷脂酶，然后将细胞膜的鞘磷脂水解为神经酸胺，后者进而激活丝氨酸-苏氨酸蛋白激酶磷酸化细胞蛋白，IL－1 和 IFN－α 受体采用该信号转导机制。

根据细胞因子受体 cDNA 序列以及受体胞膜外区氨基酸序列的同源性差异和结构不同，可将细胞因子受体分为免疫球蛋白超家族、造血细胞因子受体超家族、神经生长因子受体超家族和趋化因子受体等四种类型。

1. 免疫球蛋白超家族（Ig superfamily，IGSF） 又称为识别球蛋白超家族，主要起识别作用。IGSF成员胞膜外部分均具有一个或数个免疫球蛋白样结构域，每个结构域含70～110个氨基酸残基。目前，已知属于IGSF的成员有IL-1RtⅠ（CD121a）、IL-1RtⅡ（CD121b）、IL-6Ra链（CD126）、gp130（CDw130）、G-CSFR、M-CSFR（CD115）、SCFR（CD117）和PDGFR等。

2. 造血细胞因子受体超家族（haemopoietic cytokine receptor superfamily） 又称为细胞因子受体家族，主要包括红细胞生成素受体超家族（erythropoietin receptor superfamily，ERS）和干扰素受体家族（interferon receptor family）。属于前者的受体有EPOR、血小板生成素R、IL-2Rγ链、IL-2Rβ链（CD122）、IL-3Rα链（CD123）、IL-3Rβ、IL-4R（CDw124）、IL-5Rα链、IL-5Rβ链、IL-6Rα链（CD126）、gp130（CDw123）、IL-7R、IL-9R、IL-11R、IL-12 40ku亚单位、G-CSFR、GM-CSFRα链、GM-CSFRβ链等。属于后者的受体有IFN-α/βR、IFN-γR及组织因子（TF）等。

3. 神经生长因子受体超家族（nerve growth factor receptor superfamily，NGFR） 受体在胞膜外有3～6个结构域，每个结构域约含40个氨基酸且富含Cys。NGFR的成员有TNF-RⅠ（CD120a）、TNF-RⅡ（CD120b）、CD40、CD27、T细胞cDNA-41B编码产物、大鼠T细胞抗原OX-40等。

4. 趋化因子受体（chemokine receptor） 趋化因子受体都属于G蛋白偶联受体，含有7个穿膜区，故又称为7个穿膜区受体超家族（seven predicated transmembrane domain receptor superfamily，STR superfamily）。目前已知的趋化因子受体有IL-8RA、IL-8RB、MIP-1α/RANTES R、NCP-1R、红细胞趋化因子受体（red blood cell chemokine receptor，RBCCKR）等。

第三节 细胞因子的调节和相互作用

细胞因子信号调节有3个主要途径：受体表达的改变、蛋白的特异结合和拮抗效应的细胞因子。如IL-2受体的表达主要取决于T细胞对IL-2的应答，静止T细胞很少表达IL-2受体，而活化T细胞IL-2受体的表达则显著升高；相反IL-1活性则由受体拮抗剂IL-IRA调节，IL-IRA是IL-1的非活性形式，其与IL-1受体结合但不激活信号转导，因此可阻断活化IL-1的活性。某些细胞因子可与体液中可溶性受体结合，如IL-1、IL-2、IL-4、IL-5、IL-6、IL-7、IL-9、TNF-α和M-CSF的可溶性受体，这些可溶性受体在多数情况下与细胞表面受体竞争结合细胞因子，从而抑制后者的活性。IL-1、IL-12和TGF-β等细胞因子可与结缔组织的肝素或CD44等葡聚糖结合，形成随时调用的细胞因子储存库。利用具有相反效应的不同细胞因子调节其功能可能是最重要的细胞因子调节手段，如IL-4可刺激B细胞转换生成IgE，而IFN则抑制IgE的产生。

需要注意的是，细胞在任何时候都接收来自多个细胞因子受体的信号，因此细胞必须综合多种信号以产生协调一致的应答。

细胞因子在动物机体内并不是孤立存在的，它们之间通过合成分泌的相互调节，受体表达的相互调控，生物学效应的相互影响而形成细胞因子的网络效应。细胞因子的网络效应主要有以下几种方式：

（1）一种细胞因子常常影响其他细胞因子的合成和分泌，通过诱生其他细胞因子的产生，增强或抑制细胞因子间的生物学作用，从而对免疫应答和炎症反应起正向或负向调节作用。如 IL－1 具有激活 T 细胞和 B 细胞的生物学活性，而活化的 T 细胞能分泌 IL－3，IL－3 能促进淋巴细胞的分化成熟，而淋巴细胞又可分泌 IL－1，从而最终起到加强 IL－1 生物学活性的作用。

（2）细胞因子调节同一种细胞因子受体的表达。如高剂量的 IL－2 可诱导 NK 细胞，刺激其表达高亲和力的 IL－2 受体。

（3）一种细胞因子诱导或抑制其他细胞因子受体的表达。如 TFG－β 可抑制 T 细胞 IL－2 受体的表达，从而降低 IL－2 受体的数量；而 IL－6 和 IFN－γ 却能诱导细胞受体的合成和分泌。

有些细胞因子常与其他细胞因子协同，共同发挥某些生物学作用。如 IL－3 协同 IL－6 共同促进干细胞分化和巨噬细胞的成熟；IL－9 与 IL－2 协同促进胸腺细胞增殖；IL－9 与 IL－3、IL－4 共同作用，促进肥大细胞生长，并增强其活性等。

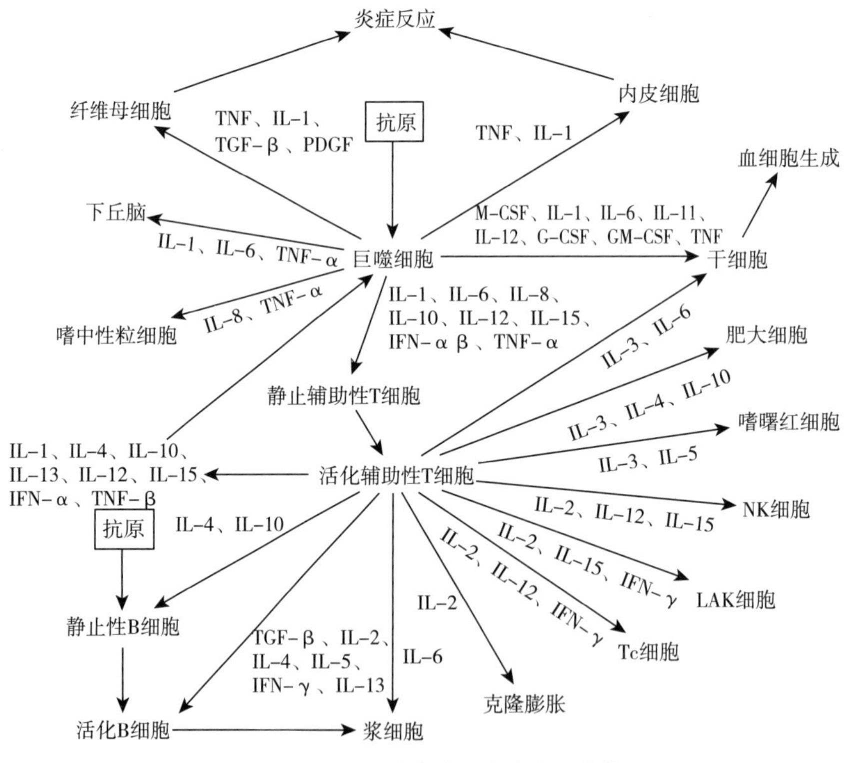

图 5－1　细胞因子在炎症反应中的调节作用

第四节　细胞因子的临床应用

目前细胞因子的研究及应用主要集中在人类医学，对动物细胞因子研究较少。

细胞因子已广泛应用于临床多种疾病的治疗，其中以干扰素、各种集落刺激因子最为常用。部分细胞因子已获美国 FDA 批准投放市场，有的细胞因子已进行不同阶段的临床试验或正在申请获准投放市场。有关细胞因子临床应用的情况参见表 5－2。

在兽医临床中，许多细胞因子也应用于动物疾病的预防与治疗。如 IL－3 作为猪瘟病毒（HCV）E2 核酸疫苗的免疫佐剂，能明显增强其免疫效果。IL－2 和狂犬病灭活疫苗一起应用，能使实验鼠对狂犬病的保护率提高 25 倍左右。干扰素常常用于宠物和其他动物的治疗。

但是，任何事物都有两面性，细胞因子的临床应用也不例外。细胞因子在某些情况可以导致和（或）促进某些疾病的发生发展，如 TNF、IL－1 和 IL－6 等可参与某些自身免疫性疾病和移植排斥反应的发生。有时，重症感染可诱导某些细胞因子的过量产生，这些高浓度的细胞因子反过来又加剧感染症状，形成恶性后果，如 TNF 可导致感染性休克；IL－2/LAK 治疗动物疾病时，由于呈较重的毒性反应，导致毛细血管渗漏综合征的发生，造成全身多器官功能失调。另外，在外源性细胞因子的应用上，由于受机体内细胞因子网络中各种细胞因子的相互作用或机体内复杂因素（如酶）的影响，表现的效果往往不如体外明显。

表 5－2　美国 FDA 批准投放市场的重组细胞因子

细胞因子	商品名	公司名	适应证	FDA 批准日期
IFN－α2a	Roferon－A	Hoffmann－La Roche	毛细胞性白血病	1986.6
			艾滋病相关的 Kaposi 肉瘤	1988.11
INF－α2b	IntronA	Schering－Plough	毛细胞性白血病	1986.6
			生殖器疣	1988.6
			艾滋病相关的 Kaposi 肉瘤	1988.11
			非甲非乙肝炎（丙型肝炎）	1991.2
IFN－αn3	Alferon A	Interferon Sciences	生殖器疣	1989.10
IFN－γ1b	Actimmune	Genentech	慢性肉芽肿	1989.10
α－EPO	Eopgen	Amgen	慢性肾功衰竭合并贫血	1989.6
			AZT 治疗 HIV 感染的贫血	
	PROCRIT	Ortho Biotech	同上	1990.12
G－CSF	Neupogen Filgrastim	Amgen	化疗后嗜中性粒细胞减少症	1991.2
GM－CSF	Prokine Sargramostim	Hoechst－Roussel	自身骨髓移植	1991.3
	Leukine Sargramostim	Immunex	自身骨髓移植	1991.3

复习思考题

1. 什么是细胞因子？它们有什么共同特点？
2. 细胞因子是如何命名的？

3. 细胞因子包括哪些种类?

4. 细胞因子受体分成哪几类?

5. 细胞因子的网络效应主要通过哪些方式发挥作用?

（秦爱建编写，崔治中、王印审稿）

第六章 主要组织相容性复合体

内 容 提 要

本章简述了人和动物的主要组织相容性复合体（MHC）的概念及其组成，包括MHC相关分子的结构和组成，不同动物MHC基因组结构特点和异同点。叙述了MHC相关分子在不同细胞表面的分布，MHC分子与抗原肽的相互作用，MHC分子与T细胞受体的相互作用及其与机体免疫反应和疾病发生的关系。由于MHC控制着抗原递呈，从而影响或决定着动物对传染病和自身免疫性疾病的易感性。

第一节 概 述

主要组织相容性复合体（major histocompatibility complex，MHC）是一个与机体免疫反应密切相关的基因群，最早发现于不同品系动物间对移植物的排斥反应。研究发现，一个品系的小鼠能否接受另一个品系小鼠的移植物，即组织相容性（Histocompatibility），决定于供体与受体小鼠是否具有共同的MHC单倍体。MHC是一个很大的基因群，它由分布在约3 000kb的基因组片段或区域上的大约200多个基因组成。但是，在对组织移植的排斥反应中起决定作用的只是MHC中有限基因编码的分子，分别称之为MHC Ⅰ类分子和Ⅱ类分子。但这些分子还与免疫反应过程中抗原的递呈相关。此外，MHC还包括Ⅲ类分子，参与与免疫反应相关的其他功能。在鸡的MHC中，还有另一种Ⅳ类分子。所有哺乳动物和鸟类都具有该基因群，但不同动物MHC的具体结构和表象各不相同。MHC相关的功能最早是通过白细胞表面抗原发现的，对人和不同动物的MHC又分别称之为HLA（人）、H-2（小鼠）、SLA（猪）、ELA（马）、BoLA（牛）、DLA（犬）、FeLA（猫）、OVAR（绵羊）、B位点（鸡）。

MHC Ⅰ类和Ⅱ类分子分别代表两个在结构上不同的群体。在MHC中包含有许多Ⅰ类和Ⅱ类基因，这些Ⅰ类和Ⅱ类基因产物都具有类似的分子结构。表6-1比较了人类MHC分子不同特点，其他动物也基本与此类似。但MHC的其他基因产物则差异很大，例如编码补体系统（C4、C2和B因子）的基因，编码细胞因子（如TNF）的基因，还有编码一些酶、热休克蛋白和与抗原加工相关分子的基因。所有这些基因相互间在功能上和结构上都没有任何相似性或同源性，现在将这些基因产物通称为Ⅲ类基因产物。

表 6-1　人类 MHC Ⅰ类和Ⅱ类分子特点比较

	Ⅰ类	Ⅱ类
主要基因位点	A、B 和 C	DP、DQ 和 DR
分布	大多数有核细胞	B 细胞、巨噬细胞、树突状细胞
功能	将抗原递呈到细胞毒性 T 细胞	将抗原递呈到辅助性 T 细胞
效应	T 细胞介导细胞毒反应	T 细胞介导辅助抗体免疫反应

人和不同动物的 MHC 分别位于不同的染色体上，但同一种动物的 MHC 基因群都位于同一条染色体上，它们分别是人（6 号）、猪（7 号）、马（20 号）、牛（23 号）、绵羊（20 号）、犬（12 号）、猫（B2 号）、小鼠（17 号）和鸡（16 号微染色体）。人和不同动物 MHC 的不同分子在染色体基因组上的相互位置关系不完全相同，具体表现见图 6-1。

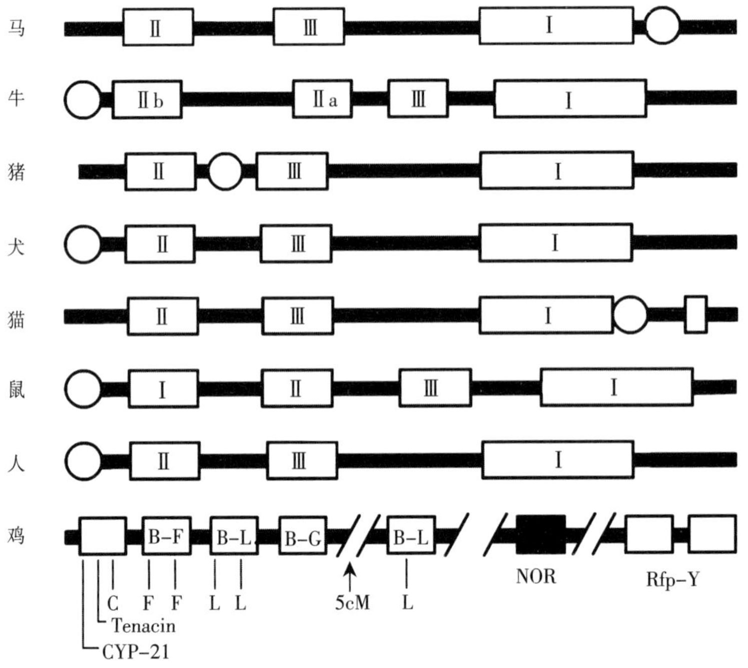

图 6-1　人和不同动物 MHC 基因组结构

图中显示 MHC 的Ⅰ类、Ⅱ类和Ⅲ类分子基因的分布及其相关位置关系。鸡的 B-F 和 B-L 分别相当于哺乳动物的Ⅰ类和Ⅱ类分子，在最左侧相当于Ⅲ类分子，编码补体“C”和其他分子。图中鸡的 NOR 为染色体的核仁组织区，其左侧为鸡的 B 位点基本组成部分，即 MHC-B（包括 F、L、G），其右侧为 MHC-Y（即 Rfp-Y）。基因组间隔区“//”的 5cM 代表相距 5 个厘摩遗传单位，其他“//”的遗传单位还没有确定。

第二节　MHC 分子结构

一、MHC Ⅰ类分子结构

（一）MHC Ⅰ类分子组成

MHC Ⅰ类分子是一个异源二聚体。它是由 MHC 编码的可糖基化的重链分子（45kb）以非共价键的形式与另一个称之为 β_2 微球蛋白（12kb）的多肽结合形成。β_2 微球蛋白可游离存在于血清中。

重链由 3 个细胞外的功能区（分别称之为 α_1、α_2、α_3）、一个跨膜区和一个细胞质内的尾区构成。图 6－2 显示了 MHC Ⅰ类分子细胞外结构。细胞外的每个功能区分别由 90 个氨基酸组成，其中 α_2 和 α_3 分别有一个链内的二硫键形成了由 63 和 86 个氨基酸组成的环状结构。α_3 功能区在结构上与免疫球蛋白分子的恒定区的功能区相似，它含有一个可以与细胞毒性 T 细胞表面的 CD8 相作用的位点。Ⅰ类分子重链的细胞外部分可被糖基化，糖基化的程度则随动物的种属及个体单倍型的不同而异。Ⅰ类分子上最主要的疏水区是由 25 个氨基酸组成的，它构成了穿过细胞膜双层类酯的跨膜区。细胞质内的功能区由 30～40 个氨基酸组成，它可以被磷基化。

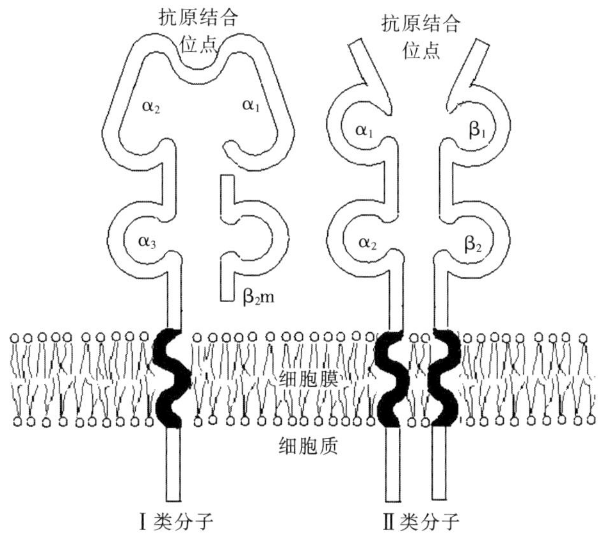

图 6－2 在细胞表面的 MHC 抗原分子结构模式图

MHC 的Ⅰ类分子（左）是由一条 α 链和一条短的 β_2 微球蛋白组成，前者包含位于细胞膜外的 α_1、α_2 和 α_3 三个功能区、跨膜区和位于细胞质内的一段。Ⅱ类分子由一条 α 链和一条 β 链组成，二者在细胞外含有两个球状功能区，也含有跨膜区和细胞质内的部分。

（二）β_2 微球蛋白的作用

在各种细胞表面表达所有的Ⅰ类分子时，都必须有 β_2 微球蛋白。例如，β_2 微球蛋白基因缺失的突变小鼠就完全不能表达Ⅰ类分子。人类的 β_2 微球蛋白都是相同的，但小鼠的 β_2 微球蛋白有两种分子（仅在第 85 个氨基酸有一个变异）。该分子具有与免疫球蛋白恒定区相类似的结构。除了与 MHC Ⅰ类分子相结合外，该分子还可以和一些其他Ⅰ类样分子相结合，如人的 1 号染色体上的 CD1 基因产物、大鼠的 Fc 受体（与新生大鼠肠道细胞吸收初乳中的 IgG 相关）。这些分子在结构上都与 MHC Ⅰ类分子相似。

（三）MHC Ⅰ类分子的抗原结合槽

晶体 X 射线衍射分析结果表明，Ⅰ类分子的 α_1 和 α_2 功能区可形成一种由 8 个反向平行的 β 折叠支撑着的两个反向平行 α 螺旋组成的结构。在 α_2 功能区中的二硫键可将 N 端的 β 折叠连接到 α_2 功能区的 α 螺旋片段上，由此形成的槽口将 α_1 和 α_2 功能区的 α 螺旋分隔开来，形成了一个槽口，它成为加工抗原的结合位点（图 6－2）。此外还发现，Ⅰ类分子上的大多数变异氨基酸及 T 细胞受体都位于该槽口中或其附近，这进一步证明了该槽口结构与结合抗原相关。

对 HLA－A_2 和 HLA－Aw68 这两个分子的比较表明，这两个分子间的差异主要表现在 13 个位点上的氨基酸侧链变化：在 α_1 和 α_2 功能区分别有 6 个变异，还有一个在 α_3 功能区（第 245 位氨基酸变异，与 CD8 分子的相互作用有关）。α_1 和 α_2 功能区的 12 个变化位点中有 10 个正位于该多肽结合槽口的底部或侧面。这些氨基酸的变化可显著改变该槽口的形状，因此可决定将结合哪种抗原多肽。在 MHC Ⅰ类分子上的这种槽口通常适于结合 8～9 个氨基酸组成的多肽。在该槽口中的氨基酸变化将改变其中结合点的位置，从而构成了某一槽口对多肽结合的亲和力的变化，它进而决定着哪一个多肽将被递呈给某一个 T 细胞。

二、MHC Ⅱ类分子结构

（一）MHC Ⅱ类分子组成

MHC 的Ⅱ类基因产物是一个异源二聚体，分别由重链（α）和轻链（β）糖蛋白组成，二者均由 MHC 基因编码。α 链的分子质量均为 30～34ku，β 链的分子质量为 26～29ku，大小随所在位点编码基因不同而异。α 和 β 链在分子结构上非常类似，两条链的细胞外部分均由二个功能区（α_1 和 α_2 及 β_1 和 β_2）组成，再连接大约 30 个氨基酸组成跨膜区及 10～15 个氨基酸组成的细胞质功能区，其基本结构见图 6－2。

Ⅱ类分子的 α_2 和 β_2 功能区与Ⅰ类分子的 α_3 功能区及 β_2－微球蛋白链很相似，都具有免疫球蛋白恒定区的结构特点。β_1 功能区中含有一个二硫键，从而形成一个由 64 个氨基酸组成的环状结构。Ⅱ类分子 α 和 β 链分子质量的差别主要与糖基化程度不同有关。α_1、α_2 和 β_1 功能区都可被 N－糖基化，而 β_2 功能区不被糖基化。然而，在 β_2 功能区带有一个 CD4 结合位点，因此在抗原递呈细胞上的Ⅱ类分子可以与细胞上的 CD4 分子相互作用，这类似于Ⅰ类分子与 CD8 分子的相互作用。在抗原递呈过程中 CD4 和 CD8 分子都是非常重要的参与成分。

（二）MHC Ⅱ类分子的抗原结合槽

MHC 的Ⅱ类分子也能识别和结合特定的抗原，其抗原结合位点分别是由 α 链和 β 链的可变区即 α_1 和 β_1 功能区组合形成的（图 6－2）。所形成的结合槽两侧的氨基酸的变化决定了该抗原结合槽所能结合的抗原的特异性和亲和性。

第三节　MHC 分子与抗原肽的相互作用

尽管 MHC 的Ⅰ类和Ⅱ类分子在立体结构上很相似，但它们之间还是有差别的。最主要的是Ⅱ类分子的抗原结合槽口比Ⅰ类分子更开放，因此Ⅱ类分子的槽口结合的多肽长于Ⅰ类分子。由于 MHC 分子上的抗原结合槽口的立体结构部分取决于组成槽口的氨基酸的性质，因此不同单倍型的个体 MHC 分子上抗原结合槽口的形状也互不一样。究竟什么样的多肽能结合到一个特定的 MHC 分子上，这也取决于多肽的侧链及其与 MHC 分子抗原结合槽口的互补性。有一些多肽氨基酸侧链可能伸出该槽口，因而又可以被 TCR 所结合。

抗原多肽是通过特定的氨基酸锚定在 MHC 分子的结合位点上。现代技术已能将细胞表面 MHC 分子结合的抗原多肽洗脱下来，经纯化后加以测定其氨基酸的组成和序列。

（一）可被 MHC Ⅰ类分子结合的抗原多肽片段

MHC 分子既可以结合来自摄入的抗原或病毒颗粒的外源性多肽，也可结合细胞内或被吞饮入细胞的自身的分子。对从 MHC Ⅰ类分子上洗脱下来的自身来源的抗原肽纯化后的测序结果表明，这些分子都是 9 个氨基酸的抗原肽。对不同的Ⅰ类分子来说，其所能结合的抗原肽都在特定位点有一个较保守的基序。Ⅰ类分子的抗原结合槽口两端是闭合的，而所结合的抗原肽则是一个由 9 个氨基酸组成的直链（不是 α 螺旋）。该抗原多肽的 N 端和 C 端都包裹在Ⅰ类分子的抗原结合槽口内。沿着该抗原多肽链，在 MHC Ⅰ类分子的氨基酸及抗原抗原肽氨基酸间可形成许多氢键。特别值得一提的是，在抗原抗原肽 N 端常见的赖氨酸及在Ⅰ类分子抗原结合槽口里的保守的赖氨酸可稳定抗原肽的结合力。此外，抗原抗原肽的中央可突出于槽口之外，有助于与 TCR 相结合。能结合于Ⅰ类分子的抗原肽，多来自细胞内合成的蛋白质，在信号肽裂解再被转移至内质网。通常，经这种细胞内抗原加工途径产生的抗原肽的大小恰恰适于被Ⅰ类分子的抗原结合槽口所结合。

（二）可被 MHC Ⅱ类分子结合的抗原多肽片段

在 MHC Ⅱ类分子上的抗原结合槽口也含有一些结合点，但其分布不同于Ⅰ类分子。通常Ⅱ类分子的结合槽口的两端是开放的。因此，被结合到Ⅱ类分子的抗原多肽分子可伸出抗原结合槽的两端。与此相吻合，从Ⅱ类分子洗脱下来的被结合的抗原肽通常比较长，可多于 15 个氨基酸。在Ⅱ类分子结合的抗原肽中，也存在着相应的起锚定作用的比较保守的氨基酸组成。Ⅰ类和Ⅱ类分子在结合抗原肽时的不同点是：Ⅰ类分子结合抗原抗原肽时，被结合的抗原肽 N 和 C 端都被限定在槽口内。而对于Ⅱ类分子来说，被结合的多肽可伸出槽口的两端。能与 MHC Ⅱ类分子相结合的多肽多来自胞饮后裂解的蛋白质。如此产生的多肽在大小上不太均一，在结合到 MHC Ⅱ类分子上后可能会再被修剪，Ⅱ类分子对抗原的这一处理途径明显不同于Ⅰ类分子处理抗原的途径。

第四节　T 细胞受体与 MHC 分子及抗原的相互作用

（一）MHC 分子、抗原肽和 T 细胞受体复合物

对小鼠 MHC Ⅰ类分子、内源性细胞抗原肽和 T 细胞受体（TCR）这三个不同分子形成的复合物晶体分析显示，在这个复合物中，T 细胞受体基本上是沿着 MHC Ⅰ类分子上抗原肽结合槽口以 20°～30°的角度结合上去的。这意味着，这个 TCR 分子的 α 和 β 链第一和第二个互补决定区（CDR）位于被递呈抗原肽 N 和 C 端，而每条链上位于 TCR -结合点中央的第三个 CDR 则是结合到抗原肽的从 MHC 分子槽口突出来的氨基酸上。在每个 CDR 上氨基酸都有其特定定位并与 MHC 分子上的相应氨基酸相互作用。TCR 的这种分子结构有助于 T 细胞识别已结合到特定 MHC 分子上的抗原肽。

（二）TCR 分子的集聚和 T 细胞的激活

每一个 T 细胞有可能表达 10^5 个 TCR 分子，而每个抗原递呈细胞（APC）也能表达类似数量的 MHC 分子。如果一个 T 细胞只接触一个 APC，在这个细胞表面的 MHC/抗原复合物中就只有一小部分能被 T 细胞所识别。那么，对于 T 细胞激活来说要多少分子被结合才是最小的有效信号？实际上，只要少量抗原肽/MHC/TCR 相互作用就够了，或许大约 120 个特异性相互作用的 MHC 分子或 APC 上大约 0.1%的 MHC 分子参与就够了。况且这种相互作

用可以仅在一段时间内发生，而不必让所有 100 个 TCR 分子同时参与这种相互作用。

（三）抗原多肽既能诱发又能拮抗 T 细胞的激活

TCR 对结合在 MHC 分子上抗原肽的亲和力比抗体对一个抗原表位的亲和力低得多。而抗原- MHC 复合物对 TCR 的亲和力与 T 细胞的激活密切相关。这些能激活 T 细胞的多肽称之为活性多肽。然而，将这种活性抗原肽改变 1～2 个氨基酸组成，就可变成一种能拮抗原始抗原肽对 T 细胞激活作用的抗原肽。通常，这种拮抗性抗原肽对 TCR 的亲和力要明显低于原始的活性抗原肽。因此，它们可能干扰原始活性抗原肽对 MHC 分子的结合或对 TCR 的结合。有时，一个经修饰的抗原肽又可能比自然的活性抗原肽更有效地激活 T 细胞。这些更强的活性抗原肽能在 TCR - MHC -抗原肽复合体中产生更高的亲和力。对 TCR/MHC 呈现不同亲和力的多肽可用于一些临床治疗。如利用拮抗性抗原肽来阻断病理性免疫反应。

当讨论 T 细胞的特异性时，这绝不是说一个 T 细胞只能结合一种抗原肽分子并被其激活。实际上，一个能被某种 T 细胞特异识别的抗原肽，在发生 1～2 个氨基酸变异后，仍有可能被结合并激活该 T 细胞。问题只在于，一个抗原肽能够发生多大突变后还仍能结合到原有的 TCR 上。实际上，有些抗原肽上的每一个氨基酸都可以发生置换，而不会破坏它对 MHC 分子或 TCR 的结合力。只要这个抗原肽仍能作为特定 TCR - MHC 的一个组成部分，只要仍能提供足够的结合能量，它就能结合并激活特定的 T 细胞。个别氨基酸的组成变化，不一定会造成很大影响。

第五节　不同动物 MHC 的基因组结构特点

MHC 基因群结构的研究，大部分是在小鼠和人类基因组完成的，随后扩大到其他动物如鸡、牛、猪等。人和动物的 MHC 的基本组成非常类似，如它们都有Ⅰ类、Ⅱ类和Ⅲ类基因群。但是，不同动物基因组中 MHC 的大小、三类基因群在基因组上的分布和排列方式、每类基因的位点数及其等位基因数仍有很大差异。特别是鸡还有Ⅳ类基因，在其他哺乳动物尚未发现。

（一）不同动物 MHC 基因组比较

人和多数哺乳动物 MHC 通常覆盖在大约 3 000kb 长的 DNA 上。相比之下，猪的 MHC 在哺乳动物中最小，只有 2 000kb。但是，鸡的 MHC 要比哺乳动物小得多，只有 92kb 长，只含有 19 个基因。

不同动物的 MHC 分别位于不同的染色体上。此外，每种动物 MHC 的Ⅰ类、Ⅱ类和Ⅲ类基因群相互间及其与基因组其他成分间的分布关系也各不相同。如前面的图 6 - 1 所显示的，不仅不同动物 MHC 的三类基因群排列关系不同，而且与所在染色体的中心粒的相对位置也互不相同。此外，三类基因群间相隔的距离差别也很大。在马，MHC Ⅱ类和Ⅲ类基因群间相隔约 600kb，Ⅰ类和Ⅲ类基因群间相隔 710kb。而在牛，其Ⅱ类基因群的两个亚区Ⅱa 和Ⅱb 间就相隔 17 个厘摩尔（cM）遗传单位（人的 1cM 遗传单位相当于 DNA 的 1000kb 物理距离）。

鸡的 MHC 不仅小，而且结构更特殊。它的 92kb 长的 MHC 还被分隔在同一条染色体上的核仁组织区（NOR）基因群的两侧，分别称为 MHC - B 和 MHC - Y（图 6 - 1）。即使在鸡的 MHC－B 内，编码Ⅱ类分子α链的 B－L 区与编码和Ⅱ类分子β链的 BF/BL 区也相隔 5cM（鸡的 1cM 遗传单位相当于 300～400kb）。鸡 MHC 又称 B 位点，至少由三个位点组成，即 F（相当于哺乳动物Ⅰ类基因）、L（相当于Ⅱ类基因）和 G 位点（属特有的Ⅳ类分子基因），分别称之为 B－F、B L 及 B－G。此外，也有类似于哺乳动物的Ⅲ类基因，带有编码补体 C4 和其他相关蛋白的基因。

（二）MHC Ⅰ类基因区的不同基因位点

人和不同动物的Ⅰ类基因区含有不同数量的基因位点，即使是同一种动物，不同单倍体上也可能有不同的基因位点数。

人的 MHC Ⅰ类基因区含有三个重要的基因位点，分别称之为 HLA－A、HLA－B 和 HLA－C，称为Ⅰa 基因。其中每一个位点分别编码经典的 MHC Ⅰ类分子的重链，整个Ⅰ类基因区 DNA 有 1 800kb。在该区还有其他Ⅰ类基因，如 HLA－E、F、G、H 基因，也分别编码 MHC Ⅰ类蛋白质分子，这群位点称之为Ⅰb 基因。相对于经典的 HLA－A、B、C 基因，HLA－E、F、H 基因的多态性较少。目前已发现，HLA－E、G 基因产物能结合抗原肽，但多参与 NK 细胞对抗原的识别。

小鼠的 MHC（H－2）基因组中也有 3 个Ⅰ类基因位点，但在不同单倍型小鼠间，Ⅰ类基因的数量有很大变异。参与向 T 细胞递呈抗原的小鼠Ⅰ类基因分别位于 H－2K、H－2D、H－2L 位点。不同品系小鼠的 H－2K 位点的组成都非常类似，它包括两个Ⅰ类基因，即 K 和 K2。小鼠也有Ⅰb 类分子，分别由 MHC 的 Qa、Tla 和 M 区编码，但它们的功能还不清楚。

牛的 MHC Ⅰ类基因至少有 6 个可表达的基因位点，但在同一条单倍体，只有 1 个或 2～3 个位点同时表达。

马的 MHC Ⅰ类基因至少有 7 个可表达的基因位点，还有 8 个位点通常不表达，属于伪基因。

绵羊的 MHC Ⅰ类基因至少有 8 个基因位点。

猪Ⅰa 类基因有 7 个基因位点，Ⅰb 类基因有 3 个位点，但其中只有 3 个Ⅰa 位点可表达，其余位点都不表达，是伪基因。猪的不同单倍体上Ⅰ类基因表达的位点数也不相同。

犬的 MHC Ⅰ类基因至少有 4 个可表达的基因位点（DLA－12、79、64、88），但只有 DLA－88 具有多态性。

猫的 MHC Ⅰ类基因被中心粒分为 2 部分，迄今为止还仅发现 1 个功能性位点，但呈多态性。

相当于哺乳动物Ⅰ类基因的鸡的 MHC 分子称为 B－F，有两个位点 BF1 和 BF2。其中 BF2 是起决定作用的位点，在不同近交系鸡各种细胞上都具有用以表达的完整的基因结构，且表达量大。但 BF1 则不同，不仅表达量很低，而且在一些近交系的基因组上，该位点不完整，即不一定能表达。

（三）MHC Ⅱ类基因区的不同基因位点

人的Ⅱ类基因 HLA－D 区至少编码 6 个α链及 10 个β链。该区有三个位点即 DR、DQ 和 DP 位点，编码了大多数Ⅱ类的产物。其中 DR 位点含有一个单一的α基因（DRA）和 9 个β基因（DRB1～9），其中包括一些伪基因。但在该位点内基因的排列方式可发生变化。DQ 区和 DP 区各有一个α链基因和一个β链基因。DR、DQ 和 DP 编码的α链在细胞内总与同一位点编码的β链相结合。例如，DPA_1 和 DPB_1 基因产物结合产生 HLA－DPⅡ类分子，该分子可用特异性抗体检测出来。同样 DQA_1 和 DQB_1 编码产生 HLA－DQ 抗原。在不同的单倍体 DRB 区的构成和长度是不同的，因而可表达不同种数量的β链。此外，还有 DN、DM 和 DO 区也分别可编码α链及其β链。人的Ⅱ类基因区还包含有其他一些基因，但其基因产物并不表达于细胞表面。人的 MHC Ⅱ类基因区的长度有 1000kb，其 DNA 大小和多个位点组成方向都与小鼠Ⅱ类基因的类似。

小鼠的 MHC Ⅱ类分子α和β链的基因分散在Ⅰ类基因区内，其位点 A 的 Ab 和 Aa 基因分别编码 A 分子的β和α链，而位于位点 E 的 Eb 和 Ea 基因则编码 E 分子的β和α链。小鼠还有Ⅱa 和Ⅱb 类的其他几个基因，但这些基因编码的蛋白质是什么还不清楚。其中 Pb 是个伪基因，而另外两个称之为 Ob 和 Eb2 的基因可能是功能性的。后面这几个Ⅱ类基因的多态性都较小，不同品系小鼠表达的Ⅱ类基因也不尽相同。

牛的 MHC Ⅱ类基因被分隔为Ⅱa 和Ⅱb 两个亚区，其相隔的遗传距离可达 17cM。其Ⅱ类基因只有 2 个可表达的蛋白，即 DQ 和 DR。但在许多单倍体上，DQ 位点可有不同的重复。不同单倍体间的交换重组产生相应的多态性。

绵羊的 MHC Ⅱ类基因包括 1 个 DRA、4 个 DRB（1 个表达，3 个不表达）、1 个 DQA1、2 个 DQA2 位点，还有 DQB1、DQB2、DNA、DOB、DYA、DYB、DMA 位点各 1 个。

猪的 MHC Ⅱ类基因包括可表达α链和β链的 DR、DQ、DM 和 DO 等位点。

犬的 MHC Ⅱ类基因中已鉴定出 DRA、DRB、DQA、DQB 等基因位点，其中多数呈现高度多态性。如已分别识别出 62 个 DRB1 等位基因、21 个 DQA1 等位基因和 48 个 DQB1 等位基因。

猫的 MHC Ⅱ类基因包括 1 个高度多态性的 DR 位点，含有 2 个 DRB 基因和 3 个 DRA 基因。

相当于哺乳动物Ⅱ类基因的鸡的 MHC 分子称为 B－L，有两个位点 BLB1 和 BLB2。其中 BLB2 的表达量要显著大于 BLB1，是起决定作用的位点。

（四）MHC Ⅲ类基因区

牛的 MHCⅢ类基因，包括 CYP21、BF、HSP70、C4、TNF 等基因。绵羊的Ⅲ类基因包括 C4、C2、Bf 和 TNF－α 基因。猪的Ⅲ类基因中，仅发现 C2 和 C4 基因。

鸡的Ⅲ类基因区只含有编码补体的部分基因，即 C4。此外还有其他成分，如 CYP21 和 Tenascin 基因。

（五）鸡的 B－G 基因群

鸡的 B－G 多基因家族又称为 MHC 的Ⅳ类分子，它的许多产物都能大量表达于红细胞和血小板的表面，有一些能以较低水平表达于白细胞或肠上皮细胞表面。B－G 分子是以两个二硫键连接起来的，由两个非糖基化抗原肽链形成的二聚体，可贯穿细胞膜内外，其细胞外部分具有免疫球蛋白样结构，其细胞质部分具有 7 氨基酸重复结构。B－G 的功能还不清楚，其他动物是否有类似 MHC 分子也不清楚。

第六节　MHC 的多态性与抗原递呈的遗传特异性

（一）MHC 的多态性

MHC 的一个重要特点是其编码分子的高度多态性（结构变异性），但在整个 MHC 结构中，这种多态性不是均匀分布的。例如，相对于经典的Ⅰa类和Ⅱ类分子，Ⅰb类分子的多态性较低。MHC编码的分子多态性最初是通过制备特异性抗体做血清学反应识别出来的。随后根据基因序列或分子的氨基酸序列又发现，即使在血清学上具有相同特异性的个体，分子的遗传序列上也不尽相同。

在一个特定的Ⅰ类或Ⅱ类分子中，分子结构上的多态性又集中在分子的一个特定区域。在Ⅰ类分子中，氨基酸序列的多变性集中于α_1和α_2功能区，而α_3功能区则相当保守。在Ⅱ类分子中，氨基酸变异的程度决定于Ⅱ类基因某些亚区及其抗原肽链。例如，DRβ和DQβ链变异较大，而DPβ链的多态性较小。DQα链是多变的，而DRα链几乎是不变的，仅仅只有两个等位基因。在分别具有两个不同单倍型MHC的非近亲繁殖群体的个体中，还可产生杂合Ⅱ类分子，即每条链分别来自两个不同的单倍体。

在Ⅰ类和Ⅱ类抗原分子中易变的氨基酸大多分布在抗原肽结合处。因此，在这些分子中的氨基酸变异几乎仅仅局限于参加结合抗原肽的槽口基底部及相应α螺旋伸出之处。因此，Ⅰ类和Ⅱ类分子的多态性主要影响这些分子对不同抗原肽的结合性。

（二）MHC分子表达的多样性

体内所有有核细胞都能表达MHC的Ⅰ类分子。Ⅰ类分子参与来自细胞内的抗原如病毒抗原肽的递呈。由于机体内的任何细胞都有可能被病毒或其细胞内病原体感染，因此所有细胞都需要处理这些细胞内分子并将其递呈到细胞毒性T细胞的表面。与此相对，MHC Ⅱ类分子则参与APC向辅助性T细胞递呈抗原，因此Ⅱ类分子仅在有限类型的细胞中表达。

在同一个体中，不论是来自母系还是父系染色体上MHC的所有主要基因都能正常表达其相应分子。例如，人的MHC Ⅰ类基因中有三个位点（HLA-A、B、C），而每个位点又都呈现高度多态性。因此，大多数人的细胞表面都有6种不同的MHC Ⅰ类分子。而且每个分子在形态上又稍有不同，因而能递呈不同的抗原肽。Ⅱ类分子也是一样，人的Ⅱ类基因也有3个主要位点（HLA-DP、DQ、DR及它们的亚区），它们都具有多态性。从表面看每个抗原递呈细胞也可以有6种不同的Ⅱ类分子。但实际上有很高的多样性，因为组成Ⅰ类和Ⅱ类分子的两条链，又可分别来自不同的染色体，这种组合又进一步增加了两类分子多样性的程度。

此外，还要考虑到在MHC Ⅰ类基因和Ⅱ类基因上的上述不同位点分别可能具有数量不等的等位基因。如图6-3中所示，迄今为止，已确定人的MHC Ⅰ类基因的三个主要位点A、B、C各有276～851个等位基因，而Ⅱ类基因上的DP、DQ、DR及其相应亚区各有3～559个等位基因，那么在细胞表面表达的MHC的Ⅰ类分子和Ⅱ类分子分别可能有13×10^9和12×10^7个不同组合。而在细胞表面Ⅰ类分子和Ⅱ类分子的组合的多样性将是这两个不同分子组合数的相乘。

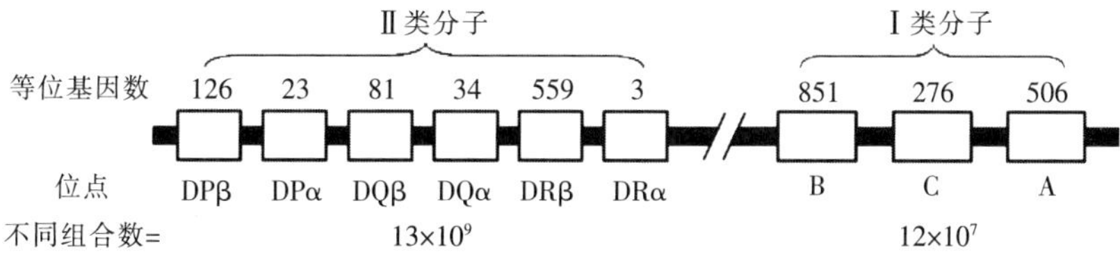

图6-3 Ⅰ类和Ⅱ类MHC分子的不同位点及多样性的模式图

该图分别显示了人的MHC的Ⅰ类分子不同基因位点A、B、C和Ⅱ类分子的不同基因位点DP、DQ、DR及它们的等位基因数（上方数字）。

（三）TCR和MHC决定抗原递呈的特异性

早期人们用纯系小鼠研究了MHC与抗原递呈间的关系。所谓纯系小鼠，是指每只小鼠分别来自染色体完全相同的父系和母系。这意味着，所有子代小鼠总是具有与其父母完全相同的体染色体，所有后代小鼠的遗传上与它们的父母鼠完全相同。显然，在这类小鼠中MHC的差异程度要比非近亲的人群低得多。正因为纯系小鼠在MHC上的单纯性，可以使免疫学家更容易从动物整体的水平研究抗原是如何递呈给T细胞的。在免疫学研究早期对MHC和TCR的分子结构还不清楚时，这一系统显得特别有用。

利用纯系小鼠的实验中，发现了遗传限制性的现象，充分显示了MHC分子在抗原递呈过程中的重要作用。该实验中证明了来自感染过某一种病毒的小鼠细胞毒性T细胞，能杀死被该病毒感染的具有相同H－2单倍体的细胞，而不能杀死被该病毒感染的、但不具有相同H－2单倍体的细胞（图6－4）。与此相类似，已被具有某种单倍体MHC分子上的抗原激活的辅助性T细胞，也只能再次识别具有同样单倍体MHC分子细胞上的同样抗原，而不能识别位于不具有该单倍体MHC分子细胞上的同样抗原。虽然当初不能解释这一现象的分子基础，但现在可以从分子间相互作用的水平来理解这种现象了。T细胞受体之所以只能识别由特殊MHC分子递呈的抗原肽，是因为TCR必须与抗原肽及MHC分子同时相互作用。

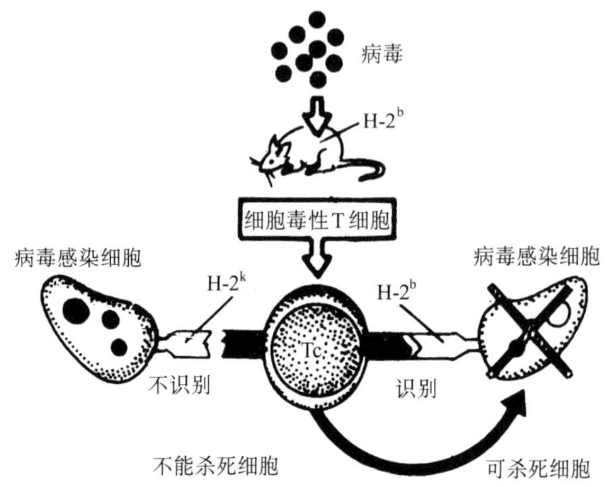

图6－4　细胞毒性T细胞作用的MHC限制性

在将H－2^b单倍型小鼠用某种病毒感染免疫后，将其细胞毒性T细胞（Tc）分离出来，并测试其对感染了同样病毒的H－2^b和H－2^k单倍型细胞的毒杀作用。结果显示，H－2^b小鼠的Tc只能识别和杀死被病毒感染的H－2^b细胞，但不能识别因而也不能杀死被同样病毒感染的H－2^k细胞。

第七节　动物MHC与疾病易感性及其他性状的关系

由于MHC分子直接参与人和动物体的免疫反应，因此不同个体的MHC的单倍型也与动物某些疾病的发生密切相关。此外，也由于在MHC中还含有与其他功能相关的基因，不同MHC结构还会影响动物的其他生物学特性及其不同生产性能。

（一）MHC分子多样性程度与疾病发生的关系

人和动物的MHC分子参与机体的免疫反应，特别与传染病的抵抗力相关。一个外来的抗原分子必须能结合某一种MHC Ⅰa类分子及Ⅱ类分子才能激发相应的免疫反应，而且病原微生物通过突变常常可逃逸宿主已有的免疫反应，这促使动物在进化过程中发展了MHC分子的多样性，从而能识别不断出现的具有新的抗原多样性的病原微生物。实际上，对大量人和小鼠群体的MHC的比较研究发现，在人群和鼠群中没有哪一种单倍型是优势单倍型。MHC等位基因的某种变异可能增加宿主对某种病原微生物的抵抗力，但同时也会减弱对另外一种病原微生物的抵抗力。因此，一个动物群体需要其 MHC 具有许多高度多样性的等位基因，才使能对任何微生物产生获得性免疫。

MHC 分子的功能就是将抗原分子递呈给免疫系统的细胞从而调节和诱发免疫反应。一个外来分子如果不能与任何一个 MHC 分子结合，就不会激发对它的获得性免疫反应，因此，特定的 MHC 等位基因的表达与否决定着动物个体对传染病或自身免疫病的易感性。

由于Ⅰa 类和Ⅱ类 MHC 分子结构的多样性，每个 MHC 等位基因表达的分子都可能结合和递呈不同的抗原肽。在一个动物 MHC 系统中，多样性越大，该个体就能对更多的抗原产生免疫反应。因此，具有不同 MHC 单倍体的异合子动物就能比两条 MHC 单倍体相同的同合子个体表达更多的等位基因分子、结合更多的抗原多肽，从而更能抵抗传染病。但是 MHC 分子多样性也不能过大，否则将会增加 MHC 分子结合自身抗原的危险。这就需要限制识别自身抗原的 T 细胞。因此，机体需要在最大限度地识别外来抗原用于抵抗传染病和减少识别自身抗原间建立一个合理的平衡。各种现存动物 MHC 的多样性程度就是在进化过程中这种平衡的结果。

（二）某些哺乳动物 MHC 单倍型与疾病的关系

由于 BoLA 的 DR 和 DQ 区的多态性很高，理论上推测 BoLA 有许多单倍型。在大多数牛的单倍体中其 MHC 的 DQA 和 DQB 区都发生重复。从最重要的几个品种的奶牛和肉牛中，至少已发现 170 个 BoLAA－DRB 单倍型。这种单倍型分别与个体间对不同疾病的抵抗力密切相关。例如，带有 BoLA－Aw8 的牛容易对牛白血病毒诱发的白血病产生抗体反应，但 BoLA－Aw7 的牛却对该病更易感。BoLA－Aw8 影响牛群呈抗体阳性的年龄，而 BoLA－Aw8 在感染该病后易发生 B 细胞增生。有关某些品种牛 MHC 上不同位点的等位基因与对一些疾病易感性的关系见表 6－2。

在马，对库蠓叮咬呈过敏反应的敏感性与 EA－Aw7 位点相关。此外 ELA－A3、ELA－A15、DW13 这几个等位基因也与肉瘤性肿瘤的发生有密切关系。而马反复发作的眼色素层炎则与单倍体 ELA－A9 相关。

表 6－2 牛的 MHC 某些位点的等位基因与疾病的关系

相关疾病		品系	BoLA 基因	效应
牛白血病	血清抗体反应	Holstein	A14	出现晚
		Holstein	A15	很快出现
		Guensey	a25	出现晚
		Guensey	DA6、2，A12	很快出现
	外周淋巴细胞及B 细胞增生	Shorthorn	DA7	有抗性
		Shorthorn	DA12，3	易感
		Shorthokh	A6，Eu28R	易感
		Shorthokh	A8	抵抗
		Holstein	A12，A15	易感
		Holstein	A14，A13	抵抗
		Holstein	$DRB2^{+}2A$	抵抗
		Holstein	$DRB2^{+}1C$	易感
		Holstein	DRB3	抵抗

（续）

相关疾病		品系	BoLA 基因	效应
乳房炎	临床型乳房炎	挪威红	A2	抵抗
		挪威红	A16	易感
		挪威红	A11	易感
		瑞典红白花	DQ1A	易感
		Hoistein	A11	抵抗
		Hoistein	CA42	易感
酮血病		挪威红	A2，A13	抵抗
脊髓性后肢麻痹		Holstein	A8	易感

（三）鸡的 MHC 单倍型与疾病的关系

相比哺乳动物复杂和多样的 MHC，鸡的 MHC 的结构和功能比较简单和原始。因此，鸡对多种病原微生物的反应性及其对传染病的抵抗力也不如哺乳动物。但另一方面，鸡对自身抗原的反应性也小。正因为鸡的 MHC 结构比较简单，一些鸡的 MHC 单倍体与对某些疾病的易感性的相关性也研究得比较清楚。

例如 MHC 纯合子的近交系鸡 CB（B^{12}）和 CC（B^{4}）对 Purague C 株 Rous 肉瘤病毒诱发肿瘤就表现有不同的易感性，MHC－B^{12}纯合子的 CB 系鸡有抵抗力，而 MHC－B^{4} 纯合子的 CC 系则在感染后易发肿瘤。这是因为病毒肿瘤基因 *v*－*src* 产生的抗原肽中有许多都可与 B^{12}单倍体中的基序相识别并结合，而不能被 B^{4} 单倍体的基序所识别和结合。

鸡对马立克病的异感性也与 MHC 的某些 B 位点的单倍型密切相关。已有研究证明，B^{21}、B^{11}和 B^{23}单倍型的鸡对马立克病的抗性最强；B^{2}、B^{6} 则具有中等抗性；而 B^{5}、B^{13}和 B^{19}则最易感。

当以鸡呼肠孤病毒、传染性支气管炎病毒、传染性腔上囊病病毒和鸡新城疫病毒的灭活疫苗免疫不同 MHC 单倍型近交系鸡后，随它们的 MHC 单倍型不同，对这些病毒的抗体反应的动态有很大的差异。有些近交系鸡的抗体反应发生很快，抗体效价也高且持续很多天，但有些单倍型近交系鸡则相反，而有些介于中间。比较近交系 N（单倍型 B^{21}）和 6^{1}（单倍型 B^{2}）及其杂交后代的抗体反应也表明，6^{1} 系（B^{2}）鸡的抗体反应比 N 系（B^{21}）强，但它们的杂交后代则介于中间。

（四）MHC 多样性与动物其他性状的关系

由于不同动物个体间 MHC 存在着高度的多样性，对动物个体 MHC 的鉴定可以应用于兽医学的多个方面。在对动物登记时，或在确定新生幼畜的父系来源时，MHC 个体特异性的鉴定是一种不可替代的方法。实际上，当以血型鉴定作为确定关系谱有疑问时，就可用 MHC 鉴定作为判定的法律依据。

此外，在畜牧生产中，MHC 的多样性不仅与疾病相关，还与许多生产性能相关，如肉和奶的产量、对有些寄生虫的抵抗力。以 MHC 鉴定作为种群选择的依据，可增加经济效益。已发现不同的 MHC 特性可能与生产性能相关，如牛对蜱叮咬和泰勒虫感染的抵抗力、绵羊对肠道内寄生虫的抵抗力、鸡的产蛋性、猪的多种生产性能（仔猪存活率、母猪受胎率、每窝产仔数、生长率和酮体形状）等均与 MHC 特性相关。

复习思考题

1. MHC 分子是如何组成的？人和不同动物 MHC 基因组有什么异同点？
2. MHC 分子的功能是什么？
3. MHC 分子多样性与疾病发生有什么关系？

（崔治中编写，孙怀昌、李一经审稿）

第七章　先天性免疫

内　容　提　要

先天性免疫是动物在长期种系发育和进化过程中不断与病原微生物斗争逐渐形成的一系列机体防御机制。皮肤黏膜上皮细胞及其分泌液中的抗菌物质和皮肤表面正常菌群作为体表屏障，阻止病原体对上皮细胞的黏附；当病原体克服或越过体表屏障，进入皮肤或黏膜下结缔组织后，可被正常分布于该处的巨噬细胞和来自周围血管中的嗜中性粒细胞吞噬清除，并可通过激活补体旁路途径，活化吞噬细胞，不仅其吞噬杀伤功能增强，还可产生大量细胞因子，引起炎症反应，促进病原体的清除。所产生的细胞因子还可通过激活 NK 细胞和 TCRγδ T 细胞，增强早期非特异性免疫防卫功能，诱导特异性免疫应答。在特异性免疫应答诱导阶段，活化的巨噬细胞作为抗原递呈细胞，将加工处理过的抗原携带至局部淋巴结等处，与淋巴细胞相互作用，诱导产生特异性免疫应答。

先天性免疫（native immunity）又称非特异性免疫（nonspecific immunity），是动物生来就具有的并可通过遗传而获得的重要免疫功能。它是生物体在长期种系发育和进化过程中不断与病原微生物斗争过程中而逐渐形成的一系列防御机制。这种免疫功能与动物体的组织结构和生理机能密切相关。

先天性免疫与特异性免疫既有联系又有区别。先天性免疫是机体对外来病原微生物都有一定程度的抵抗力，没有特殊的选择性，也不需要依赖任何一种特殊微生物的刺激，但先天性免疫又是机体进行特异性免疫应答的基础。先天性免疫应答过程，主要由宿主的屏障结构、吞噬细胞的吞噬功能、正常组织和体液中的抗菌物质、炎症反应组成，此外也与机体组织对某些病原微生物的先天不感受性相关。

第一节　机体的屏障

动物机体皮肤和黏膜是抵抗病原体和外来物质侵入的第一道防线，主要包括皮肤以及消化道、呼吸道、泌尿生殖道等与外界相通的黏膜组织。

（一）皮肤与黏膜

1. 皮肤和黏膜的物理屏障作用　完整而致密的皮肤和黏膜上皮细胞具有机械阻挡性屏

障作用，可阻止病原微生物侵入机体。呼吸道黏膜上皮细胞的纤毛随呼吸的定向摆动及黏膜上皮细胞表面分泌液的冲洗作用均具有清除病原体的作用，同时，咳嗽、打喷嚏也是动物机体防御的一种保护性机制。胃肠黏膜上布满绒毛，绒毛的不停摆动，胃肠的收缩与蠕动可以使进入肠道的病原微生物排出体外；尿道排尿时的冲刷作用可以减少或消除黏膜上细菌的停留和附着。当烫伤、冻伤、机械性外伤或受昆虫叮咬使皮肤与黏膜完整性受到破坏时，病原微生物可趁机入侵机体的深部而引起病理损伤。

2. 皮肤和黏膜分泌物的化学屏障作用 皮肤的附属器分泌的汗腺液、乳酸、脂肪酸以及不同部位黏膜分泌的溶菌酶、黏多糖、胃酸、蛋白酶等对病原微生物发挥杀灭作用；鼻腔黏膜分泌物与唾液均含有黏液多糖，具有灭活某些病毒的作用；泪液和唾液中的溶菌酶具有溶解细菌的作用；胃液有较高的酸性及酶活性，有破坏微生物的作用。

3. 皮肤和某些腔道黏膜表面的正常菌群屏障作用 在皮肤、口腔、泌尿生殖道与胃肠道中均可见到非致病性微生物。它们可通过与病原微生物竞争结合上皮细胞和营养物质及释放抗菌物质等作用方式，阻止病原微生物在上皮细胞表面的黏附和增殖。如大肠杆菌和肠道厌氧菌产生的大肠杆菌素和短链脂肪酸等抗菌物质，对其他病原菌有杀伤或抑制作用；某些细菌如乳酸杆菌栖居于阴道，保持酸性环境（pH 4.0～4.5），可阻止许多微生物生长。

（二）血-脑屏障

血-脑屏障由软脑膜、脉络膜、脑毛细血管及其血管内壁上的巨噬细胞组成，可阻止微生物和毒素进入脑组织和脑脊液而侵害神经组织。患有脑囊虫病及百日咳的患者易患乙型脑炎，有人认为和血-脑屏障破坏有关；幼龄动物的血-脑屏障发育不完善，易发生流行性脑脊髓炎、乙型脑炎等神经系统疾病。

（三）血-胎屏障

血-胎屏障由母体子宫内膜的基蜕膜和胎儿的绒毛膜滋养层细胞共同构成，可防止母体内病原微生物进入胚体内，以保护胎儿免受感染，保证胎儿的正常发育。动物胎盘的构造层次比较复杂，并且各种动物的胎盘构造各异，但血-胎屏障不妨碍母子间的营养物质交换。

以上屏障在一般情况下，足以保护动物机体免受感染，但是动物的外部防线不是很完善时，特别是当其受到创伤、烧伤、寒冷、有害气体刺激等，使体表屏障作用减弱时，病原体便能够突破体表屏障而侵入到机体内部。

第二节　参与机体先天性免疫的细胞

吞噬是原始单细胞生物摄食与防御的重要方式。随着生物的进化，由单细胞发育为多细胞的高等生物，机体的细胞也逐渐出现了精细的分工。机体内出现一类专门执行吞噬作用的细胞，借以捕获入侵的微生物和异物颗粒，以此构成强大的非特异性免疫防御机制。Metchinikoff（1884）在研究无脊椎动物胚胎的胚叶机能时发现，向海绵体内注入的异物可被中胚层细胞所包围，并在身体透明的海星幼虫体内，看到胭脂红和靛颗粒被中胚层细胞所吞噬。因此，他认为吞噬作用是最重要的防御作用，并提出了细胞免疫学说，把有吞噬作用的细胞称为吞噬细胞（phagocytes），并把吞噬异物的过程称为吞噬作用。

（一）先天性免疫细胞的种类

参与机体非特异免疫的细胞根据其形态结构、组织分布、功能特点分为以下几类。

1. 吞噬细胞 根据吞噬细胞的形态、吞噬功能与分布不同，将吞噬细胞分为两大类：一类是单核-巨噬细胞系统（mononuclear phagocyte system），另一类是嗜中性粒细胞（neutrophils）。单核-巨噬细胞系统主要包括外周血中的单核细胞和组织器官中的巨噬细胞。外周血单核细胞占血细胞总数的1%～3%，在血流中仅存留几小时至数十小时，然后穿过血管内皮细胞移行至全身组织器官，发育为巨噬细胞。

动物体内的单核-巨噬细胞，均由骨髓中的干细胞衍生而来，在分化成熟过程中逐渐获得吞噬能力。这些细胞内含有多种消化微生物和分解异物的酶类物质，细胞膜表面均具有IgG的Fc受体和补体的C3b受体。

（1）巨噬细胞（macrophage）：巨噬细胞在肝、脾、肺、胸腹腔、骨组织、结缔组织、神经组织以及淋巴结的血窦中最丰富，其中有些是固定的巨噬细胞，有些是游走的巨噬细胞。固定的巨噬细胞可因所处部位不同而有不同的名称，如在淋巴结、脾、肺泡、胸腔和腹腔称巨噬细胞；在中枢神经组织称小胶质细胞；在肝脏称枯否细胞；在骨内称破骨细胞等。游走的巨噬细胞包括血液中的大单核细胞以及脾和淋巴结血窦内的游走巨噬细胞。无论固定的或游走的巨噬细胞均来源于单核细胞，单核细胞来自骨髓的单核母细胞，在骨髓中先分化成前单核细胞，然后再分化成单核细胞进入血流，最后移行至各组织发育成不同形态的巨噬细胞。巨噬细胞寿命较长，在组织中可存活数月。其形体较大，呈多形性，胞质内富含溶酶体和其他细胞器。巨噬细胞可表达MHC Ⅰ/Ⅱ类分子和多种黏附分子，同时具有IgG的Fc受体（FcγR）、C3b受体（CR1）和多种细胞因子受体，但无特异性抗原受体。它对玻璃和塑料表面有很强的黏附力，因此又称黏附细胞，借助此种特性可将单核-吞噬细胞与淋巴细胞分离。巨噬细胞可主动吞噬、杀伤和消化病原微生物等抗原性物质，是机体先天性免疫的重要组成部分，同时在获得性免疫应答的各个阶段也起重要作用。

（2）嗜中性粒细胞（neutrophils）：是存在于血循环中的小吞噬细胞。嗜中性粒细胞寿命短暂，在血循环中仅存活数小时，但其更新迅速，是血液中数量最多的白细胞。嗜中性粒细胞胞质中含有许多溶酶体颗粒，其中含有溶菌酶、弹性蛋白酶、磷酸酶、脂酶、髓过氧化物酶、过氧化氢酶和阳离子蛋白如吞噬素和白细胞素等，它们在杀菌、溶菌和消除感染过程中发挥重要作用。嗜中性粒细胞可表达黏附分子，表面具有FcγR和C3b受体，而无特异性抗原受体。感染发生时，嗜中性粒细胞可迅速从血管内移出，是最早被募集到感染部位的吞噬细胞。它们具有强大的非特异性吞噬杀菌能力，在机体抗感染免疫中起重要作用。

2. 自然杀伤细胞（natural killer cell，NKC） NK细胞是一类不需特异性抗体参与或不用靶细胞上MHC Ⅰ类分子表达即可杀伤靶细胞的淋巴细胞。人的NK细胞具有IgG的Fc受体，无补体受体或mIg，亦无黏附力或吞噬作用。NK细胞表面无CD3，也无T细胞受体。NK细胞在先天性免疫应答中起着重要的作用，其天然杀伤作用不依赖抗体，无MHC限制性，除可杀伤的细胞除肿瘤细胞外，还可杀伤病毒感染的细胞、真菌和寄生虫、自身的某些组织细胞、同种异体移植组织细胞等。

3. 嗜酸性粒细胞（eosinophil） 嗜酸性粒细胞的胞质内有许多嗜酸性颗粒，其生命周期短，半衰期为6～10h，组织中的细胞数比血流中多100倍，在结缔组织中可存活数天。嗜酸性粒细胞可吞噬抗原-抗体复合物，同时释放出一些酶类，如组胺酶、芳香硫酸酯酶B和磷酯酶D等，具有IgE的Fc受体。嗜酸性粒细胞内含主要碱性蛋白，能直接杀伤寄生虫。其组胺酶、芳香硫酸酯酶对变态反应有负调节作用。

4. 嗜碱性粒细胞（basophil） 嗜碱性粒细胞是能循环的组织肥大细胞，在血液中占白细胞总数不到 0.2%，带有与 IgE 有高亲和力的受体。当 IgE 与受体结合或受体与 IgE 结合后再与 IgE 特异抗原结合，就能刺激嗜碱性粒细胞发生脱粒作用并释放各种介质引起超敏反应。细胞质中含有不同大小的嗜碱性颗粒，颗粒中含有肝素、组胺、白三烯等，能释放到炎症组织中或者介导Ⅰ型变态反应。

5. M 细胞（membranous cell） M 细胞是一种扁平上皮细胞，散布于肠道黏膜上皮细胞间的一种特别的抗原转运细胞。M 细胞不表达 MHC Ⅱ类分子，胞质内溶酶体很少，在肠黏膜表面有短小不规则毛刷样微绒毛。M 细胞的非特异性脂酶活性很高。病原菌等外来抗原性物质可通过对 M 细胞表面毛刷状微绒毛的吸附，或经 M 细胞表面蛋白作用后被摄取。这些外来抗原以吞饮泡形式转运至细胞质内，可在未经降解情况下，穿过 M 细胞，进入黏膜下结缔组织，被位于该处的巨噬细胞摄取，然后由巨噬细胞将抗原携至局部淋巴组织——派氏集合淋巴结，诱导产生特异性免疫应答。

（二）先天性免疫细胞的功能

实验证明，将胶性炭微粒注入小鼠血循环后，在短时间内采取血液标本，发现在注射后数分钟内，炭微粒大部分已被清除，15～20min 内完全清除。如将动物进行解剖，即可见到大量胶性炭微粒被组织中的吞噬细胞所吞噬，它们主要是存在于肝脏的枯否细胞、脾脏窦壁的巨噬细胞以及肺脏的巨噬细胞。吞噬细胞吞噬炭微粒的过程与吞噬微生物相似。吞噬细胞清除异物颗粒的吞噬过程大致可分为以下几个连续步骤：吞噬细胞黏附于炎症部位的血管内皮；穿过内皮细胞间隙进入组织，趋向侵入的微生物；识别和吞入微生物，吞噬细胞内形成吞噬小体和吞噬溶酶体，并发生脱颗粒；杀灭和消化微生物。

1. 趋化作用 趋化作用是指吞噬细胞随所处环境中某种可溶性物质浓度的梯度，由低浓度向高浓度方向定向运动的现象。能吸引吞噬细胞发生定向运动的化学物质称为趋化因子（chemotactic factor，CF）。补体系统通过经典途径或替代途径激活后的裂解产物（C3a、C5a、C567），胶原蛋白或纤维蛋白组织受蛋白酶作用后的分解产物，嗜中性粒细胞的溶酶体成分，抗原与致敏淋巴细胞作用后释放的某些淋巴因子，均属内源性趋化因子。某些细菌成分或其代谢产物也可吸引吞噬细胞被称为外源性趋化因子。游走的吞噬细胞具有阿米巴样的运动能力，但无定向性。趋化因子可引起吞噬细胞的定向游动。炎症早期局部趋化因子浓度逐渐增高，从而吸引嗜中性粒细胞沿着梯度浓度递增的方向移动，但单核-巨噬细胞只能对低浓度趋化因子产生反应。因此，急性炎症期可见大量嗜中性多核白细胞浸润，而慢性炎症期趋化因子浓度下降，使嗜中性多核白细胞游走减少，但单核-巨噬细胞仍继续游走浸润。

2. 识别异物 吞噬细胞接触颗粒状物质，通过辨别其表面的某种特征，从而选择性地进行吞噬。在吞噬细胞膜上有免疫球蛋白 Fc 受体和补体 C3b 受体，因此抗体 Fab 片段与微生物抗原结合后，其 Fc 段便与吞噬细胞膜上的 Fc 受体结合，经结合后的抗原-抗体复合物又通过传统途径激活补体而产生 C3b，如此抗原又可经补体 C3b 与吞噬细胞膜上的受体结合起来而被识别为异物。抗体与补体促进吞噬的作用称为调理作用。

3. 吞噬作用 细菌或异物性颗粒与吞噬细胞膜接触后，与异物颗粒结合处的细胞膜便内陷并伸出伪足，在其远端合拢，合拢的伪足将异物颗粒包围起来，其后两端的细胞膜互相融合，形成一个囊状空泡，称为吞噬小体（phagosome）。这种由翻转的细胞膜形成的吞噬小体逐渐与细胞膜脱离，并向细胞质内漂动。

4. 降解和消化作用 吞噬小体形成后，逐渐离开细胞边缘而向细胞中心移动。与此同时，细胞内的特殊颗粒——溶酶体向吞噬小体运动、接近，与之融合形成吞噬溶酶体（phagolysosome）。溶酶体内含有多种蛋白水解酶，例如酸性磷酸酶、组织蛋白酶、溶菌酶、β-葡萄糖醛羧酶以及髓过氧化物酶等，这些酶类进入吞噬小体而形成消化空泡，这个过程称为脱颗粒。消化空泡内的酶类有消化某些细菌胞壁成分——黏抗原肽的作用，并由于糖酵解作用产生大量具有杀菌作用的乳酸或碳酸，起杀灭和消化细菌的作用，而且酸性又能促进 H_2O_2 的产生，这些 H_2O_2 在髓过氧化酶存在下增强杀菌作用。被消化处理的微生物或异物抗原可与细胞内核糖核酸结合成为"超抗原"，即"免疫信息"（mRNA），可激活 T 细胞与 B 细胞引起特异性免疫反应。吞噬细胞与吞噬作用不仅在非特异性免疫中对异物的清除起重要作用，而且在特异性免疫反应中也起重要作用。

细菌经吞噬作用损伤后，其降解或消化作用主要由吞噬细胞溶酶体内各种水解酶，如蛋白酶、核酸酶、脂酶和磷酸酶等完成。未活化的巨噬细胞与嗜中性粒细胞相比，其吞噬杀菌作用相对较弱。当巨噬细胞被细菌脂多糖或 IFN 等细胞因子激活后，可对胞内寄生菌产生强大的杀灭作用。同时产生大量细胞因子和其他炎症介质，介导炎症反应和免疫调节作用。

第三节 正常组织和体液中的抗微生物物质

在正常动物机体各种组织和体液中广泛分布能抑制微生物生长的各种物质，因而常见的组织浸出液、血液及腺体分泌物能够非特异地抑制某些细菌的生长。这些物质并不能直接杀灭病原体，但在机体消灭病原体过程中起着重要的辅助作用。下面列出几种研究得比较多的物质，可能有更多的其他成分还有待今后继续研究发现。

1. 补体 补体系统既非特异性参与机体抗微生物感染，也可扩大体液免疫的功能以及参加免疫应答的调节。另外，在补体激活过程中，某些裂解底物还可介导炎症反应，造成一些病理性的损伤。补体由 M 细胞、肠上皮细胞、肝和脾细胞合成。补体成分通常以非活性状态存在于血液和体液中。经抗原-抗体复合物（经典途径激活物）、细菌脂多糖和酵母多糖等（旁路途径激活物）活化后形成多种生物活性片段，可导致趋化、黏附、促进吞噬、引发炎症等，扩大抗感染作用。血清补体是机体重要的防御系统，它有促进炎症、溶菌与溶细胞作用，并且有清除抗原-抗体复合物的作用。在感染早期，某些革兰阴性菌细胞壁成分可直接激活补体，在特异性抗体形成之前就发挥防御作用。补体缺陷病患者常发生严重的细菌感染。补体具有以下生物学活性：

（1）溶解细胞：补体系统被激活后，可在靶细胞表面形成攻膜复合体从而导致靶细胞溶解，对补体溶解敏感的靶细胞主要是红细胞、血小板、淋巴细胞、细菌以及非细胞生物体的有囊膜病毒，但肿瘤细胞对膜攻击复合物具有一定的耐受性。

补体介导的细胞溶解是机体抵抗微生物感染的重要防御机制。一般来讲，微生物可通过三种途径激活补体系统。在抗体产生之前，微生物细胞壁成分可有效地激活补体旁路途径和 MBL 途径，在感染早期即能参与机体的抗感染机制；当抗体产生后，抗体与病原微生物结合，从而可激活经典途径和旁路途径，有效地介导抗感染作用。补体系统还可作用于有囊膜的病毒，使其丧失对细胞的感染性。

（2）参与炎症反应：补体系统激活过程中产生多种具有炎症介质作用的活性片段，如C3a、C4b及C5a。它们对嗜中性粒细胞的强烈趋化作用，并可与嗜碱性粒细胞和肥大细胞的相应受体结合，导致细胞脱颗粒，释放组胺和白三烯等血管活性物质，致使血管平滑肌收缩，血管通透性增加，促使血液中的嗜中性粒细胞和单核细胞聚集在补体激活部位，产生和促进炎症反应。

（3）调理吞噬作用：含有C3b和C4b片段的免疫复合物作为调理素可与巨噬细胞或嗜中性粒细胞表面相应受体结合，从而促进吞噬细胞的吞噬作用和杀伤活性。在白细胞上的补体受体与相应配体结合后可导致这些细胞呼吸爆发，并释放含蛋白酶的颗粒，加剧炎症反应。这种依赖C3b和C4b对靶细胞的黏附作用和调理吞噬作用加速了免疫复合物的清除，是机体抵抗全身性细菌、真菌感染的主要防御机制。

（4）加速清除免疫复合物：补体激活过程中产生的片段，结合免疫复合物后可通过促进单核-巨噬细胞对免疫复合物的清除。在红细胞和血小板表面的补体受体可结合带有相应补体片段的免疫复合物，通过循环进入肝脏使之降解。参与传统途径中的补体蛋白可抑制免疫复合物的沉积，并促进免疫复合物的解离。在旁路途径中，补体的激活可溶解已形成的免疫复合物，包括已沉积于组织上的免疫复合物。C3的结合抗原可降低抗原与相应抗体的亲和力，从而减少免疫复合物的形成。

（5）调节免疫应答：补体成分可在免疫应答的多个环节发挥作用，加强免疫应答和免疫效应。一些抗原递呈细胞，如树突状细胞、B细胞、巨噬细胞和朗罕细胞等具有C3受体，通过结合抗原或抗原-抗体复合物上的C3片段捕获和递呈抗原。补体成分可与多种免疫细胞相互作用，促进细胞的增殖和分化，例如C3b与B细胞表面CR1结合，促进B细胞分化为浆细胞。补体还参与调节多种免疫细胞效应功能，如杀伤性免疫细胞结合C3b后，其对靶细胞的ADCC作用有所增强。

2. 乙型溶素（β - lysin） 血液凝固时使血小板释出，故其含量在血清中远高于血浆。可破坏革兰阳性菌细胞膜，产生非酶性破坏作用，对革兰阴性菌无作用。

3. 溶菌酶（lysozyme） 溶菌酶存在于机体的大部分组织内，主要来源于吞噬细胞。在唾液、泪液、乳汁、鼻咽分泌物中的溶菌酶，作用于革兰阳性菌细胞壁肽聚糖，可使细菌溶解。革兰阴性菌的肽聚糖外因有外膜等包绕，故溶菌酶不能直接发挥作用，但在有抗体和补体同时存在时对革兰阴性菌也有溶解作用。

4. 干扰素 病毒、细菌内毒素、原虫及人工合成的物质（如聚肌胞）等可诱导多种组织细胞产生干扰素（IFN），分为α、β、γ三种。IFN的抗病毒作用不是直接杀伤病毒，而是诱导细胞产生抗病毒蛋白，使细胞处于抗病毒状态。抗病毒蛋白不止一种，它们主要作用于病毒mRNA的转录和翻译，从而抑制病毒蛋白合成，而对宿主蛋白合成无影响。IFN对细胞免疫有调控作用，能活化NK细胞和T细胞，增强其杀伤靶细胞的能力。

有的抑菌物质具有比较特殊的作用，例如，血清中自然发生的一些物质能抑制透明质酸酶，从而不利于病原体的扩散。存在于血清中的天然抗体在先天性防御中亦起重要作用。有人推测这些抗体是机体的一种正常血清成分，因为它不是由于某一病原体刺激产生的。每一个动物在它的生活环境中都与大量的各种不同的微生物接触过，因而使它产生许多种抗体。

第四节 炎症反应

炎症反应是一种病理过程，也是一种防御和消灭异物的积极方式，它是动物机体对病原体的先天性免疫应答的一种。机体通过炎症过程能够减缓或阻止病原体经组织间隙向机体的其他部位扩散，并带来各种吞噬细胞，为这些吞噬细胞的功能发挥提供良好的活动条件，同时又聚集大量的体液防御因素，包括从细胞死亡崩解释放出的抗感染物质以及由于炎症部位的糖酵解作用增强所产生的大量有机酸，所有这些都有益于机体的防御反应。

在原始的感染部位首先是血液循环的加快，但很快就缓慢下来，并有许多多形核白细胞黏着于血管壁上。这些吞噬细胞由于局部肿胀受到挤压而通过毛细血管内皮细胞的空隙游走出来，表现为白细胞的渗出。渗出的细胞在组织中进行吞噬异物和组织碎片。大量的白细胞继续进入感染部位，特别是在入侵病原体产生有毒物质（如链球菌和葡萄球菌的杀白细胞素）的地方，它们在那里死亡、破裂而变为脓汁。与此同时，感染部位由于周围组织血液循环的增加而引起温度升高。生物化学变化也会同时发生，如 pH 及氧压改变，这对病原体的存在都是不利的。血管中除白细胞游出外，尚有血浆渗出。这就使淋巴液循环大大加快，毒素被冲淡，并有利于排除寄生物和组织碎片，使特异的和非特异的体液防御因素在感染部位发挥作用。

在炎症的后期，感染部位被一层栅栏样纤维素团包围起来，同时巨噬细胞出现。当感染部位愈合时，巨噬细胞成为优势细胞。它们吞噬破碎的多形核白细胞和组织碎片以及病原体。在感染部位也出现浆细胞，它们合成抗体以协助消灭病原体。细胞免疫的效应细胞小淋巴细胞也可能出现。

淋巴循环可引起病原体分散。但它们到达淋巴结时，很快就被髓窦里层的固定巨噬细胞所捕获和吞噬，很少进入血流。即使它们进入血流，机体还有对付血液中出现外来颗粒的良好机能。血液不仅将病原体冲淡，而且使它们与非特异体液因素接触而灭活。血液还可通过脾和肝脏的毛细血管网，在那里有着大量的巨噬细胞。寄生物如果要在这样的行程中得到存活，它本身必须具有特殊的防护物质，如荚膜等。如果病原体侵入血液引起全身性感染，发生菌血症或毒血症，炎症防御机制仍然是活跃的，虽然它的限制局部炎症扩展的功能是消失了，但它可引起全身性体温升高，生化反应改变，并动员细胞防御机制。与此同时，这些毒力因素的出现，对于宿主也是危险的。

第五节 机体组织的先天不感受性

畜禽不同种属、个体、年龄对同一病原的感受性往往不一样，如马不感染牛瘟、牛不感染猪瘟，这种现象是种属的免疫性，是一种先天性的免疫状态，同时也与病原体对它所处环境具有严格的选择性有关。种属的免疫性，是畜禽长期进化过程中同疾病作斗争所形成的，并通过遗传积累的，一般相当稳定。不同的个体由于营养状态、机体抵抗力的不同，对同一致病因素的感受性也不一样。营养状态差、抵抗力差的机体，对致病因素的感受就敏感些，较易患病。年龄不同，对致病因素的感受性及机体的抵抗力也不同，一般来说，幼龄畜禽的抵抗力弱，中龄畜禽的抵抗力强，老龄畜禽的抵抗力则下降。这是由于神经体液调节能力不同以及防御屏障机构状况不同的缘故。例如，仔猪、犊牛、幼驹在出生后短期内，因肠黏膜的屏障机构发育不全，较易感染大肠杆菌而发生下痢。种属免疫可能取决于宿主细胞是否具有相应的受体，如脊髓灰质炎病毒的受体仅存在于人和灵长类动物中，因而其他动物具有天然的种属免疫力；人类免疫缺陷病毒、肝炎病毒也是如此。相反，狂犬病毒可感染多种温血动物。

复习思考题

1. 参与机体先天性免疫的细胞包括哪些？在抗感染免疫中各自发挥什么作用？
2. 试述吞噬细胞吞噬异物的过程和吞噬的机理。
3. 正常组织和体液中的抗菌物质包括哪些？
4. 简述炎症反应的过程和对机体的影响

（王桂军编写，常维山、成大荣审稿）

第八章　抗原递呈细胞和抗原递呈

内　容　提　要

T 细胞不能识别天然抗原分子，只能识别与 MHC 分子结合的抗原肽。天然抗原在细胞内降解成抗原肽，与 MHC 分子结合后递送到细胞表面，以便被 T 细胞识别，这两个过程分别称为抗原加工（antigen processing）和抗原递呈（antigen presentation）。

负责抗原加工与递呈的细胞统称为抗原递呈细胞（antigen presenting cell，APC）。根据其主要功能，抗原递呈细胞可人为地分为专职抗原递呈细胞和非专职抗原递呈细胞，前者的主要功能是抗原加工和递呈，如树突状态细胞、巨噬细胞和 B 细胞；后者只是兼有抗原加工和递呈的能力，包括所有的其他有核细胞。

诱导获得性免疫应答的抗原大体上可以分为两类：一类是以病毒为代表的内源性抗原，由 MHC Ⅰ类分子递呈给细胞毒性 T 细胞，引起细胞免疫应答；另一类是以胞外菌为代表的外源性抗原，由 MHC Ⅱ类分子递呈给辅助性 T 细胞，引起体液免疫应答。因此，抗原递呈途径可相应地分为内源性抗原递呈途径（又称 MHC Ⅰ递呈途径）和外源性抗原递呈途径（又称 MHC Ⅱ递呈途径）。然而，这两种抗原递呈途径并不是绝对的，有时外源性抗原也可进入内源性抗原递呈途径，由 MHC Ⅰ类分子递呈给细胞毒性 T 细胞，这种现象称为 MHC 分子的交叉递呈。

第一节　抗原递呈细胞

一、专职抗原递呈细胞

专职抗原递呈细胞（professional antigen presenting cell）不仅能有效捕获、加工和递呈抗原，还能产生和传递淋巴细胞激活所需的共刺激信号。由于专职抗原递呈细胞同时负责外源性和内源性抗原的加工与递呈，因此需要同时表达 MHC Ⅰ类和Ⅱ类分子。专职抗原递呈细胞主要指树突状细胞（dendritic cell，DC）、巨噬细胞和 B 细胞（图 8 - 1）。其中，树突状细胞是最重要的专职抗原递呈细胞，也是唯一能激活幼稚型 T 细胞的抗原递呈细胞，因此本章将作重点介绍。

（一）树突状细胞

除加工与递呈抗原外，树突状细胞的主要功能还包括激活机体的先天性防御机制和调节免疫应答类型。树突状细胞来源于骨髓干细胞，也可在适宜的细胞因子诱导下由单核细胞衍生而来。树突状细胞的树枝样突起非常有利于捕获抗原，其加工和递呈抗原的效率至少是巨噬细胞和B细胞的100倍。树突状细胞能捕获和递呈多种不同的抗原，包括死亡或灭活的微生物、组织液中的可溶性抗原以及感染或损伤细胞释放的抗原。

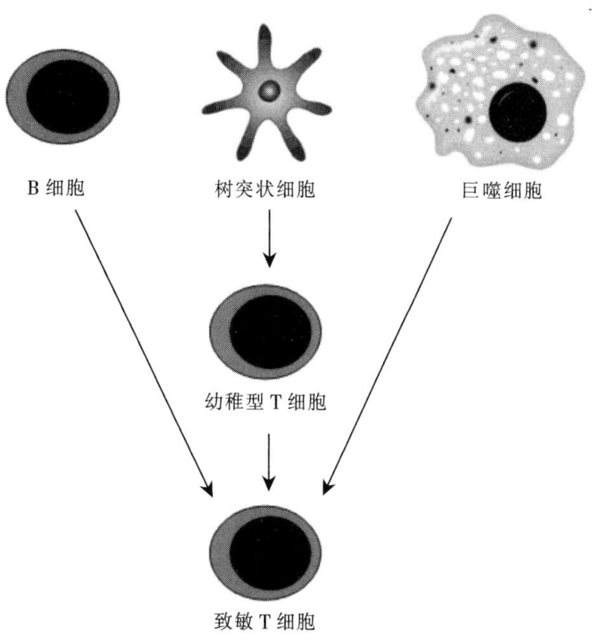

图8-1 专职抗原递呈细胞及其激活的T细胞

1. 树突状细胞的亚群 树突状细胞一般可分为髓树突状细胞和浆树突状细胞两个亚群（图8-2），这两个亚群具有共同的细胞吸附分子、共刺激信号和激活标志，但其形态、表

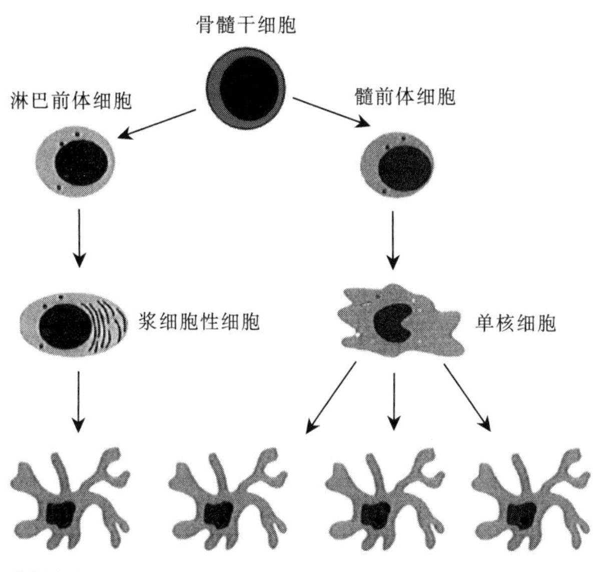

图8-2 髓树突状细胞和浆树突状细胞

面抗原和功能都有不同。某些树突状细胞具有特殊的名称，如皮肤上皮内的郎罕细胞和淋巴器官中的滤泡树突状细胞。通过选择性激活辅助性 T 细胞（如 Th1 或 Th2），不同亚群的树突状细胞能调节针对特定抗原的免疫应答类型（如细胞免疫应答或体液免疫应答）。

（1）髓树突状细胞（myeloid dendritic cell，M－DC）：又称为髓系树突状细胞或髓样树突状细胞，这些细胞在适宜的细胞因子刺激下，由血液单核细胞衍生而来，因此可归属于单核-吞噬细胞系统。髓树突状细胞在动物体内分布广泛，特别是容易接触外来抗原的体表组织、呼吸道和消化道黏膜的髓树突状细胞非常丰富，其中肠黏膜髓树突状细胞的“树突”可在肠细胞之间伸展，以便捕捉肠道内的抗原。

（2）浆树突状细胞（plasmacytoid dendritic cell，P－DC）：又称为浆系树突状细胞或浆样树突状细胞，由淋巴前体细胞分化而来，主要分布于血液、骨髓和淋巴器官。浆树突状细胞是专门应对病毒感染的树突状细胞，这些细胞能被病毒核酸快速激活而大量增殖，通过产生大量Ⅰ型干扰素来激活幼稚型 T 细胞和 NK 细胞，从而发挥病毒感染早期预警的作用，因此在抗病毒感染中具有非常重要的作用。

（3）郎罕细胞：是皮肤上皮中一类特殊的髓树突状细胞，其长长的“树枝”及其形成的网络非常有利于捕获抗原，包括入侵机体的微生物和局部注射的抗原。一旦捕获到抗原，郎罕细胞便向引流淋巴结移行，并将抗原递呈给 T 细胞。郎罕细胞能表达多种模式识别受体，如能结合细菌、真菌和某些病毒的 C 型凝集素等。郎罕细胞还与迟发型变态反应和接触性皮炎等皮肤过敏反应有关。

（4）滤泡树突状细胞（follicular dendritic cell）：是二级淋巴器官中特殊的一类髓树突状细胞，主要分布于淋巴结的 B 细胞滤泡内。滤泡树突状细胞能以两种方式递呈抗原，在初次接触抗原的动物体内，能将表面吸附的抗原被动地递呈给 T 细胞；在免疫动物体内，滤泡树突状细胞能将抗原-抗体复合物吸附于细胞表面，然后以外吐小体（exosome）的形式释放，经 B 细胞捕获和加工后，再将其中的抗原递呈给 T 细胞。这种吸附于细胞表面的免疫复合物可维持数月之久，因此滤泡树突状细胞可作为抗原的储存库。另外，滤泡树突状细胞还能对脂多糖等肠道菌群成分产生应答反应，并能促进肠黏膜抗体应答，维持 B 细胞存活及其 IgA 的产生。

2. 树突状细胞的成熟

（1）未成熟树突状细胞：是高度专门化的抗原捕获细胞，能利用胞吞等机制高效地捕获微生物抗原、细胞碎片和凋亡细胞，并能将捕获的细菌等微生物杀灭。未成熟树突状细胞的寿命较短，如果没有抗原刺激将在数天内死亡。未成熟树突状细胞具有一系列功能相关的受体，如 IL－1 和 TNF 等细胞因子受体、趋化因子受体、C 型凝集素受体、Fc 受体、甘露糖受体、热应激蛋白受体和 Toll 样受体等。在遇到抗原、组织损伤或炎症刺激时，未成熟树突状细胞将被激活而快速成熟，能促进其成熟的有 IL－1、TNF－α 等细胞因子以及病原或损伤相关分子。

（2）成熟树突状细胞：在捕获和加工抗原后，未成熟树突状细胞将抗原携带到能被 T 细胞识别的部位。在趋化因子、感染或组织损伤等因素的作用下，激活的树突状细胞开始向淋巴器官移行，一旦进入淋巴器官，树突状细胞的成熟便更加迅速。通过分泌趋化因子，成熟树突状细胞将 T 细胞吸引到周围，以便进行相互识别和抗原递呈。成熟树突状细胞是唯一能激活幼稚型 T 细胞的抗原递呈细胞，对诱导初次免疫应答具有关键作用。

3. 家畜的树突状细胞 多数家畜都有树突状细胞，而且与人和小鼠的树突状细胞没有显著差别。其中，马、反刍动物、猪、犬和鸡的髓树突状细胞，马、反刍动物、猪、犬和猫的郎罕细胞，以及猪浆树突状细胞都已被明确鉴定。

（二）巨噬细胞

作为抗原递呈细胞，巨噬细胞仅能将抗原加工递呈给致敏 T 细胞，不能直接激活幼稚型 T 细胞，原因是不能与幼稚型 T 细胞保持较长的接触时间。另外，巨噬细胞加工抗原的效率也不高，因为其溶酶体内的 pH 较树突状细胞低得多，多数抗原被其溶酶体内的蛋白酶和氧化剂消化降解，仅一小部分能被递呈给致敏 T 细胞。因此，有人将巨噬细胞和 B 细胞称为半专职抗原递呈细胞。

（三）B 细胞

B 细胞与巨噬细胞一样，也不能激活幼稚型 T 细胞，但其表面 IgM 可以作为特异抗原的受体，因此能捕获和加工大量的特异抗原，并将其递呈给致敏 T 细胞。在初次免疫应答中，由于特定克隆 B 细胞的数量有限，所以其抗原加工作用较为次要。但在再次免疫应答中，不仅抗原特异 B 细胞的数量增多，而且 T 细胞容易被它激活，所以其抗原递呈能力显著增强。

二、非专职抗原递呈细胞

在动物体内，几乎所有的有核细胞均表达 MHC Ⅰ类分子，所以理论上都可作为抗原递呈细胞，如颗粒白细胞、T 细胞、血管内皮细胞、成纤维细胞、NK 细胞、平滑肌细胞、星形细胞、胶质细胞和胸腺上皮细胞等。由于这些细胞在持续性炎症反应中可短期发挥抗原递呈功能，而且仅能加工与递呈内源性抗原，所以称为非专职抗原递呈细胞（non-professional antigen presenting cell）。在 γ-干扰素等细胞因子的诱导下，某些非专职抗原递呈细胞也能表达 MHC Ⅱ类分子，因此又称为可诱导性抗原递呈细胞（inducible antigen presenting cell）。非专职抗原递呈细胞加工与递呈抗原的效率受其所处环境的影响较大，例如肉芽肿内的成纤维细胞之所以能有效地递呈抗原，原因是其临近细胞能提供丰富的共刺激因子。血管内皮细胞不仅能摄取抗原和合成某些细胞因子，在 γ-干扰素诱导下还能表达 MHC Ⅱ类分子，所以能有效加工和递呈抗原。另外，猪的某些 γ/δ T 细胞亚群还可作为专职抗原递呈细胞。

第二节 抗原递呈

一、抗原捕获

抗原可以分为外源性抗原和内源性抗原两大类。应当指出的是，外源性抗原不仅仅指从外界环境中进入动物机体的抗原，还包括机体内其他细胞产生而被抗原递呈细胞捕获的抗原。简言之，所谓的内（外）源性实际上是相对于抗原递呈细胞而言，由抗原递呈细胞自身产生的抗原属于内源性抗原，否则属于外源性抗原。大多数抗原属于外源性抗原，必须由抗原递呈细胞主动捕获，包括细菌、病毒、原虫、真菌及其疫苗等。内源性抗原由抗原递呈细胞产生，已经存在于细胞内，因此不需要抗原递呈细胞捕获，如病毒抗原、肿瘤抗原和自身抗原等。

以前认为，抗原递呈细胞通过胞吞、胞饮等方式捕获外源性抗原是一个非特异过程，但这种观点已被否定。最近的研究资料显示，抗原与抗原递呈细胞之间存在着某种特异性，涉及多种细胞受体（如 Toll 样受体）与抗原之间的相互作用，产生的信号不仅决定着抗原递呈细胞激活免疫应答的方式，而且在很大程度上决定着免疫应答的性质和强度。换句话说，先天性免疫系统识别抗原不仅仅是简单自然的过程，而且对获得性免疫应答还有重要的指导作用，因此也是目前免疫学研究的重点领域。

二、抗原加工与递呈

（一）蛋白质抗原的加工与递呈

1. 外源性蛋白质抗原 主要由 MHC Ⅱ类分子递呈给辅助性 T 细胞，引起体液免疫应答，所以外源性抗原递呈途径又称为 MHC Ⅱ类分子途径（图 8－3）。尽管许多细胞都能吞噬外来抗原，但只有那些表面表达 MHC Ⅱ类分子-抗原肽复合物的细胞才能诱导免疫应答。如果抗原未与 MHC 分子结合而直接递呈给 T 细胞，将导致 T 细胞死亡或免疫不应答。

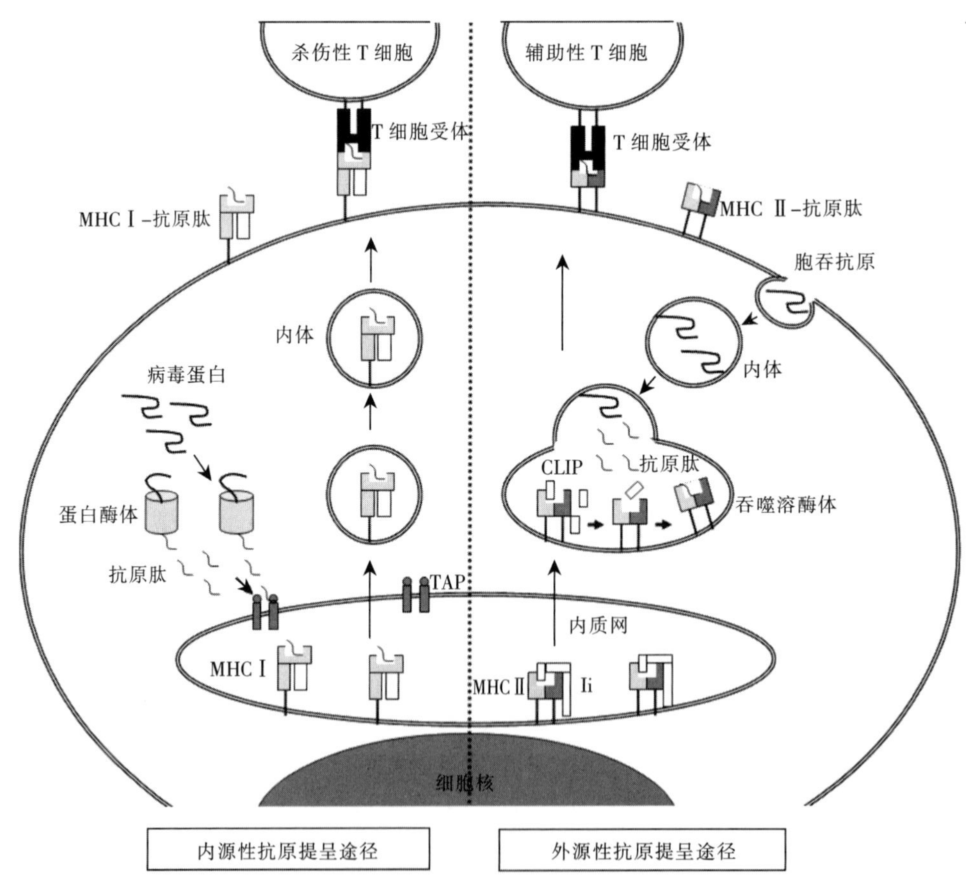

图 8－3 外源性蛋白质抗原的递呈途径

外源性抗原的加工与递呈是一个相对复杂的过程。首先，抗原递呈细胞将外源抗原吞噬入细胞内，形成的吞噬体再与含有蛋白酶的溶酶体融合，在酸性蛋白酶作用下将抗原降解成 12～24 个氨基酸长的抗原肽。新合成的 MHC Ⅱ类分子与恒定链（invariable chain，Ii）相连，以此占据 MHC Ⅱ类分子的抗原结合部位，防止 MHC Ⅱ类分子未结合抗原肽就被递呈到细胞表面。这样的 MHC Ⅱ类分子从内质网运送到溶酶体后，酸性蛋白酶将恒定链降解成 MHC Ⅱ类分子相连恒定链肽（CLIP），再由 HLA－DM 分子将其去除，使得 MHC Ⅱ类分子的抗原结合部位暴露，以便与抗原肽结合。在溶酶体中形成的 MHC Ⅱ类分子-抗原肽复合物进一步向细胞膜移行，并展示在细胞表面，以供辅助性 T 细胞识别。

2. 内源性蛋白质抗原 主要由 MHC Ⅰ类分子递呈给杀伤性 T 细胞，引起细胞免疫应答，所以内源性抗原递呈途径又称为 MHC Ⅰ类分子途径（图 8－3）。T 细胞介导的免疫功能之一是识别和破坏异常或外源蛋白产生细胞，如肿瘤细胞和病毒感染细胞等。然而，这些内源性蛋白抗原也必须加工成抗原肽，并以 MHC Ⅰ类分子结合的方式才能被 T 细胞识别。

内源性蛋白抗原与外源性蛋白抗原的加工有明显的不同。病毒感染等活细胞连续不断地进行异常蛋白质的降解和循环利用，这一过程从泛素（所有真核细胞都有的一种蛋白质）与抗原蛋白的结合开始，先是一个泛素分子与抗原蛋白的赖氨酸残基结合，然后多个泛素分子相继结合成串珠样结构，这种泛素化结构是蛋白降解的标记，能被蛋白酶体（proteasome）识别。进入蛋白酶体后，抗原蛋白被降解成 8～15 个氨基酸长的抗原肽，其中绝大多数用于其他蛋白质的合成，极少数可吸附在转运蛋白上而不被进一步降解。已鉴定的转运蛋白有 TAP1 和 TAP2 两种，能选择性吸附抗原肽，并将其转运到内质网内。在内质网中，氨基肽酶将抗原肽进一步修剪成 8～10 个氨基酸长的肽片段，并与 MHC Ⅰ类分子结合成复合物。然后，MHC Ⅰ类分子-抗原肽复合物以内体包裹的方式从内质网释放和向细胞膜移行，并展示在细胞表面，以供细胞毒性 T 细胞识别。

3. MHC 分子的交叉抗原递呈现象 必需指出的是，上述两种 MHC 分子抗原递呈途径并不是完全独立的，而是相互联系的。例如，某些外源性抗原也可以进入内源性抗原递呈途径，以 MHC Ⅰ类分子结合方式进行递呈。再如，进入巨噬细胞或树突状细胞的外源性病毒抗原也可能不在溶酶体内降解，而在蛋白酶体内降解后与 MHC Ⅰ类分子结合成复合物，然后递呈给细胞毒性 T 细胞。这种交叉抗原递呈现象可能是某些灭活病毒仍能诱导细胞免疫应答的原因所在，在抗病毒感染免疫中具有重要意义。

（二）脂类抗原的加工与递呈

脂类抗原主要由 CD1 分子负责递呈，其中能将脂类抗原递呈给 T 细胞的有 CD1a、CD1b 和 CD1c。CD1 分子的结构与 MHC Ⅰ类分子非常相似，也有三个胞外结构域，而且与 β_2 微球蛋白相连。CD1 分子也在内质网内合成，并由内体包裹后运往细胞质。游离的脂类抗原通常与载脂蛋白（如载脂蛋白 E 和极低密度脂蛋白）相结合，利用低密度脂蛋白受体介导的胞吞机制进入抗原递呈细胞。具有脂类结构成分的微生物（如分枝杆菌）主要通过胞吞机制进入细胞，在吞噬体内被消化降解成脂类抗原。含有脂类抗原的吞噬体再与含有 CD1 分子的内体融合，在此脂类抗原与 CD1 分子形成复合物，然后展示在细胞表面，以供 T 细胞识别。

复习思考题

1. 什么是抗原递呈细胞？按照功能分为几类？
2. 试述巨噬细胞和树突状细胞加工和递呈抗原的特点。

3. 简述 MHC Ⅱ类分子的外源性抗原递呈过程。
4. 简述 MHC Ⅰ类分子的内源性抗原递呈过程。
5. 什么是 MHC 分子的交叉递呈现象?
6. 树突状细胞的亚群有哪些?

（孙怀昌编写，李一经、石德时审稿）

第九章　T细胞对抗原的特异性免疫应答

内　容　提　要

免疫应答是由抗原触发动物机体发生的复杂的生物学过程。免疫应答分为体液免疫应答和细胞免疫应答。细胞免疫应答是由T淋巴细胞介导的对抗原的特异性免疫应答，可分为三个阶段：T淋巴细胞特异性识别抗原的阶段；T细胞活化、增殖和分化阶段；效应性T细胞的效应阶段。

经MHC Ⅱ类分子递呈的外源性抗原被Th细胞识别，经MHC Ⅰ类分子递呈的内源性抗原被CTL识别，在一些共刺激分子的参与下启动T细胞的活化、增殖和分化过程。特异性的细胞免疫主要表现为CTL的细胞毒作用和迟发型变态反应。

Th细胞的活化与克隆增殖是细胞免疫和体液免疫的中心环节，在细胞免疫和体液免疫中处于核心地位，因此，阐明Th细胞的活化与克隆增殖机制是说明其他免疫细胞如Tc细胞及B细胞活化机制的基础。Tc细胞的活化与Th细胞的活化相似，但以Th细胞的活化为前提条件。

第一节　概　　述

（一）免疫应答及细胞免疫应答的概念

免疫应答（immune response）是指机体的免疫系统对抗原刺激的特异反应，是免疫系统受到抗原物质刺激后，免疫细胞对抗原分子进行识别并产生一系列复杂的免疫连锁反应及表现出特定的免疫效应的过程。这一过程中发生的主要事件包括抗原递呈细胞（APC）对抗原的摄取、加工和递呈，抗原特异性淋巴细胞即T、B淋巴细胞对抗原的识别以及被特异抗原致敏后的活化、增殖和分化，产生免疫效应物质（抗体、细胞因子、免疫效应细胞），最终产生免疫效应将抗原异物清除。免疫应答包括细胞免疫应答和体液免疫应答。

细胞免疫应答是指由T淋巴细胞识别抗原引起的、并由效应T细胞和巨噬细胞介导的免疫应答，它不能通过血清传递，但能通过致敏淋巴细胞传递。本章所述的T细胞对抗原的特异性应答就是细胞免疫应答，有关体液免疫应答的内容将在第十章进行讲述。

（二）细胞免疫应答产生的部位

动物机体的外周免疫器官及淋巴组织是细胞免疫应答产生的部位。与特异性抗原相遇之前的成熟 T 细胞称为初始 T 细胞（naïve T cell）。这些在胸腺内发育成熟的初始 T 细胞迁移到外周免疫器官及淋巴组织定居，并进行淋巴细胞再循环，以便随时识别特异性抗原。抗原进入机体后，一般先进入引流区的淋巴结或者类淋巴组织，进入血液的抗原则在脾脏停留，分别被抗原递呈细胞（APC）处理加工递呈给相应部位的淋巴细胞，将特异的淋巴细胞活化，发生增殖分化为效应性 T 细胞、记忆性 T 细胞，并产生细胞因子。效应性 T 细胞及记忆性 T 细胞可离开产生的部位，进入血液循环，发挥全身效应。另外，由于抗原的刺激，淋巴细胞及相关细胞产生的细胞因子如趋化因子、炎性因子等可吸引巨噬细胞及其他细胞如嗜中性粒细胞等，产生炎症反应，出现局部淋巴结或者淋巴组织的肿大。

（三）免疫应答的基本过程

免疫应答是一个连续的不可分割的过程，但可人为的分为三个阶段，即致敏阶段、反应阶段及效应阶段。这个过程由 T 细胞特异识别和结合抗原开始，随后对该抗原特异的淋巴细胞被激活，最终产生免疫的生理效果，将异物抗原清除。

1. 致敏阶段 这一阶段又称为感应阶段，是抗原异物进入体内，被 APC 加工递呈给抗原特异性 T 淋巴细胞识别，T 淋巴细胞与相应抗原发生特异性结合的阶段。这一阶段中，抗原与相应的成熟 T 淋巴细胞的特异受体结合，使原来静息状态的 T 淋巴细胞被选择性激活。

2. 反应阶段 又称为增殖与分化阶段，抗原特异性 T 淋巴细胞识别和结合抗原后被活化，进而增殖与分化为淋巴母细胞，最终成为效应性淋巴细胞，产生多种细胞因子以及效应性 T 淋巴细胞。

由于对抗原的特异性识别，引起淋巴细胞发生一系列变化，主要有两种：一是增生，导致特定淋巴细胞克隆增殖；二是分化，即由原先功能为识别抗原的细胞分化成功能性细胞，如有些 T 细胞分化为产生细胞因子的效应性 T 细胞，从而激活巨噬细胞，消灭细胞内的微生物。另一些 T 细胞则分化为能直接杀伤靶细胞（如感染病毒的细胞或肿瘤细胞）的 CTL 细胞。部分淋巴细胞在分化的过程中变为记忆性细胞（Tm）。在这个阶段有多种细胞间协作和多种细胞因子的参与。

需要指出的是，能对任何一种特异抗原发生应答的细胞都是极少量，但有两点使其效应放大，一是抗原使特异应答细胞迅速增生，二是淋巴细胞偏爱向抗原所在部位和发生免疫应答的场所而移动聚集。这两点共同作用的结果使局部特异应答细胞出现的几率大大增加。

3. 效应阶段 此阶段是由活化的效应性细胞（CTL 和 Th）及细胞因子发挥细胞免疫效应的过程，这些效应细胞和效应分子共同作用，部分或全部清除抗原，发挥免疫效应。

第二节　T 细胞对抗原的识别

T 细胞对抗原的识别是 T 细胞对抗原进行免疫应答的起始阶段。初始 T 细胞利用膜表面的抗原受体，与 APC 表面的抗原肽- MHC 分子发生构型互补作用，与构型吻合且结合亲和力高的抗原肽发生特异性结合的过程称为抗原识别（antigen recognition）。对外源性和内源性抗原的识别分别是由两类不同的 T 细胞执行的，即 $CD4^+$ 的辅助性 T 细胞（Th）识别外源性抗原，而 $CD8^+$ 的细胞毒性 T 细胞识别内源性抗原。T 细胞识别抗原的分子基础是其抗原受体（TCR）及共受体（CD4 或 CD8 分子）。

在 T 细胞表面，参与 T 细胞抗原识别与活化的表面分子有多种，可分为两大类：一类是 T 细胞受体（T cell antigen receptor，TCR）及信号转导分子（CD3/CD4/CD8）；二是协同刺激物（co-stimulators），包括共刺激分子（co-stimulatory molecules）（如 CD154、CD28）、共刺激细胞因子（co-stimulatory cytokines）（如 IL－12）及黏附分子（adherence molecules）（如 CD2）。其中的 TCR－CD3 复合物处于核心地位。T 细胞利用 TCR 识别抗原并与相应特异性抗原结合，借助 CD4 或 CD8 分子与 MHC Ⅱ类分子或 MHC Ⅰ类分子的相互作用，进一步完成与 APC 的结合。T 细胞与抗原发生特异性结合的信息由 CD3 分子传入胞内，在 CD28－CD80（B7）、CD2－CD58 等辅助分子及相关细胞因子及其受体发生结合的辅助下，T 细胞最终被激活。

一、T 细胞表面抗原受体及辅助受体

T 细胞表面抗原受体及辅助受体见表 9－1，包括 TCR、CD3、CD4 和 CD8 分子。

表 9－1 T 细胞受体及辅助受体

肽链		功能	分子质量（ku）
TCR	α	识别抗原肽和 MHC 分子	45～60
	β	识别抗原肽和 MHC 分子	40～55
	γ	识别抗原肽	36～46
	δ	识别抗原肽	40～60
CD3	γ	信号转导	21～28
	δ	信号转导	20～28
	ε	信号转导	20～25
	ζ	信号转导	16
	η	信号转导	22
CD4		MHC Ⅱ类分子受体	55
CD8		MHC Ⅰ类分子受体	34

（一）TCR－CD3 复合体

1. TCR T 细胞抗原受体（TCR）仅发现于 T 淋巴细胞，是所有 T 细胞表面的特征性标志，以非共价键与 CD3 分子结合，形成 TCR－CD3 复合体。每个 T 细胞表面大约有 30 000 个 TCR 分子，同一个 T 细胞表面的所有 TCR 完全相同，使得一个 T 细胞只能与一种抗原肽反应。TCR 的主要功能是识别和结合抗原肽，而 CD3 分子则负责将 TCR 结合相应抗原肽的信息传递至细胞内，引起细胞活化。

TCR 是由两条不同肽链构成的异源二聚体，构成 TCR 的肽链有 α、β、γ、δ 四种类型，根据所含肽链的不同，TCR 分为 TCRαβ 和 TCRγδ 两种类型。大多数 T 细胞表达 TCRαβ，只有少数表达 TCRγδ。构成 TCR 的两条肽链均为跨膜蛋白，由链间二硫键连接形成稳定的二聚体。每条肽链由胞外区、跨膜区和胞质区三个区段组成。胞外区由一个可变区（variable domain，V 区）和一个恒定区（constant domain，C 区）组成。两条肽链的 V 区相对，形成可以接纳抗原肽的沟槽（groove），是 TCR 识别抗原肽－MHC 复合物的部位。V 区氨

基酸序列不同，结合抗原的沟槽形状也随之不同，TCR 结合抗原肽的特异性由 TCR 沟槽的形状决定，亦即由 V 区氨基酸的序列所决定。每个 V 区都有一段氨基酸序列高度变异的区域，称为高变区（hypervariabe domain）或互补决定区（complementary-determining region，CDR），CDR 就是 TCR 与抗原肽咬合的确切部位。CDR 以外的其他 V 区序列相对比较保守，称为骨架区（framework region）。V 区有双重识别作用，其高度多样性部分识别 MHC 分子递呈的抗原，而多样性较低部分则识别递呈抗原的 MHC 分子。两条肽链的跨膜区具有带正电荷的氨基酸残基（赖氨酸和精氨酸），通过盐桥与 CD3 分子带负电荷的跨膜区连接，形成 TCR－CD3 复合体。构成 TCR 的两条肽链的胞质区很短，仅有 5～15 个氨基酸，不具备转导活化信号的功能。TCR 识别抗原所产生的活化信号由 CD3 分子转导传递到细胞内。

2. CD3 复合体 CD3 复合体仅存在于 T 细胞表面，与 TCR 以非共价键紧密结合在一起，组成 TCR－CD3 复合体（图 9－1），TCR 识别抗原并与抗原发生特异性结合的信号通过 CD3 向细胞内传递。

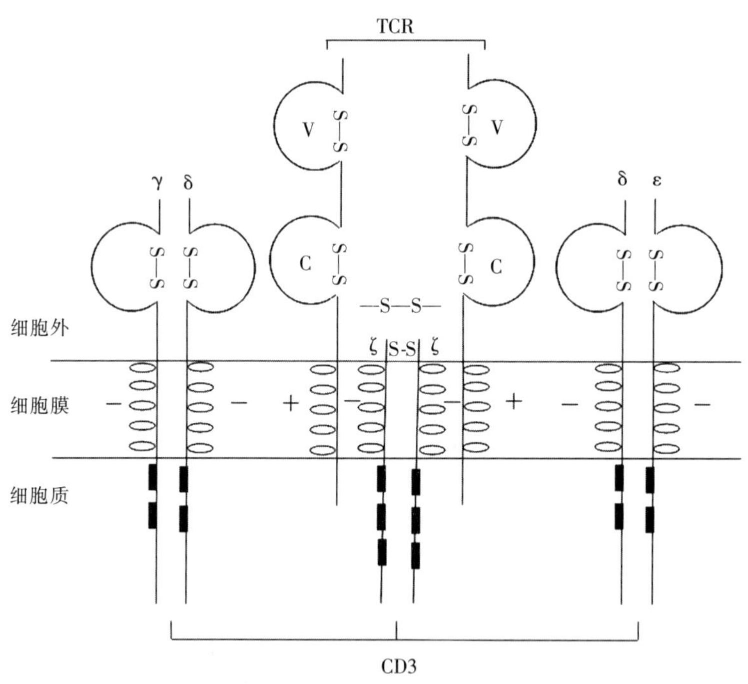

图 9－1 TCR－CD3 复合体结构模式图

CD3 复合体是由一簇信号转导蛋白分子所组成，由 5 种肽链（γ、δ、ε、ζ、η）两两结合形二聚体，这 5 种肽链可两两组合形成 4 种二聚体（γε、δε、ζζ、ζη），但在同一个 T 细胞上，只出现 3 种（个）二聚体，不会 4 种（个）同时出现。在同时出现的 3 种二聚体中，以 γε/δε/ζζ 为主，γε/δε/ζη 很少。这 5 种肽链均为跨膜蛋白，其跨膜区具有带负电荷的氨基酸（天冬氨酸），与 TCR 跨膜区带正电荷的氨基酸形成盐桥。与 TCR 的结构及功能相呼应，构成 CD3 分子的 5 种抗原肽链的胞质区较长，且胞质区均带有基于免疫受体酪氨酸的活化基序（immunoreceptor tyrosine-based activation motif，ITAM），在信号转导中与蛋白质酪氨酸激酶反应，可将 TCR 与抗原发生特异性结合的信息向细胞内转导。ITAM 基序由 18 个氨基酸残基组成，该基序中的酪氨酸残基被T细胞内的酪氨酸蛋白激酶 $p56^{Lck}$ 磷酸化后，与其他具有SH2（Src homology 2）结构域的酪氨酸蛋白激酶（如ZAP-70）结合。ITAM的磷酸化及与ZAP-70的结合是T细胞活化信号转导过程早期阶段的重要生化反应之一。可见，CD3分子的功能是转导TCR识别抗原所产生的活化信号，在T细胞接受抗原刺激被激活的早期过程中起重要作用。

（二）CD4分子和CD8分子

除上述CD3分子之外，在T细胞表面，存在另外两种与TCR结构和功能紧密相关的分子，即CD4分子和CD8分子，辅助TCR识别抗原，参与T细胞活化信号的转导。在同一T细胞表面只表达其中一种，因此T细胞可分成两大亚群：即 $CD4^+$ 的T细胞及 $CD8^+$ 的T细胞，前者具有辅助性T细胞的功能，后者具有细胞毒性T细胞的效应。

CD4分子是分子质量为55ku的单链跨膜糖蛋白，而CD8分子是分子质量为68ku的二聚体，两者都是免疫球蛋白超家族的成员。CD4分子和CD8分子分别称为MHC Ⅱ类分子和MHC Ⅰ类分子的受体，分别出现在不同功能亚群的T细胞表面。CD4分子胞外区有4个Ig样结构域（D1、D2、D3、D4），其中N端的2个结构域能够与MHC Ⅱ类分子的 β_2 结构域结合。CD8分子的两条抗原肽链（α/β）的胞外区各含一个Ig样折叠结构域，能够与MHC Ⅰ类分子的 α_3 功能区结合（图9-2）。

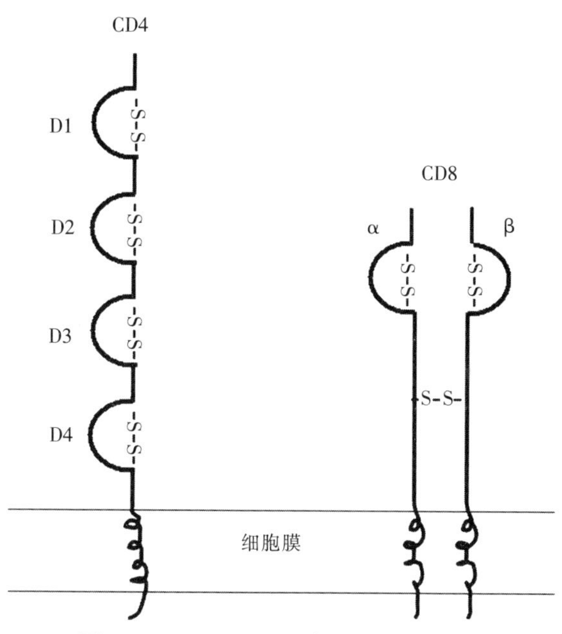

图9-2 CD4和CD8分子的结构示意图

CD8/CD4分子分别与MHC Ⅰ/Ⅱ类分子的结合可增强T细胞与APC或靶细胞之间的互作并辅助TCR识别抗原，因此，CD4和CD8分子又称为T细胞的辅助受体（co-receptor）。另外，CD8/CD4分子分别与MHC Ⅰ/Ⅱ类分子的识别与结合也是 $CD4^+$ T细胞和 $CD8^+$ T细胞识别抗原具有自身MHC Ⅰ/Ⅱ类限制性的原因。CD4分子和CD8分子胞质区结合有酪氨酸蛋白激酶（$p56^{Lck}$）。酪氨酸蛋白激酶激活后，可催化CD3分子的ITAM基序中的酪氨酸残基磷酸化，可见CD4分子和CD8分子还参与TCR识别抗原所产生的活化信号的转导。CD4分子和CD8分子与相应MHC Ⅱ类分子和MHC Ⅰ类分子的结合提高了TCR与抗原结合的效果，可将TCR与抗原结合所产生的信号放大100倍。

二、协同刺激物

TCR与抗原的结合本身还不足以使Th细胞发生分化，除TCR之外，几个其他的共刺激分子必须互作才能将Th细胞充分激活。例如Th细胞和APC之间的黏附分子须将二者紧密连接，才能使两者之间可长时间高强度传递激活的信号，TCR与抗原的结合才能启动活化的第一步。随后，APC上的配体如CD40与Th细胞上的相应分子（CD40配体）

结合放大这第一步的反应。T 细胞也被 APC 分泌的细胞因子刺激。所有这些，都属于协同刺激物信号。协同刺激物信号的有无及细胞因子的种类决定了 Th 细胞对抗原的应答方式。

（一）共刺激分子

1. CD40 - CD40L（CD154）**信号** CD40 是表达在 APC 上的一种受体，它的配体是 CD40L（CD154），后者出现于在与抗原结合数小时后的 Th 细胞表面。当 CD40L 与 CD40 结合后，所产生的信号向已结合的两种细胞双向传递，产生的效应也是双向性的。从 APC 传向 T 细胞的信号使 T 细胞表达一种被称为 CD28 的受体，而从 T 细胞传向 APC 的信号使 APC 表达 CD80 或 CD86 和分泌多种细胞因子（IL - 1、IL - 6、IL - 8、IL - 12、CCL3、TNF - α）。由于 APC 上调表达的 CD80 或 CD86 是 Th 上 CD28 分子的配体，分泌的细胞因子又是促进 T 细胞分化的，因此 APC 的活化又进一步促进了 T 细胞的活化。

2. CD28 - CD80/CD86 信号 CD28 是 T 细胞的一种受体，由 CD40 - CD40L（CD154）共刺激信号诱导 T 细胞所产生，CD28 可与 CD80 和 CD86 结合，CD80 位于树突状细胞、巨噬细胞和激活的 B 细胞表面，CD86 位于 B 细胞表面。当 CD28 与 CD80 或 CD86 结合后，产生的活化刺激信号刺激 T 细胞表达另一种受体，即 CD152（CTLA - 4），其也可与 CD80 或 CD86 结合。

CD28 与配体 CD80 或 CD86 的结合对于 Th 细胞的完全充分活化是必需的，因为 CD28 的参与可将刺激信号放大 8 倍。CD28 的刺激促进 T 细胞分泌 IL - 2 和其他细胞因子，上调 T 细胞逃生基因的表达，促进能量代谢和 T 细胞的分裂。

另一方面，CD152（CTLA - 4）配体与 CD80/CD86 的结合则抑制 T 细胞的活化，两个完全相反的信号通过 CD28 和 CD152（CTLA - 4）这两个受体递给 T 细胞，可调控 T 细胞活化的强度（图 9 - 3）。

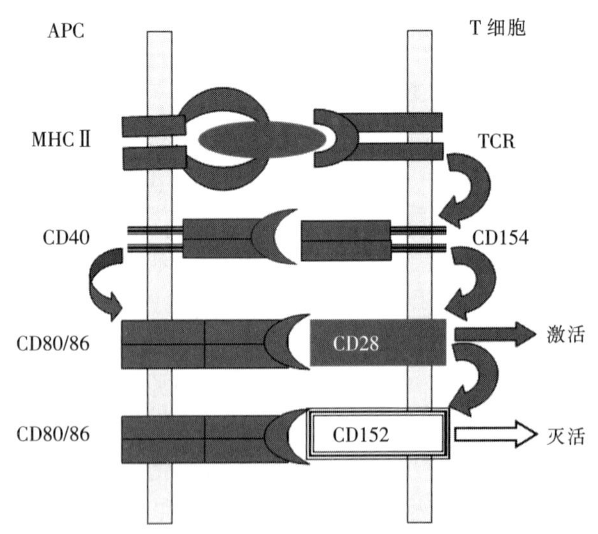

图 9 - 3 CD28 与 CD152 调控 T 细胞的活化

静止的 APC 既不表达 CD80，也不表达 CD86，T 细胞 CD40L 与 APC 的 CD40 结合后 48～72h，APC 才表达 CD80 或 CD86，T 细胞才表达 CTLA - 4。CD80 和 CD86 既可与 CD28 结合也可与 CTLA - 4 结合，但与 CTLA - 4 结合的亲和力要高，所以在 T 细胞活化表达 CTLA - 4 后，抑制的信号逐渐占据主导要位。当 CD152（CTLA - 4）与 APC 上的 CD80 结合后，诱导产生吲哚胺双加氧酶（indoleamine dioxygenase，IDO），其可破坏色氨酸。在没有色氨酸的情况下，T 细胞不能对抗原做出反应，因此 T 细胞免疫反应被终止。

（二）共刺激细胞因子

T 细胞的充分活化还有赖于许多细胞因子的参与。活化的 APC 和 T 细胞分泌 IL - 1、IL - 2、IL - 6、IL - 12 等多种细胞因子，它们在 T 细胞激活中发挥重要作用。

（三）黏附分子

除共刺激分子介导T细胞与APC的信息交流外，当细胞间的黏附分子将两者黏合在一起时，可将使其间信息的交流达到最佳状态。如T细胞上的CD2分子与APC上的CD58结合，CD11a/CD18与APC上的配体CD54结合，可将两细胞间的结合锁定，并进而形成免疫突触（immunological synapse，IS）。

三、T细胞对抗原的识别过程

在T细胞对抗原识别的起始阶段，T细胞与APC经历了从非特异性结合到特异性结合的过程。开始，T细胞进入淋巴结的相应部位（副皮质区），首先利用其表面的黏附分子（CD2、CD11a/CD18）与APC表面的相应配体（CD58、CD54）结合。这种结合是可逆而短暂的，仅为T细胞的TCR提供密切接触识别APC递呈抗原肽的机会，T细胞借此机会从APC表面大量抗原肽-MHC分子复合物中识别特异性抗原肽。没有遇到相应抗原肽的T细胞便与APC分离，再次进入淋巴细胞循环。若TCR遇到相应的特异性抗原肽-MHC复合物后，便与之发生高亲和力的特异生结合，并由CD3分子向胞内传递特异性识别信号。在TCR与抗原肽-MHC复合物结合的同时，CD4或CD8分子分别与MHC Ⅰ类或Ⅱ类分子结合，从而稳定了TCR-MHC-抗原肽的特异性结合，提高了其结合的亲和力，所以又称CD4/CD8分子为共受体（co-receptor）。除CD4或CD8分子之外，如前所述，APC和T细胞表面还有多种重要的免疫分子结合物（如CD28-CD80/CD86）和细胞因子受体等协同刺激物存在，以受体和配体的形式相互作用，既加强了APC与T细胞间的结合力，又传递了T细胞进一步活化的协同刺激信号（co-stimulatory signal）。参与Th细胞对外源性抗原识别的表面分子对见图9-4。

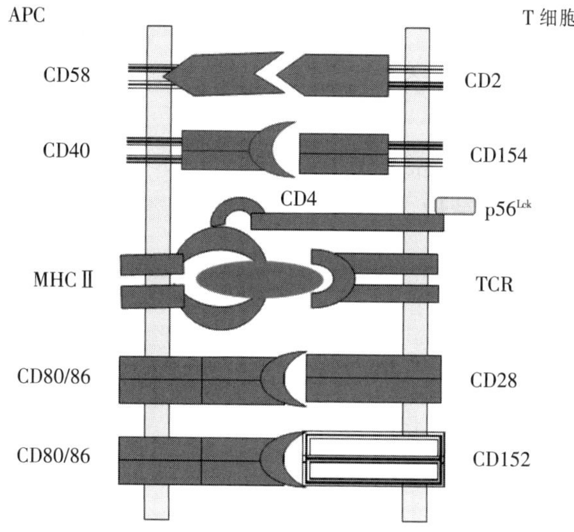

图9-4 Th细胞对外源性抗原的识别

T细胞激活必须要有协同刺激物存在。例如，对一个T细胞而言，在缺乏CD28分子时，引起反应的下限是8 000个TCR结合抗原肽分子，而在有CD28协同刺激物时，则引起反应的下限是1 000个TCR结合抗原肽分子。协同刺激物的作用虽然不能增加结合抗原肽的TCR数量，但能放大信号的传导，使得在少量的TCR结合抗原肽存在时也能激活T细胞反应。如果缺乏有效的协同刺激物，则T细胞激活失败，T细胞既不能分裂，也不产生白细胞介素，不能对相应抗原发生反应，该种T细胞将发生凋亡或者死亡。肿瘤细胞的协同刺激物分子隐蔽在胞质内，不暴露在细胞膜上，故能逃避免疫而不被识别。

四、T细胞识别抗原的特点

T细胞识别抗原有3个关键性特征：第一，T细胞不能识别游离的、未经抗原递呈细胞处理的抗原物质，只能识别经 APC 处理并与 MHC Ⅰ/Ⅱ类分子结合的抗原肽；第二，T 细胞识别的是线性表位；第三，T 细胞识别抗原具有 MHC 限制性（MHC restriction）。所谓 MHC 限制性，是 T 细胞 TCR 在识别 APC 递呈的抗原肽的过程中，必须同时识别与抗原肽形成复合物的 MHC 分子，如 $CD8^+$ T 细胞还需识别 APC 或靶细胞表面与自身相同的 MHC－Ⅰ类分子；而 $CD4^+$ T 细胞还需识别 APC 表面与自身相同的 MHC－Ⅱ类分子。

第三节　T 细胞在抗原刺激下的活化过程

一、免疫突触

在抗原识别阶段，T 细胞在识别 APC 递呈的抗原时，APC 和 T 细胞相互作用，在两者的接触部位形成一个复杂的超分子结构，称为免疫突触（immunological synapse，IS）。该结构的横切面呈同心圆状，形似牛眼结构（bull's eye structure），其中心区是 TCR－抗原肽－MHC 复合物分子以及 T 细胞膜辅助受体和相应配体，周围环形分布着大量的其他细胞黏附分子（cell adhesion molecule，CAM），如整合素（LAF－1/CD11a/CD18）等（图 9－5）。该结构是 TCR 与 MHC－肽复合物结合、细胞骨架的活化以及黏附分子相互作用必须的结构，与经典的神经系统突触在结构和功能上有相似性，故称为免疫突触。

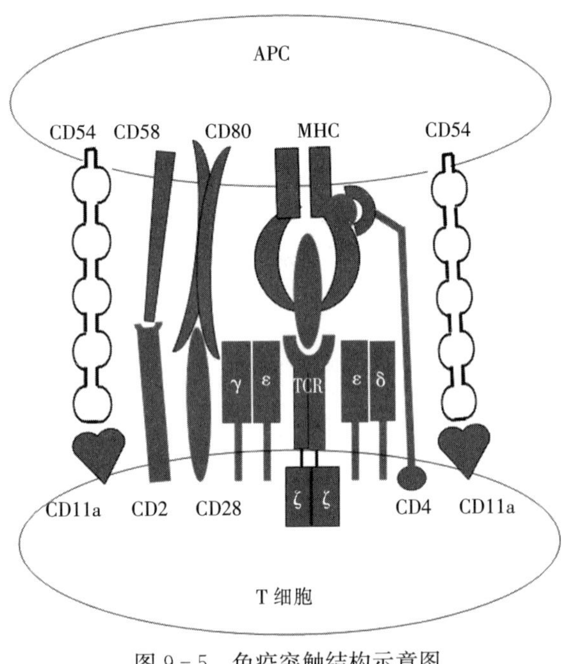

图 9－5　免疫突触结构示意图

在这个结构中，TCR 与 APC 细胞上的 MHC－肽复合物结合后，相邻的黏附分子 CD11a（LFA－1）等会通过与配体的结合，拉动细胞骨架，通过肌动蛋白的运动，将 TCR/CD3 复合物移动到突触的中央，并携带着协同刺激物分子等，锁住相连接的两个细胞，使得信号能有效传递。

免疫突触的功能是协调、修正和放大由 TCR 转导的信号，能提高 TCR 与 MHC－肽复合物相互作用的亲和力，使得单个 TCR 分子与配体解离后会很快重新结合，维持 T 细胞活化早期 TCR 信号转导。在 T 细胞活化后，免疫突触结构稳定并延长了 TCR 的信号转导过程，保证了相关基因有足够的活化时间。

二、T 细胞活化的连续触发模式

实验表明，APC 的 100 个 MHC/肽复合分子可以连续触发 20 000 个 TCR 分子，表明少量的复合物分子可连续地参与作用，并且触发了许多 TCR 分子。此外，协同刺激物 CD28 也可通过启动 TCR 而增强信号转导。

三、细胞活化过程中的信号转导

（一）T细胞活化的三个信号

T细胞的完全活化需要三个信号（图9-6，表9-2）：第一信号来自其受体TCR-CD3复合体与抗原的特异性结合；第二信号是非特异性共刺激信号，来自协同刺激物，主要由T细胞上的CD28分子与APC上CD80分子相互反应所提供；第三信号由细胞因子与相应受体结合提供，细胞因子由活化的APC和T细胞分泌，如细胞因子IL-2、IL-12等。IL-2作为T细胞自分泌生长因子，其基因的转录对于T细胞的活化是必需的。

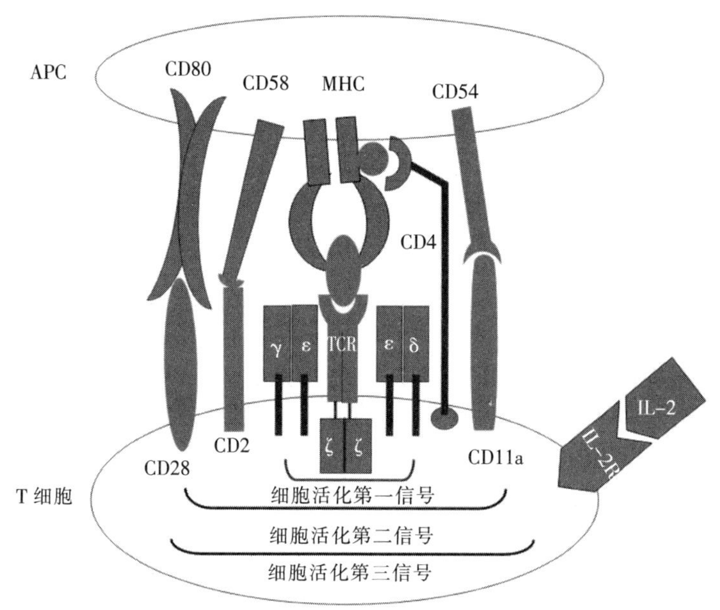

图9-6 T细胞完全活化需要的三个信号

表9-2 T细胞完全活化需要的三个信号及参与分子

活化信号	T细胞	APC
第一信号	TCR	抗原肽
	CD4	MHCⅡ类分子
第二信号	CD28	CD80
	CD2（LFA-2）	CD58（IFA-3）
	CD11a/CD18（LFA-1）	CD54（ICAM-1）
第三信号	IL-2R	IL-2
	IL-12R	IL-12

（二）T细胞活化信号转导

T细胞抗原受体（TCR）是由抗原肽链组成的跨膜蛋白复合体，它的胞外部分可识别各自不同特异性的抗原肽，但TCR的胞内部分较短，要借助于CD3分子及CD4/CD8分子和CD28等分子的辅助，才能将胞外刺激信号传递至细胞内部，使转录因子活化、转位到核内、活化相关基因，这一过程称为T细胞活化的信号转导（signal transduction）。信号转导过程由特异性抗原肽与相应受体TCR发生特异性结合而启动，通过转录因子作用于靶基因的调控区，使一些基因表达开始或关闭而结束。T细胞活化信号转导导致T细胞活化，发生克隆增殖和分化，产生效应淋巴细胞和细胞因子。

（三）T细胞活化的信号转导过程

当T细胞与APC上的抗原发生结合并形成免疫突触后，受体与配体结合的信息（TCR-抗原肽-MHC，CD28-CD80/86，CD40-CD40L等）向T细胞传递。第一个信号由结合了抗原的TCRαβ链向CD3复合体传递，接着CD3上的ITAM基序活化Src家族酪氨酸激酶。这引起多分子近端信号分子复合体的形成，接下来通过钙依赖磷酸酶产生钙信号激活活化T细胞核因子（NF-AT），它激活MAPK（ras-mitogen-activated protein kinase）途径，产生AP-1（activator protein 1，AP-1）。它也激活蛋白激酶C（PKC）-依赖途径，激活NF-κB。这三个转录因子激活多个细胞因子的表达，新产生的细胞因子引发下一步的免疫反应。

（四）T细胞的增殖和分化

Th细胞活化的信号通过如上所述的级联反应转导到细胞核上后，静止的初始T细胞进入细胞周期，T细胞经迅速增殖后，定向分化为效应性Th细胞。它分泌一系列细胞因子，如IL-2，IL-6、IL-10及IFN-γ等，从而发挥Th细胞的辅助效应。其中一部分T细胞停留在中间阶段，成为记忆性T细胞。在Th细胞产生的细胞因子中，IL-2的作用尤其重要，它是CTL细胞及TDTH细胞活化的先行必要条件。此外，Th细胞是TD-Ag活化B细胞的必须细胞。可见，Th细胞的活化和克隆增殖是体液免疫和细胞免疫产生的中心环节。

1. $CD4^+$T细胞的增殖分化 初始$CD4^+$T细胞分泌低水平的IFN-γ与IL-4，但一旦开始分化，它们就发生极化，只能分泌其中的一种细胞因子（IFN-γ或IL-4）。

初始$CD4^+$T细胞在局部环境中所存在的不同种类细胞因子的调控下分化成三个亚群，即Th1、Th2、Th17。

一般认为Th0细胞是初始T细胞向Th1、Th2极化过程的中间过渡细胞，可以看作是Th1、Th2的前体细胞（precursor）。髓树突状细胞（DC1）、巨噬细胞（M1）分泌的IL-12等细胞因子可促进Th0细胞向Th1细胞极化，并分泌IL-2、IFN-γ、TNF-α、TNF-β。IFN-γ的主要功能是调节Th1细胞的免疫反应，它可促进巨噬细胞的活化和NK细胞的活性并抑制Th2细胞的活性。由活化Th1细胞分泌的IL-2作用的靶细胞是T/B/NK/Mφ，刺激细胞增殖、IFN-γ产生、抗体产生和细胞毒作用，还支持调节性T细胞（regulatory T cells，Tr细胞）逃生。由此可见，IL-2在体液免疫和细胞免疫中发挥着不可或缺的免疫调节作用。

不分泌IL-12的树突状细胞则优先促进Th0细胞向Th2细胞极化，分泌IL-4、IL-5、IL-10、IL-13，促进B细胞分化和抗体产生。

在IL-6、TGF-β、IL-23、IL-21的促进下，Th0向Th17极化，分泌独特的细胞因子组合：IL-17A、IL-17F、IL-21、IL-22。该亚群细胞既不分泌IFN-γ，也不分泌IL-4。

Th0细胞的极化方向决定机体免疫应答的类型，Th1细胞主要介导细胞免疫应答（如TDTH和激活巨噬细胞），Th2细胞主要介导体液免疫应答。Th17细胞有两个主要功能，调节炎症反应和潜在的B细胞辅助者。

2. $CD8^+$细胞毒性T细胞的增殖分化 $CD8^+$细胞毒性T细胞（cytotoxic T cell，Tc）又称为杀伤性T细胞，活化后称为细胞毒性T淋巴细胞（cytotoxic T lymphocyte，CTL）。CTL是特异性免疫中很重要的一类效应细胞，为$CD8^+$T细胞亚群，在动物机体内以非活化的前体形式（即Tc细胞）存在。

在初次免疫应答中，CTL的产生需要3个连续性的信号：抗原特异性信号、CD28-CD80共刺激信号、增殖的Th1产生的IL-2与高亲和力IL-2受体相互作用诱导的信号。其中IL-2是活化Tc主要的细胞因子，可见，Tc细胞的激活离不开Th细胞的辅助，Th细胞的先行激活并分泌细胞因子IL-2是Tc激活的前提条件。

第四节 效应T细胞的作用

机体效应T细胞的免疫作用是由CTL和Th细胞以及细胞因子体现的，主要表现为抗感染免疫效应及抗肿瘤效应。此外，细胞免疫也可引起机体的免疫损伤。

效应T细胞主要有辅助性T细胞（Th细胞）和细胞毒性T淋巴细胞（CTL）两大类，前者多为$CD4^+$T细胞，后者为$CD8^+$T细胞。T细胞的功能是由不同的T细胞亚群协同完成的。

（一）Th细胞的作用

Th细胞分为Th1、Th2和Th0亚型，Th0可能是Th前体向Th1和Th2分化过程中的一个中间阶段。

1. Th1辅助细胞免疫 细胞免疫主要表现为CTL介导的细胞毒作用和TDTH介导的迟发型变态反应。激活的Th1分泌细胞因子，其中最重要的有IL-2、IFN-γ、TNF-α、TNF-β等，这些细胞因子可诱导CTL细胞毒作用和TDTH的活化。

在Th1分泌的细胞因子辅助下，有些亚群的Th细胞被某些抗原激活，分泌细胞因子，诱导产生局部的炎症反应，称为迟发型变态反应（delayed-type hypersensitivity，DTH），相应的淋巴细胞称迟发型变态反应T细胞（delayed-type hypersensitivity T cell，TDTH）。它们属于$CD4^+$Th细胞，在体内以非活化的前体形式存在，在特异性抗原及IL-2、IL-4等作用下活化，增殖分化为免疫效应细胞TDTH，分泌多种细胞因子，包括IL-3、GM-CSF、IFN-γ、TNF-β、单核细胞趋化和活化因子（MCAF）、移动抑制因子（MIF）等，主要作用是趋化和激活巨噬细胞，通过激活的巨噬细胞发挥防卫细胞内病原体的作用。在一般情况下，仅以对宿主造成轻微组织损伤的代价迅速清除病原体，只在抗原不易清除的情况下，才因炎症反应造成对宿主的损害。由于TDTH细胞的激活以及在它分泌的细胞因子吸引下，炎症细胞聚集整个过程所需时间较长，所以炎症反应出现迟缓（48～72h），持续时间也长，故称这种免疫反应为迟发型变态反应。

Th1分泌的IL-2是Tc的激活分化成CTL的第三信号，因此CTL的激活必需Th1参与，或者说Th1辅助CTL发挥细胞毒效应。

2. Th2辅助体液免疫 Th2分泌IL-4、IL-5、IL-6、IL-10、IL-13等细胞因子，主要促进B细胞增殖并分化成浆细胞，分泌特异性抗体，提高黏膜免疫力，介导体液免疫和Ⅰ型变态反应。

（二）细胞毒性T淋巴细胞的作用

如前所述，在动物机体内CTL是以非活化的前体形式（即Tc细胞或CTL-P）存在，活化后被称为细胞毒性T淋巴细胞（CTL）。CTL具有溶解活性，在对异常细胞（如病毒感染细胞和肿瘤细胞）的识别与清除及移植物排斥反应中起关键作用。另外，当CTL发挥溶细胞作用的同时，Th1分泌的IFN-γ和IL-2激活巨噬细胞，激活的巨噬细胞可吞噬清除从溶解细胞中逸出的微生物。

与Th相类似，Tc细胞亦分为Tc1和Tc2亚群，Tc0为幼稚型$CD8^+$T细胞，除分泌少量IFN-γ外不产生任何其他细胞因子，也无细胞毒活性。随着发育分化，可分泌一定量的IFN-γ和IL-4，受抗原刺激后大多继续分化为Tc1亚群，只有在大量IL-4的作用下才分化成Tc2亚群，二者分泌不同的细胞因子（表9-3）。Tc1和Tc2细胞都具有溶细胞毒性。

表9-3　Tc亚群分泌细胞因子的类型

细胞因子	Tc1细胞	Tc2细胞
IFN-γ	+	−
LT	+	−
IL-2	+/−	+/−
IL-4	−	+
IL-5	−	+
IL-6	+/−	++
IL-10	+/−	++
GM-CSF	+	+
IL-3	+/−	+

Tc的主要功能是特异性的溶解靶细胞。溶解靶细胞功能与下列一些因素有关：①Tc中的膜性颗粒中含有多种大分子物质，如穿孔素（perforin；cytolysin）、颗粒酶（granzyme）、蛋白毒素（protein toxin）和蛋白多糖等；②功能性Tc分泌的细胞因子，如IFN-γ、LT、TNF、IL-2等，均参与Tc溶细胞的过程。

Tc溶解靶细胞有以下一些特点：①抗原特异性；②Tc与靶细胞密切接触；③Tc在杀伤靶细胞的过程中自身不受损伤，且一个Tc分子可反复杀伤多个靶细胞。

此外，Tc1或Tc2还能诱导DTH反应，诱导巨噬细胞和粒细胞向炎症部位聚集。

（三）CTL细胞毒作用的机制

CTL通过两种途径杀伤靶细胞，即穿孔素/颗粒酶途径和CD95死亡受体途径。穿孔素/颗粒酶途径用来破坏病毒感染细胞，而CD95死亡受体途径主要用于杀灭剩余T细胞。

1. 穿孔素/颗粒酶途径　穿孔素主要由$CD8^+$ T细胞、NK细胞产生。穿孔素通过免疫突触部位作用于靶细胞，以单体插入靶细胞膜中，聚集成19～24个单体构成的多聚体，在细胞膜上形成直径为13～20nm的圆柱形跨膜孔道，Na^+、H_2O经由通道进入靶细胞，K^+及大分子物质（如蛋白质）则从胞内溢出，改变细胞膜渗透压，最终导致细胞裂解。此机制与补体激活后通过膜攻击复合体裂解靶细胞相似。

颗粒酶是Tc胞质颗粒中主要成分（占90%），分为颗粒酶A和B两种成分。颗粒酶A进入靶细胞后，破坏组氨酸，活化DNA酶，导致靶细胞染色体DNA的破坏；颗粒酶B从穿孔素形成的跨膜孔道中进入靶细胞，引起靶细胞的程序性死亡（programmed cell death，PCD）。

在这一作用途径下，Tc溶解靶细胞的过程大概可分为以下4个步骤：①Tc识别靶细胞上的特异性抗原并活化；②Tc释放细胞毒性物质；③Tc和靶细胞解离；④靶细胞在Tc释放的毒性物质作用下裂解或凋亡。

2. 死亡受体途径（CD95/CD95L途径） 死亡受体（death receptor，DR）是指与配体结合后引起细胞凋亡的一类跨膜受体，包括CD95（Fas）、DR3、DR4、DR5等，它们的共同特征是胞质区都有一段60～80个氨基酸残基组成的同源结构域，死亡受体通过这个结构域与胞质内介导细胞凋亡的蛋白质结合，通过后者启动细胞内部的凋亡程序，引起细胞凋亡。

活化的Tc1和Tc2表达CD95L，杀伤表达CD95的靶细胞。在Tc细胞识别靶细胞以后，细胞表面表达的高水平的CD95L与靶细胞表面的CD95相互识别，通过CD95触发靶细胞内部的凋亡程序，使靶细胞发生程序性死亡。

复习思考题

1. 简述T细胞受体复合物的分子结构。
2. 简述T细胞识别抗原的过程及MHC限制性。
3. 什么叫免疫突触?
4. 简述T细胞的活化过程。
5. 简述T细胞活化过程中的信号转导过程。
6. 简述$CD4^+$T细胞的效应机制。
7. 简述$CD8^+$T细胞的效应机制。

（石德时编写，韦平、王印审稿）

第十章　B 细胞免疫应答

内　容　提　要

本章主要介绍体液免疫的细胞基础和基本特征，即 B 细胞发育、成熟和分化的过程及其产生抗体的特点。抗原诱导 B 细胞成熟为浆细胞，浆细胞合成和分泌特异性抗体，抗体结合相应抗原进而促进机体中该抗原的清除，这种由 B 细胞介导的免疫应答称为体液免疫应答。在体液免疫应答中，由于抗原的性质和进入体内部位的不同，引起的体液免疫反应也不同，如同一种抗原进入并刺激黏膜淋巴组织可诱导产生 IgA，而进入并刺激机体淋巴结则诱导产生 IgM、IgG。体液免疫应答的过程离不开 Th 细胞的作用，主要体现在 Th 细胞直接或者通过细胞因子与 B 细胞相互协作，包括为 B 细胞活化提供第二信号；参与 TD 抗原的抗体分泌、Ig 同型转化、亲和性成熟和记忆性 B 细胞产生等方面。

第一节　B 细胞及其表面膜蛋白分子

（一）B 细胞的来源、分布及其特征

B 细胞起源于骨髓中的造血干细胞。造血干细胞在骨髓和中枢淋巴器官（禽类的腔上囊，哺乳动物的骨髓）中经过祖 B 细胞（pro－B lymphocyte）、前 B 细胞（pre－B lymphocyte）、未成熟 B 细胞逐步发育分化为成熟的 B 细胞。

成熟的 B 细胞分布在外周淋巴组织，如淋巴结皮质浅层的淋巴小结，脾脏红髓和白髓的淋巴小结等。这类细胞具有抗原应答的免疫功能，一旦与抗原结合，就引起一系列反应，进行增殖和分化，这是由于它们细胞膜上具有能与抗原相识别的膜表面免疫球蛋白（surface membrane immunoglobulin，mIg）分子，即 mIgM 和 mIgD。除此之外，成熟的 B 细胞表面还有一些与其功能有关的膜蛋白分子。这些膜分子，能够接受细胞间的生物信号，使 B 细胞在数量上扩大（增殖）和性质上改变（分化），即成为分泌特异性抗体（免疫球蛋白）的浆细胞或记忆细胞。

在造血组织如骨髓和胎肝的造血细胞岛（islands of haemopoietic cells）中发现的前 B 淋巴细胞的膜上存在 IgM 的重链 μ 链，它只含有一种由可变区（V）和恒定区（C）组成的胞质 μ 重链，但是无轻链。由于膜表面表达有功能的 Ig 需要完整重链和轻链，因此，前 B 细胞膜表面没有功能性 mIg 的表达，也缺乏对抗原的反应能力。

（二）B细胞的表面膜蛋白分子

应用单克隆抗体技术对B细胞表面膜蛋白进行研究，发现有些膜蛋白是B细胞所特有的。B细胞表面膜蛋白主要有以下几类。

1. B细胞抗原受体 B细胞抗原受体（B-cell antigen receptor，BCR）是B细胞非常重要的表面标志，一个BCR是由一个膜表面免疫球蛋白（mIg）分子和两个Ig-α/Ig-β异聚体膜分子共同组成。Ig-α和Ig-β分子质量分别为33ku和37ku，它们之间以二硫键相连，当与mIg分子以非共价键结合后，共同识别抗原和转导信号。mIg是成熟B细胞所特有的表面蛋白，可作为特异抗原的受体。未成熟B细胞表面没有完整Ig分子，存在于外周血液和淋巴组织中的成熟B细胞能共表达μ和δ重链，并与κ或λ轻链相结合，生成mIgM和mIgD。

成熟B细胞产生的mIgM和mIgD具有相同的V区，并对抗原的刺激产生应答。一个成熟的B细胞克隆只表达一种完整的重链或轻链，而不能再产生另外一种携带有不同V区的重链或轻链，所以它们对抗原的应答是特异的。有些B细胞仅具有应答抗原刺激的功能，但并不表达IgD。尽管B细胞成熟不需要抗原刺激，但是如果成熟后没有抗原刺激，它们将在3～4d的半衰期后开始死亡。

成熟的静止期B细胞上抗原受体（mIgM和mIgD）有一短的胞质尾区，仅由三个氨基酸（赖氨酸、缬氨酸、赖氨酸）组成。这些胞质尾区太小，这一结构特点决定mIg不能传递抗原刺激信号，而需要其他辅助成分的参与。

2. MHC分子 B细胞不仅表达MHC Ⅰ类分子，还表达较高比例和密度的MHC Ⅱ类分子。B细胞表面的MHC Ⅱ类分子在B细胞与T细胞相互协作时起重要作用，如T细胞作为辅助细胞参与B细胞抗原递呈作用。

3. 表型标志 是指与B细胞或其谱系成熟相关的细胞表面蛋白分子。膜分子CD5就是B细胞的一个重要的表型标志，根据是否存在CD5可以将成熟的B细胞分为B-1（$CD5^+$）和B-1（$CD5^-$）两个亚群。B-1细胞主要参与非特异性免疫或者先天免疫。成年人（动物）骨髓中的B细胞谱系中不存在B-1细胞，只存在B-2细胞。B-2细胞是通常意义上的B细胞，主要介导特异性免疫中的体液免疫。

4. 具有功能的膜蛋白分子 在B细胞表面还存在各种具有不同功能的膜蛋白分子，它们起着活化或调节的作用，包括膜表面免疫球蛋白（mIg）、补体受体（CR）、EB病毒受体、促有丝分裂原受体、细胞因子受体。除了与抗原特异性结合的膜表面Ig介导B细胞活化，还有其他表面蛋白在B细胞应答中也起作用。在体外，对CD19、CD20、CD23、MHC Ⅱ类分子和Ⅰ型、Ⅱ型补体受体（CR1和CR2）特异的抗体，在不同实验条件下可能刺激或抑制B细胞生长和（或）分化。通过B细胞与IL-4共培养，同时用EB病毒感染，可以诱导B细胞膜上产生低亲和力的IgE受体（CD23），这类细胞能长期生长而且分泌Ig，但是CD23的生理功能仍不清楚。此外，B细胞的IgG的Fc受体（FcγR）在结合抗原-抗体复合物后，B细胞活化被抑制。这种“抗体反馈”现象是控制体液免疫应答的重要调节机制。

还有一些B细胞表面蛋白分子是细胞因子的受体。这类受体是接受细胞因子刺激，传递生物信息的物质基础，它们包括IL-1、IL-2、IL-4、IL-5和IL-6受体。总的说来，静止期B细胞表达少量的细胞因子受体（100～1 000个/细胞），而经抗原或其他激活剂处理的活化细胞上这些受体的表达数量显著增加。

第二节　B细胞的激活、分化和增殖

在动物血液或淋巴结等外周淋巴器官中，大多数B细胞膜表面分泌mIgM或mIgD。这类B细胞是经过一系列变化后的成熟细胞群。在与抗原接触前的变化称作成熟（maturation）；一旦与相应的抗原结合，就会被激活，开始进入新的变化过程，即B细胞的活化，其主要表现为分化（differentiation）和增殖（proliferation）。

一、B细胞的活化

成熟B细胞一旦受到抗原以及其他信号的刺激就成为活化B细胞，这类细胞经过一系列分化和增殖过程成为可分泌特异性抗体的浆细胞。在该过程中，膜结合mIg水平逐渐降低，而分泌型Ig逐渐增加，并可发生免疫球蛋白基因重链类别的转换，最终成为抗体分泌细胞。活化B细胞中的一部分可分化为小淋巴细胞，停止增殖和分化，并可存活数月至数年。当再次与同一抗原接触时很快发生活化和分化，产生抗体的潜伏期短，抗体水平高，维持时间长，这种细胞称为记忆细胞。可见B细胞的活化过程也是体液免疫的启动过程。

进入机体的外源性抗原，大多数在外周淋巴组织，例如脾（血液来源的抗原）、淋巴结（淋巴收集的抗原）和黏膜淋巴样组织（吸收或吞噬进入的抗原）以及其他部位（如皮肤），与B细胞膜上mIg特异性结合，活化B细胞，启动体液免疫应答。胸腺依赖性蛋白质抗原，引起B细胞两种不同的应答：一是这些抗原刺激细胞内第二信使，使静止期B细胞进入细胞周期；二是蛋白质抗原被内化为内体小泡，加工并被递呈到B细胞表面，被Th细胞识别，并激活Th细胞，分泌细胞因子，进一步促进B细胞的生长和分化。

二、B细胞活化的分子机理

B细胞活化的过程实质就是成熟B细胞的基因表达调控、细胞结构逐步变化和功能不断具体完善的一系列有序分化、增殖过程。

（一）B细胞活化的信息的传递

B细胞活化过程主要包括抗原信息的接受、信息处理、传递和抗体分泌等几个过程。

1. 抗原信息的接受　B细胞的活化起始于抗原信息与BCR结合，一旦mIgM或者mIgD结合抗原，Ig分子的短胞质尾区就发出相应信号。

2. 抗原信息的处理　接受抗原信号后含有mIgM和mIgD的BCR受体发生交联继而启动一系列生物化学的旁路途径，细胞内表现出与TCR被活化的过程相似的一些变化。

（1）数分钟内，磷脂酶C催化水解，细胞质内电离的Ca^{2+}浓度增加，激活蛋白激酶。

（2）在30～60min内，带有c－fos和c－myc的信使RNA（mRNA）水平增高。这些细胞内原癌基因的转录，与许多细胞型的有丝分裂互相关联。

（3）大约从12h开始，B细胞体积增大，细胞内RNA增加，细胞周期从休止期或G0期进入G1期。一旦它们收到其他信号就开始进行增殖分化。

3. 抗原信息传递

(1) 在抗 Ig 抗体刺激后 12～24h，由于 T 细胞衍生的细胞因子的帮助，与静止或未刺激的 B 细胞相比 B 细胞表达膜受体水平增加。另外，Ig 介导的刺激可能导致 MHC Ⅱ类分子的表达增加。这些变化使得抗原激活的 B 细胞能更好地与 Th 细胞的应答及其分泌的介质相互作用。

(2) B 细胞 mIg 分子还可与其他蛋白质结合，而这些蛋白质也具有信号传导的功能，它们包括 G 蛋白和存在于 T 细胞上相似于一种或多种 CD3 复合物成分的蛋白质。最近发现，Th 细胞和它们的细胞因子在没有抗原刺激 B 细胞 mIg 分子时也可以与 mIg 相互作用进而激活 B 细胞。在这种情况下，Th 细胞也能提供相应信号。另一方面，对于胸腺-非依赖性抗原的反应，它不需要特异性 T 细胞的辅助，可能只需要 mIg 分子介导的信号传导便可活化 B 细胞。

4. 抗体分泌 活化的 B 细胞经过发生增殖和分化，表现在其产生 mIg 的比例逐渐增加，而膜结合形式的 mIg 比例逐渐减少。这些 B 细胞的后代通过基因的重排剪切继续完成重链类型（同型）转换，并开始表达 μ 和 δ 以外的其他重链类别，如 γ、α 或 ε。其中一部分活化的 B 细胞不分泌抗体，作为表达 mIg 的记忆细胞存在。记忆细胞在无抗原刺激时，将存活数周或数月，分布于血液、淋巴及淋巴器官。抗原对记忆细胞的刺激，导致第二次抗体应答。记忆性 B 细胞表达的 mIg 分子对抗原的亲和性一般高于未受刺激的 B 前体淋巴细胞。抗原诱导的成熟 B 细胞或记忆性 B 细胞的分化，形成抗体分泌性细胞，称为浆细胞，通过形态学能够进行鉴别。

（二）B 细胞免疫球蛋白基因表达特性

尽管每一 B 细胞克隆的成员都表达同样的 V 区，并基本保持同样的对抗原的识别特性，但在抗原应答反应时也会发生抗体 V 区微细的改变。这主要表现在分泌性抗体和抗原特异性 B 细胞 mIg 分子的平均亲和力会逐渐增高；而且这种亲和力在再次免疫应答时明显高于初次应答，这被称为亲和性成熟（affinity maturation），它是针对蛋白质抗原的体液免疫应答的一种特性。亲和性成熟可以在总体水平上进行检测。它源于抗原刺激后 B 细胞编码 Ig V 区的 DNA 微小突变，使这些细胞产生的抗体与抗原的亲和力增高。

在 B 细胞产生免疫球蛋白中有两个明显的特征：一是每一 B 细胞克隆包括其子代只产生针对一种抗原决定簇的抗体。对每一个 B 细胞来说，在其一生中仅表达一种 Ig 重链和轻链的 V 区基因，即使是继承了两套 Ig 基因的杂交个体（两套基因分别来自两个不同亲本），也只有一种抗原特异性被保留。因为在两套亲本的 Ig 等位基因中，只有一套在 B 细胞克隆的成熟时期表达。这种现象称为等位基因排斥，也是 T 淋巴细胞抗原受体的特征。二是每一 B 细胞克隆只能产生一种轻链，κ 链或 λ 链，而不是两种。尽管重链类别的转换发生在 B 细胞激活之后，在每个 B 细胞克隆中却不会发生从一种轻链变为另一种轻链，这叫做轻链同型排斥。

Ig 表达的方式对于鉴别 B 细胞的成熟是一个极有应用价值的标志。首先，B 细胞在成熟过程中的每一时期，其功能与其生成的 Ig 类型之间有密切的关系。其次，Ig 对于 B 细胞是独特的，并且参与其识别及效应功能。在 B 细胞个体发育过程中，在胚胎或肿瘤发展时期中，以及不同成熟时期所表达的 Ig 类型不同。

简言之，在 B 细胞的抗体库和 B 细胞成熟及分化过程中，Ig 基因表达主要具有以下性质：

（1）每一B细胞克隆只产生一种Ig重链和轻链的V区，不同克隆产生具有不同V区的Ig。

（2）在每一B细胞克隆生长过程中，重链V区与不同种型的C区结合，以膜结合或分泌形式表达。相反，轻链的C区则保持不变。

（3）在每一B细胞及其后代中V区特异性基本保持不变，但抗原刺激后受到精细调节，导致亲和性增高。

第三节 B细胞对抗原的免疫应答

B细胞对不同抗原刺激产生的免疫应答对T细胞的依赖性是不同的。有一类抗原在缺乏T淋巴细胞时（例如T细胞缺陷患者）不能诱导B细胞产生抗体。这类抗原主要是蛋白质，被称为胸腺依赖性抗原（thymus dependent antigen），简称TD抗原；而参与的T细胞是辅助性T细胞（Th）。还有一类抗原（如类似多糖和脂类等非蛋白质抗原）在诱导抗体产生时不需要抗原特异性的Th细胞。因此，多糖和脂类抗原被称为非胸腺依赖性抗原（thymus independent antigen），简称TI抗原。

存在于循环血液和淋巴器官中已成熟但还未与抗原接触的静止期B细胞，必须有两种不同的信号刺激才参与免疫应答，进行增殖和分化。抗原与特异性B细胞上的mIg分子相互作用，提供的是第一信号；Th细胞和它的分泌产物（细胞因子）提供第二信号。也就是说，淋巴细胞激活所需“双信号”适合于B细胞的活化。

一、胸腺依赖性抗原（TD）诱导的B细胞免疫应答

（一）辅助性T细胞的抗原递呈作用

多决定簇抗原或双价抗Ig抗体与B细胞结合，mIg分子就被绞连成复合物，并逐步增加和聚集，然后迁移至细胞的一极，形成一个“极帽”。这些复合物，进一步通过受体介导的内吞而被内化和进行加工处理，抗原降解后形成抗原肽，再以非共价键与MHC Ⅱ类分子相结合并重新表达在细胞表面。这些抗原肽-MHC分子复合物可被抗原特异的MHC限制的Th细胞重新识别并使后者激活。抗原特异性B细胞在递呈它们识别的抗原时非常有效，因为mIg分子作为一种高亲和性受体，即使在抗原量很低时，也能使细胞结合、内化和递呈抗原。当原有的mIg与抗原结合后，又有新的mIg分子合成并表达于细胞膜，所以B细胞能结合更多的抗原分子。但是，当多糖和糖脂类的非胸腺依赖性抗原与特异性B细胞上的mIg结合被内吞后，这些抗原不能被消化成有效片段与MHC分子相结合。因此，就不会被特异性MHC Ⅱ类限制的Th细胞所识别。

许多实验证明，B细胞的激活，必须通过与Th细胞接触以及这些细胞分泌的细胞因子提供第二信号。其实早在淋巴细胞被分为T、B细胞之前，已经有实验证明了这一点，如果用含有成熟B细胞（不含或只含很少的T细胞）的小鼠骨髓淋巴细胞，输入经放射线照射过的同源小鼠，用绵羊红细胞（典型蛋白质抗原）免疫后不产生特异性抗体。然而，如果将胸腺或胸导管淋巴细胞（含T细胞，很少或完全没有产生抗体的B细胞）同时输入小鼠，免疫后就产生抗体应答。这种结果和后来的在体外通过抗原刺激纯化的T、B细胞混合物的

实验结果都显示，对可溶性蛋白抗原的反应中，只有在 Th 细胞同时存在时，B 细胞才能增殖和分化。进一步研究确证，大多数的 Th 细胞在识别外来蛋白质抗原时，需通过 $CD4^{+}$ $CD8^{-}$ 和 MHC Ⅱ分子限制性细胞介导。

（二）辅助性 T 细胞（Th 细胞）和 B 细胞相互作用的机制

在 B 细胞的免疫应答中，特别是由 TD 抗原诱导的免疫应答中，Th 细胞与 B 细胞之间的相互作用具有重要意义。

半抗原载体理论很好地解释和理解抗原、B 细胞和 Th 细胞之间的相互关系。半抗原（例如二硝基苯酚）是一种小分子质量的化合物，它能与 B 细胞 mIg 和分泌的抗体结合，但不具有免疫原性，不能诱导免疫反应。当半抗原与作为载体的蛋白质分子结合，这种半抗原载体复合物就能诱导产生针对这种半抗原的抗体。

通过半抗原-蛋白质复合物的刺激，产生的抗半抗原抗体应答有三个重要特征：一是这种应答需要半抗原特异的 B 细胞和蛋白质（载体）特异的 Th 细胞共同作用；二是为了诱导应答反应，半抗原和载体必须化学连接形成复合物作用于细胞；三是这种相互作用是受 MHC Ⅱ分子限制的，即 Th 细胞仅与表达具有相同 MHC Ⅱ分子的 B 细胞协同作用。这种 T 细胞与 B 细胞间相互作用的重要意义是特异性识别连接在一起的不同抗原决定簇。在这个过程中，B 细胞可识别内部决定簇（相当于半抗原），Th 细胞识别另一种决定簇（相当于载体）。

产生针对蛋白质抗原和半抗原-蛋白质结合物的抗体应答需要 T 细胞与 B 细胞共同作用。当抗原进入机体后，B 细胞上的膜特异性 Ig 分子与抗原（或半抗原决定簇）结合，MHC Ⅱ类分子与抗原的肽片段（载体决定簇）结合，共同递呈给特异性 Th 细胞。因此，在产生抗体应答时，同一种蛋白质的 B 细胞和 T 细胞抗原表位，将在不同时间和不同形式被识别。根据这一模式，Th 细胞优先结合由 B 细胞递呈的抗原，这时 B 细胞与 Th 细胞必须密切接近。抗原递呈 B 细胞也接受 Th 细胞直接接触的附加信号，这就使那些结合外来抗原的 B 细胞也被激活并产生针对该抗原的抗体。

在 T 细胞依赖的抗体应答中，B 细胞也具有递呈抗原功能。主要有以下几种情况：

（1）Th 细胞与 B 细胞之间相互的作用是存在抗原特异性和 MHC 限制性的，相应 MHC 限制性 Th 细胞只接收抗原特异性 B 细胞递呈的相同抗原信息。这也有助于解释为什么诱发针对半抗原-载体结合物的再次应答时，半抗原及载体决定簇必须连接在一起。

（2）在体外，能刺激再次抗体应答所需的抗原浓度为 1～100ng/mL。在这样低的浓度中，结合抗原的 B 细胞是刺激 $CD4^{+}$ T 细胞最有效的细胞，因为 mIg 分子对抗原有较高的亲和性，相反，其他抗原递呈细胞，诸如巨噬细胞和树突状细胞，一般需要 10^{4}～10^{6} 倍高的抗原浓度才能激活 $CD4^{+}$ T 细胞。因此，在低浓度时能够特异结合抗原诱导抗体应答并表达 mIg 的主要是 B 细胞。

（3）B 细胞是产生能对抗原呈高亲和结合性 Ig 的最主要的抗原递呈细胞。它将抗原递呈给 T 细胞并接受相应 T 细胞的激活作用，在再次对相应抗原应答时就产生亲和性更高的抗体。最初，B 细胞 mIg 分子对抗原具有范围较宽的亲和性，同时其 Ig V 基因发生了不少突变。在对抗原的初次应答时，产生的抗体中和或减少了该抗原成分，导致有效抗原浓度逐渐降低，只有带有高亲和力受体的 B 细胞结合低浓度的抗原，并递呈给 Th 细胞。这种高亲和力的 B 细胞可能与特异性 Th 细胞相互作用并被它进一步激活。这就解释了为什么 B 细胞亲和性成熟过程仅能针对 TD 抗原，而不是 TI 抗原，因为后者不能将抗原递呈给特异性 Th 细胞。

（4）在某些情况下，诱导抗体应答时需要其他抗原递呈细胞而不是 B 细胞。例如，在未免疫的机体含有很少特异性抗原 B 细胞，因此不能有效地诱导免疫应答。在处理一些特殊抗原（如微生物）时，B 细胞比巨噬细胞的效率低，因为 B 细胞中溶菌酶和水解酶含量较低。因此，诱导初次抗体应答，特别是一些特殊蛋白质抗原，需通过诸如巨噬细胞等抗原递呈细胞，对抗原进行递呈，使 B 细胞克隆扩增。在再次抗体应答中，特异性 B 细胞将作为主要的抗原递呈细胞。在体外实验中，再次抗体应答仅需 B 细胞、Th 细胞和抗原，即使清除巨噬细胞也不影响经过免疫的 B 细胞产生抗体，这也证实了这种假说。但清除巨噬细胞确实能减弱或抑制初次抗体应答。

（三）T 细胞与 B 细胞接触的相互作用

除细胞因子的作用之外，抗原特异性 Th 细胞与抗原递呈 B 细胞间的相互作用，也是一种重要的刺激。在诱导 B 细胞产生抗体的实验中，将低浓度可溶性蛋白质抗原刺激的 B 细胞培养物中，设置只允许可溶性物质通过、而不允许完整细胞通过的半透膜，用以隔离不同的培养细胞。只有当与 T 细胞共同培养时，B 细胞才能分泌高水平抗体。而当将 B 细胞抗原和 Th 细胞隔离在膜的各一边培养时，B 细胞不能产生高水平抗体，虽然这时 B 细胞与同样的抗原和细胞因子接触。这个结果说明，在对蛋白质抗原的应答中，抗体的产生需要 T 细胞与 B 细胞的接触，但是这种接触诱导信号的性质尚不清楚。这一相互作用一般有以下几种发生的情况：

（1）抗原进入机体后，在抗原进入部位以及附近淋巴组织开始诱导免疫反应。在一个未免疫的机体中，巨噬细胞或树突状细胞可以通过递呈抗原和分泌 IL－1、IL－6 之类的细胞因子而刺激 Th 细胞。这就是为什么在激发对蛋白质的初次免疫反应时，需要使用较大的抗原量并添加能激活巨噬细胞的佐剂。一旦抗原特异性 B 细胞克隆增殖，它们才开始承担抗原递呈功能。因此，在已经免疫的机体内，即使不用佐剂且仅用低剂量抗原也能诱导再次免疫应答。

（2）当抗原被递呈至 Th 细胞并刺激其活化时，抗原就激活特异性 B 细胞进入细胞周期。特异性 B 细胞和 Th 细胞对抗原的识别即是体液免疫应答的识别阶段。

（3）Th 细胞随即释放接触信号给 B 细胞并分泌细胞因子，诱导 B 细胞的生长和分化，此即应答的活化阶段。细胞因子最大程度地刺激最靠近 Th 细胞的抗原递呈 B 细胞，而且由于它们先前已与抗原接触过，所以对 T 细胞来源的信号最为敏感。这样就导致针对抗原的特异性抗体的产生。细胞因子也不同程度地刺激其他 B 细胞产生一些非抗原特异性 Ig。

（4）一些被抗原刺激的 B 细胞分化为抗体分泌细胞，它们在抗原进入部位和淋巴样组织中生长，并分泌特异性抗体，这些抗体与抗原特异性结合，启动免疫应答的效应阶段。

（5）其他由抗原刺激的 B 细胞子代成为较长寿命的记忆细胞，它们在淋巴滤泡的生发中心产生，且在血液、淋巴和淋巴样组织再循环或滞留。

（四）决定胸腺依赖免疫应答的几个重要因素

除了上述的过程和机理外，决定胸腺依赖蛋白质抗原的免疫应答的强弱等还有以下几个重要因素。

1. 应答 B 细胞的类型 成熟而处于静止状态的 B 细胞需要与 Th 细胞接触，而已经被抗原刺激的B细胞仅仅对细胞因子起反应。一些mIg分子为高亲和力的记忆B细胞，比静止的B细胞更能对低浓度的抗原起反应。

2. 细胞因子的产生 不同的细胞因子在T、B细胞相互作用部位影响抗体应答的质和量，因为不同的细胞因子选择性地作用于B细胞生长和分化的不同阶段。另外，不同细胞因子间会有协同作用或抑制作用。

3. 抗原刺激的性质 不同性质的抗原刺激Th细胞的程度不同，而且能够选择性诱导产生不同的细胞因子。抗原的性质和数量也影响B细胞应答的程度。

二、非胸腺依赖性抗原（TI）诱导的B细胞免疫应答

有些抗原不能诱导T细胞缺陷动物产生抗体应答，而有些抗原却可诱导无胸腺小鼠产生抗体，这些抗原就是非胸腺依赖性（TI）抗原。TI抗原诱导的B细胞免疫应答，根据抗原对T细胞的依赖程度和物理化学性质还可分为两类：TI-1抗原和TI-2抗原。TI-1抗原主要是细胞壁成分，如革兰阴性细菌的脂多糖，TI-2抗原不容易被蛋白酶降解，如细菌荚膜多糖等。

（一）TI-1抗原及其诱导的免疫应答

TI-1抗原是非完全T细胞依赖性，其中大多数在高浓度时可作为B细胞的多克隆激活剂，它们刺激大多数或全部与抗原特异性无关的B细胞增殖和分化。典型的TI-1抗原是脂多糖（LPS或内毒素），它是多种革兰阴性细菌细胞壁的成分。在小鼠，高浓度的LPS可在不与B细胞mIg结合的情况下刺激多克隆B细胞。这说明对LPS的反应既不依赖也不需要通过抗原受体就能激活B细胞。然而，在低浓度时，LPS仅仅结合和刺激特异性B细胞。据研究，与B细胞结合的LPS分子能直接激活细胞。在此过程中，LPS提供了B细胞活化所需的第一、第二信号。这种通过LPS激活B细胞并不涉及已知的细胞因子，LPS分子本身具有直接刺激B细胞的能力。目前还不清楚LPS刺激成分的性质和TI-1抗原诱导的多克隆激活中B细胞受体的特性。B细胞对TI-1抗原应答的特征表明，它不需要Th细胞或T细胞来源的细胞因子。由于TI-1抗原不能激活Th细胞，所以它们也不能诱导亲和性成熟和记忆性B细胞。此外，LPS本身诱导小鼠B细胞增殖和分泌高水平的IgM和IgG_3，但它们不能再转化成其他型别Ig。

（二）TI-2抗原及其诱导的免疫应答

大多数TI-2抗原是多糖，由多个独特性抗原表位组成，例如葡聚糖、肺炎链球菌多糖和水溶性聚蔗糖。这种多价抗原能够诱导特异性B细胞mIg复合物（BCR）最大程度的交联，不需要同源T细胞的辅助而激活。TI-2抗原激活的B细胞由膜介导，这是细胞应答的关键。TI-2抗原仅仅刺激特异性B细胞，并不能起多克隆激活剂的作用，因为多糖不能被细胞处理，也不能被递呈给MHC限制性Th细胞，它们不能被特异性Th细胞识别和刺激特异性Th细胞。但是，TI-2抗原仍需要少量T细胞参与才能诱发生抗体应答，这主要是还需要T细胞产生的细胞因子，只是这些细胞因子的性质以及它们产生的机制还不清楚。与TI-1抗原一样，对大多数TI-2抗原的抗体应答，主要是产生低亲和力的IgM抗体，且未产生明显的同型转换、亲和性成熟和记忆细胞。然而，一些TI-2抗原可诱导产生Ig同型抗体并不是IgM，例如，肺炎链球菌荚膜多糖诱导人产生的抗体主要是IgG_2。这可能与这些抗原所诱导产生的细胞因子有关。

对于细胞壁多糖属于 TI 抗原的许多细菌，宿主抗细菌感染的主要方式则是体液免疫。所以，尽管 T 细胞缺陷患者易受许多微生物的致死性感染，但对某些细菌感染却具有抵抗力，如那些富含多糖细胞壁的球菌和革兰阴性杆菌。

第四节 免疫辅助细胞在 B 细胞免疫应答中的作用

B 细胞对抗原的应答还需要一些其他类型细胞的辅助作用，即免疫辅助细胞。如未经免疫的小鼠脾细胞被去除了黏附细胞后，当受到 T 细胞依赖的抗原刺激时，它们不分泌抗体。通过补充巨噬细胞或树突状细胞类的非淋巴样细胞，便可恢复免疫应答。

（一）巨噬细胞和其他辅助细胞在诱导体液免疫时的作用

在 B 细胞递呈抗原给 Th 细胞时，必须有巨噬细胞和树突状细胞的辅助，诱导 T 细胞分泌因子和 B 细胞的克隆增殖，这在初次抗体应答中特别重要。在再次应答时，抗原特异性 B 细胞可将抗原递呈给已经分化的 T 细胞。

巨噬细胞分泌细胞因子诱导 T、B 淋巴细胞的增殖，这些细胞因子包括 IL－1、TNF 和 IL－6。IL－1 具有增强 Th 细胞增殖的作用。在初次应答中，当特异性 T 细胞的数量少或需要增殖时，这些细胞因子尤为重要。此外，IL－1 和 TNF 也能直接刺激 B 细胞增殖，IL－6 是 B 细胞的生长和分化因子。

在体液免疫中，特别是在再次抗体应答中，其他类型的辅助细胞的作用也非常重要。位于脾脏和淋巴结生发中心滤泡中的树突状细胞，表达高水平的 Fc 受体，但不表达 MHC Ⅱ类分子，也没有吞噬活性。在抗体应答的过程中，免疫复合物形成并可沉积于滤泡树突状细胞的表面，抗原片段从这里缓慢释放，可对 B 细胞提供持续低水平的刺激，这对维持循环抗体滴度是十分重要的。而且，在初次应答时产生的记忆 B 细胞，它们在再循环时可栖居在生发中心，也可进入淋巴滤泡。这些记忆细胞能够识别存在于滤泡树突状细胞表面的抗原，启动再次抗体应答。

（二）细胞因子的作用

$CD4^+$ Th 细胞在免疫部位或外周淋巴器官识别相应抗原后被激活。在这些部位，一方面 B 细胞初次接触抗原。另一方面，Th 细胞诱导 B 细胞增殖和分化，这些反应都是通过细胞-细胞间的接触和 Th 细胞分泌细胞因子介导的。

T 细胞和其他类型细胞所分泌的细胞因子，在诱导免疫应答中，介导了许多细胞效应。在各种各样的免疫细胞和炎症细胞群体中，细胞因子是最主要的调节者。在体液免疫应答中细胞因子的作用已通过实验得到证实。这些实验显示，清除了 T 细胞后，当与 T 细胞依赖抗原（例如绵羊红细胞）一起培育时，在体外不能被刺激产生抗体；但是如加入活化 T 细胞，则能发生抗体应答。当活化的 B 细胞与多克隆激活物，例如用抗 Ig 抗体、有丝分裂原（针对外周血 B 细胞）或 T 细胞上清一起培养，均能刺激 B 细胞的增殖。这些结果表明 B 细胞的活化需要两种信号：抗原（或多克隆激活剂）和可溶性 T 细胞来源的因子。那些存在于 T 细胞上清液中的细胞因子能够替代完整的 T 细胞，对 B 细胞提供相应的辅助功能。这些细胞因子包括白细胞介素、淋巴因子、干扰素等，对它们的详细描述可见本书第五章。

1. B 细胞免疫应答中细胞因子作用的特点

（1）Th 细胞产生细胞因子既不是特异性的，也不是 MHC 限制性的。Th 细胞是通过一种存在于 B 细胞或其他 APC 上与 MHC Ⅱ类分子有关的抗原决定簇的识别而被激活。但是，这些 Th 细胞分泌的细胞因子也能作用于抗原特异性的 B 细胞。

（2）细胞因子作用的复杂性。在 B 细胞应答过程中，不同的细胞因子在不同的阶段起作用，取决于它主要作用的 B 细胞是否处于增殖阶段，或是否分泌各种 Ig 类型。细胞因子的特异性结合，对 B 细胞可能起协同作用或拮抗作用。此外，不同种类的细胞因子在不同的细胞种类中作用不同。

（3）细胞因子的"旁观"B 细胞激活及促 B 细胞生长分化作用。细胞因子的产生有助于某种"旁观"B 细胞的激活，这种 B 细胞对促发反应的抗原是非特异性，但它存在于被抗原刺激的淋巴细胞附近。在体外能观察到"旁观"B 细胞的激活，这种细胞激活的结果是产生非特异性抗体。例如，蠕虫类寄生虫的感染刺激血清 IgE 增高 100 倍或更多，而这些 IgE 中仅仅有一小部分对蠕虫是特异的。也有研究表明巨噬细胞和其他非 T 细胞产生一些刺激 B 细胞生长和分化的细胞因子。

2. 细胞因子对 B 细胞的作用机理 细胞因子激活 B 细胞的作用机理是一个有待于深入研究的领域，因为新的细胞因子及其新的作用不断被发现。以下是细胞因子在 B 细胞活化的各个阶段所起的作用。

（1）静止期 B 细胞进入细胞周期：在高浓度抗 Ig 抗体（和特异性抗原）诱导下，B 细胞从 G0 期进入 G1 期，这可通过细胞体积增加、胞质 RNA 增多以及 DNA 合成检测出来。然而，低浓度的抗 Ig 抗体和蛋白抗原不具有这种作用，需要同时有不同的细胞因子促发静止期 B 细胞进入细胞周期。实验表明由小鼠 $CD4^+$ Th 细胞产生的 IL－4 就具有这种作用。在 B 细胞激活的早期，需辅助细胞来源的细胞因子的介导。

（2）增殖：B 细胞与低浓度蛋白质抗原或抗 Ig 抗体一起培养，它的增殖完全依赖细胞因子的刺激，促使 G1 期 B 细胞再进入 S 期。在体外，加入抗 Ig 抗体和 IL－4 可以刺激小鼠 B 细胞增殖。IL－5 作为 Th 细胞来源的细胞因子也是辅助性 T 细胞增生的细胞因子，在某些鼠 B 细胞来源的肿瘤细胞和正常 B 细胞培养中加入某些多克隆激活剂，共同孵育时能刺激其增殖。IL－2 最初被认为是 T 细胞生长因子，但在高浓度时诱导 B 细胞的生长和分化。在人 B 细胞体外实验中，在特异性 Th 细胞存在时，小鼠 IL－2、IL－4 和 IL－5 有助于 B 细胞的增殖，这是三种不同的细胞因子的增效剂作用。巨噬细胞来源的细胞因子，包括 IL－1，肿瘤坏死因子（TNF）和 IL－6，在初次抗体应答中，特别是当所激活的 Th 细胞数量较少时，也是 B 细胞生长和分化的因子。

（3）抗体的分泌：在对蛋白质抗原应答时，B 细胞的增殖以及抗体的合成和分泌，也依赖细胞因子。在小鼠，IL－4 和 IL－5 是 B 细胞分泌抗体最主要的诱导剂。当人 B 细胞与多克隆激活剂一起培养时，加入 IL－2 或 IL－6 能分泌高水平的抗体。

（4）同型转换：重链同型转换发生需要 Th 细胞。现已知道，不同 T 细胞来源的细胞因子能选择性地诱导转换成为特定的 Ig 同型。例如，在所有检测的种属中 IL－4 是 IgE 唯一确定的转换因子，IgE 的产生依赖 IL－4，这是因为在体外，IgE 对抗原特异性或多克隆刺激的应答，在体内对蠕虫感染的应答能被 IL－4 的抗体所中和而消除。IgE 抗体不仅对宿主抵御寄生虫的感染是重要的，而且由于 IgE 的产生而介导速发型超敏反应，因此，IL－4 的分泌或功能性的治疗是控制超敏反应有效的方法。IL－4 能增加小鼠 B 细胞 IgG_1 型抗体的分泌，同样，小鼠 T 细胞分泌的 IFN－γ 也能增加 IgG_{2a} 型抗体的分泌。因此，培养中加入抗原或多克隆激活剂刺激成熟的表达 IgM 和 IgD 的 B 细胞，若加入 IL－4 或 IFN－γ 也能诱导特异性同型转换。有趣的是，IFN－γ 抑制 IL－4 诱导的 B 细胞增殖和 Ig 类型转换为 IgE，相反，IL－4 能降低 IgG_{2a}产生。这些是不同细胞因子拮抗作用的最好例子。IL－5 增强 IgA 的产生，因此，可能在分泌性黏膜免疫中特别重要。最近研究显示，由 T 细胞和非淋巴基质细胞产生的其他细胞因子，如转化生长因子－β（TGF－β），在黏膜淋巴组织中刺激 IgA 的产生起重要作用。

（5）亲和性成熟和记忆性 B 细胞的产生：当蛋白质抗原免疫后，在再次抗体应答中，亲和性成熟和记忆 B 细胞的产生都是 Th 依赖的。

不同的抗原在不同免疫状态下诱导产生不同类型的抗体应答，并分泌不同的细胞因子。任何 T 细胞群都能够分泌不同的细胞因子，这取决于抗原刺激的性质。另一方面，不同的抗原和免疫状态能够选择性刺激产生不同细胞因子的 Th 细胞亚群。实际上，对小鼠 $CD4^+$ T 细胞克隆的分析，揭示了在细胞因子产生中存在不同的亚群。一种称为“Th1”的亚群，分别产生 IL－2、IFN－γ 和 TNF；另一亚群被称为“Th2”，产生 IL－4、IL－5、IL－6 和低水平的 TNF。在体外，Th2 细胞对静止期 B 淋巴细胞来说是最有效的辅助细胞，而 Th1 克隆则为一种细胞免疫介导的迟发型超敏反应潜在的诱导剂。这些结果表明，Th2 克隆产生的 IL－4、IL－5 和 IL－6 对体液免疫最为重要，而在细胞免疫中 IL－2、IFN－γ 和 TNF 是主要的细胞因子。与寄生虫和某些超敏反应有关的 IgE 则涉及 Th 细胞中 Th2 亚群的优先激活，而引起炎症反应的微生物则主要刺激 Th1 细胞。

第五节　体液免疫反应的一般规律

最早对外来抗原的特异性抗体应答研究是在 20 世纪初期，主要研究受细菌感染或与微生物毒素接触的人或实验动物所产生的抗体种类。每个个体能产生特异性抗体的总和，称为抗体库（antibody repertoire），它反映了在抗原性刺激的应答中，所有 B 细胞克隆能够合成和分泌免疫球蛋白的能力。在其发育过程中，每一个 B 淋巴细胞及其克隆后代经历了一系列十分明确的分化和成熟阶段，在每一阶段都有其典型的免疫球蛋白产生方式。

（一）抗体库的多样性及其分子机理

初级抗体库是个体对不同抗原初次免疫应答中产生的所有抗体的总和，这取决于免疫之前就存在并表达明确抗原特异性 mIg 分子的 B 细胞克隆数目（每个个体估计约有 10^9 个或更多）。克隆选择学说认为，由于具有不同抗原特异性的淋巴细胞在引入这些抗原之前就已发育，而产生数量庞大的抗体库所需的信息就存在于每个个体的 DNA 中。如果每一 Ig 的重链和轻链是由单一的基因所编码，就需要一半以上能编码功能性蛋白质的基因组来产生 10^9 种特异性抗体。很显然并非如此。正如我们将在本章稍后所述，针对不同抗原肽的每一 Ig 重链和轻链并非是由胚系基因组中不连续的 DNA 序列所编码的。相反，B 淋巴细胞具有特别有效的遗传机制，能从有限数量的 Ig 基因中通过基因重排连接产生庞大的抗体库所需的遗传信息多样性。

（二）体液免疫应答的一般特征

由抗体参与的免疫反应，一般具有以下特征，见表 10－1。

表 10－1 初次和再次抗体应答的特征

	初次应答	再次应答
免疫后检测出抗体的时间	5～10d 后	1～3d 后
产生抗体的相对强度	弱	强
Ig 类型出现的先后次序和主次	通常 IgM ＞IgG	IgG 相对增加，在某些刺激下产生 IgA 或 IgE
抗体的亲和力大小	平均亲和力较低，变化大	平均亲和力较高（亲和力成熟）
免疫原的种类	所有免疫原	仅仅为蛋白质抗原
免疫制剂类型	相对高的抗原剂量，一般需佐剂	低剂量抗原，通常不需要佐剂

首先，再次免疫应答比初次免疫应答快速，B 细胞分泌的抗体总量也多。这主要是因为在初次反应时需要激活 B 细胞，并需要细胞增殖和分化等一系列过程；而再次反应则是因为初次反应中产生的特异性记忆细胞参与了免疫应答。

其次，在初次应答时，一开始分泌的抗体类型主要是 IgM，因为静止 B 细胞仅仅表达 IgM，而在再次反应中，其他 Ig 同型（isotype）如 IgG、IgA 和 IgE 却明显增加，并成为主要的 Ig 型。这种改变是由于重链类型或同型转换的结果。所以，在动物免疫过程中，可以通过 Ig 的分型分析，判断在动物群体中是否存在特定病原体的隐性感染。因为，在动物首次被免疫后，其产生的抗体最先是 IgM，如果发现是以 IgG 为主，则完全有可能动物已被感染过。

第三，在再次应答中特异性抗体产生的平均亲和力高于初次应答。这种亲和力的成熟是由于 Ig 基因突变和 B 细胞抗原的选择性激活，具有这类 mIg 分子的 B 细胞增加了对特异性抗原的亲和力。通过检测特异性记忆 B 细胞上的 mIg 或者所分泌的抗体，可以验证亲和性的成熟。

总之，与初次免疫应答相比，再次免疫应答产生特异性抗体时间快速、强度大和亲和力高等，所以，通过疫苗的接种，可以使动物机体获得这种再次免疫应答的能力，以抵御相应病原体的再次感染。值得一提的是，只有当动物机体在初次免疫应答中产生了一定数量和质量（高亲和力）的记忆细胞，才有可能抵御这种感染。由于抗原性质和剂量及其（接种）进入机体的途径方式不同，刺激机体产生的记忆细胞数量和亲和力也有差异，而且记忆细胞的存活有一定的期限。所以，仅仅一次弱的初次免疫刺激未必能使动物获得足以抵御病原微生物攻击的免疫力。在此意义上，科学合理的免疫程序是诱导动物产生免疫保护力的重要前提。

此外，尽管产生记忆细胞，重链类型转变和亲和性成熟是体液免疫的重要特征，但是，这仅仅是在机体对外源性蛋白质抗原（即 TD 抗原）的体液免疫应答中所表现的。TI 抗原免疫后并不发生上述现象。

复习思考题

1. 简述 B 细胞的功能？
2. 简述 B 细胞的活化过程？
3. 简述胸腺依赖性抗原（TD）诱导的 B 细胞免疫应答的机理？

4. 简述非胸腺依赖性抗原（TI）诱导的B细胞免疫应答的机理？
5. 简述巨噬细胞和树突状细胞在B细胞递呈抗原给Th细胞时的辅助作用。
6. 简述B细胞免疫应答中细胞因子作用的特点？
7. 简述细胞因子的种类和其对B细胞的作用机理？
8. 简述体液免疫的一般特征？

（王印编写，徐建生、石德时审稿）

第十一章　黏膜免疫反应

内　容　提　要

在人和动物机体内存在着完整而广泛的黏膜免疫系统，是由分布在呼吸道、消化道、泌尿生殖道以及外分泌腺等黏膜组织内的淋巴组织和免疫活性细胞共同形成的一个完整的免疫应答网络，是机体免疫系统及免疫反应的组成部分。黏膜免疫是局部黏膜组织及免疫活性细胞在病原体等抗原的刺激下诱导产生的免疫应答反应，并以其大量产生分泌性 IgA（sIgA）为特点。sIgA 是黏膜免疫的主效因子，是机体抵御外来病原的第一道防线，是决定机体是否被外来病原感染并入侵的关键因素。

1963 年，Chodirker 和 Tomasi 等对黏液免疫球蛋白的类型进行了大量的免疫化学研究，首先在外分泌液中发现了 IgA 类抗体，从此诞生了黏膜免疫的概念。黏膜免疫是相对于全身系统免疫而言的一种局部免疫系统，主要是局部黏膜组织及免疫活性细胞在病原体等抗原刺激下诱导出的一种免疫应答反应。黏膜免疫的基础是机体存在着完整的黏膜免疫系统。由黏膜组织所构成的黏膜表面是人和动物体表面的最大组成部分。黏膜组织具有保护、吸收、分泌和排泄等功能。黏膜表面与外界抗原直接接触，也是接触外界微生物最多的部位。众所周知，多数病原微生物感染的主要途径是消化道、呼吸道、泌尿生殖道等黏膜组织，并通过损伤局部黏膜组织或突破黏膜免疫屏障后进入血液循环等而造成系统性感染。因此，为了抵抗病原体的感染，黏膜免疫系统构成了机体抵抗病原体入侵的第一道免疫屏障，局部黏膜的免疫状况是机体是否被外来病原感染并入侵的关键因素。

第一节　黏膜免疫系统的构成

黏膜免疫系统（mucosal immune system，MIS）是由分布在呼吸道、消化道、泌尿生殖道以及外分泌腺等黏膜组织内的淋巴组织和免疫活性细胞共同形成的一个完整的免疫应答网络。黏膜免疫系统在胎儿期就已开始发育，但在出生时还未发育完全，随着年龄的增长，受骨髓和胸腺的影响以及在抗原的刺激下逐步完善。

一、黏膜免疫系统的组织结构

黏膜免疫系统的组织结构主要由以下三部分构成：黏膜相关淋巴样组织，黏膜免疫效应组织和细胞，致敏淋巴细胞散布途径。

（一）黏膜相关淋巴样组织

黏膜相关淋巴样组织（mucosal-associated lymphoid tissue，MALT）是黏膜接触并摄取抗原和最初免疫反应产生的部位。这些部位主要包括以下几个：

1. 肠相关淋巴样组织（gut-associated lymphoid tissue，GALT） 1677 年，Peyer 在哺乳动物肠道黏膜上发现了小肠黏膜下的淋巴集结，并称之为 Peyer 淋巴结（PP 结）。研究表明 PP 结具有明显的淋巴上皮及上皮下的大量淋巴组织，淋巴组织中有多量的淋巴滤泡，覆盖滤泡的上皮细胞被称之为 M 细胞（micro-fold cells）或滤泡结合上皮（follice-associated epithelial，FAE）。目前，在人、猴、猪、牛、兔、鼠、鸡等动物都观察到了 M 细胞。M 细胞顶端胞质很薄，其游离面缺少像肠吸收上皮那样规则排列的微绒毛，而是以微皱褶和短小不规则的微绒毛为特征。

2. 支气管相关淋巴样组织（bronchus-associated lymphoid tissue，BALT） Bienestock 等人对兔支气管相关淋巴组织（BALT）的结构和功能进行了研究；Fagerland 和 Arp 分别对火鸡和鸡 BALT 的结构和发育进行了研究，结果证明 BA LT 和 GALT 结构十分相似。火鸡的 BALT 分布在初级支气管及初级支气管和次级支气管交界处；鸡的 BALT 分布在次级支气管及其末端开口处。禽类的 BALT 为缺少纤毛、有不规则微绒毛的扁平上皮细胞，其表面有深凹陷，胞质内溶酶体和内质网均很少，顶部胞质有许多空泡。淋巴组织的淋巴小结体积和数量与日龄有关。淋巴组织中含有巨噬细胞和异嗜性白细胞。

3. 眼结膜相关淋巴样组织（conjunctiva-assoiated lymphoid tissue，CALT） 近年来，人们开始对眼结膜相关淋巴组织进行研究。对兔、猪、火鸡和鸡的眼结膜的研究表明，这些动物的眼结膜上有 CALT，主要集中在下眼睑结膜穹隆处。上眼睑也有 CALT，但淋巴小结数量少且分散，主要集中在鼻泪管周围。CALT 结构与 GALT 和 BALT 极为相似。扫描电镜下观察鸡的 CALT，其表面有许多堤状皱褶和裂隙，皱褶表面存在明显的小圆形上皮细胞和细胞界限不明显的上皮小丘。透射电镜观察，鸡的 CALT 的扁平淋巴上皮由浓染的上皮细胞和淡染的上皮细胞构成。浓染上皮细胞占多数，其游离缘含微绒毛，核不规则，核缘不整齐；淡染上皮细胞较少，其游离缘存在许多皱褶，几乎看不见微绒毛，胞核圆形或椭圆形，核缘整齐。研究表明，CALT 是眼区重要的免疫应答组织之一，协同哈德腺共同完成独特的局部免疫功能，同时参与全身免疫应答的调控。鸡的眼内淋巴组织（包括哈德腺、眼结膜相关淋巴组织）是鸡眼底特有的免疫器官，在局部免疫中起主要作用。切除哈德腺后泪腺中免疫球蛋白的含量明显下降。

4. 鼻相关淋巴样组织（nose-associated lymphoid tissue，NALT） 鼻相关淋巴样组织存在于黏膜表面，其数量和位置存在着种间差异。由于其黏膜接受抗原的时间不同，个体之间也存在着差异。

（二）黏膜免疫效应组织和细胞

主要包括全身的黏膜组织（如消化道、呼吸道、眼结膜、泌尿生殖道等处的黏膜）的固有层，多种分泌腺（如乳腺、汗腺、唾液腺、泪腺及禽哈德腺）组织，以及上皮间的淋巴细胞。

(三)致敏淋巴细胞散布途径

局部致敏的淋巴细胞主要是通过淋巴循环及血液循环系统扩散到其他部位。

二、黏膜免疫系统的细胞组成

有关黏膜免疫的研究多数是建立在对胃肠道研究的基础上,而呼吸道作为抗原进入机体的一个重要途径,其黏膜免疫的研究甚少,尤其是呼吸道黏膜免疫机理的研究更少。而且目前有关的研究多集中在应用研究上,如在传染病的预防接种中,经滴鼻、点眼、饮水及喷雾等途径免疫,均可产生分泌型 IgA(secretory IgA,IgA)并建立相应的黏膜免疫力。

在胃肠道的黏膜中,大量的淋巴细胞主要集中在以下三个重要区域:上皮层、黏膜固有层和黏膜淋巴样滤泡。每一部位都存在着一些淋巴细胞并具有独特的细胞表型和功能特征(图 11-1)。

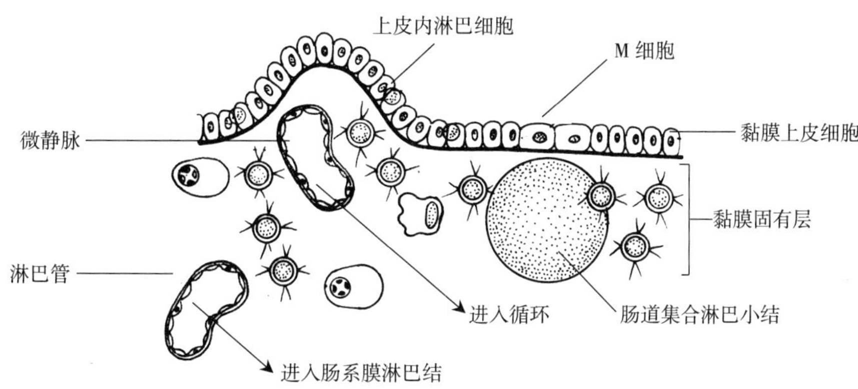

图 11-1 黏膜免疫系统的细胞成分

(引自林学颜、张玲,现代细胞与分子免疫学,1999)

(一)上皮内淋巴细胞

绝大多数上皮内淋巴细胞(intraepithelial lymphocytes)是 T 细胞,在人类多数是 $CD8^+$ T 细胞,人类上皮内淋巴细胞中以 αβ T 细胞为主,约为 90%,仅有 10%为 γδ T 细胞。虽然这一比例并不高,但仍然高于人类其他组织中的 γδ T 细胞所占 T 细胞的百分比。小鼠 80%~90% 的上皮内 T 细胞为 $CD3^+$,大约有 50%为 γδ T 细胞,这与小鼠的表皮细胞间淋巴细胞的 γδ T 细胞构成比例相类似。此外,小鼠的上皮内淋巴细胞的总数与脾脏和淋巴结内的淋巴细胞的总数相近,这意味着机体淋巴细胞的一半库容在黏膜。此外,表达 γδ 或 αβ T 细胞受体(TCR)的上皮淋巴细胞,只有少数 V 基因为显性基因。这说明上皮内淋巴细胞与大多数其他部位的 T 细胞具有不同的特异性,这种特异性可能是在进化过程中针对肠道内进入机体的常见抗原而形成的。

(二)黏膜固有层淋巴细胞

肠道的黏膜固有层淋巴细胞(mucosal amina propria lymphocytes)由混合的淋巴细胞所组成,其中有 T 细胞,且绝大多数为 $CD4^+$ T 细胞,带有活化细胞的表面标志。这些细胞可能是在肠系膜淋巴结内识别抗原并发生反应后迁移并定居在黏膜固有层的 T 细胞。此外,黏膜固有层还含有大量活化的B细胞、浆细胞、巨噬细胞、嗜酸性粒细胞和肥大细胞等。

（三）黏膜淋巴样滤泡淋巴细胞

黏膜淋巴样滤泡（mucosal lymphoid follicle）同脾脏和淋巴结的淋巴滤泡一样，其中央区为B细胞富有区，其中包含原始生发中心。黏膜淋巴样滤泡通常存在于派伊尔小结（Peyer's patches，PP）、阑尾、咽扁桃体等器官内，另外胃肠道和呼吸道也少量可见。其中派伊尔小结是最典型的黏膜淋巴样滤泡，也是黏膜免疫系统最重要的淋巴结构。派伊尔小结不同于其他的淋巴结，其在结构上分为三个区：圆顶区、具有生发中心的淋巴小结区（B细胞区）和T细胞依赖区。派伊尔小结的一个重要特征就是覆盖在圆顶区上的淋巴上皮中有特殊的抗原捕捉细胞——M细胞（microfold cell）。M细胞具有促进抗原摄取的膜样表面结构，能摄取可溶性蛋白质、某些病毒及细菌等。M细胞能够主动吞饮，将肠腔内的大分子物质转运到上皮下的组织内。因此，M细胞在向肠道集合淋巴结传递抗原方面发挥重要作用。派伊尔小结的淋巴小结区为B细胞富有区（或称为B细胞滤泡），含一个或两个生发中心，可见到显著的B细胞分化及增生。成年小鼠中50%～70%的淋巴细胞为B细胞，且为$sIgA^+$ B细胞，因而该生发中心是B细胞分化形成IgA的主要位点。派伊尔小结的T细胞依赖区，其T细胞数量约占派伊尔小结中淋巴细胞数的10%～30%，其中约60%T细胞为$CD4^+$和$CD8^+$，表达Th细胞的特性。

另外，咽扁桃体与派伊尔小结类似，也是黏膜淋巴样滤泡。阑尾也含有非常丰富的在形态学和功能上与派伊尔小结相类似的滤泡。

（四）肠上皮细胞在黏膜免疫中的作用

肠道是动物重要的消化和吸收器官，同时也是表面积最大的免疫器官。最近的许多研究证明，肠上皮细胞在黏膜免疫中也起着一定的作用，主要表现在：①屏障功能及分泌sIgA；②肠黏膜免疫细胞的发生、分化及定居；③抗原递呈；④参与炎症反应。

第二节　黏膜免疫应答的机理

黏膜免疫应答的过程大致如下：黏膜相关淋巴组织与外界抗原接触后将抗原摄取，淋巴组织中的辅助细胞递呈抗原，将组织中的B淋巴细胞和T淋巴细胞致敏。致敏的B细胞和T细胞通过不同的淋巴管离开淋巴组织，并通过胸导管进入血液循环，进而到达全身各处黏膜组织，在那里B细胞定居下来并分裂、增殖成熟为IgA浆细胞。黏膜免疫系统的免疫反应既有体液免疫又有细胞免疫，起主要作用的是体液免疫因素，其抗体主要成分为sIgA，占黏膜相关组织产生的所有抗体的80%以上。这种局部免疫实际上是全身免疫的一个组成部分，但sIgA的诱导和调节机理与全身抗体应答机理相比又有很大差异。

一、黏膜免疫应答中的抗原递呈

抗原在黏膜表面如何被抗原递呈细胞（APC）摄取、加工和递呈给T、B细胞是诱导黏膜免疫应答的关键，目前发现参与黏膜免疫应答中抗原加工和递呈的细胞主要有M细胞、肠上皮细胞及上皮内树突状细胞和巨噬细胞。

（一）M细胞对抗原的递呈

M细胞约占黏膜中淋巴小结相关上皮细胞总数的10%（人和啮齿类）～50%（兔）。研究发现，M 细胞是大分子颗粒抗原进入上皮下淋巴组织的主要途径。M 细胞主要摄取和运输颗粒性抗原如微生物等。M 细胞的微褶之间具有许多胞饮部位，在基底面深深凹陷成袋状，袋中含有 T 细胞、B 细胞及巨噬细胞。当黏膜表面的抗原与 M 细胞膜结合后，M 细胞便将其吞入形成吞噬小泡，被直接迅速转运至 M 细胞基底膜侧，并将抗原释放入上皮下淋巴组织。上皮下淋巴滤泡具有 IgA^+ B 细胞、表达 αβ 型的 TCR、巨噬细胞、树突状细胞和 B 细胞，抗原被加工后呈递给 T、B 细胞。由此产生的抗原特异性 B 淋巴母细胞在生发中心增殖后，通过血流迁移到远处的黏膜和腺体组织，并分化成熟为浆细胞，分泌 IgA。IgA 形成二聚体后选择性地与上皮细胞多聚 IgA 受体结合，然后跨过上皮细胞释放入黏膜或腺体分泌物中。因此跨越 M 细胞转运抗原为启动黏膜免疫应答的最重要的第一步。目前大量的研究仅证明 M 细胞主要用于抗原转运，很少参与抗原加工，但对人及大鼠 M 细胞的研究，发现 M 细胞也具有 MHC Ⅱ类分子，因而认为 M 细胞能够进行抗原加工。

（二）肠上皮细胞对抗原的递呈

肠上皮细胞主要摄取可溶性多肽抗原并激活 $CD8^+$ 和 $CD4^+$ T 细胞。胃肠黏膜上皮细胞可表达 T 细胞激活所必需的 CD80（B7－1）和 CD86（B7－2）共刺激分子，其中胃黏膜上皮主要表达 CD86，表明其递呈的抗原主要激活 $CD4^+$ T 细胞。胃肠黏膜上皮细胞可有效地表达 MHC Ⅱ，也可在肠道炎症及感染过程中分泌的细胞因子刺激下表达 MHC Ⅱ，从而表明其具有抗原加工和递呈的功能，可以诱导黏膜免疫应答。

（三）树突状细胞和巨噬细胞对抗原的递呈

在黏膜免疫系统中，对于一些大分子抗原的摄取由树突状细胞（DC）和巨噬细胞完成。这两种专职抗原递呈细胞与上皮细胞紧密相连。在呼吸道和口腔上皮中存在较丰富的 DC，可形成黏膜 DC 网络。DC 可表达 MHC Ⅱ类分子。存在于上皮中的 DC 可迁移到黏膜表面，直接摄取黏膜表面的抗原并带回到黏膜淋巴组织，从而诱导免疫应答。在呼吸道急性炎症期间，DC 前体可回归并停留在呼吸道黏膜，进一步分化成熟为定居性 DC。而在肺部及泌尿道黏膜中则存在大量的巨噬细胞，在 DC、肺部巨噬细胞及 T 细胞之间存在着复杂的相互调节作用。肺部巨噬细胞还可通过产生信使分子一氧化氮（NO）负向调节 DC 的功能，抑制呼吸道黏膜中 T 细胞的增殖。

二、黏膜淋巴组织的免疫应答

分散在整个黏膜内的固有层淋巴细胞和上皮内淋巴细胞是黏膜免疫应答的效应细胞。

（一）固有层淋巴细胞的免疫应答

固有层内的淋巴细胞主要由 B 细胞和 T 细胞组成。

固有层淋巴细胞中的 B 细胞以 IgA 分泌细胞为主，IgG、IgM 分泌细胞较少。40％的固有层淋巴细胞为 IgA 抗体分泌细胞，因此固有层是产生 IgA 的主要场所。黏膜 B 细胞被激活后，其分化与成熟不同于系统免疫中外周淋巴结中的 B 细胞。集合黏膜淋巴组织中独特的 T 细胞、基质细胞和抗原递呈细胞及其产生的细胞因子，调节 B 细胞的转型和分化。因此，黏膜 B 细胞的最终分化和定型是一个复杂的过程，大致可分为三个阶段：①抗原激活幼稚静息的 B 细胞，使 B 细胞进入 S 期。活化过程中，伴随有 MHC－Ⅱ类分子和 IL－5 受体的表达，这一过程可能发生在集合黏膜相关组织的生发中心。②在细胞和细胞因子的协同作用下，完成重链的重排。③在黏膜部位和腺体，IgA^+ B 细胞分化形成 IgA 浆细胞，同时浆细胞表达 J 链蛋白，合成与分泌多聚 IgA 抗体。

固有层淋巴细胞中有 25%的淋巴细胞表达 T 细胞标志，且以 $CD4^+$ T 细胞为主，$CD8^+$ T 细胞较少。已发现在黏膜部位的免疫应答以 Th2 型为主，定居在固有层的 $CD4^+$ Th2 细胞可分泌多种 Th2 型细胞因子，如转化生长因子-β（TGF-β）、IL-4、IL-5、IL-6 及 IL-10。IL-4、IL-5、IL-6、IL-10 及 TGF-β 可协同诱导 $sIgA^+$ B 细胞分化成为 IgA^+ 浆细胞。最近的研究又表明，在派伊尔小结免疫诱导部位，Th1 或 Th2 均能诱导 IgA 黏膜免疫应答。

因此，固有层是黏膜免疫应答的主要效应场所，浆细胞所分泌的大量 IgA 可通过分泌片的介导进入黏膜表面，中和抗原物质，起到清除外来抗原、保护机体的作用。

（二）上皮内淋巴细胞的免疫应答

上皮内淋巴细胞是一类独特的细胞群，在细胞介导的黏膜免疫和保护上皮细胞的完整性监控中起重要作用。人、小鼠以及大鼠消化道的大部分上皮内淋巴细胞是 T 细胞，且主要为 $CD8^+$ 细胞。在鼻腔和呼吸道黏膜表面上皮内淋巴细胞的数量较少，但 $CD4^+$ Th 细胞的数量多于 $CD8^+$ 细胞。上皮内 T 淋巴细胞含有较多的 γδTCR T 细胞，少部分为 αβTCR T 细胞。上皮内淋巴细胞有许多重要功能，γδTCR T 细胞对黏膜免疫具有重要的作用，如小鼠缺失 γδTCR T 细胞，肠道固有层和派伊尔小结中 IgA 产生细胞的数量就很少，以及在血液与外分泌物中 IgA 的水平明显下降。消化道内胸腺依赖和非胸腺依赖两类上皮内淋巴细胞均表现出细胞毒活性，而且非胸腺依赖的 γδTCR T 细胞还表现出 NK 细胞的活性。因此，上皮内淋巴细胞是介导肠道细胞免疫的效应细胞。另外，上皮内淋巴细胞还可分泌淋巴细胞因子，如 TNF-α、IFN-γ、IL-2，因此在防御肠道病原体入侵方面发挥重要作用，如杀死细菌及受损伤和受细胞内病原体感染的上皮细胞，以保证上皮的完整性。另外，上皮内淋巴细胞可抑制黏膜部位的过敏反应。研究表明，食物经消化后成为可溶性抗原，这些抗原主要通过肠上皮细胞吸收，而肠上皮细胞具有抗原递呈功能，可优先将抗原递呈给 $CD8^+$ 抑制性 T 细胞，选择性激活它们，从而导致对食物抗原的特异性耐受。

（三）黏膜免疫的调节

黏膜免疫应答的发生、发展与调节是一个十分复杂的生物学过程，有多种免疫细胞和免疫介质参加，它们之间组成一个复杂而精细的网络系统，相互制约、相互调节，以维持机体内环境的稳定。但仅靠免疫系统内部是不够的，神经-内分泌系统也参加了免疫调节。黏膜免疫应答需要多种因素共同调节，才能更有效地发挥作用。

大量的研究揭示，黏膜免疫系统有着不同于系统免疫的独特性质，对黏膜免疫规律、特点及其调控机制的进一步认识，既丰富了免疫学的基础理论，又对黏膜相关疾病的发生机制及其防治措施提供了新的依据。

第三节　sIgA 与黏膜免疫反应

黏膜免疫反应主要是局部黏膜淋巴组织及其免疫活性细胞在病原或抗原的刺激下诱导出的免疫应答反应，并以 sIgA 的大量产生为特点，sIgA 是黏膜免疫的主要效应因子。另外，sIgA 在体液免疫及细胞免疫中均有着良好的防卫机能，它是构成局部黏膜免疫的主要产物，也是局部黏膜免疫机制的主要因素。

（一）sIgA 的性质及结构

sIgA 是主要存在于初乳、唾液、胆液以及消化道、呼吸道、泌尿生殖道等部位的外分泌液中，故称分泌型 IgA，其沉降系数为 11S，含量比血清中 IgA 高 6～8 倍。在外分泌液中的 IgA 主要由 50%～70%二聚或多聚的 IgA_1 和 30%～50% IgA_2 组成。在鼻黏膜、泪腺和上呼吸道的固有层主要是 IgA_1^+ 浆细胞，很少观察到 IgA_2^+ 浆细胞；相反，在远端小肠的固有层常见到大量的 IgA_2^+ 浆细胞，这与不同的诱导组织中产生 IgA_1 和 IgA_2 的 B 细胞亚群的差异有关。

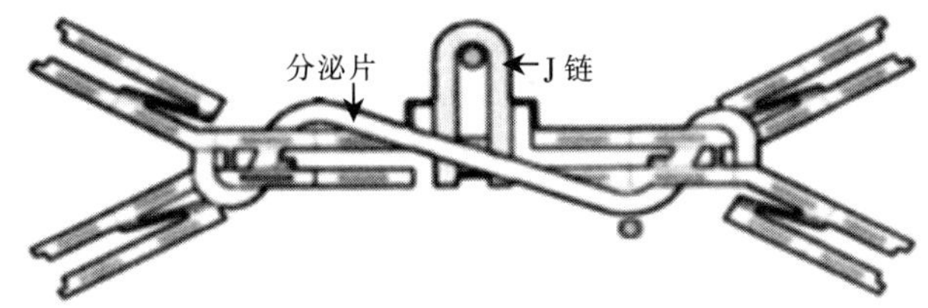

图 11－2 sIgA 的结构示意图

sIgA 由两个或更多的 IgA 单体聚合而成。一个典型的 sIgA 分子一般由两分子 IgA 单体，一分子 J 链和一分子分泌片（SC）构成（图 11－2）。sIgA 中所有的抗原肽均由免疫球蛋白基因超家族编码。J 链仅有一个 Ig 样的结构域，而分泌成分有 5 个 Ig 样的结构域。J 链是在浆细胞分泌 IgA 前就已与 IgA 聚合，分泌片则是在 IgA 经上皮转运过程中加上的。两个 IgA 单体的 α 链上的倒数第二半胱氨酸残基由二硫键连接酶连接到 J 链上的两个半胱氨酸残基上。这样两个单体的 FC 段相连接，Fab 段的抗原结合区朝向外面，有利于结合抗原。分泌片结合的 IgA 比较稳定，这可能是由于分泌片掩盖了 IgA 铰链区的酶裂解位点，因此 sIgA 通常能抵抗分泌物中蛋白酶的降解，有效地延长了其在分泌物中的半衰期。

（二）sIgA 的产生

如前所述，当抗原物质（如病原体）与黏膜免疫系统诱导位点接触被摄取后，诱导 B 细胞和 T 细胞反应，随后特异性淋巴细胞外流，定居到各种效应位点，使 $sIgM^+$ B 细胞转化为 $sIgA^+$ B 细胞并促进其发育成熟，分泌 IgA。分泌性二聚体 IgA 由 J 链连接起来，并与分泌成分形成共价复合物，这种复合物被上皮细胞吞入，以囊泡的形式被运输至腔表面，在蛋白水解酶的作用下，分泌成分与携带 IgA 分子的胞外功能区一起被切下，而穿膜区、胞质区留在上皮细胞上，这样 IgA 释放到了肠腔等黏膜表面（图 11－3）。在 IgA 分泌到胆汁、乳液、痰液和唾液这一过程中分泌成分也起着作用。

sIgA 是一类主要抗体，不仅在抵抗消化道、呼吸道、泌尿生殖道等部位的病原体中起关键性防御作用，而且也是由母乳传递被动免疫的重要成分。另外，同种动物不同的外分泌液中其 IgA 含量不同。表 11－1 中所列的是几种畜禽血清中和各分泌液中 IgA 的大约水平，如果再加上消化道黏膜、气管黏膜、泌尿生殖道黏膜等部位的 sIgA，则可见在黏膜免疫系统中的 sIgA 数量明显多于其他组织，其原因主要是：①表达 IgA 的 B 细胞，主要归巢到集合淋巴结和黏膜固有层；②产生与 IgA 分泌有关的细胞因子的 Th 细胞在集合淋巴结的数量大于其他组织。

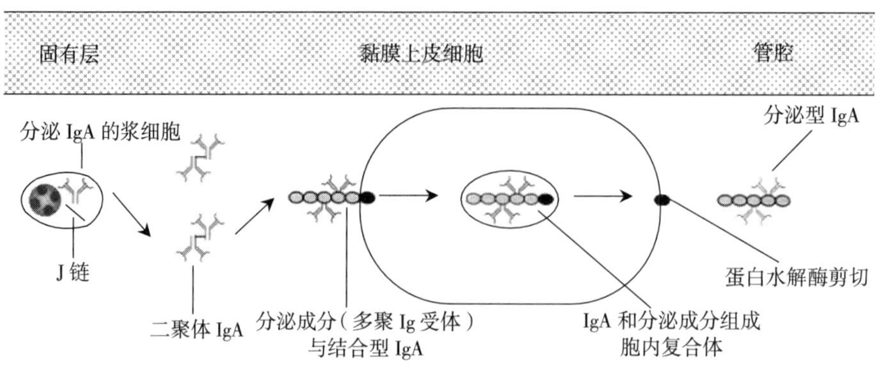

图 11－3　IgA 在黏膜上皮细胞的转运和分泌机制
（引自林学颜、张玲，现代细胞与分子免疫学，1999）

表 11－1　几种畜禽血清及各分泌液中 IgA 的大约水平（mg/100mL）

动物种类	血清	初乳	常乳	鼻液	唾液	泪液
马	170	1 000	130	160	140	150
乳牛	30	400	10	200	56	260
绵羊	30	400	10	50	90	160
猪	200	1 000	500			
犬	50	1 500	400			
鸡	50					15

（三）sIgA 的功能

1. 阻抑病原体的黏附作用　微生物引起感染的先决条件是黏附在黏膜组织细胞上，因而抑制微生物黏附是黏膜免疫最主要的保护功能之一。sIgA 可阻止病原微生物黏附于呼吸道、消化道和泌尿生殖道的黏膜上皮表面。研究证明，用单一的 IgA 单克隆抗体能阻断霍乱弧菌、沙门菌以及志贺菌的感染；用人 sIgA 抗体能凝集大肠杆菌，抑制其黏附到上皮细胞上；sIgA 与病毒结合后，能阻断病毒进入宿主细胞。这些阻抑黏附的机制主要是：①sIgA 与之结合后封闭了它们与上皮细胞或 M 细胞上的受体相结合的分子，从而使它们不能附着在黏膜上或被黏膜吸收，避免了这些对机体有害的物质定居于黏膜表面或进入机体内。②sIgA 与病原微生物抗原结合成复合物，可刺激呼吸道、消化道等黏膜中的杯状细胞分泌大量黏液，“冲洗”黏膜上皮，阻碍微生物黏附。③使病原微生物发生凝集，丧失活动能力而不能黏附于黏膜上皮细胞上。

2. 免疫排除作用　sIgA 对于由食物摄入或由空气吸入的某些抗原物质具有封闭作用，使这些抗原游离于分泌物中便于排除，或使抗原物质限制于黏膜表面而不至于进入机体，从而避免了某些超敏反应的发生。

3. 中和病毒作用　存在于黏膜局部的特异性 sIgA 不需要补体即能中和呼吸道、消化道等部位相应的病毒，如流感病毒、脊髓灰质炎病毒、轮状病毒、呼吸道合胞体病毒等。

4. 中和毒素作用　sIgA 具有中和毒素的作用。例如抗霍乱弧菌毒素和抗大肠杆菌毒素的特异性 sIgA 均能中和相应的毒素的毒性作用。

5. 促进天然抗菌因子作用 sIgA 可增强乳肝褐质及乳过氧化物酶系统对几种黏膜病原体的抗菌作用，可通过黏膜淋巴组织增强抗体依赖性细胞的功能，并能武装腔中淋巴细胞，从而提高杀菌能力。sIgA 还能与分泌液中的抗菌物质如乳铁传递蛋白、溶菌酶等有协同作用。

（四）sIgA 介导的黏膜免疫

黏膜免疫反应主要是以其分泌性 IgA 的大量产生为特点，sIgA 是黏膜免疫的主要效应因子，它是构成局部黏膜免疫的主要产物，也是局部黏膜免疫机制的主要因素。sIgA 的特性包括聚合性、黏膜亲和性及抗蛋白酶作用，这均有助于其对病原体的亲和性。sIgA 在黏膜分泌物中之所以重要基于以下几个方面：①sIgA 产量大，合成率高，占黏膜相关组织所产生的所有抗体的 80%以上。②sIgA 多以二聚体的形式存在，而且二聚体 sIgA 有抗蛋白酶作用。由于 sIgA 至少有 4 个抗原结合位点，在形成微生物-抗体复合物和使肠道蛋白酶凝集的过程中，它应比 IgG 更有效。③sIgA 的附加抗体结构——分泌片（SC），是上皮细胞产生的蛋白分子，其主要功能是作为多聚 Ig 受体。另外，分泌片还可降低 IgA 对蛋白酶的敏感性及防止 pH 对 IgA 的破坏。

研究证明，同样的抗原刺激黏膜淋巴组织可产生高含量的 sIgA，而且某处黏膜内受抗原致敏的淋巴细胞经体循环可以回流到多个效应部位，发挥针对同一抗原的免疫反应，而与起始的诱导部位无关。例如，在人体细菌性抗原从肠道吸收后可以在乳腺产生特异性抗细菌性 sIgA，在支气管致敏的淋巴细胞可以游走至肠黏膜固有层，鼻咽部致敏的淋巴细胞可以同时在直肠、呼吸道、阴道产生特异性 sIgA。据此，Guy-Grand 提出了共同黏膜免疫系统（common mucosal immune system，CMIS）的概念，即从 sIgA 诱导部位（BALT 或 GALT）到黏膜效应部位（呼吸道、消化道、泌尿生殖道的固有层和分泌腺体）这一系统称为共同黏膜免疫系统。

第四节　黏膜疫苗与黏膜免疫

随着人们对黏膜免疫系统研究的不断深入，尤其是伤寒沙门菌、霍乱弧菌、轮状病毒等黏膜疫苗的研制成功和应用，黏膜疫苗的优越性已越来越得到人们的关注和重视，越来越多的人开展对黏膜疫苗的研究。

（一）黏膜疫苗

顾名思义，黏膜疫苗是指用于机体黏膜部位免疫，并在此引起一定的免疫应答，从而达到预防由该途径引起感染的生物制品。如前所述，多数病原微生物感染都是从人和动物的局部黏膜开始的，因此局部黏膜的免疫状况是决定动物是否被感染的首要因素。当然，获得黏膜免疫的最好方法就是模拟自然感染，通过口、鼻等局部黏膜的途径进行免疫使相应黏膜产生免疫应答。

目前，黏膜疫苗按照免疫途径主要分为：口服型，将减毒的病原体或其有效成分经消化道免疫机体，在消化系统黏膜表面形成免疫保护，此种免疫方式主要针对经粪-口传播的疾病；喷鼻型，主要预防对象为呼吸道病原体；经阴道或直肠免疫途径接种，此类黏膜疫苗正处于实验室研究阶段。如果按照黏膜疫苗的有效成分划分，黏膜疫苗也可以分为灭活疫苗、减毒活疫苗等。黏膜亚单位疫苗目前还没有成功上市的案例。

很明显，黏膜免疫的突出优点是不需要注射接种。针管、针头等医疗废弃物很容易造成环境的二次污染和疾病的传播，特别是在医疗条件并不发达的发展中国家，口服型或喷鼻型疫苗更具备推广的可能性。黏膜免疫既可在血清中诱导产生抗原特异性 IgG，又可在黏膜系统表面形成分泌型 IgA 防护网，这对经黏膜途径感染的保护效果更好、更直接。

（二）黏膜疫苗佐剂和疫苗释放系统

动物传染病的传播大多都以消化道和呼吸道为主要途径。口服弱毒疫苗可以直接刺激小肠黏膜内的淋巴细胞产生大量的 IgA 和多种细胞因子，在肠黏膜表面形成一层保护膜，防御病原微生物的入侵。研究与实践证明消化道黏膜免疫不仅在黏膜局部和其他黏膜组织产生免疫应答，还可引起全身性的体液免疫应答，因此，黏膜免疫受到国内外免疫学家的关注。但是疫苗经过消化道时常受到消化液的降解，使黏膜免疫需要的抗原量比传统肌肉注射多。因此，如何使用少量的抗原有效地诱导黏膜免疫反应，提高黏膜免疫力成为目前急需解决的问题。对黏膜免疫系统的有效刺激需要两个基本条件：一是疫苗抗原能够有效地被传递到黏膜淋巴组织；二是有效的黏膜佐剂。免疫佐剂是掺入疫苗制剂后能促进、延长或增强对疫苗抗原特异性免疫应答的物质。近几年国外研究发现，黏膜免疫佐剂能增强机体的免疫力，明显提高黏膜局部和系统的免疫效果。黏膜佐剂的选择对于黏膜免疫产生的效果至关重要。目前关于疫苗新佐剂的研究已有很多，而作为黏膜疫苗新佐剂的研究则主要集中在以下三种。

1. 化合物载体 这里指本身具有免疫原性的大分子化合物，与一个半抗原结合以增加分子质量提高免疫原性。此类佐剂目前研究较多的是霍乱毒素（CT）和大肠杆菌不耐热肠毒素（LT）。研究证明用霍乱毒素非毒性成分亚单位作为佐剂能增强人类的免疫反应。然而，由于 CT 分子 A 亚单位具有一定的毒性，目前 CT 佐剂还不能用于人。因此，必须研制保留佐剂性而又没有毒副作用的突变的 CT 分子作为佐剂。

2. 物理性载体 这里是指能使抗原控释和缓释，以延长抗原与免疫效应细胞作用时间的物理性载体。此类佐剂目前研究较多的是聚合体微球或胶囊。微胶囊作为疫苗控制释放载体，也有其优越性和不足之处。优越性体现在微胶囊疫苗会表现出免疫记忆反应，不足之处是疫苗结合到微球上会丢失一部分疫苗抗原，因而需要重复和大量的生产疫苗抗原。此外，90％以上的微球不被宿主肠道集合淋巴结吸收。

3. 微生物活载体 这里是指将活的微生物体用作重组疫苗载体而构成重组活载体疫苗。重组活载体疫苗构建的基本方法是：分离、克隆主要的保护性抗原基因，使其在合适的活载体中高效表达，以此组成的重组疫苗在人和动物机体内可进行繁殖或复制，所表达的抗原经吸收递呈后引起特异性免疫反应，以达到相应的保护目的。此方法克服了以上两种佐剂需要大量制备抗原而给生产疫苗带来的局限，而且活载体本身的有些结构又可增强表达抗原的免疫原性，或可产生相应的免疫应答。因此，重组活载体疫苗的构建，为新型疫苗特别是黏膜疫苗的研究提供了更好的途径和方法。目前，重组活载体疫苗的研究已取得很多成效。

第五节 黏膜免疫在动物疫病防控中的作用

动物机体黏膜系统的体液免疫和细胞免疫在抵抗病原微生物入侵方面均发挥十分重要的作用，黏膜免疫系统的研究不仅为传统的免疫学增加了内容，也为很多疾病的致病机理、病原与宿主的关系、疫苗与预防制剂的研究提供了思路与方法。目前，通过黏膜免疫途径的免疫方法在生产实践中已被广泛应用，且有效地预防了一些畜禽传染病。鼻黏膜给药进行黏膜免疫简便易行，药物经鼻黏膜部丰富的毛细血管吸收后直接进入体循环，可免受胃肠道酶的破坏和肝脏对药物的消除效应，有利于提高生物利用度和血药浓度；可极大地减少药物用量，也使发生不良反应的几率大为降低。sIgA 可以抵抗分泌物中蛋白酶的降解，因此尤其适合于新城疫、传染性支气管炎、传染性法氏囊病、猪巴氏杆菌病等疫病的活疫苗采用滴鼻、点眼、饮水、气雾等方式通过黏膜途径进行免疫，从而有效预防这些疫病的发生。如用鸡新城疫疫苗点眼或喷雾免疫后，泪液中出现大量特异 sIgA 抗体。其哈德腺不仅可在上呼吸道的保护发挥重要作用，又能激发全身免疫系统，协调体液免疫，在雏鸡免疫时，它对疫苗发生应答反应，受母源抗体的干扰比较少，对免疫效果的提高起着非常重要的作用。相信将有更多的传染病预防采用黏膜免疫方法。进一步结合黏膜免疫理论，寻找更有效的免疫方法，生产适用于黏膜免疫的疫苗，对于预防畜禽传染病的发生有着重要的意义。

现代养殖业的发展向集约化、规模化发展，以前的疫苗接种方式越来越不能满足大规模养殖场免疫的要求。皮下注射、肌肉注射接种不但耗时，也需要大量的免疫人员，消耗大量资金，而且免疫时往往给动物带来比较大的应激反应。因此，简单易行的接种方式越来越值得研究开发。黏膜免疫如气雾、口服、点眼等黏膜途径接种方式简单易行、副作用较小，越来越受到关注。

复习思考题

1. 黏膜免疫系统的组织结构和细胞组成有哪些?
2. 简述黏膜免疫应答的机理。
3. 简述 sIgA 的性质及在黏膜免疫应答中的作用。

（徐建生编写，韦平、王桂军审稿）

第十二章　变态反应

内 容 提 要

高等动物或人类有时会发生一种异常的免疫反应，导致生理功能紊乱或组织损伤，称之为变态反应。变态反应的机理仍属于免疫反应的范畴，但是反应过程、反应强度和反应结果不同。防治变态反应的方法主要是避免接触变应原，利用药物减轻变态反应症状或抑制免疫反应也可起到治疗作用。本章主要讲授不同类型变态反应的发生机理、临床症状与防治方法等方面的内容。

变态反应（allergy）也称过敏反应（anaphylaxis）或超敏反应（hypersensitivity），是机体对某些抗原物质发生的一种可导致生理功能紊乱或组织损伤的异常免疫反应。常表现为免疫反应的异常增高，多发生于再次接触同种抗原的时候。引起变态反应的物质称为变应原（allergen）或超敏感原（anaphylactogen），其中包括完全抗原、半抗原或小分子的化学物质等，如病原微生物、寄生虫（原虫、蠕虫）、异种血清、组织蛋白、化学药品以及某些饲料等。这些变应原可通过呼吸道、消化道或皮肤黏膜等途径进入动物体内，使其致敏和激发变态反应。

变态反应的发生一般可分为致敏阶段和发敏阶段。

1. 致敏阶段　系指机体初次接触某种抗原后，免疫活性细胞增殖分化为致敏淋巴细胞或浆细胞，并由后者产生特异性抗体的过程。一般需10～21d。

2. 发敏阶段　系指机体再次接触同一抗原时，抗原作用于相应的致敏淋巴细胞，使之释放出多种淋巴因子或与相应的过敏抗体发生特异性结合，而出现异常反应的过程。为期约几分钟或2～3d。

变态反应的发生决定于两方面的因素：一方面为机体的免疫机能状态，另一方面为抗原的性质和进入机体的途径等，而且主要决定于前者。变态反应不同于正常免疫反应，其特点是个体差异较为明显。某些个体或某个家庭的成员，即使接触极微量的变应原，也可发生强烈的变态反应，其原因是这些个体对那种过敏原具有特殊的反应性。

根据变应原性质和反应机理不同，可将变态反应分为四种类型，各型的特点见表12-1。

表 12－1　各型变态反应的主要特点比较

类　型	反应速度	免疫学机理	影响器官	临床表现
Ⅰ型（速发型）	很快	变应原与肥大细胞上的 IgE 结合，释放活性介质	皮肤、呼吸道、胃肠道、全身	荨麻疹、过敏性皮炎、鼻炎、吐泻、腹痛、过敏性休克
Ⅱ型（细胞毒型）	快	抗体（IgG 或 IgM）与结合在血细胞上的抗原结合，发生凝集；或在补体作用下，细胞溶解、损伤或被吞噬	红细胞、白细胞、血小板	溶血性贫血、白细胞减少、出血性紫癜
Ⅲ型（免疫复合物型）	快	抗体 IgG 或 IgM 与过量的抗原在体液循环中结合，形成不溶性复合物，沉积于血管基底膜、肾小球基底膜、关节滑膜等处，激活补体，引起组织损伤	血管壁、关节滑膜、肾小球基底膜	血管炎、肾小球肾炎、关节炎
Ⅳ型（迟发型）	慢	抗原与致敏淋巴细胞作用，释放多种淋巴因子，呈现生物学效应	皮肤、脑、移植组织、其他器官及全身	传染性变态反应、接触性皮炎、过敏性脑炎、移植排斥反应、各种自身免疫病、变态反应疾病

第一节　Ⅰ型变态反应

Ⅰ型变态反应即为通常所说的过敏反应（allergic reaction），是临床上最常见的一种变态反应。致敏机体在再次接触变应原时，反应立即出现，故亦称速发型变态反应。反应局限于某一种组织或呈全身性，反应程度不一。属于此类反应的有：过敏性休克、支气管哮喘、枯草热、荨麻疹以及食物、药物、花粉和虫螯性过敏等。

一、变 应 原

引起过敏反应的抗原是多方面的，从化学组成上看，包括异种蛋白质及半抗原性质的药物。前者如异种血清、昆虫毒液（如蜂毒）、生物提取物（花粉、胰岛素、肝素、垂体后叶素提取物）、疫苗和寄生虫，以及某些食物（如蘑菇、鱼贝类、牛乳、鸡蛋等）；后者如某些抗生素、阿司匹林、有机碘、汞制剂等，还有一些尘埃、油漆等。

蛋白质类变应原可直接致敏动物，若为小分子半抗原药物，则必须在进入体内后，与蛋白质结合才具有变应原性。例如青霉素过敏，该药进入体内后可与体内蛋白质结合成青霉素噻唑蛋白，成为变应原。

变应原可经注射、吸入、食入、皮肤接触或虫咬等多种途径进入体内。

二、致敏过程和反应机理

（一）致敏阶段

当变应原第一次进入机体时，刺激机体产生 IgE。IgE 具有亲细胞性，其 Fc 片段能与组织中的肥大细胞和血流中的嗜碱性粒细胞上的 Fc 受体结合，此时机体便处于致敏状态，这种致敏状态通常于第一次接触抗原后 2 周开始形成，可维持半年至数年。

（二）反应阶段

变应原再次进入致敏状态的动物体时，可与肥大细胞和嗜碱性粒细胞上的 IgE 结合。一个变应原分子可与两个或多个 IgE 结合，而使细胞表面的 IgE 分子互相连接，激活肥大细胞信号传导通路，促使细胞内的嗜碱性颗粒被释放，脱出的颗粒又受到细胞外酶的催化作用，使颗粒内的各种活性介质（包括组胺、缓慢反应物质 A、前列腺素、缓激肽、5-羟色胺等）游离出来，产生各种生物效应。

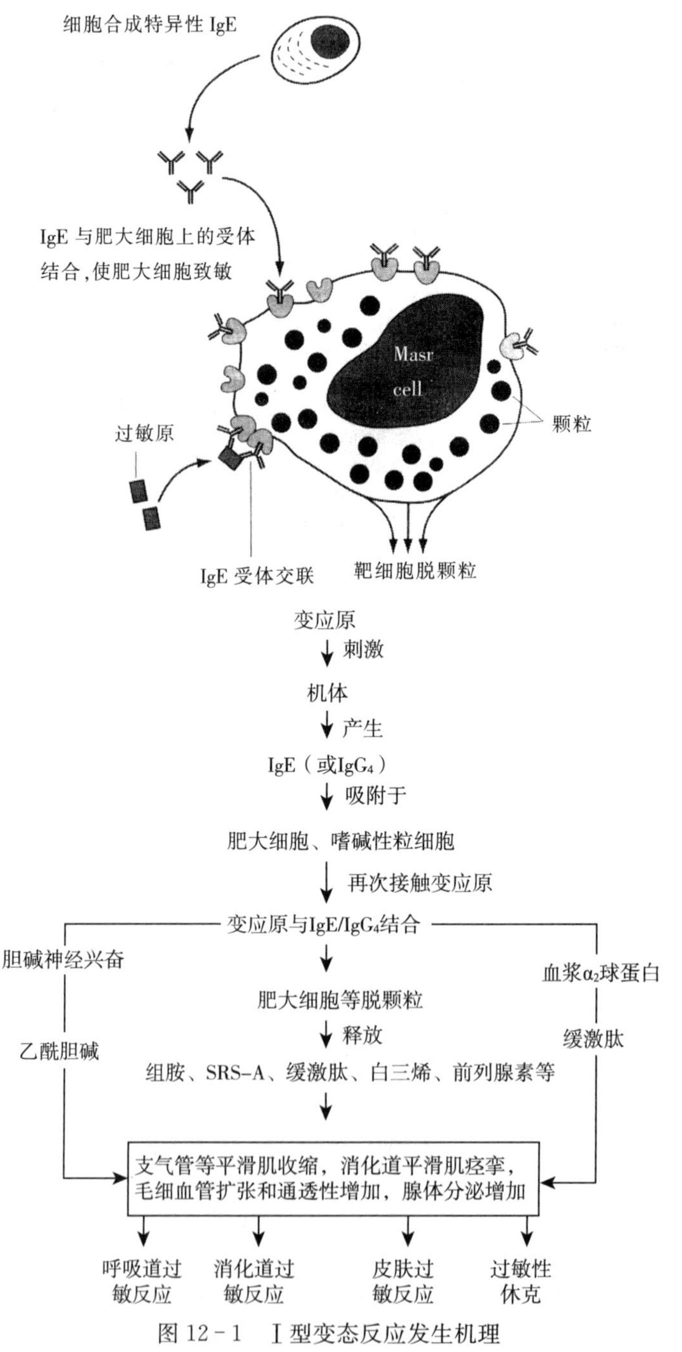

图 12-1　Ⅰ型变态反应发生机理

以上活性介质作用于相应的效应器官，可导致平滑肌收缩、毛细血管扩张、血管通透性增强、腺体分泌增多等反应。如反应发生在皮肤则引起荨麻疹、皮肤红肿等；发生在胃肠道，则引起腹痛、腹泻等；发生在呼吸道，则引起支气管痉挛，出现呼吸困难和哮喘；若全身受到影响，则表现血压下降，引起过敏性休克，甚至死亡（图 12－1）。

三、临床表现及疾病

由于鸟类和其他低等脊椎动物没有 IgE，不会发生Ⅰ型变态反应。豚鼠、家兔、大鼠、小鼠、猫、犬、牛、马、羊、猪等动物均可发生Ⅰ型变态反应。

（一）急性全身性过敏性反应

各种动物急性过敏性反应的临床表现有所不同。如人对青霉素的过敏反应较为严重，可表现为过敏性休克；在兽医临床上，马、骡、牛、猪、犬中已有报道，但症状较轻。在牛，以全身性低血压和肺高血压为特征，受害的主要器官是肺。肺高血压由肺静脉狭窄引起，并导致伴有严重呼吸困难的肺水肿。此外还表现有膀胱和肠道平滑肌收缩，导致频频排尿、排粪和出现臌气。引起牛过敏反应的主要活性物质是 5－羟色胺、缓激肽和缓慢反应物质 A，组胺的作用很小。绵羊的过敏反应与牛相似。犬静脉滴注过敏性物质（抗生素、异种血清等）可表现出不同程度的皮肤和消化系统过敏反应。

（二）局部变态反应性疾病

虽然急性全身性过敏反应是最剧烈的Ⅰ型变态反应，但局部性的变态反应更为常见，其部位与变应原进入机体的途径有关。吸入变应原常引起上呼吸道、气管和支气管的过敏反应，导致鼻液渗出（枯草热）和气管、支气管狭窄（哮喘）。气源性的变应原可刺激眼睛，引起结膜炎和流泪。从食物摄入的变应原可引起肠道平滑肌的强烈收缩，导致下痢和腹痛。刺激皮肤的变应原可引起皮肤过敏反应，呈现红肿等荨麻疹症状。动物常见的局部变态反应有以下几种。

1. 乳汁过敏反应 有些品种的牛可被它们自己乳中的 α 酪蛋白引起过敏反应。正常情况下，这些酪蛋白在乳房内合成，如推迟挤乳，则乳房内压力上升迫使乳蛋白回流到血液中，过敏素质的牛即可发生过敏反应。其症状轻的仅表现皮肤荨麻疹和轻度不适，重的可导致急性全身性过敏反应，甚至死亡。出现这种症状时，应立即挤尽乳房内残留的乳汁，并注射肾上腺素脱敏。

2. 由饲料引起的过敏反应 据估计，犬变态反应性皮炎病例约有 30％属于饲料引起的过敏反应。其症状可出现在消化道和皮肤。消化道的症状往往很轻，仅表现为粪便稠度的变化，也可表现为呕吐、痉挛和下痢等症状。皮肤症状通常为荨麻疹和红斑，出现在四肢、眼、耳、腋和肛门周围。引起过敏反应的饲料很多，但都是含蛋白质较丰富的，如牛乳、麦粉、血、肉或蛋类。在猪，主要为鱼粉、苜蓿等。在马，有野燕麦、白三叶草和苜蓿等。羊肉和糙米对犬可引起轻度食物过敏。

3. 由吸入变应原引起的过敏反应 呼吸道过敏反应在人最常见的是枯草热和哮喘。枯草热一般由花粉引起，而哮喘的病因十分复杂，既是过敏反应，又有药理和精神因素的作用，它可由存在于房舍尘埃中的真菌孢子和螨等多种变应原所引起。对于犬和猫，最常见的吸入性过敏反应是以搔痒为特征的变应性皮炎，主要的变应原是真菌、花粉、室内尘埃、动物皮屑等。花粉常引起鼻炎和结膜炎，如变应原颗粒很小，则可到达支气管或细支气管，引起支气管痉挛。

4. 各种感染因素造成的呼吸道疾病 病毒等微生物的代谢产物，也可引起鼻塞、喷嚏、支气管痉挛（哮喘）等局部Ⅰ型变态反应。

5. 疫苗反应 很多疫苗中残留有鸡胚尿囊液、异种细胞、牛血清、脱脂奶粉成分，故注射疫苗时有可能出现Ⅰ型变态反应。

6. 血清病 反复注射异种血清，有可能出现过敏性休克。

四、预防与治疗

（一）预防

在Ⅰ型变态反应中，IgE起着最重要的作用。不同动物个体产生IgE的能力差异很大，这是由于机体免疫应答基因不同所致。过敏性体质IgE产生细胞的活性比正常个体高得多，这是因为缺乏抑制性T细胞。用抗原“脱敏”注射可以刺激抑制性T细胞的产生，还可以某种方式直接降低肥大细胞对抗原的敏感性。在脱敏治疗中，抗原给予的方式及用量应控制在既能产生免疫反应，又能最大限度地减小过敏性休克的危险（剂量远远小于引起过敏反应的剂量）。

在人类，预防Ⅰ型过敏反应的方法主要是做变应原皮肤过敏试验。这种方法通常是将容易引起过敏反应的药物、生物制品或其他变应原稀释后，在受试者皮肤作皮内注射，若局部皮肤出现红肿，为皮试阳性，证明该药物或生物制品可能会在该个体引起过敏反应，因而不宜使用。

控制Ⅰ型变态反应的另一个重要方面是调节肥大细胞脱颗粒。肥大细胞释放血管活性物质受细胞内环核苷酸的调节，环磷酸腺苷（cAMP）升高或环磷酸鸟苷（cGMP）下降均能抑制肥大细胞脱颗粒，反之则增强肥大细胞脱颗粒。肥大细胞表面有α和β两种类肾上腺素物质的受体。刺激α受体的物质有增强肥大细胞脱颗粒的作用，因为它们抑制了细胞内的cAMP。刺激β受体的物质则作用相反，它们抑制肥大细胞脱颗粒。β受体的激活作用可被某些呼吸道病原体，如百日咳杆菌或流感嗜血杆菌所抑制，也可被直接作用于β受体的自身抗体所抑制。因此，感染上述病原体或患自身免疫病的个体对慢性哮喘等过敏性疾病十分敏感。

嗜酸性粒细胞对Ⅰ型变态反应具有重要调节作用。在反应过程中，嗜酸性粒细胞被吸引到肥大细胞脱颗粒的部位，由肥大细胞脱颗粒而释放的各种活性因子大部分被嗜酸性粒细胞的酶所破坏，从而大大减轻过敏反应的剧烈程度。此外，嗜酸性粒细胞还可刺激前列腺素E_1的产生，其能提高cAMP的水平，从而进一步抑制肥大细胞的脱颗粒。

（二）治疗

治疗Ⅰ型过敏反应的方法可采用肾上腺素等药物抢救过敏性休克；使用钙制剂、维生素C等改善效应器官的反应性；利用苯海拉明、氯苯那敏、异丙嗪等抗组胺药物，通过与组胺竞争结合效应器官细胞膜上的受体而发挥抗组胺作用；利用阿司匹林拮抗缓激肽；而多根皮苷酊磷酸盐则对白三烯具有拮抗作用；地塞米松可防止或抑制延迟性的过敏反应，减少T细胞、单核细胞、嗜酸性粒细胞的数目，降低免疫球蛋白与细胞表面受体的结合能力，并抑制白介素的合成与释放，从而减轻变态反应。

1. 抗组胺类药 常用的抗组胺类药有氯苯那敏、苯海拉明、异丙嗪、酮替芬、赛庚啶等，对多数病畜有效，但有嗜睡等不良反应，限制了它的作用。新的抗组胺药如何司咪唑、开瑞坦、西替利嗪、特非那定等，无嗜睡作用。若与肾上腺素、麻黄碱等滴鼻联用，对缓解鼻、眼症状效果更好。但后者易产生耐受性。

2. 肥大细胞膜稳定剂 色甘酸钠，喷雾或滴鼻，或长期使用，无明显不良反应。

3. 肾上腺皮质激素 全身用药非常有效，但不良反应较大，不宜长期用。仅在症状严重，其他药物无效时，方可考虑应用。亦可以泼尼松龙或可的松液滴鼻，但长用应注意鼻黏膜萎缩及鼻出血等不良反应。局部用激素如伯克钠（丙酸倍氯米松）或雷诺考特（布地奈德）喷鼻剂，一般每鼻腔每次喷 50μg，每天 2～4 次（100μg），无全身不良反应，疗效肯定，可长期维持治疗。

第二节 Ⅱ型变态反应

一、Ⅱ型变态反应发生机理

Ⅱ型变态反应的特征是特异性抗体（IgG 或 IgM）与吸附在靶细胞（红细胞、白细胞、血小板）上的抗原结合，引起细胞凝集或在补体作用下使细胞溶解、损伤或被单核细胞吞噬，在临床上表现为溶血性贫血（黄疸）、白细胞减少或血小板减少等。

本型变态反应的变应原可以是细胞本身的表面抗原，如血型抗原。在人或动物血型不合的情况下输血，受血者血清中的天然抗体可与输入血细胞结合引起溶血反应。另外，胎儿红细胞渗漏进母畜血流而导致的新生动物溶血症亦属此类。变应原也可以是外来的，如药物和侵入机体的病原体（或某些成分），可结合到宿主细胞上导致Ⅱ型变态反应（图 12－2）。

二、临床表现及疾病

（一）输血反应

红细胞可以从一个动物输给另一个动物（如利用输血治疗犬的细小病毒病）。如果供体红细胞与受体红细胞的血型一致则不引起免疫反应。但如受体含有针对供体红细胞抗原的抗体，则立即引起输血反应。此种抗体通常为 IgM，当它与外来红细胞结合时，立即引起对输入红细胞的凝集、免疫溶血、免疫调理和吞噬作用。在没有天然抗体的个体，输入血型不合的同种异体红细胞，可引起机体对该红细胞的免疫应答。输入的细胞可以在血液循环中生存一定时间，直至抗体产生和免疫清除开始。此时如再用这种血型的红细胞输血，即可引起如上所述的急性输血反应。虽然机体能不断清除少量衰老的红细胞，但大量外来红细胞的迅速破坏往往造成严重的病理损害。常表现溶血性黄疸、震颤、偏瘫、惊厥、发热和血红蛋白尿等症状；有些动物还可出现呼吸困难、咳嗽和下痢等。给犬输血过程中常见的反应有，眼睑皮下水肿、眼周围充血发红、眼球震颤、呕吐、流涎、兴奋不安、呼吸迫促及呼吸困难、大便失禁、小便呈红茶色、虚脱及昏睡、休克死亡等。

输血反应的治疗措施主要为停止输血和使用利尿剂等。因为血红蛋白在肾脏中的积聚将导致肾小管阻塞，在清除了全部外来红细胞后即可康复。输血反应的急救首选药为盐酸肾上腺素，直接静脉注入，结合用异丙嗪、地塞米松等抗过敏药及采取强心利尿措施，多数能救活。

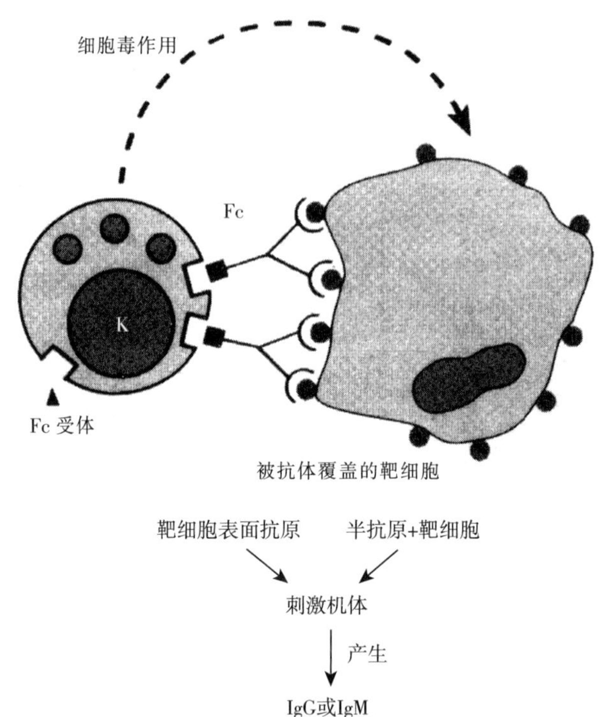

图 12－2　Ⅱ型变态反应发生机理

输血反应可通过把受体的血清和供体的红细胞进行交叉配合试验加以预防。如果供体的红细胞被受体血清溶解或凝集，则不应进行输血。有时供体的血清可以与受体的红细胞反应，这通常不引起严重的输血反应，因为静脉注射的供体抗体很快在受体内被稀释。不过这样的血最好还是不用。避免重复输同一犬的血，必需输时，间隔不能超过 3d。

（二）初生幼畜溶血病

母畜对同种异体红细胞的致敏不但可以通过不相容性输血所引起，还可通过胎儿红细胞经胎盘向母体血流的渗漏所引起。致敏母畜的初乳中含有很高浓度的抗胎儿红细胞抗体，初生幼畜可从初乳摄入母源抗体，并经肠壁吸收而到达血液循环。此抗体与初生幼畜红细胞上的抗原结合，在补体作用下迅速裂解红细胞，结果导致初生幼畜的溶血症。各种动物初生幼畜溶血症的发生情况各异。

（三）由药物引起的Ⅱ型变态反应

某些药物可以牢固地与细胞（特别是与血细胞）结合，如青霉素、奎宁、L-多巴、氨基水杨酸和非那西汀等均可吸附于红细胞表面，使红细胞表面抗原发生改变，因而被当作外物而为免疫反应所清除，导致溶血性贫血；磺胺类药物、氨基比林、苯基丁氮酮、非那嗪和氯霉素等可结合到粒细胞上，从而引起粒细胞缺乏；而苯基丁氮酮、奎宁、司眠脲、氯霉素和磺胺类药物等则可引起血小板减少症。上述药物与血细胞结合后刺激机体产生抗药物半抗原的抗体，如再次应用同种药物时，药物半抗原可与血流中的抗体结合，形成半抗原-抗体复合物并吸附于血细胞上，或由于药物半抗原又一次吸附于血细胞上，抗体与血细胞上的抗原结合。然后在补体的参与下，在血细胞膜上穿孔，引起红细胞或白细胞溶解，血小板破坏，造成上述临床疾病。如用直接抗球蛋白试验检查患畜的血细胞，可发现其细胞表面吸附有抗体。如果这些抗体可以被洗脱，则表明它们不是针对白细胞而是针对所用药物的。

（四）传染病的Ⅱ型变态反应

某些传染性病原体的抗原成分也有吸附红细胞的特性，例如沙门菌的脂多糖、马传染性贫血病毒和阿留申病病毒、附红细胞体、锥虫和巴贝斯虫等的某些抗原成分都有这种作用，吸附有异物的红细胞可被当作外物而被免疫系统清除，从而引起自身免疫溶血性贫血。

第三节 Ⅲ型变态反应

一、Ⅲ型变态反应发生机理

引起本型变态反应的变应原除异种血清外，还有微生物、寄生虫和药物等。参与反应的抗体属沉淀性抗体，主要为 IgG 和 IgM。在抗原与抗体接触后，由于抗原中度过剩，形成中等大小的免疫复合物，但仍为可溶状态，不易被吞噬细胞吞噬清除，又不能通过肾小球滤孔排出，因而较长时间循环于血流中。这种可溶性免疫复合物可沉积于多种器官，如心脏、肾脏及关节部位的血管壁基底膜、肾小球基底膜和关节滑膜等处，或向毛细血管壁外渗出，然后进一步激活补体，引起组织、细胞的溶解和坏死，使基底膜及其他支持组织遭到破坏。免疫复合物还可使肥大细胞脱粒，释放活性介质，引起局部炎症、小血管周围炎症或使小血管遭受机械阻塞，影响周围组织的血液供应，导致局部组织的病理损伤。因此，Ⅲ型变态反应又称为血管炎性反应。

本型反应的机理是由存在于循环中或组织间隙的免疫复合物激活了补体，并吸引嗜中性粒细胞，释放溶酶体酶，导致组织损伤和炎性反应。与Ⅰ、Ⅱ型变态反应不同，本型抗体是在循环血液或体液中与抗原结合，而不是在靶细胞上结合。临床上显著的Ⅲ型变态反应与免疫复合物的大量形成有关（图 12－3）。

二、临床表现及疾病

（一）局部性Ⅲ型变态反应

1. Arthus 反应 如果将抗原皮下注射于带有相应沉淀性抗体的动物，则于几小时内在接种部位发生急性炎症反应，以红斑和水肿开始，最终发生局部出血和血管栓塞，严重的则发生坏死。这种反应最初是由 Arthus 给家兔和豚鼠注射马血清时发现的，故称为 Arthus 反应。其发病的原因是局部的抗原多于抗体，它们形成中等大小的免疫复合物，沉积于注射局部的毛细血管壁上，并激活补体，引起嗜中性粒细胞积聚等一系列反应。

2. 犬的蓝眼病 犬的蓝眼病是因犬Ⅰ型腺病毒感染或活疫苗接种所致。蓝眼病的病变

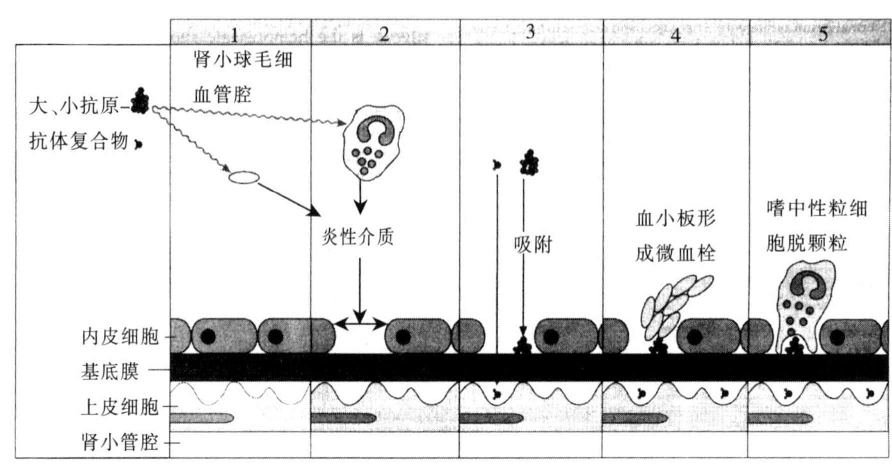

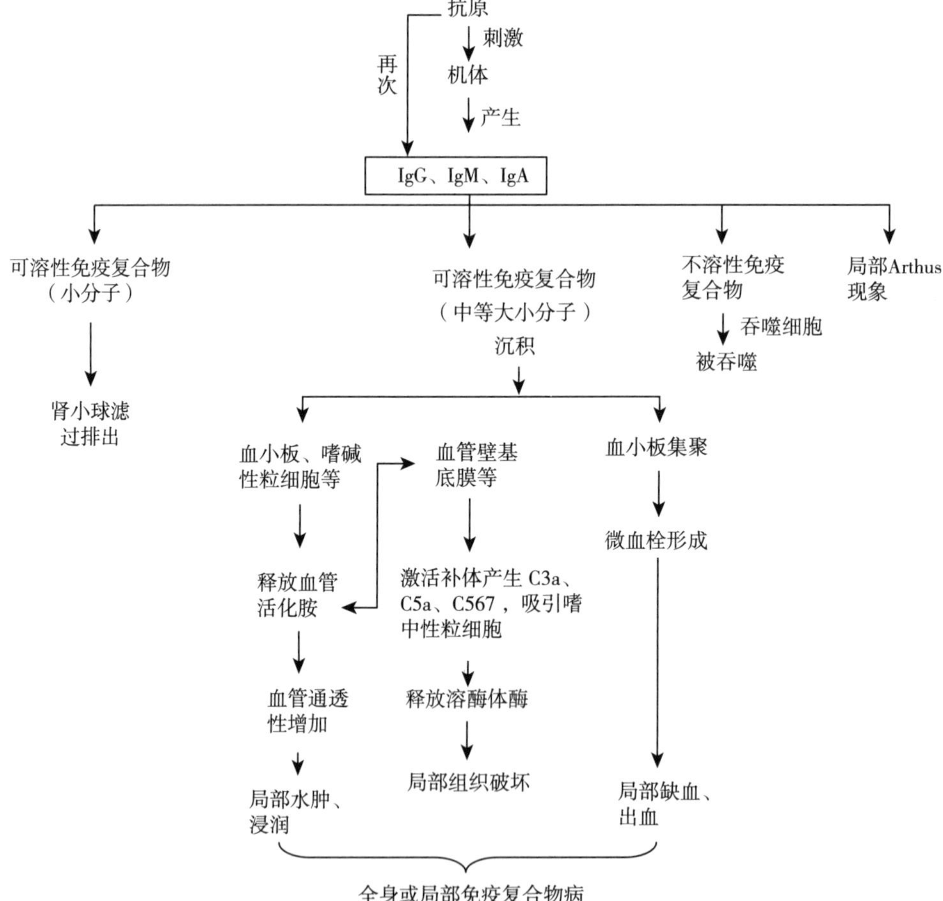

图 12－3 Ⅲ型变态反应发生机理

包括暂时性眼前房色素层炎、角膜水肿和混浊。角膜有嗜中性粒细胞浸润，病变部通过间接荧光抗体技术可查到病毒和抗体的复合物。此病发生于感染开始后 1～3 周，随着病毒的清除而自然消退。

3. 过敏性肺炎 当高度致敏的动物再次吸入相应抗原时，肺部可发生局部Ⅲ型变态反应。例如舍饲牛在冬季常可接触干草中的灰尘，一般情况下这种灰尘的颗粒大，可被上呼吸道清除。但如果干草在储存时受潮，微生物在其中生长而产热，使得一些干草小多孢菌大量繁殖，形成无数极小的孢子（直径 1μm）。它们如被吸入，可达到肺泡，并可刺激产生高滴度的沉淀抗体。因此，牛在冬季吸入的孢子抗原可在肺泡壁内与抗体相遇，形成免疫复合物并结合补体，导致间质性肺炎，其机理也是一种Ⅲ型变态反应。

这种过敏性肺炎主要表现为急性肺泡炎，并伴有脉管炎和肺泡腔液体渗出。长期吸入这种孢子的牛可以出现增生性细支气管炎和纤维化。长期吸入霉干草灰尘的饲养人员也可发病，称为农民肺。此外，吸入鸽类灰尘引起的“养鸽者肺病”；马气喘病是兼有Ⅰ型和Ⅲ型变态反应性肺炎，其抗原可能来自霉干草的灰尘。

4. 犬的葡萄球菌性Ⅲ型变态反应 犬的葡萄球菌性变态反应是一种慢性皮炎，表现为皮脂溢出、深部或趾间疖病、滤泡增殖和脓疮病。组织学检查发现其真皮呈嗜中性粒细胞增多的血管炎，同时经葡萄球菌抗原皮肤试验为阳性，表明这种病是属于Ⅲ型变态反应。

（二）全身性Ⅲ型变态反应

如果抗原经静脉注射于含有高水平循环抗体的动物，则在循环血液内形成免疫复合物。大的免疫复合物可被单核-吞噬细胞系统清除，但抗原过量时形成的不溶性复合物无法被吞噬，可溶性复合物可激活补体并引起血小板集聚，释放血管活性胺类，破坏血管细胞内皮细胞。这些免疫复合物可沉积于血管壁，特别是中等大小的动脉，以及有生理性液体的血管，如肾小管、滑膜和脉络膜等，从而引起全身性Ⅲ型变态反应。临床常见的有三种。

1. 急性血清病 动物在初次大批接受异种血清注射后，经 8～12d 潜伏期，在循环中出现相应抗体（IgG、IgM），而初次注射的抗原尚未完全清除，二者结合形成可溶性免疫复合物，此复合物可激活补体，产生 C3a、C5a、C5b67 等活性片段，产生全身性血管炎，皮肤红斑、水肿和荨麻疹，嗜中性粒细胞减少，淋巴结肿大，关节肿大和蛋白尿。反应的时间通常可在几天内恢复，组织学检查主要为肾小球性肾炎和动脉炎。肾小球性肾炎是短暂的，性质视复合物的大小而定。抗原轻度过量而形成较大复合物时，复合物侵入血管内皮而达到基底膜，沉积于内皮下区域，引起内皮肿胀和增生；如抗原大量过剩，则形成小复合物，这些复合物可进入血管内皮和基底膜并引起上皮肿胀和增生。

2. 慢性血清病 抗原不是一次大量注射，而是多次小量注射，这可引起两种类型的肾脏损害：一种是复合物沉积于上皮下，引起肾小球基底膜明显变厚，称为膜性肾小球病。一种为弥散性肾小球肾炎，以内皮细胞和肾小球膜细胞增生并伴有不同数量的炎性浸润为特征。

3. 传染病引起的Ⅲ型变态反应 慢性感染过程的动物血清中可出现大量抗体，它们与释放到血液中的抗原结合，形成免疫复合物，从而引起以肾小球肾炎为特征的Ⅲ型变态应，如马传染性贫血、水貂阿留申病和非洲猪瘟等慢性病毒性传染病都有这一特征。此外，如患子宫积脓、慢性肺炎、犬瘟热脑炎、急性胰腺坏死、细菌性心内膜炎、全身性红斑狼疮和某些肿瘤的犬都已发现有由免疫复合物引起的肾小球肾炎。患犬肾小球内沉积有大量免疫合物，导致对蛋白质的通透性增高，出现蛋白尿；严重时造成低蛋白血症，血浆胶体渗透压降下，引起组织水肿和腹水。

此外，人和多种动物的结节性多发性动脉炎、某些药物过敏和犬恶丝虫病也属于Ⅲ型变态反应。

第四节 Ⅳ型变态反应

一、Ⅳ型变态反应发生机理

与上述三个型不同，本型变态反应与体液抗体无关，而是一种细胞免疫的局部反应，由于反应速度慢，故又名迟发型变态反应（DTH）或细胞介导的迟发型变态反应。本型主要包括传染性变态反应、接触性皮炎和某些节肢动物引起的变态反应。此外，组织移植排斥反应、某些自身免疫性变态反应也属于这一型。

本型反应的特点是：无抗体和补体参加，而与致敏淋巴细胞有关，属细胞免疫范畴；反应发生缓慢，持续时间长，一般于再次接触抗原后6～48h反应达最高峰。

本型反应的机理呈典型的细胞免疫应答。当抗原物质进入体内接触到T细胞时，刺激T细胞分化增殖为致敏淋巴细胞和记忆细胞，使机体进入致敏状态，这一时期需1～2周，抗原再次进入致敏状态的动物，与致敏T淋巴细胞相遇，促使其释放出各种淋巴因子。这些淋巴因子中的炎性因子使血管通透性增加，单核-巨噬细胞渗出，并通过趋化因子和移动抑制因子使巨噬细胞聚集于反应部位，进行吞噬活动。从巨噬细胞释放出来的皮肤反应因子和溶酶体酶可引起血管变化，造成局部充血、水肿和坏死。同时淋巴毒素和细胞毒性T细胞也直接杀伤带抗原的靶细胞。结果引起以单核-巨噬细胞浸润为特征性的炎性反应。抗原被消除后，炎症消退，组织即恢复正常（图12-4）。

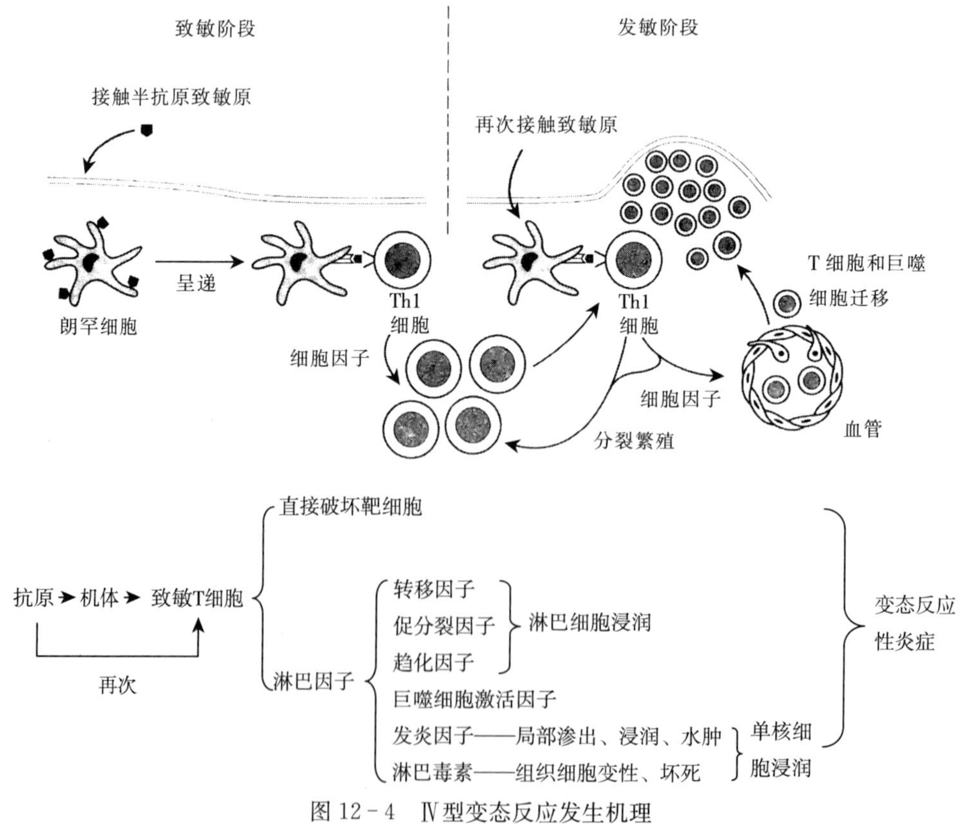

图12-4 Ⅳ型变态反应发生机理

二、临床表现及疾病

1. 传染性变态反应 由于患某种传染病而引起的迟发型变态反应称为传染性变态反应。最明显的例子是分枝杆菌感染。分枝杆菌是细胞内寄生菌，在未免疫的动物体内，它能在巨噬细胞内大量增殖。一旦细胞免疫形成后，被淋巴因子活化并武装的巨噬细胞能大量吞噬分枝杆菌，并将其消化杀灭。残存的分枝杆菌则被包围在局部形成结节。结节的外部是大量聚集起来的巨噬细胞，它们有的在吞噬过程中死亡，有的则互相融合成多核巨细胞。在结节内部包含着大量被杀死的分枝杆菌和少数活菌，以及坏死组织团块。包围在外层的巨噬细胞称为上皮样细胞，持续存在的结节可发展为肉芽肿或钙化灶。这种局灶性的慢性炎症过程，其实质都是迟发型变态反应。布氏杆菌病、马鼻疽等的病理过程也都是如此。此外，野兔热、马流行性淋巴管炎和钩端螺旋体引起的慢性间质性肾炎也都属于迟发型变态反应。

应用上述病原体的抽提物皮内接种感染动物时，可在注射局部引起迟发型变态反应，可用于这些传染病的诊断和检疫。如结核菌素试验，当感染动物以小量结核菌素皮内或眼结合膜囊内接种后，可分别在48～72h或15～18h局部出现红肿或流出脓性分泌物，而未感染动物不发生反应。凡引起传染性变态反应的疾病均可用类似方法诊断，除结核菌素试验以外，利用布氏杆菌水解素、鼻疽菌素可以进行布氏杆菌病、鼻疽病的检疫。

2. 变态反应性接触性皮炎 组织细胞接触某种化学物质，细胞蛋白质可与此化学物质形成复合物，因而被当作异物，引起细胞免疫应答。如果这些反应发生于皮肤，就引起变态反应性接触性皮炎。

引起变态反应性接触性皮炎的化学物质通常是简单的物质，如甲醛、苦味酸、苯胺染料、植物树脂、有机磷及金属盐（如镍盐和铍盐）等。这种皮炎在犬最为常见。犬通常不发生对花粉蛋白的Ⅰ型过敏反应，而对花粉树脂发生Ⅳ型变态反应性接触性皮炎。

复习思考题

1. 什么是变态反应？变态反应与免疫反应有何异同？
2. 如何防止变态反应的发生？
3. 在变态反应发生过程中有哪些类型的抗体参与？
4. 利用变态反应诊断的疾病主要有哪些？常用诊断试剂是什么？如何判定结果？

（常维山编写，孙怀昌、田文霞审稿）

第十三章　免疫应答的调节

内　容　提　要

免疫应答的调节是通过维持正、负作用之间的平衡来实现的。免疫应答需要抗原的刺激，并受遗传的控制（如MHC位点基因）；细胞通过细胞因子和细胞与细胞间直接接触而产生的正、负信号来调节免疫应答的类型和程度；特定的抗体可以促进或抑制抗体进一步的产生，与独特型网络一起对免疫应答进行调节，并通过神经内分泌系统对免疫应答进行全面的调控。

免疫应答的调节需要对正、负作用之间保持平衡。免疫应答需要抗原的刺激，并受遗传的控制（如MHC位点基因）。抗原的性质也同样重要，其大小、凝集状态、组成等都决定着应答的类型及其程度，除去抗原后，刺激反应引起的应答反应也就降低；Th参与了这一应答的调节以及其他细胞如树突状细胞（DC）、NK细胞、巨噬细胞和CTL等的功能的调控。尽管这种调控通常通过细胞因子来完成，但也涉及细胞与细胞间的直接作用。Th细胞可影响应答反应的类型，至少部分决定着产生细胞因子的类型和参与反应的细胞；抗体本身有时可促进（IgM）或抑制（IgG）抗体进一步的产生，独特性网络也可在免疫应答的调节中发挥作用；免疫系统并非独立发挥作用，而是受机体的其他系统的影响，其中神经内分泌系统在免疫应答的调节中也起着重要的作用。免疫系统调节作用的障碍则会导致免疫耐受的破坏和过度反应（over-reactivity）。

第一节　抗原的调节作用

免疫应答的产生依赖于抗原的刺激，而把微生物识别为外来者或非我，是由先天免疫系统的受体或淋巴细胞表面的抗原特异性受体来介导的。抗原的性质也很重要，颗粒性抗原比可溶性抗原能激发更强的免疫应答，凝集性抗原易被抗原递呈细胞（APC）所摄入和加工。

一个由抗原触发的细胞介导的或抗体介导的免疫应答，绝大多数可消除入侵体内的微生物。微生物的残留物和病毒感染致死的细胞可通过吞噬细胞系统来清除，这样就去除了抗原的来源及其刺激。抗体清除抗原后的结果，对抗原特异性的T、B细胞的再刺激即被停止，防止了特异性抗体的继续产生。预先产生的抗体能特异性地抑制不需要的免疫应答，这可从临床上的被动免疫得到证实。当产下一个RhD^{+}的婴儿后立即给RhD^{-}的母亲注射RhD^{+}抗体，可清除进入母源循环的婴儿的 RhD^+ 的红细胞。这就避免了将来再怀孕的新生儿溶血性疾病的发生，其机理很简单，即把抗原（RhD^+ 红细胞）去除，母亲就不会产生针对 RhD 抗原的记忆性应答。

另外，新生儿对某些特定抗原的无反应性可能与从母亲获得的被动免疫有关。在胎儿期由于母源抗体可通过胎盘转移，婴儿出生时即具有母亲的所有 IgG 介导的体液免疫。此外，婴儿的母源 IgA 可通过哺乳从初乳和常乳中获得，并覆盖在婴儿的胃肠道黏膜，提供了被动的黏膜免疫。因此，在这些被动供应的抗体被降解或用完之前，它们能结合抗原并将其清除，从而会干扰主动免疫的形成。

值得注意的是，一些微生物会持续不断的刺激 T 细胞或 B 细胞。引起腺性高热（glandular fever）的 EB 病毒（Epstein-Barr virus，EBV）可在咽组织和 B 细胞内终生低水平地持续存在，不停地刺激机体针对病毒的免疫反应。

第二节　免疫应答调节作用

（一）免疫应答的遗传控制

许多基因参与免疫应答的调节，其中有不少是编码特异性免疫应答的受体、信号蛋白等的基因，这些基因很重要。调节绝大部分 T 细胞应答的主要基因位点位于主要组织相容性复合体（MHC）上。包含有 6 个主要位点的复合体具有等位基因多态性，编码 MHC Ⅰ类和Ⅱ类分子中多肽结合区域的不同氨基酸，使动物群体具备了能不断结合微生物突变而产生新的多肽，这种 MHC 的个体具备对每一种罕见的新的多肽结合的能力，这可能是如达尔文进化论所假设的那样选择出来的。

（二）辅助性 T 细胞

辅助性 T 细胞（Th 细胞）是蛋白质抗原产生免疫应答所必需的，并帮助 B 细胞产生不同种类的抗体。有时，应答的类型由抗原的性质、进入机体的方式、$CD4^+$ 的 Th 亚群细胞（Th1 和 Th2）及细胞因子的调节所决定。Th1 细胞产生的促炎症细胞因子（IL2、TNF－α 和 IFN－γ）对细胞内微生物的杀灭和 CTL 的产生至关重要；而抗炎症的 Th2 细胞因子（IL4、IL10 和 IL13 等）则对 B 细胞的增殖与分化、免疫球蛋白类型转为 IgA 和 IgE 以及对荚膜化细菌如肺炎链球菌相关的脂多糖抗原的 IgG_2 应答是重要的。Th2 细胞因子因能引起 IgE 的产生和嗜酸性粒细胞聚集，从而有助于清除寄生虫的感染。Th1 和 Th2 细胞因子是自我调节的，且可互相抑制对方的功能。例如，IL4 和 IL10 可调低 Th1 的应答，而 IFN－γ 则对 Th2 细胞具有拮抗作用。这种调低机制对于防止伴随的损伤以及保存能量是十分必要的。如具有高水平 IgE 遗传素质的病人，就是因为缺乏调节 Th2 细胞的功能。此外，艾滋病患者，具有有利于 Th2 而非 Th1 应答的倾向性。

（三）细胞因子的促进和抑制作用

绝大多数细胞因子可促进特定细胞系的生长、吸引特异性免疫细胞或有助于细胞的活化，其他细胞因子则起抑制作用。TGF－β 抑制巨噬细胞的活化和 B、T 细胞的增殖，IFN－α 也具有抑制细胞生长的性能，这些抑制性细胞因子的作用是 T 细胞和巨噬细胞参与调节免疫应答的最基本的方法。此外，Th1 和 Th2 细胞各自产生的细胞因子，也可在决定免疫应答的类型和程度中发挥激活或抑制的作用（图 13－1）。

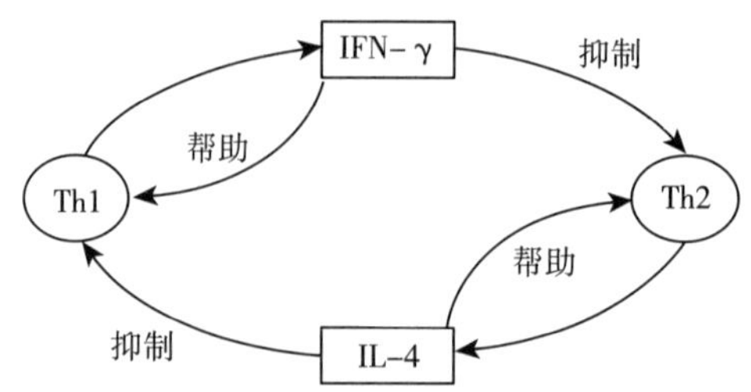

图 13-1 Th1 和 Th2 细胞的相互调节作用

第三节 抗体的调节作用

(一) 抗体的正调节

IgM 类型的抗体对促进体液免疫至关重要，特别是抗原-IgM-补体的复合物结合到带有抗原特异性抗体受体（BCR）的 B 细胞时，比单独抗原结合的刺激更有效（图 13-2）。这可能是补体的 C3b 成分与抗原受体复合物的 CD2 分子之间的相互作用，然后对 B 细胞产生了转导信号。

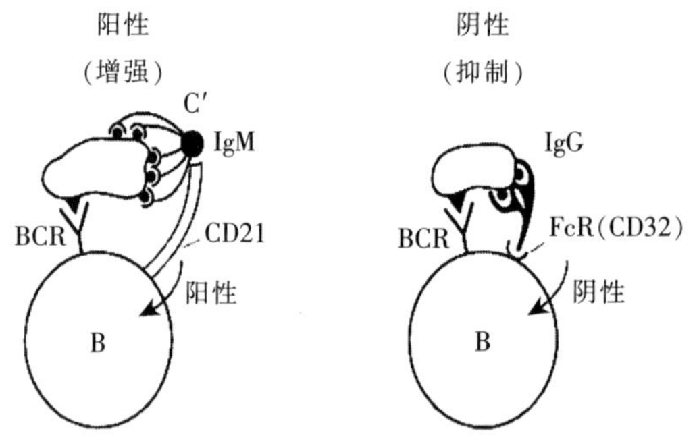

图 13-2 抗体对 B 细胞活性的调节

(二) IgG 的负反馈作用

IgG-抗原复合物与抗原特异性 B 细胞的相互作用，是通过刺激 B 细胞抗原受体与 B 细胞受体复合物 FcγRⅡ分子之间的结合而对 B 细胞传递一个负信号（图 13-2）。所以，在免疫应答中后产生的 IgG 可与抗原（如呈现的话）相互作用形成一个复合物，当复合物与抗原特异性的 B 细胞结合时，可通过 FcγRⅡ分子介导反馈抑制作用，减少抗原特异性抗体的产生。

(三) 抗独特型网络的调节

免疫球蛋白分子的高变区（独特型）是具有免疫原性的。因此，针对这一区域的抗体及 T 细胞的应答均可产生。目前认为，对独特型的免疫应答存在一种免疫调节机制。这就是说，针对某一种抗原的抗体之独特型所诱导产生的抗体或者 T 细胞，可直接作用于 B 细胞或 T 细胞并对其增殖和分化进行调节。交互连接的网络中的抗独特型的抗体或 T 细胞将充当其自身应答反应的诱导物和调节物。无抗原时，具有独特型和抗独特型抗原受体的 B 细胞或 T 细胞通过其抗原受体的直接接触可直接使其他的 B 细胞和 T 细胞无反应化（anergize）。

此外，现已清楚的是针对一个抗体分子的独特型可产生两套不同的抗体，一套表达抗独特型的结合位点，它与原始抗原的抗原决定簇相类似（Ab2）。因此，一个直接针对微生物抗原决定簇的抗体（Ab1），它作为新抗原（neoantigen）可诱导产生一种抗独特型的具有与微生物分子中的抗原决定簇相同的抗体的应答（Ab2）。这个抗独特型的抗体作为替代（surrogate）抗原，又进一步会诱导产生针对抗独特型抗体的抗体应答（Ab3）（二套），这种具有交叉反应性的抗体（Ab3）可潜在性地介导针对微生物的免疫保护作用（图 13-3）。

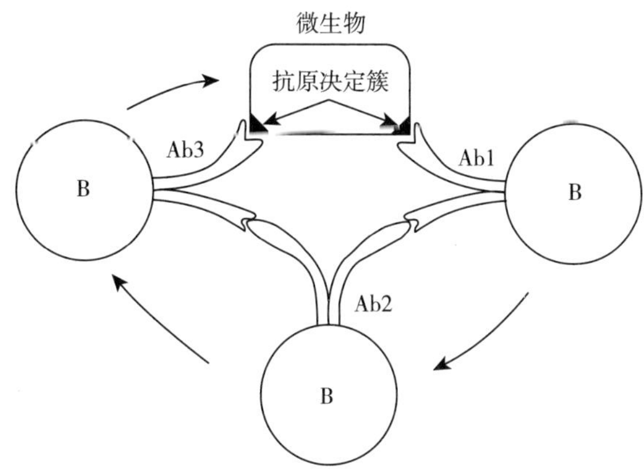

图 13-3 独特型介导的对免疫应答的调节

因为抗独特型可作为一种替代抗原，例如抗 B 型肝炎病毒抗体的抗体可用作 B 型肝炎的疫苗，这就使免疫系统在感染期间可提高其应答水平。这样，在对一个微生物产生免疫应答的期间，通过模仿微生物抗原或淋巴细胞上的独特型抗原的受体，抗体即可扩大系统的免疫应答而不需要真正的微生物刺激。

第四节 神经内分泌系统的调节作用

免疫系统的活性可受到其他系统的影响，其中最重要的可能是神经内分泌轴（neuroendocrine axis）。淋巴细胞不仅对免疫系统的细胞因子的调节敏感，而且对激素和神经介质（neurotransmitters）的调节也敏感。下丘脑-垂体-肾上腺（HPA）轴通过释放介质，如促皮质素释放激素（CRH）、类鸦片（opioid）、儿茶酚胺和糖皮质激素等来对免疫应答进行有效的调控（图 13-4）。尽管对其中一些介质的效应机制目前还尚未完全清楚，但已知道它

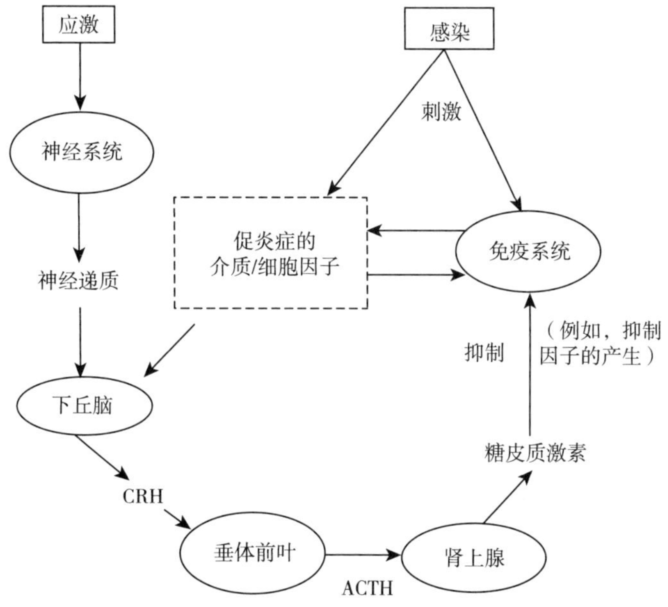

图 13-4 免疫系统与神经内分泌系统之间的相互作用

们同时作用于免疫系统中的感应细胞（sensory cells）（即肥大细胞）和识别细胞（cognitive cells）（即淋巴细胞）。

糖皮质激素对免疫系统具有广谱的调节作用，包括：降低循环的淋巴细胞、单核细胞和嗜酸性粒细胞的数量；通过抑制促炎症细胞因子 IL1、IL2、IL6、IFN－γ和 IFN－α的释放而抑制细胞介导的免疫；降低抗原的递呈；抑制感应细胞的功能。垂体产生的生长激素和催乳激素（prolactin）也可明显的调节免疫系统的活性。有研究表明，切除垂体的老鼠可延长同种移植物的存活，因为其降低了催乳激素或生长激素的产生。

分泌介质包括肾上腺素、去肾上腺素、底物 P、作用于血管的肠抗原肽（VIP）和 5－羟色胺（5－HT）也同时对免疫功能有广谱的和特异性的效应。

有趣的是，HPA 轴也直接受免疫系统的影响，这可从炎症反应过程中释放的细胞因子 IL1、TNF－α和 IL6 直接对下丘脑、前垂体和肾上腺皮质产生的效应得到证明。因此，免疫效应机制是紧密地融入到包括了神经和内分泌系统的网络之中的。

复习思考题

1. 参与免疫应答调节的因素有哪些？
2. 如何应用抗独特型抗体来预防疾病？
3. 神经内分泌系统是如何对免疫系统产生影响的？

（韦平编写，常维山、魏战勇审稿）

第十四章 抗感染免疫

内 容 提 要

当病原体进入机体后可通过各种不同的形式保存自己并扩大增殖，而在此时机体也发挥特有的防御机能，阻止病原体的增殖和扩张，降低病原体所造成的危害。这就形成了病原体和机体双方相互作用的复杂的感染和抗感染免疫过程。机体抵抗病原微生物感染的免疫机制包括非特异性免疫与特异性免疫。抗感染过程中的免疫反应除保护自身免遭病原体的侵袭和毒害外，也可导致自身组织、器官的损伤或某些功能的改变，甚至出现严重的病理变化。由于病毒、细菌和寄生虫等病原体的形态、结构和致病特点各不相同，所以机体抗感染免疫的方式、机制也不尽相同。即使是同一种病原体由于其致病特点不同，机体所表现出的抗感染特性也不完全相同。

感染是指病原体侵入机体，在体内繁殖并释放出毒素、酶，或侵入细胞组织引起细胞组织乃至器官发生病理变化的过程。这一过程同时也交织着机体的特异性免疫应答和非特异性防御功能。感染的发生与否及其演变和转归，依机体的免疫力与病原微生物的致病力相互消长而定。当非特异性免疫不能阻止侵入的病原体生长繁殖并加以消灭时，机体对该病原体的特异性免疫即逐渐形成，这就大大加强了机体抗感染的能力，使感染向有利于机体的方向转化，直至感染终止。

第一节 抗病毒免疫

病毒通常由一种或几种蛋白质构成的衣壳包裹，有些病毒还覆盖有囊膜，囊膜还包含来自宿主细胞的脂蛋白。机体的免疫系统接受这些蛋白刺激后可产生免疫应答，保护机体。由于病毒是严格的细胞内微生物，不论是宿主的免疫应答，还是宿主的死亡都会威胁到它们的生存，病毒及其宿主都经受着严格的选择和适应过程。一方面，病毒要经受逃避宿主免疫应答能力的选择，另一方面动物受到对病毒性疾病抵抗力的选择。那些在复制增殖前就被消灭的病毒就不会传播开来，而被病毒所消灭的宿主也不可能成为宿主。当病毒与其宿主之间经过长时间相互作用相互适应后，病毒感染对宿主往往会变得越来越温和。

在感染过程中，如果病毒与宿主间相互适应性较弱，所引起的疾病往往是急性、严重的。例如狂犬病病毒，对于犬、猫、马和牛完全是致死的，因为它们不是病毒的天然宿主，而在天然宿主特别是蝙蝠和臭鼬体内，狂犬病病毒可持续存在且不引起发病，并可长时间从唾液中排出病毒。

当病毒与宿主能较好相互适应时，虽然病情可能很严重，但死亡率不高，病毒会持续存在。有些病毒，例如口蹄疫和流感病毒，宿主受到同一种病毒的抗原变异体的侵袭，可发生再次感染。对这类病毒，应用疫苗接种预防就较为困难，因为动物群体中可能流行着多种抗原型的病毒。

还有些病毒可引起持续感染，免疫系统无法清除这些病毒。此类疾病包括慢病毒感染、马传染性贫血及人的艾滋病。这些病毒常引起隐形感染，表现为相对温和的非致死性疾病。对这些疾病的预防就很难研发出有效的疫苗。

抗病毒感染的免疫机制与病毒在宿主体内扩散、复制和感染的方式有关。病毒扩散和感染方式主要有细胞外、细胞内和核内三种。当病毒侵入动物机体后，能否引起感染、感染的过程和结局如何，这不仅取决于病毒的性质，更大程度上取决于动物机体的防御体系和免疫功能。抗感染免疫包括先天性免疫和获得性免疫两大类，它们分别在不同时期发挥抗感染作用。感染后，先天性免疫应答几乎立即启动（<1d），Ⅰ型干扰素产生，NK 细胞活性增强。这种早期先天性免疫应答不能完全清除病毒，但提供了关键的第一道防线，特别是对于年幼动物。特异性免疫应答是清除感染的关键，通常在大约 1 周后形成。

（一）机体对病毒感染的先天性免疫

先天性免疫是由机体的正常组织细胞和体液成分来完成的，这种机体防御能力不需要特异性免疫细胞和抗体参与，包括种属免疫或遗传免疫、机体的组织屏障（表面屏障、血脑屏障、血胎屏障）、固有免疫细胞和固有免疫分子等，机体的易感性、年龄、营养状态、体温等均属非特异性免疫。快速、强大的先天性免疫应答能抑制病毒复制，从而控制了许多病毒的感染。

（二）机体对病毒感染的特异性免疫

抗体系统和 T 细胞系统是应对病毒感染的两种主要抗原特异性免疫效应系统。抗体能识别游离病毒或病毒感染细胞，通过中和病毒颗粒及补体介导的细胞毒作用或 ADCC 来控制病毒感染。与抗体直接识别病毒蛋白相反，T 细胞只能识别与宿主 MHC 分子相结合的病毒抗原，而不能识别游离病毒，其抗病毒活性仅对病毒感染的细胞。

1. 抗体介导的免疫 动物机体在受到病毒感染后，体液中可出现相应的特异性抗体。抗体具有重要的抗感染作用，给动物被动地输入抗体，可预防或治疗病毒性感染。在抗病毒免疫中起主要作用的是 IgG、IgM 和 IgA。病毒感染后最先出现的是 IgM，一般在感染后 2～3d 开始出现在血清中；当再次受相同抗原刺激，抗体急剧增加，主要以 IgG 为主。

（1）中和抗体：抗体与病毒相互作用后，病毒的感染性降低或消失。抗体中和病毒以及最后破坏病毒的效能，决定于抗体的种类、抗体量与病毒量的比率以及宿主细胞如何处理病毒-抗体复合物等多种因素。一般来说，中和抗体能够中和胞外病毒，但不能进入细胞中和胞内病毒。

中和抗体的作用机理尚不完全清楚，但多数学者认为与以下几点有关：①中和抗体与病毒结合后，通过立体构型改变而抑制病毒吸附和穿入细胞，从而使病毒丧失感染性。②抗体和抗原凝集而形成大分子复合物，作为调理素，促进巨噬细胞对病毒粒子的吞噬和降解。③抗体可以与感染细胞表面的病毒抗原结合，通过激活具有抗体受体的细胞（如 NK 细胞、多形核淋巴细胞和巨噬细胞)，破坏病毒粒子。

(2) 血凝抑制抗体：表面含有血凝素的病毒感染机体后，体液中即出现可抑制血凝现象的抗体。IgM、IgG 均有血凝抑制抗体的活性，IgA 则无此活性。流行性乙型脑炎病毒、流行性感冒病毒等病原的血凝抑制抗体也能中和病毒的感染。

(3) 补体结合抗体：这种抗体由病毒内部抗原或病毒表面非中和抗原所诱发，不能中和病毒的感染性，但可发挥调理作用，增强巨噬细胞的吞噬功能。补体结合抗原多为可溶性抗原，有种属特异性而无型特异性，检测补体结合的抗体可协助诊断病毒性疾病。

对于抗体在抗病毒感染方面的作用尚有几点需要强调：首先，抗体只在病毒感染的早期才具有保护作用。其次，一般情况下，将纯化的抗体转移给试验动物使之获得抗病毒免疫较为困难。第三，某种抗体的体外中和能力可能与其体内的保护作用很少相关或不相关。总之，抗体是抗病毒免疫的重要成分，但却不能消灭所有病毒的感染作用。

2. 细胞介导的免疫 由免疫细胞而非抗体建立的特异性免疫，称为细胞免疫。在免疫监视和排除变异细胞与异物，以及清除细胞内寄生物等过程中，细胞免疫发挥着极为重要的作用。在病毒感染中，特别是在病毒核酸整合于宿主细胞遗传物质以及病毒呈现细胞至细胞方式传播的情况下，由于病毒接触不到体液抗体，体液免疫作用不明显，细胞免疫就成为最主要的免疫因素。

虽然抗体有中和病毒的能力，但一般来说细胞免疫在抗病毒感染中起着重要的作用。因为病毒穿入宿主细胞后，体液免疫的抗体分子却不能进入其内而使作用受到限制，这时主要依赖细胞免疫发挥作用。参与抗病毒感染的细胞免疫主要有：①被抗原致敏的细胞毒性 T 细胞能特异性地识别病毒和感染细胞表面的病毒抗原，杀伤病毒或裂解感染细胞。②致敏 T 细胞（Td）释放淋巴因子或直接破坏病毒，或增强巨噬细胞吞噬和破坏病毒的活力，或分泌干扰素抑制病毒的复制。③杀伤细胞的抗体依赖性细胞介导的细胞毒（ADCC）作用。④在干扰素激活下自然杀伤细胞而识别和破坏异常细胞。

细胞毒性 T 细胞的杀伤效应受 MHC 分子的限制，即细胞毒性 T 细胞在识别病毒抗原的同时，必须识别细胞膜上 MHC 分子才能杀伤病毒感染的靶细胞。多数细胞毒性 T 细胞是 $CD8^+$ 细胞，受 MHC Ⅰ类抗原限制；少数细胞毒性 T 细胞是 $CD4^+$ 细胞，受 MHC Ⅱ类抗原限制。由于机体大多数细胞表达 MHC Ⅰ类分子，故 $CD8^+$ 细胞毒性 T 细胞具有广泛的杀伤靶细胞活性。

(三) 病毒的免疫逃逸机制

免疫逃逸（evasion）是病毒持续感染的本质。病毒用来躲避免疫系统监视和清除作用的常见策略有以下几方面。

1. 病毒基因的限制性表达 病毒在细胞内处于潜伏状态，很少或不表达病毒蛋白。如单纯疱疹病毒（HSV）的潜伏感染可发生在神经元，基因组中除了一个区转录外，其他病毒基因表达完全关闭，使感染的神经元细胞几乎不表达任何病毒蛋白，从而逃避免疫系统识别；EB 病毒感染 B 细胞后会在记忆性 B 细胞中潜伏感染，此时只表达一种 EBV 蛋白，从而逃避免疫监视。

2. 免疫豁免部位感染 病毒感染后免疫系统不易接近的组织或者细胞，如脑和肾，常被认为是更易受病毒持续感染的组织。这是病毒逃避免疫系统监视的重要机制。

3. 病毒逃避抗体识别 病毒蛋白上抗体识别的关键性位点突变是一种逃避中和性抗体

的高效手段。如流行性感冒病毒发生抗原“变异”或“漂移”，马传染性贫血病毒、绵羊脱髓鞘性脑白质炎病毒、山羊关节炎-脑炎病毒都可出现抗原变异。

4. 病毒逃避T细胞识别 病毒表面抗原变异发生在MHC Ⅰ/Ⅱ类分子提呈的病毒抗原肽部位，可干扰 $CD4^+$ 和 $CD8^+$ T细胞对病毒抗原的特异性识别。如淋巴细胞脉络丛脑膜炎病毒（LCMV）在感染中发生变异，病毒抗原变异发生在CTL细胞识别的抗原表位，该区域变异后，可干扰T细胞免疫应答，从而引起更持久的持续感染。

5. 抑制T细胞识别所需的细胞表面分子 病毒能够通过下调T细胞有效识别病毒感染细胞所必需的细胞表面分子，来逃避T细胞识别。腺病毒和牛疱疹病毒-1型（BHV-1）感染能引起宿主细胞MHC Ⅰ类抗原表达下降。巨细胞病毒、麻疹病毒介导对MHC Ⅱ类分子的抑制。

6. 妨碍抗原递呈 ICP47是单纯疱疹病毒的一种早期蛋白，可以与抗原加工相关转运子（TAP）结合，阻止肽易位到内质网，导致肽不能安装到MHC Ⅰ类分子上，而中空的MHC Ⅰ类分子仍插在内质网，不能呈现到细胞表面。

7. 干扰细胞因子和趋化因子功能 已证实多种病毒感染中存在病毒蛋白干扰细胞因子功能。如腺病毒早期蛋白（E3、E1B）能保护病毒感染细胞不被肿瘤坏死因子（TNF）溶解。EB病毒的BCRF1蛋白为IL-10类似物，能阻断IL-2和IFN-γ合成。

8. 免疫耐受 大多是由于先天或幼龄感染后导致部分免疫耐受，如巨细胞病毒、恒河猴病毒、风疹病毒、乙型肝炎病毒等先天或新生儿期感染等。

（四）病毒引起的免疫病理

机体的免疫反应在清除病毒感染过程中也可引起组织的免疫损伤，这种现象称为免疫病理。在某些病毒感染过程中，这种免疫损伤比病毒本身引起的组织损伤更为严重。病毒引起的免疫病理产生机制和实例见表14-1。

表14-1 病毒免疫病理产生机制和实例

机　制	病毒种类	宿主	实　例
不适当抗体的产生	麻疹病毒	人	灭活苗接种后加重自然感染，或活苗接种后的反应
	登革热病毒	人	非中和抗体促进巨噬细胞吞噬病毒，病毒在巨噬细胞内复制
免疫复合物疾病	阿留申病病毒	水貂	免疫复合物疾病伴有肾小球肾炎
	淋巴细胞性脉络丛脑膜炎病毒	小鼠	免疫复合物疾病伴有肾小球肾炎，严重程度与鼠的品种和免疫状态有关
	单纯疱疹病毒	人	IgM免疫复合物引起的慢性脑炎
T细胞介导	流感病毒	小鼠	致敏T细胞反应引起脑膜炎
	柯萨奇病毒	小鼠	细胞毒性T细胞引起心肌炎
促进介质释放	登革热病毒	人	感染病毒的巨噬细胞释放前凝血质引起出血综合征

第二节 抗细菌和真菌免疫

不同种类的病原体其结构、生物学特性、致病因素及致病机理等各异，故机体抵御不同微生物侵袭的免疫学机制既有共性，亦有各自个性。本节主要介绍机体抗细菌和真菌感染免疫各自的特点。

（一）抗胞外菌免疫

只能在宿主细胞外繁殖的细菌可通过降低抗体、补体的调理作用及裂解效应逃避吞噬作用并在宿主中存活下来。胞外菌通常引起急性侵袭性感染，主要的致病性胞外菌有革兰阳性球菌中的葡萄球菌、链球菌；革兰阳性杆菌，特别是厌氧菌，如梭状芽胞杆菌属的细菌；革兰阴性球菌中的脑膜炎球菌和淋球菌；革兰阴性杆菌，如肠道细菌中的志贺菌、霍乱弧菌、致病性大肠杆菌。抗胞外菌感染免疫是一种抗体、补体、溶菌酶和吞噬细胞相互协同的以体液免疫为主的免疫反应。

1. 天然免疫 抗胞外菌的天然免疫主要包括机械屏障以及巨噬细胞、补体固定、溶菌酶和细胞因子介导的局部炎症。尽管黏膜富含细菌生长所需的营养物，但由于机械清洁作用，限制了细菌在黏膜部位的增殖。在胃肠道，正常的蠕动力、黏液的分泌、胆汁的清洁作用限制了细菌的数目。吞噬过程发生之前，细菌必须首先附着于吞噬细胞膜的表面。二价阳离子（如钙离子）、细菌表面的疏水性质、炎症反应等均有利于这种吸附。细菌与吞噬细胞接触后，吞噬细胞伸出伪足并将细菌包绕形成吞噬体（phagosome）。接着吞噬体离开细胞的边缘部并向胞质中部移动，当遇到溶酶体时，两者融合成为吞噬溶酶体。溶酶体中含有的多种酶类和杀菌物质，如水解酶、酸性磷酸酶和髓过氧化物酶（myeloperoxidase，MPO）等，即可对细菌进行杀灭。

细菌抵抗细胞吞噬和消化的能力是其毒力的重要决定因素。当机体缺乏特异性抗体时，补体系统的激活对消灭细菌也有着重要的作用。在无抗体存在时，革兰阳性菌的胞壁肽聚糖或革兰阴性菌的脂多糖均可激活补体替代途径。细菌入侵机体后许多细菌产物（如肽聚糖、LPS、脂蛋白）启动局部炎症，炎症过程触发多种细胞释放许多细胞因子。如脂多糖能刺激巨噬细胞、血管内皮细胞等产生 TNF－α、IL－1、IL－6 及趋化因子，诱发局部炎症以清除病菌。细胞因子中的 IL－12 能诱导辅助性 T 细胞（Th1）的分化和活化细胞毒性 T 细胞与天然杀伤细胞，从而在天然免疫和获得性免疫的协调中起重要作用。

2. 免疫调理作用 有些毒力较强的细菌，因为有荚膜多糖和其他表面结构（表 14－2），可以抵抗吞噬。这时就需要抗体、补体等介导的免疫调理作用来增强吞噬细胞对这类病菌的吞噬降解。

（1）抗体、补体介导的免疫调理作用：抗体介导的调理吞噬作用是通过与免疫球蛋白分子的 Fc 片段的结合来实现的。动物的嗜中性粒细胞和单核巨噬细胞的细胞膜上均具有 IgG（IgG_1 和 IgG_3 亚类）的 Fc 受体。这些 IgG 亚类一方面通过其 Fab 片段同病菌表面的抗原表位结合，另一方面又通过其 Fc 片段同吞噬细胞的 Fc 受体结合，这样在病菌与吞噬细胞之间架起了一座桥梁，从而促进吞噬细胞对病菌的吞噬。

动物的嗜中性粒细胞和单核巨噬细胞的细胞膜上还具有 C3b 受体。在有补体存在时，细菌与所有能结合补体的抗体（IgG 或 IgM）形成的复合物均能发挥免疫调理作用。当特异性抗体 IgG 或 IgM 同相应的病菌结合成抗原-抗体复合物后，便通过经典途径激活补体，产生的 C3b 能迅速结合到细菌细胞膜上。此时 C3b 又同吞噬细胞表面的 C3b 受体结合并刺激吞噬细胞的细胞膜，加速吞噬细胞的吞噬作用。在抗感染免疫早期，机体所产生的抗体主要是 IgM，而 IgM 与病菌结合的抗原-抗体复合物必须有补体 C3b 存在才能被吞噬细胞吞噬，因此补体介导的免疫调理作用在抗细菌感染的早期免疫中尤为重要。

表 14－2 病菌的抗吞噬表面因子

病　　菌	抗吞噬因子	化学构成
炭疽杆菌	荚膜多糖	D-谷氨酸
流感嗜血杆菌	荚膜多糖	多聚核糖磷酸盐
肺炎克雷伯菌	荚膜多糖	多种糖类
淋球菌	菌毛	蛋白质
脑膜炎球菌	荚膜多糖	唾液酸、己糖胺
绿脓杆菌	荚膜多糖	多种糖类
金黄色葡萄球菌	A 蛋白	多种氨基酸
	荚膜抗原（Smith 株）	2-氨基-乙-脱氧-D-葡萄糖醛酸多聚体
肺炎链球菌	荚膜多糖	多种糖类，如葡萄糖、半乳糖、N-乙酰葡萄糖胺
化脓性链球菌	透明质酸荚膜 M 蛋白和菌毛	N-乙酰葡萄糖胺、葡萄糖酸醛、多种氨基酸
鼠疫耶尔森菌	V 抗原	蛋白质
	W 抗原	脂蛋白
其他革兰阴性菌	脂多糖	类脂、蛋白质、多糖

（2）免疫粘连介导的免疫调理作用：动物体内的红细胞、血小板和某些淋巴细胞的表面均具有 C3b 受体。免疫粘连（immune adherence）是指抗原-抗体复合物激活补体以后，通过 C3b 黏附到红细胞或血小板的表面，使抗原-抗体复合物成为较大的复合物，使其更易被体内网状内皮系统的细胞及其他吞噬细胞吞噬消灭。免疫粘连介导的免疫调理作用可能对清除血流中的革兰阴性菌至关重要。

（3）通过清除细菌产物的封闭活性起调理作用：葡萄球菌 A 蛋白（SPA）对 IgG 的 Fc 片段有较强的非特异性亲和力，如果 SPA 与结合在细菌表面的抗体 Fc 片段结合后，就会抑制抗体或补体介导的免疫调理作用。如果用抗 SPA 的抗体与 SPA 结合，抗体或补体介导的免疫调理作用就不会受到相应的抑制。

3. 溶菌或杀菌作用 未被吞噬的病菌通常被抗体、补体和溶菌酶介导的杀菌作用所杀灭。抗体和补体共同介导的溶菌现象主要见于革兰阴性菌所致的感染，如霍乱弧菌、痢疾杆菌、伤寒杆菌、大肠杆菌等。

溶菌酶是一种碱性蛋白质，在有机体内分布很广，尤以乳汁、唾液、泪液、肠液以及吞噬细胞的溶酶体颗粒内含量丰富，而组织中含量很少。溶菌酶不仅能够辅助革兰阴性菌的溶解，而且在没有抗体存在的情况下也能够溶解革兰阳性菌，而革兰阳性菌对抗体和补体共同介导的溶菌作用具有一定的抵抗力。

4. 对病菌繁殖的抑制 抗体对细菌繁殖的抑制作用是指特异性抗体同相应的病菌结合后，可以通过抑制细菌的重要酶系统或代谢途径而抑制病菌的生长繁殖。例如大肠杆菌能产生一种肠螯素（enterochelin），它能与嗜中性粒细胞特殊颗粒内的乳铁蛋白竞争铁，以供细菌生存之需，但是特异性抗体却能抑制肠螯素的这种作用，使与抗体结合的病菌生长受到抑制且容易被嗜中性粒细胞所杀死。

5. 对病菌黏附作用的抑制 病菌黏附于易感细胞是造成感染的先决条件。目前认为，这种黏附是由于菌体表面的黏附素（adhesin）与靶细胞表面的受体相互作用的结果。病菌的黏附素和其相应的受体因病菌的种类而异。大部分革兰阴性菌的黏附受体是糖蛋白和糖脂。革兰阳性菌的黏附受体则是白蛋白或其类似物。IgA 介导的黏膜免疫能阻止病原菌对黏膜细胞的黏附。

（二）抗胞内菌免疫

能在宿主细胞内繁殖的胞内菌被吞噬后，可通过干扰吞噬体与溶酶体的融合或逃离吞噬体进入胞质等机制来逃避机体的免疫功能，因而存活下来。机体对胞内菌的防御，主要通过细胞免疫完成的。胞内菌通常引起慢性细胞内感染，根据其寄居情况分为两类：一类是兼性胞内菌，这些胞内菌偏爱寄居在某些特定细胞如单核巨噬细胞，但其他宿主细胞亦可寄居。这些细菌包括库氏棒状杆菌、类鼻疽杆菌、鼻疽杆菌、分枝杆菌、布氏杆菌、沙门菌、李氏杆菌、假结核棒状杆菌、副分枝杆菌、野兔疫杆菌、鼠疫杆菌、小肠结肠炎耶尔森菌等。例如李氏杆菌常以肝细胞作为重要的储存细胞；分枝杆菌在体内只寄居在巨噬细胞。另一类为专性胞内菌，这些细菌偏爱非专职吞噬细胞（如内皮细胞和上皮细胞）作为寄居细胞，但也可能在单核巨噬细胞中发现，包括立克次体和衣原体。

1. 天然免疫 胞内菌不仅能直接激活 NK 细胞，亦可通过刺激巨噬细胞产生 IL－12（一种强的活化 NK 细胞的因子）以活化 NK 细胞。NK 细胞的膜表面具有高亲和力的 IgG 的 Fc 受体，但无补体的 C3b 受体，另外还具有针对各种靶细胞表面不同抗原的独特受体。当 NK 细胞识别并与靶细胞结合后，经靶细胞的作用而被活化，分泌并释放杀伤靶细胞的物质，使靶细胞溶解。一个 NK 细胞可反复杀伤多个靶细胞。活化的 NK 细胞产生的 γ－干扰素，又可激活巨噬细胞使之杀灭吞入的胞内菌。

2. 淋巴因子的免疫作用 胞内菌可刺激巨噬细胞产生 IL－12 和刺激 NK 细胞产生 γ－干扰素，IL－12 和 γ－干扰素能够促进 Th1 细胞的发育，所以胞内菌是 $CD4^{+}$ Th 细胞分化为 Th1 表型的强大诱生剂。Th1 细胞分泌的 γ－干扰素又可激活巨噬细胞产生活性氧和酶以杀伤被吞噬的细菌。

在致敏 T 细胞释放的淋巴因子中，巨噬细胞趋化因子（MCF）能吸引游走的巨噬细胞趋向于病菌侵犯的部位；巨噬细胞移动抑制因子（MIF）能使巨噬细胞定位于病灶部位，并能增强巨噬细胞摄菌和杀菌的能力；巨噬细胞活化因子（MAF）能活化巨噬细胞内的酶系统，增加溶酶体的存在，促进巨噬细胞的氧化代谢。此外，白细胞抑制因子（LIF）、嗜中性粒细胞趋化因子（NCF）和嗜酸性粒细胞趋化因子（ECF）能使嗜中性粒细胞和嗜酸性粒细胞聚集于炎症反应部位，更有利于它们发挥吞噬和销毁异物的功能。皮肤反应因子（SRF）能增强反应部位的血管通透性，有利于吞噬细胞和各种体液因子的渗出。促分裂因子（MF）能使未致敏的 T 细胞转化成淋巴母细胞，被转化的淋巴母细胞能合成和释放除转移因子（TF）以外的各种淋巴因子，因此 MF 在淋巴因子的放大效应中起着重要的作用。TF 亦能使未致敏的 T 细胞转化成致敏细胞，以扩大细胞免疫的功能。

值得注意的是，虽然病菌刺激 T 细胞释放淋巴因子这一过程具有特异性，但是被淋巴因子激活的巨噬细胞免疫功能表现出非特异性，除能杀灭诱发细胞免疫的病菌外，也能杀灭其他胞内寄生菌。譬如，由卡介苗诱导致敏的 T 细胞释放的 MIF 激活的巨噬细胞，不仅对分枝杆菌呈现杀菌作用，而且亦增强了对沙门菌、布氏杆菌的杀灭作用，甚至对恶性肿瘤细胞的杀伤能力也明显提高。

3. 细胞毒性 T 细胞（Tc）**的免疫作用** $CD4^+$ T 细胞和 $CD8^+$ T 细胞均参与抵御胞内菌感染的保护性免疫反应，但这些 T 细胞识别不同类型的抗原并对其发生反应。一般而言，表达 CD4 分子的 T 细胞在识别 MHC Ⅱ分子的基础上识别外源性抗原（可被吞噬细胞摄入的抗原，包括细菌、真菌和原虫抗原）；而表达 CD8 分子的 T 细胞在识别Ⅰ型 MHC 分子的基础上识别内源性抗原（病毒基因编码的抗原）。当专职性抗原提呈细胞吞入含有内源性抗原的细胞（胞内菌感染的细胞）时，也可采取内源性抗原提呈方式。MHC Ⅱ限制的 $CD4^+$ T 细胞因其本身能分泌 IL－2，故仅与能表达 MHC Ⅱ的细胞起作用；MHC Ⅰ限制的 $CD8^+$ T 细胞可以与所有宿主细胞相互作用，但需要有 $CD4^+$ T 细胞所产生的 IL－2 参与。

在细胞内生存的细菌如果释放抗原到细胞质中，便可刺激 $CD8^+$ T 细胞（Tc 或 CTL）。一方面，被激活的细胞毒性 T 细胞（CTL）通过产生更多的 γ-干扰素而杀伤在巨噬细胞胞质中定居的细菌。另一方面，细胞毒性 T 细胞（CTL）具有特异地识别靶细胞表面抗原并引起靶细胞溶解的功能。当细胞毒性 T 细胞与携带有相应抗原的靶细胞相遇时，则同靶细胞结合并杀伤靶细胞，使靶细胞呈现出不可逆的损伤，最后靶细胞溶解死亡。细胞毒性 T 细胞同靶细胞解离后，本身并未受损，再去杀伤其他的靶细胞，一个细胞毒性 T 细胞可以在数小时内杀死数十个靶细胞。靶细胞的裂解可造成病菌的散播，特别是一些胞内菌在进入新的宿主细胞以前，还能在细胞外环境中生存和繁殖，这对宿主的威胁就更大。同时，因感染细胞的裂解而释放到细胞外的病菌可以再次激活巨噬细胞和 T 细胞。在靶细胞裂解的部位，受炎症刺激和 T 细胞淋巴因子的影响，活化的巨噬细胞及其他吞噬细胞（如嗜中性粒细胞、单核细胞）能更有效地杀灭细菌。

4. 迟发型变态反应与肉芽肿形成 机体对胞内菌发生细胞免疫的同时，交织有迟发型变态反应的发生，临床上常表现为对病菌的可溶性产物皮内注射后的炎症反应。T 细胞对结核抗原物质的敏感性通常是以机体对结核抗原（如 OT 和 PPD）的迟发型变态反应为指标的。

由于胞内菌能抵抗吞噬，常能在机体内存活很长时间，引发慢性抗原刺激，最终导致肉芽肿的形成。许多胞内菌感染的组织学标志就是肉芽肿性炎症。导致形成肉芽肿的病菌常包绕在活化巨噬细胞之中，活化的巨噬细胞变为伸长的无活性的细胞，即上皮样细胞。上皮样细胞的吞噬活性降低，但它们相互交织，形成多层结构，因而有限制细菌扩散的作用。在肉芽肿的中央部，常可发现有多核的巨大细胞（系由巨噬细胞融合而成）。肉芽肿的形成是细胞免疫效应的表现，具有控制感染的功能。但是如果病菌的感染量很大或机体的细胞免疫应答微弱，病菌仍能克服肉芽肿的限制而继续繁殖，散播病菌。分枝杆菌感染常常迁延不愈或反复发作，就是这个原因。

5. 免疫逃避的机制 胞内菌之所以能够在机体内长期存在，主要是因为它具有抵抗吞噬细胞杀伤的能力。胞内菌抵抗吞噬杀伤的机制是多方面的：一方面，胞内菌可躲避或破坏吞噬细胞的杀伤性介质。麻风分枝杆菌的酚糖脂具有活性氧类清除剂的功能；肺炎军团菌进入吞噬细胞时，首先与细胞表面的 CR1/CR3 结合，这是一条不会触发呼吸爆发（respiratory burst）和不会引起活性氧物质（ROI）产生的安全通道；另一方面，有些胞内菌能产生超氧化物歧化酶（SOD）和过氧化氢酶，可分别对 O_2^- 和 H_2O_2 解毒，过氧化氢酶还能间接抑制活性氮物质（RNI）的产生。另外，肺炎军团菌、分枝杆菌、伤寒杆菌、鼠伤寒杆菌等能阻碍吞噬体与溶酶体的融合，使在吞噬体中的病菌避免与溶酶体酶类接触而免受伤害。有些李氏杆菌能产生一种称为溶血素的蛋白，不仅能够阻止巨噬细胞杀伤胞内的细菌，还可阻止巨噬细胞对病菌抗原的处理和递呈，从而逃避机体免疫系统对菌体的杀伤。

（三）抗细菌毒素免疫

毒素也是细菌致病重要的毒力因子。根据产生来源、性质和作用的不同，细菌的毒素可分为两类：一类是细菌代谢过程中产生并释放到菌体外的毒性蛋白，称为外毒素，如破伤风毒素等。外毒素具有对理化因素不稳定、毒性强、对机体器官有选择性和很强的免疫原性等特点；一类是革兰阴性菌细胞壁的结构组分［多为脂多糖（LPS）］，只有在细菌死亡、自溶或经人工裂解后才大量释放到菌体外，称为内毒素，如沙门菌的内毒素。内毒素具有对理化因素稳定、毒性作用相对弱、无组织选择性和免疫原性弱等特点。

抗细菌毒素免疫主要指抗外毒素免疫。许多外毒素由 A、B 两个亚单位组成，两个亚单位都是具有多种抗原表位的复合体。A 亚单位是外毒素的毒性中心，决定其毒性效应；B 亚单位是外毒素的受体单位，无毒但能与宿主靶细胞表面的特异性受体结合，介导 A 单位进入靶细胞，A 亚单位必须依靠 B 亚单位才能接触易感细胞并发挥毒性作用。外毒素经 0.3%～0.5%甲醛溶液于 37℃脱毒后，仍能保持良好的抗原性，成为类毒素。类毒素可以刺激机体产生中和抗体。在自然状态下，毒素 A 亚单位的抗原表位埋藏于毒素分子内部，不能刺激抗体产生，所以抗毒素的作用主要是通过针对 B 亚单位的抗体与毒素抗原结合，从而避免其与易感细胞上的受体结合。抗毒素和受体可与毒素竞争性结合，如果抗毒素先与相应的毒素抗原表位结合，由于占据了空间位置，从而阻止或封闭毒素同易感细胞上的毒素受体连接，使毒素不能接触易感细胞而不能发挥毒性作用，抗毒素与外毒素结合形成的复合物可被吞噬细胞吞噬、降解、清除。

LPS 具有复杂而广泛的生物学效应：少量内毒素入血，机体一般表现为发热、白细胞增高等反应。大量内毒素入血，则会引起内毒素血症、休克、弥散性血管内凝血等多器官、多系统的广泛损伤。内毒素引起多器官损伤与许多免疫分子的调控密切相关。微量的内毒素可激活 B 细胞产生抗体，激活巨噬细胞、NK 细胞，诱生多种细胞因子，增强机体的非特异性免疫功能。

（四）抗真菌免疫

真菌感染常发生在不能产生有效免疫的个体，相对于抗细菌免疫和抗病毒免疫而言，人们对真菌感染的发病机理和机体对其防御的机理均所知甚少。

1. 天然免疫 完整的皮肤、黏膜是一个有效的抗真菌屏障，这些天然屏障的结构和理化性质有一定抑制真菌作用，上皮组织可产生防御素，皮肤分泌的脂肪酸和阴道的酸性分泌物均有抗真菌作用。免疫细胞通过 Toll 样受体（Toll-like receptor，TLR）完成对真菌的识别后，通过 MyD88 途径介导炎症反应，激活巨噬细胞和嗜中性粒细胞的吞噬作用并释放各种炎症因子，从而起到抗真菌作用。真菌组分是补体旁路途径的强激活剂，但真菌能抵抗攻膜复合物（MAC）的杀伤；而补体活化过程中产生的 C5a、C3a 可趋化炎性细胞至感染区。现已证明，抗真菌天然免疫的主要介质是嗜中性粒细胞。体外实验表明嗜中性粒细胞可杀死白色念珠菌和烟曲霉，其杀伤机制是吞噬过程触发呼吸爆发，产生 H_2O_2 等活性氧物质（ROI）以及释放颗粒中的防御素等。嗜中性粒细胞减少或缺失患者对机会性真菌感染（如散播性念珠菌病和侵袭性烟曲霉病）比较敏感，外源性的 γ-干扰素对其有一定疗效。巨噬细胞在抵抗真菌感染中也有一定作用。被吞噬的真菌常可在细胞内增殖，刺激组织增生，引起细胞浸润，形成肉芽肿。NK 细胞可抑制新生隐球菌和巴西副球孢子菌的生长，但对感染荚膜组织胞质菌的小鼠无保护作用。

2. 获得性免疫 致病真菌引起的疾病可分为三类，即浅部真菌病、深部真菌病和真菌毒素中毒。浅部真菌一般不能刺激机体产生抗体或者抗体产生量不足，即使用一些敏感的方法能检测出抗体，但该抗体似乎并无抗真菌活性。深部真菌感染虽然可刺激机体产生较多抗体与致敏淋巴细胞，但该抗体亦无明显保护作用。因而，在抗真菌感染中细胞免疫较为重要。

细胞免疫是抗真菌免疫的主要防御机制。真菌感染可刺激机体产生特异性细胞免疫，活化 T 细胞产生并释放 IFN-γ 和 IL-2 等细胞因子，激活巨噬细胞、NK 细胞和 CTL 等，参与对真菌的杀伤。寄生在巨噬细胞内的荚膜组织胞质菌可被细胞免疫机制所杀灭，其机制可能与胞内细菌所诱导的细胞免疫相同。定居于免疫缺损宿主肺部和脑部的新型隐球菌需 $CD4^+$ T 细胞和 $CD8^+$ T 细胞协同作用而被消灭。白色念珠菌感染常始于黏膜表面，细胞介导的免疫可阻止其向组织扩散。在真菌感染中，一般 Th1 应答对宿主有保护作用，Th2 应答可造成组织损害。研究表明，所有真菌感染均可刺激机体产生Ⅳ型变态反应。临床上利用此机制，可用某些真菌组分作为变应原，进行皮试以进行细胞免疫功能测定或诊断。另外，有些真菌表面具有较强的致敏原，诱发很强的超敏反应，如曲霉、青霉等真菌的菌丝和孢子污染空气后，经吸入而导致哮喘、超敏性鼻炎、荨麻疹和接触性皮炎等疾病。

在真菌感染中，体液免疫的抗真菌作用不大，一般抗体与补体通过 ADCC 和调理吞噬作用，抑制双相型真菌的相转变、抑制真菌吸附于体表面而发挥真菌感染作用。因真菌壁厚，不能完全把其杀死，故体液免疫保护有限，但真菌感染所刺激机体产生的特异性抗体有利于真菌病的血清学诊断。一般而言，真菌感染后，机体不能产生牢固而持久的免疫力。

总之，机体抗真菌感染中天然免疫起到核心作用，感染早期就可以通过广泛的天然免疫效应机制抵抗真菌感染，并有效激活特异性免疫。特异性免疫以细胞免疫为主，同时可诱发迟发型变态反应。

第三节　抗寄生虫免疫

寄生虫感染指动物感染原虫、蠕虫和体外寄生虫等。寄生虫引起的感染多为特异性慢性感染。许多寄生虫生活史复杂，在不同发育阶段所表达的特异性抗原不同。从某种意义上来讲，在动物疾病的控制方面，对寄生虫病的防治比对传染病的防治更为艰难。

（一）抗寄生虫免疫的一般特点

动物对寄生虫感染的免疫和对其他病原体一样，也表现为体液免疫和细胞免疫，但寄生虫免疫还有其自身的特点。由于寄生虫的虫体结构、生活史复杂，因此寄生虫的抗原组成十分多样，例如根据其从虫体的来源可分为表膜抗原、代谢抗原和虫体抗原三类，其相应的抗体也因此表现为多种多样，这在抗蠕虫的免疫中表现得尤为突出。此外，寄生虫的免疫原性较弱，且多表现为带虫免疫和不完全免疫，这也是寄生虫免疫的一个特点。

1. 寄生虫免疫的表现形式 动物被寄生虫感染后，在初次免疫应答的基础上产生了一定程度的抵抗力，这些抵抗力可以下列形式之一表现出来。

（1）消除性免疫或带虫免疫：即机体感染某一寄生虫后对再感染的同类寄生虫产生完全抵抗或不完全抵抗。消除性免疫在临床上比较少见，如感染皮肤型利什曼病的人，病愈后对再次感染可产生完全的抵抗力。带虫免疫是寄生虫感染免疫中常见的一种状态。宿主不能完全清除入侵体内的虫体，那些在体内寄生的少数虫体对宿主也不会产生严重的免疫损坏，而是起到免疫作用，不断刺激机体产生对再感染的免疫力，如用药物消除宿主体内残留的虫体，免疫力也随即消失。早期的牛巴贝斯虫苗就是根据这一理论制备的。

（2）限制寄生虫幼虫的发育：抗体可介导对幼虫发育过程中不同的蛋白酶的中和作用，阻断酶的功能，以此来阻止和抑制幼虫发育，起到抵抗成虫、阻止产卵或干扰蠕虫发育的作用。

（3）减少寄生虫产卵或降低幼虫生活能力：如感染艾美耳球虫卵囊的鸡或哺乳动物通常会产生强大的种特异性免疫，能防止再次感染。这种免疫应答阻止球虫感染的最初阶段（即滋养体）在小肠上皮细胞中的生长。

2. 寄生虫的抗原表现形式　寄生虫虫体是由许多蛋白质组成的复合体，具有多种抗原成分，在新陈代谢过程中虫体也可产生和分泌一些抗原物质。某些抗原虽可引起动物产生一些抗体，但对机体抗寄生虫感染并没有保护作用，这种只能使机体产生非保护性抗体的抗原称为半功能抗原。但是在机体感染寄生虫后，有些抗原可使动物产生对再次感染的抵抗力，这一类能刺激机体产生保护性免疫的抗原称为功能抗原。

从来源和组织定位上，寄生虫抗原可分为两类：①可溶性外抗原，是从活的寄生虫或寄生虫培养细胞内释放的抗原（ES 抗原），一般认为这部分抗原的免疫原性最强。②可溶性虫体抗原，是来自寄生虫或被寄生细胞浸出的表面或内部抗原，包括成虫和幼虫的浸出物，感染虫体的细胞表面抗原或寄生虫体表抗原等，这部分抗原也被认为是寄生虫的主要抗原物质。

从功能上，寄生虫抗原可分为四类：①宿主保护性抗原。②免疫诊断性抗原。③免疫病理性抗原。④寄生虫保护性抗原。

在整个寄生过程中，虫体与宿主之间是一个连续的相互作用的过程，在这个过程中，寄生虫不断产生抗原，而动物体不断表现免疫应答。寄生虫发育的各个阶段所产生的抗原在免疫原性方面有很大差异，其整个感染过程是一个复杂的感染和抗感染过程。

3. 自愈现象　动物受到寄生虫感染后，当再次受到同种寄生虫感染时，有时出现原有寄生虫和新感染的寄生虫被全部排出的现象，称为自愈现象。目前认为，自愈现象的机制是一种过敏反应。寄生虫抗原作为一种变应原可引起 IgE 抗体的产生，当同种寄生虫再感染时，新入侵的虫体释放出的变应原与结合在肥大细胞上的 IgE 抗体结合，导致局部过敏反应，表现为平滑肌收缩和渗出增加，从而造成不利于寄生虫寄生的环境，出现排虫现象。自愈现象是抗蠕虫免疫的一种特有形式，在寄生虫流行病学上具有重要意义。

4. 寄生虫逃避免疫的机制　寄生虫在脊椎动物宿主中生存的能力，反映了其适应性的进化，可以以各种方式逃避宿主对其产生的免疫攻击。

（1）寄生虫抑制补体激活：某些寄生虫的虫体或分泌物具有抗补体作用，能降解补体或抑制补体的激活过程。例如，大型利什曼原虫表面所包被的糖磷脂可抵御补体激活的效应；枯氏锥虫的鞭毛体表面含糖蛋白，可以通过激活衰变加速因子（DAF）而抑制补体激活；成熟分体吸虫虫体表面表达 DAF 样物质，可抵抗补体激活的效应。

（2）寄生虫抗原变异：寄生虫在脊椎动物体内，改变自身表面抗原，从而逃避宿主免疫系统的识别和攻击。抗原改变方式表现为：①寄生虫抗原的阶段性改变：寄生虫的生活史复杂，不同的发育阶段有着不同的特异性抗原。②寄生虫抗原的特定性改变：即寄生虫在特定发育阶段，抗原可持续不断的变化，变异最频繁的是锥虫、疟原虫以及巴贝斯虫。③抗原模拟、脱落：某些寄生虫在宿主体内通过吸收宿主抗原从而使宿主免疫系统不能把把虫体作为入侵者识别出来，如分体吸虫。而也有一些虫体，通过表膜的不断脱落而改变抗原特性，如蠕虫。

（3）胞内寄生虫的免疫逃避：寄生在巨噬细胞内的寄生虫可通过多种机制逃避氧化代谢物和溶菌酶的杀伤作用。利什曼原虫可借助补体受体结合而进入巨噬细胞，避免宿主免疫细胞及其所产生炎性因子的攻击。

（4）胞外寄生虫的免疫逃避：

①隐蔽自身：某些原虫（如阿米巴原虫）和蠕虫（如包虫）在宿主体内形成保护性包囊；盘尾丝虫诱导宿主皮肤形成胶原小结，包囊虫体；肠道线虫和蠕虫寄居在肠道内，可逃避宿主产生的免疫应答。

②抵抗宿主免疫攻击：胞外寄生虫可借助某些简单的物理学机制抵抗宿主攻击。例如，线虫具有粗厚的表皮，保护其免遭攻击；血吸虫表皮层随虫体成熟而不断加厚，并增强自身保护能力；许多线虫包被有松动的表面，受到宿主免疫攻击时可脱落。

③产生抑制性因子：胞外寄生虫可产生某些抑制性因子。如蠕虫可分泌弹性蛋白酶抑制因子，阻止弹性蛋白酶对嗜中性粒细胞的趋化作用。

（二）抗原虫免疫

原虫是单细胞动物，其免疫原性的强弱取决于入侵宿主组织的强度。例如寄生于肠道的痢疾阿米巴原虫，只有当它们侵入肠壁组织后才激发抗体的产生。

1. 非特异性免疫的防御机制 种属特异性的影响可能是最重要的一个因素。例如，路氏锥虫仅见于大鼠，而美洲锥虫（肌肉型）仅见于小鼠，两者都不引起疾病。布氏锥虫、刚果锥虫和活泼锥虫对东非野生偶蹄兽不致病，但对家养牛毒力很强，这种不同种属所表现的感染性差异可能与长期选择有关。同时巨噬细胞、嗜中性粒细胞、嗜酸性粒细胞和血小板构成了动物机体抗寄生虫感染的防御屏障。

2. 特异性免疫防御机制 原虫和其他抗原一样，既能刺激机体产生体液免疫应答，也能刺激机体产生细胞免疫应答。抗体通常作用于血液和组织液中游离的原虫，而细胞免疫则主要作用于细胞内寄生的原虫。

（1）血液抗体与原虫表面抗原相结合调理吞噬反应：抗体还可激活补体，与细胞毒性T细胞一起杀灭虫体。有的抗体还可抑制原虫的酶活性，破坏其增殖，这时抗体称为抑制素(ablastin)。胎儿滴虫和阴道滴虫感染动物生殖道时，可刺激局部抗体反应，尤以IgE的产生更为显著。它们不仅在局部引起强烈的Ⅰ型过敏反应，还可使血管通透性增加，IgG抗体到达感染部位，使虫体不能活动，并将其消除。

（2）细胞免疫：如刚地弓形虫感染机体后，致敏T细胞接触弓形虫抗原时释放淋巴因子，作用于巨噬细胞，首先使它们能抵抗弓形虫的致死效应，其次是促进溶酶体-吞噬体的融合，使它们能杀死细胞内的原虫。干扰素能激活巨噬细胞和刺激细胞毒性T细胞，所以具有很强的抗弓形虫作用。

（3）通过Th1型免疫应答介导细胞内寄生虫免疫：Th1细胞主要参与胞内杀伤效应，

其所分泌的细胞因子能增强针对胞内原虫的保护性免疫。Th2 细胞主要参与胞外杀伤效应。

（三）抗蠕虫免疫

蠕虫是多细胞动物，同一蠕虫在不同的发育阶段，既可有共同的抗原，也可有某一阶段的特异性抗原。高度适应的寄生蠕虫很容易逃避宿主的免疫应答，很少引起宿主强烈的免疫反应，这些寄生虫引起的病变通常很轻微，或不表现临床症状。只有当它们侵入不能充分适应的宿主体内，或者有大量异常的寄生时，才会引起急性疾病的发生。

1. 非特异性免疫防御机制 宿主本身影响蠕虫感染的因素有种系、年龄和性别等。性别和年龄的影响与激素有很大的关系。宿主的性周期是有季节性的，蠕虫的生殖周期也有与之相一致的倾向。例如，母羊在春季随粪便排出的线虫卵显著增多，这是因为母羊乳汁分泌能刺激寄生的线虫产生大量的虫卵，其与产羔相一致。

2. 体液免疫机制 蠕虫在宿主体内以两种方式存在：一种是以幼虫方式存在于组织中，另一种是以成虫方式存在于胃肠道或呼吸道中。机体对这两个阶段虫体的免疫应答方式各不相同。宿主对蠕虫抗原虽然也能产生 IgM、IgG、IgA 等常规抗体，但在抗蠕虫免疫中最重要的是另一种免疫球蛋白——IgE，通常有蠕虫如食道口线虫病、钩虫病、绦虫病等感染的个体，IgE 水平显著升高，常表现出Ⅰ型变态反应的特征性病症，如嗜酸性粒细胞增多、水肿等，平滑肌收缩，发生肠痉挛，将虫体排出机体外，同时肠壁通透性增大，抗体渗出，吞噬细胞游走到虫体周围，加强了对蠕虫的抗御作用。

Th2 细胞介导的 IgE 的产生和由其所引起的过敏反应在控制蠕虫感染中具有很大作用，前面说的自愈现象主要是过敏反应的作用。绵羊感染胃肠道线虫，特别是捻转血矛线虫时，此种反应尤为明显。

3. 细胞免疫机制 寄生蠕虫因对宿主的高度适应性，通常不引起细胞免疫系统强烈的排斥反应。但细胞免疫在控制蠕虫感染中的作用也是不可否认的。现已证明，致敏 T 细胞能成功的攻击嵌入肠黏膜中的蠕虫或移行中的幼虫，在感染旋毛虫和蛇行毛圆线虫的动物均表现有细胞免疫反应，皮内注射虫体抗原可引起迟发型变态反应，并可通过淋巴细胞将免疫传递给正常动物。感染寄生虫的动物对细胞免疫的体外试验，如巨噬细胞游走抑制试验和淋巴细胞转化试验等均为阳性。

致敏 T 细胞通过两种机制攻击蠕虫：①通过迟发型变态反应将单核细胞吸引至幼蠕虫侵袭部位，造成局部炎症反应，使该环境不利于幼虫生长和迁移。②通过细胞毒性 T 淋巴细胞的作用杀伤幼虫。

复习思考题

1. 何谓抗感染免疫？可分为哪几种类型？
2. 简述机体对病毒感染特异性免疫的形式和特点。
3. 机体抵抗胞内菌和胞外菌感染的机制有什么区别？
4. 抗真菌免疫与抗细菌免疫有哪些不同？
5. 抗寄生虫免疫的特点是什么？

（魏战勇编写，秦爱建、许兰菊审稿）

第十五章　免疫防治

内 容 提 要

免疫防治在传染病的防治中具有重要的作用，这种免疫作用分为被动免疫和主动免疫两大类型。被动免疫是动物依靠接受其他机体所产生的抗体或细胞因子而产生的免疫力，其中包括天然被动免疫和人工被动免疫。主动免疫是动物受到某种病原微生物抗原刺激后，自身所产生的针对该抗原的免疫力，包括天然主动免疫和人工主动免疫。尤其以人工主动免疫在生产实践中对预防动物群发性传染病起着重要作用。人工主动免疫所使用的疫苗种类较多，有活苗、死苗、代谢产物和亚单位疫苗以及高新生物技术疫苗等。为了有效预防传染病的发生，使用疫苗时应考虑接种疫苗的类型和使用注意事项。生产中免疫失败的原因比较复杂，这不但取决于接种疫苗的质量、接种途径和免疫程序等，同时还取决于机体自身的免疫应答能力。

第一节　抗感染中的被动免疫和主动免疫

各种动物在胚胎发育期间或出生后，均可以不同的方式获得对某种病原体及其有毒产物的抵抗力，这种免疫力可分为先天性免疫（innate immunity）和获得性免疫（acquired immunity）。先天性免疫是动物体种族进化过程中得到的非特异性天然防御机能；获得性免疫是动物体在个体发育过程中受到某种病原体或其有毒产物刺激而产生的。获得性免疫有主动免疫和被动免疫两种，二者均有天然免疫和人工免疫。获得性免疫的类型见表 15－1。

表 15－1　获得性免疫的类型

- 获得性免疫
  - 被动免疫
    - 天然被动免疫——母源抗体等
    - 人工被动免疫——免疫血清、细胞因子等
  - 主动免疫
    - 天然主动免疫——自然感染病原等
    - 人工主动免疫——接种疫苗抗原等

一、被动免疫

被动免疫（passive immunity）是动物依靠输入其他机体所产生的抗体或细胞因子而产生的免疫力，包括天然被动免疫和人工被动免疫。

(一) 天然被动免疫

动物通过母体胎盘、初乳或卵黄从母体获得某种特异性抗体，从而获得对某种病原体的免疫力，称为天然被动免疫（natural passive immunity）。通过胎盘、初乳或卵黄从母体获得的抗体，称为母源抗体（maternal antibody）。

1. 不同动物母源抗体的传递方式 母源抗体从母体到达胎儿的途径，取决于胎盘屏障结构的组成。反刍动物的胎盘呈结缔组织绒毛膜型，胎儿与母体之间组织层次为 5 层；而马、驴和猪的胎盘则为上皮绒毛膜型，胎儿与母体之间的组织层次为 6 层。具有这两种胎盘的动物，免疫球蛋白分子通过胎盘的通路全被阻断，母源抗体必须从初乳获得。犬和猫的胎盘是内皮绒毛膜型的，胎儿与母体之间组织层次为 4 层，这些动物能从母体获得少量 IgG，大量抗体也来自初乳。人和其他灵长类动物的胎盘是血绒毛膜型，母体血液可以直接和滋养层接触，母体和胎儿之间的组织层次是 3 层。这种类型的胎盘允许母体的 $IgG_{1、3、4}$ 通过并进入胎儿的血液循环，故新生婴儿具有与其母体基本相同水平的循环 IgG，但 IgG_2、IgM、IgA 和 IgE 不能通过胎盘。IgG 的这种转移能力，可以保护婴儿早期不患败血性传染。

禽类的抗体可以经卵传给下一代。产蛋前 1 周，母鸡的抗体通过卵泡膜进入卵黄，因此产卵时抗体（IgG）已进入卵黄内。鸡胚孵化的第 4 天，部分抗体可转移到卵白内，第 12～14 天抗体在鸡胚中出现。出壳后的第 3～5 天内，继续从残余的卵黄中吸收剩余的抗体，因此母源抗体滴度的高峰在出壳后的第 5 天左右。

2. 母源抗体的抗感染保护作用 天然被动免疫是免疫防治中非常重要的内容之一，在临床上广泛应用。由于动物在生长发育的早期（如胎儿和新生幼龄动物），免疫系统不够健全，对病原体感染的抵抗力较弱，然而动物可通过获取母源抗体增强自身免疫力，以保证早期的生长发育，这对生产实践具有重要的指导意义。例如，给产前怀孕母猪接种大肠杆菌 K_{88} 疫苗，可使新生哺乳仔猪免受致病性大肠杆菌引起的仔猪黄痢；给产蛋母鹅接种小鹅瘟疫苗以保护雏鹅不患小鹅瘟；给产蛋母鸡接种鸡志贺菌疫苗可保护雏鸡不患志贺菌性腹泻。天然被动免疫主要有两方面的意义：①保护胎儿免受病原体的感染；②防止幼龄动物早期感染相应传染病。

在初乳中的 IgG、IgM 可防止幼龄动物早期抵抗败血性感染，IgA 可抵抗呼吸道和消化道病原体的感染。

3. 母源抗体对弱毒疫苗的干扰作用 母源抗体一方面在抗感染免疫中具有重要意义，但另一方面对疫苗接种存在干扰作用，尤其是对弱毒疫苗的干扰更为严重，从而影响了疫苗对幼龄动物的免疫效果，甚至导致免疫失败。因此，在制定免疫程序（vaccination program）时，必须考虑到母源抗体的干扰作用。例如，多数学者认为有新城疫病毒母源抗体存在的鸡群，出壳之后雏鸡不宜过早接种新城疫疫苗，因为雏鸡在 10～14 日龄之前，母源抗体可以提供保护。若过早接种，雏鸡体内的母源抗体则被新城疫病毒疫苗抗原所中和，这不但使母源抗体丧失了保护作用，同时也影响了疫苗的免疫原性，从而使雏鸡降低了抵抗新城疫野毒侵袭的能力。

4. 母源抗体的持续期与免疫程序 母源抗体在初生畜禽体内的持续时间以及幼龄畜禽依靠母源抗体所获得的免疫保护持续时间，对免疫程序的制定至关重要。

未吃初乳的新生动物，正常情况下其血清内含有极低水平的免疫球蛋白，吮吸初乳的动物，血清免疫球蛋白（母源抗体）的水平迅速升高，尤其是 IgG，接近于成年动物的水平。

由于肠壁上皮细胞吸收的特性，故在生后 24～36h，其血清免疫球蛋白的水平达到高峰。在吸收终止后，被动获得的母源抗体，通过正常降解作用立即开始下降，下降的速度因动物种类、免疫球蛋白的类别、原始浓度及半衰期的不同而异。母源抗体的持续时间并不等于能耐受强毒攻击的时间，耐受强毒攻击要求抗体必须保持在一定水平之上。据报道，新城疫病毒的 HI 抗体滴度为 1∶16～1∶32 时可耐受强毒攻击。也另有研究表明，耐受新城疫病毒强毒攻击所需抗体的滴度为 1∶16～1∶20，而当 HI 抗体滴度降到 1∶8 以下时弱毒苗接种后可以产生主动免疫。

（二）人工被动免疫

1. 概念及作用特点 将含有特异性抗体的免疫血清或细胞因子等制剂，人工输入动物体内，使其获得对某种病原体的抵抗力，称为人工被动免疫（artificial passive immunity）。主要用于传染病的免疫治疗或紧急预防。例如，抗犬瘟热病毒血清可防治犬瘟热，鸡新城疫高免血清可防治鸡新城疫。尤其是患病毒性疾病的珍贵动物，用抗血清防治更加重要。

人工被动免疫的作用特点是发挥作用快、无诱导期，但维持免疫力的时间较短，一般为1～4 周（图 15－1）。

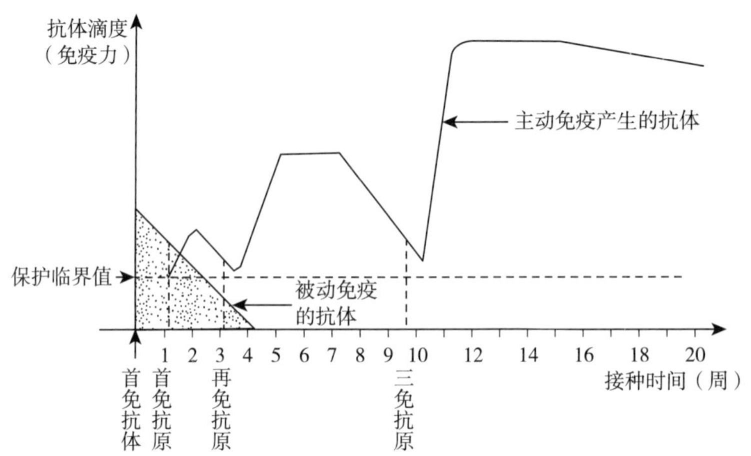

图 15－1 母源抗体与疫苗接种之后抗体的变化规律

2. 含有抗体的免疫制剂 有免疫血清、精制免疫球蛋白、单克隆抗体和高免蛋黄液等。

（1）免疫血清（immune serum）：又称高免血清（hyper immune serum）或抗血清（antiserum），是利用某种抗原对同一动物体经反复多次接种，使之产生大量特异性抗体，经采血分离血清制成。

免疫血清可用同种动物或异种动物制备，前者称为同种血清，后者称为异种血清。抗菌和抗毒素血清多为异种血清，通常用马、牛等大动物制备，如破伤风抗毒素多用健壮的青年马制备，猪丹毒抗血清可用牛制备。抗病毒血清则多用同种动物制备，如抗鸡传染性腔上囊病病毒血清用鸡制备等。同种血清的产量比较有限，但免疫后不引起排斥反应，免疫期较长，通常在两周左右。

在人工被动免疫中，以抗毒素的效果最为显著。如破伤风抗毒素、白喉抗毒素等在病初症状尚不明显以前使用，疗效十分显著。如果症状十分明显，即使大剂量应用效果也很差。

使用免疫血清应注意：①尽早应用，治疗时间越早效果越好。②血清用量根据动物的体重和年龄不同而确定。预防量，大动物 10～20mL，中等动物（猪、羊等）5～10mL，以皮下注射为主，也可肌肉注射。治疗量需要按预防量加倍，并根据病情采取重复注射。大剂量时采取静脉注射，以使其尽快奏效。小剂量时肌肉注射。不同的抗病血清用量相差很大，应用时要按使用说明书规定进行。③静脉注射免疫血清量较大时，最好将血清加温至 30℃ 左右再注射。④皮下或肌肉注射，当血清量较大时，可分几个部位注射，并加揉压使之分散。⑤对异种动物血清，有时可能引起过敏反应，故应事先脱敏。如果在注射后数分钟或半小时内，动物出现不安、呼吸急促、颤抖、出汗等症状，应立即抢救。抢救时，可皮下注射 1∶1 000 肾上腺素，大动物 5～10mL，中小动物 2～5mL。反应严重者有时抢救不及时，常造成动物死亡，故使用血清时应注意观察，发现问题及时处理。

此外，临床虽有使用动物康复血清者，但因有散毒危险，故不常用。

（2）精制免疫球蛋白（prepared immunoglobulin）：是将免疫血清中的抗体用胃蛋白酶进行水解，切除 IgG 结构上易使动物发生过敏反应的 Fc 段，保持 Ig 分子上 $F(ab')_2$ 片段的完整性，即保留 Ig 与相应抗原结合的有效部分。

目前国内已有单位生产精制免疫球蛋白，且临床应用效果很好，但由于精制免疫球蛋白成本较高，故未能大面积推广应用。随着科技的革新、成本价的降低，相信精制免疫球蛋白的生产和应用将具有广阔的前景。

此外，静脉注射免疫球蛋白疗法可用来治疗越来越多的免疫性疾病，例如静脉注射免疫球蛋白疗法在治疗犬的自身免疫性溶血性贫血和免疫性血小板减少症上取得了显著性的成效。此法在医学方面还包括静脉注射高浓度精制的人类免疫球蛋白，用于治疗人先天性免疫缺陷病、自身免疫性皮肤病等。

（3）单克隆抗体（monoclone antibody）：该抗体的作用具有很高的特异性。医学上在治疗慢性淋巴细胞白血病、牛皮癣、风湿性关节炎和移植免疫中有着广泛的应用。

（4）高免蛋黄液（hyper immune yolk liquid）：是用某种疫苗连续多次接种产蛋家禽，使其蛋黄中含有高效价特异性抗体，用人工方法分离蛋黄经加工制成。高免蛋黄液可用于多种家禽病毒病的紧急预防和治疗，如小鹅瘟、雏鸭病毒性肝炎、鸡传染性腔上囊病等，效果较好。

由于高免蛋黄液制备简单，价格低廉，故目前在肉禽、蛋禽中应用较多，但种禽禁止使用。为了避免经蛋传播传染病，蛋源一定要严格选择和检查，制备时严格无菌操作，低温保存，确保蛋黄液的抗体效价，如鸡传染性腔上囊病的高免蛋黄液琼脂扩散试验抗体效价应不低于 1∶16～1∶32。动物发病时要尽早使用，若发现颜色变化、气味异常时，禁止使用。

3. 细胞因子（cytokine，CK） 细胞因子制剂是近年来研制的新型免疫治疗剂，它是由多种细胞所分泌的一大类生物活性物质的统称，绝大多数为低分子质量（15～30ku）的蛋白或糖蛋白，主要有白介素、干扰素、肿瘤坏死因子等。细胞因子作为免疫活性细胞间相互作用的介质，对免疫应答的发生、调节及效应等均起重要的作用。在兽医方面，已应用于一些畜禽传染病的防治，表现出一定的临床效果。在人医方面，细胞因子已可望成为治疗肿瘤和艾滋病等疾病的有效手段。在非特异性免疫疗法中，细胞因子作为效果最好的免疫佐剂可提高机体总的免疫活性水平。

近年来，医学方面开始了一系列免疫调节性重组细胞因子的商业化生产，开展重组细胞因子疗法。该疗法用重组细胞因子直接注射给病人以调控临床免疫反应。例如，重组人类 γ

干扰素模仿来自 Th1 细胞因子的效应，有利于大部分感染性或肿瘤性疾病的治疗。该疗法也被应用于兽医方面，例如利用重组人类粒细胞集落刺激因子（rHuG－GSF）或者重组人类单核细胞集落刺激因子（rHuGMGSF）作为犬化疗时增强其骨髓内白细胞产生的方式。因此，重组细胞因子治疗动物的成功应用使种特异性分子产物成为必需。事实上，已有企业生产重组犬粒细胞集落刺激因子和单核细胞集落刺激因子。重组犬 γ 干扰素和猫 ω 干扰素，分别用于辅助治疗犬的细小病毒感染和猫的逆转录病毒感染。此外，还有细胞因子基因疗法等。

二、主动免疫

主动免疫（active immunity）是动物受到某种抗原刺激后，自身所产生的针对该抗原的免疫力，包括天然主动免疫和人工主动免疫。

（一）天然主动免疫

天然主动免疫（natural active immunity）是指动物在感染某种病原微生物后产生的，对该病原体的再次入侵呈不感染状态，即产生了抵抗力。

自然环境中存在着多种致病性微生物，这些微生物可通过多种途径侵入动物机体，并在体内不断增殖，与此同时刺激动物机体的免疫系统产生免疫应答，如果机体的免疫系统不能将其识别和消除，病原体繁殖得越来越多，达到一定数量后就会给机体造成严重的损害，甚至导致死亡。如果机体免疫系统能将其彻底清除，动物即可耐过发病过程而康复，耐过的动物对该病原体的再次入侵具有坚强的特异性抵抗力，但对另一种病原体，甚至同种但不同型的病原体即没有抵抗力或仅有部分抵抗力。机体这种特异性免疫力是自身免疫系统对异物刺激产生的免疫应答结果。

（二）人工主动免疫

1. 概念及作用特点 人工主动免疫（artificial active immunity）是给动物接种疫苗等抗原物质，刺激机体免疫系统发生免疫应答而产生的特异性免疫力。所谓疫苗（vaccine）是指用微生物或其代谢产物制成的生物制品，用于免疫预防。

人工主动免疫的作用特点：与人工被动免疫相比免疫力产生慢，持续时间长，免疫期可达数月甚至数年，有回忆反应，某些抗原免疫后可产生终生免疫。人工主动免疫与人工被动免疫相比较而言，具有一定的诱导期，出现免疫力的时间与抗原的种类有关，例如病毒抗原需 3～4d，细菌抗原需 5～7d，毒素抗原需 2～3 周。由于人工主动免疫需要有一定的诱导期，因此在免疫防治中应着重考虑到这一点，以便合理安排免疫接种时间。动物机体对重复免疫接种可不断产生再次应答反应（图 15－1）。

2. 使用疫苗的目的 使用疫苗最为重要的是控制某一动物群体而不是单纯某个体的发病，所以必须考虑群体的免疫力。群体免疫是通过减少易感动物遇到病原微生物后感染和发病的概率，以使疾病传播减慢或终止。如果接种疫苗带来少数动物个体的损失，但却防止了疾病在群体中的流行，从整体来说疫苗免疫还是可取的。为了搞好人工主动免疫，这就要求我们对疫苗各方面的知识进行深入地了解。

3. 良好疫苗的要求 ①安全性好，没有明显的副反应。②能产生坚强的免疫力（保护率高）和保护时间长（免疫期长）。③稳定而易于保存。④使用简便，易于大面积防疫。⑤制造容易，价格低廉。

第二节 疫苗的种类及其使用

一、疫苗的种类

疫苗主要按疫苗的性质和生产技术分类，目前概括起来分为活疫苗、灭活疫苗、代谢产物和亚单位疫苗以及生物技术疫苗。其中生物技术疫苗包括基因工程亚单位疫苗、合成肽疫苗、抗独特型抗体疫苗、基因工程活载体疫苗、DNA 疫苗和菌壳疫苗等。但也有将动物疫苗按其使用的重要性进行分类的。

(一) 活疫苗

活疫苗（live vaccines）有强毒苗、弱毒苗和异源苗三种。

1. 强毒苗 是应用最早的疫苗种类，如我国古代民间预防天花所使用的痂皮粉末就含有强毒。使用强毒进行免疫有较大的危险，但在有些特殊情况下，使用强毒活苗也能取得较好的防治效果，例如用小鹅瘟强毒免疫母鹅，使种蛋含有高滴度的卵黄抗体，为雏鹅提供坚实的被动免疫力；又如在暴发鸡传染性喉气管炎时，在无弱毒苗的情况下，使用强毒进行泄殖腔刷种，可在一定程度上控制疫情，但应强调免疫的过程也是散毒的过程，因而使用时应慎重。

2. 弱毒苗 是目前生产中使用最广泛的疫苗种类。虽然弱毒苗的毒力已经致弱，但仍然保持着原有的抗原性，并能在体内繁殖，因而可用较少的免疫剂量诱导产生坚实的免疫力，而且不需要佐剂，免疫期长，不影响动物产品（肉类）的品质。有些弱毒苗可刺激机体细胞产生干扰素，对抵抗其他野毒的感染也是有益的。虽然弱毒苗有上述优点，但也有储存与运输的不便，而且保存期较短，将其制成冻干苗可延长保存期。但目前有些效果良好的疫苗，如细胞结合型马立克病疫苗，还没有很好解决冻干的问题，需在液氮中保存，因此在一定程度上限制了应用范围。

大多数弱毒苗是通过强毒人工致弱而制成的，致弱方法是使强毒株在异常的条件下生长繁殖，使其毒力减弱或丧失。例如炭疽芽胞苗是通过高温（42℃）培养而制成的；禽霍乱疫苗最初是多杀性巴氏杆菌在营养缺乏的条件下培养的；病毒疫苗毒株通常是用鸡胚、细胞培养或实验动物接种传代制成的。例如我国培养成功的猪瘟兔化弱毒苗，毒力极弱，免疫原性优良，被多个国家引进使用；又如牛瘟病毒山羊化或兔化苗，非洲马瘟病毒小鼠适应苗等都是使病毒在非天然适应动物中生长适应制备的。将哺乳动物的病毒接种于鸡胚也是使毒力致弱的常用方法，将病毒在不适应的细胞中培养也可致弱病毒毒力。致弱后的疫苗株应毒力稳定，严防毒力返强，因此多用高代次的疫苗株制苗，例如，牛瘟兔化苗传 400 代以后，猪瘟兔化弱毒苗传 370 代以后，而且在多次传代后仍维持原有的免疫原性。除此之外，其他理化方法也可以用于筛选弱毒株。

3. 异源苗 是具有共同保护性抗原的不同种病毒制备成的疫苗。例如用火鸡疱疹病毒（HVT）接种鸡预防马立克病，用鸽痘病毒预防鸡痘等。目前已知有交叉免疫作用的病毒有麻疹病毒、牛瘟病毒与犬瘟热病毒；牛病毒性腹泻病毒与猪瘟病毒；火鸡疱疹病毒与马立克病病毒；牛瘟兔化病毒与鸡新城疫病毒等。

在活疫苗使用中应引起注意的问题是活苗会出现异种微生物或同种强毒污染的危险，经接种途径人为地传播疾病。例如某国对暴发的禽网状内皮增生病的病原进行追查，发现病原是通过污染的马立克病的疫苗带入的；猫的细小病毒也是通过污染的疫苗散播的。这方面的问题应引起高度的重视。

（二）灭活疫苗

病原微生物经理化方法灭活后，仍然保持免疫原性，接种后使动物产生特异性抵抗力，这种疫苗称为灭活疫苗（inactivated vaccines），简称灭活苗或死苗。由于灭活苗接种后病原微生物不能在动物体内繁殖，因此接种剂量较大，免疫期较短，需加入适当的佐剂以增强免疫效果。灭活苗的优点是研制周期短、使用安全和易于保存。目前所使用的灭活苗有组织灭活苗、油佐剂灭活苗、氢氧化铝胶灭活苗和蜂胶灭活苗等。

1. 组织灭活苗（tissue inactivated vaccines） 有病变组织灭活苗和鸡胚组织灭活苗两种。病变组织灭活苗是用患传染病的病死动物的典型病变组织，经碾磨、过滤、按一定比例稀释并加入灭活剂灭活后制备而成，这种苗多为自家苗，即用于发病本场。这种苗制备简便，尤其对病原不明确的传染病或目前尚无疫苗可用的疫病能起到较好的控制作用，终止疫病的流行。鸡胚组织灭活苗是用病原接种鸡胚后，经一定孵育时间收获除卵黄外的所有胚组织，经碾磨、过滤、灭活后制备而成。无论哪种组织灭活苗在使用前都应做无菌检查，合格者方可使用。在巴氏杆菌病的防治中，有时使用自家菌苗可取得理想的效果。

2. 油乳剂疫苗（oil emulsion vaccine） 是以矿物油为佐剂与经灭活的抗原液混合乳化制成的，油佐剂灭活苗有单相苗与双相苗之分。单相苗是油相与水相（抗原液）按一定比例制成的油包水乳剂（W/O）；双相苗是在制成油包水乳剂的基础上，再与水相（加入土温-80）进一步乳化而成的，外层是水相、内层是油相、中心为水相（W/O/W）的剂型，油相中除矿物油外还需加入乳化剂（司本-80）和稳定剂（硬脂酸铝）。油佐剂灭活苗的免疫效果较好，免疫期也较长，目前在生产中得到了广泛的应用。双相油苗比单相苗的抗体上升快，但价格相对较高，根据生产情况选择使用。

3. 氢氧化铝胶灭活苗（铝胶苗）［Al（OH）$_3$ inactivated vaccine］ 是将灭活后的抗原液加入氢氧化铝胶制成的。铝胶苗制备比较方便，价格较低，免疫效果良好，但其缺点是难以吸收，在体内形成结节，影响肉产品的质量。铝胶苗在生产中应用得较为广泛，例如鸭疫里氏杆菌铝胶苗、禽出败铝胶苗、鸡传染性鼻炎铝胶苗等在生产中都起到了较好的免疫效果。

4. 蜂胶灭活苗（propolis inactivated vaccines） 是以蜂胶为佐剂与灭活抗原混合制成。蜂胶作为抗原“仓库”和免疫刺激复合物，具有抗菌、抗病毒、抗肿瘤和消炎作用，能增强机体免疫功能和促进组织再生，以其作为佐剂可克服常规灭活苗不能有效激发细胞免疫的弱点，且疫苗中无需再添加任何抗生素和防腐抑制剂。蜂胶疫苗能全面启动机体的免疫防卫系统，刺激机体细胞免疫、体液免疫、红细胞免疫系统和巨噬细胞补体免疫系统产生免疫应答。使用该疫苗安全可靠、快速高效且持久。蜂胶佐剂疫苗与铝胶和油佐剂疫苗等相比可避免注射部位引起的肿胀或坏死，无残留；免疫后5～7d即可产生坚强的免疫力；保护效率可高达90%～100%，免疫期长达6个月以上。该苗易于运输和保存。

疫苗制作中灭活的方法很多，包括各种理化方法，但实际生产中最常用的灭活剂为甲醛溶液，其灭活机制是作用于蛋白质的氨基和酰氨基以及核酸中嘌呤和嘧啶上的非氢键氨基基团，形成交联，使其结构固定并丧失活力。丙酮和乙醛是蛋白质变性较温和的灭活剂，在制备羊跳跃病疫苗时，用乙醇灭活该病病毒可增加疫苗的抗原性，其作用机理尚不清楚。烷化剂也是常用的灭活剂，其作用机理是通过使核酸交联，杀死微生物。此外，氧化乙烯、乙烯亚胺、乙酰乙烯亚胺及β-丙酮内脂等也是很好的灭活剂。

(三) 代谢产物和亚单位疫苗

1. 类毒素（toxoid） 细菌的代谢产物如毒素、酶等都可以制成疫苗，破伤风毒素、白喉毒素、肉毒梭菌毒素经甲醛灭活后制成的类毒素有良好的免疫原性，可做成主动免疫制剂。另外，致病性大肠杆菌肠毒素、多杀性巴氏杆菌的攻击素和链球菌的扩散因子等都可用作代谢产物疫苗。

2. 亚单位疫苗（subunit vaccine） 是去除病原体中与激发保护性免疫无关的甚至有害的成分，保留有效免疫原成分制作的疫苗。病毒亚单位疫苗只含有病毒的抗原成分，无核酸，因而无不良反应，使用安全，效果较好。已报道研制成功的病毒亚单位疫苗有猪口蹄疫、伪狂犬病、狂犬病、流感、传染性腔上囊病等疾病的亚单位疫苗。细菌亚单位疫苗可用菌毛抗原制备，如致病性大肠杆菌 K_{88}疫苗用于口服，可阻止致病性大肠杆菌在肠黏膜表面的附着作用，对大肠杆菌病的防治有一定作用。传染性腔上囊病亚单位疫苗已在生产实际中广泛应用。

(四) 高新生物技术疫苗

高新生物技术疫苗是利用现代生物技术制备的疫苗，包括基因工程亚单位疫苗、合成肽疫苗、抗独特型疫苗、基因工程活载体疫苗、DNA 疫苗以及菌壳疫苗等。

1. 基因工程亚单位疫苗（genetic engineering subunit vaccine） 是用 DNA 重组技术，将编码病原微生物保护性抗原的基因导入受体菌（如大肠杆菌）或细胞，使其在受体细胞中高效表达，分泌保护性抗原肽，提取保护性抗原肽，加入佐剂即制成基因工程亚单位疫苗。目前已有口蹄疫基因工程亚单位疫苗、预防仔猪和犊牛下痢的大肠杆菌菌毛基因工程亚单位疫苗和鸡传染性腔上囊病基因工程亚单位疫苗。此外，还有转基因植物疫苗（transgenic plant vaccine)，该苗用转基因方法将编码有效免疫原的基因导入可食用植物细胞的基因中，免疫原即可在植物的可食用部分稳定的表达和积累，人类和动物通过摄食达到免疫接种的目的。常用的植物有番茄、马铃薯、香蕉等。如用马铃薯表达乙型肝炎病毒表面抗原已在动物试验中获得成功。这类疫苗尚在初期研制阶段，它具有口服、易被儿童接受等优点。

2. 合成肽疫苗（synthetic peptide vaccine） 合成肽疫苗是用化学合成法人工合成病原微生物的保护性抗原肽并将其连接到大分子载体上，再加入佐剂制成的疫苗。最早报道（1982）成功的是口蹄疫合成肽疫苗。合成肽疫苗的优点是可在同一载体上连接多种保护性肽链或多个血清型的保护性抗原肽链，这样只要一次免疫就可预防几种传染病或几个血清型传染病。目前研制成功的合成肽疫苗还不多，但越来越受到人们的重视，相信该类疫苗在未来的生产实践中能发挥重要的作用。

3. 抗独特型抗体疫苗（antiidiotype antibody vaccine） 是免疫调节网络学说发展到新阶段的产物。网络学说认为，生物体对抗原的免疫应答是通过独特型（Id）与抗独特型（Anti-Id）之间的反应而调节的。独特型是指与某一抗原免疫应答有关的，能与抗原发生特异性反应的一组细胞（T、B 细胞克隆）及其因子（T 细胞因子和抗体）所具有的抗原特异性。在正常情况下，机体的 Id 处于极低水平，当机体受到抗原刺激时，T、B 淋巴细胞增殖、抗体水平升高，相应的 Id 水平也升高，继而刺激 Anti-Id（Ab_2）的产生，Anti-Id 的产生又可刺激 Anti-anti-Id 的产生。如此循环下去，构成对原始应答的复杂免疫调节网络。当

抗原与 Ab_1 结合后，可以阻碍 Ab_2 与 Ab_1 上的 Id 结合，因而说明 Ab_2 能识别 Ab_1 的抗原结合部位。$Ab_2\beta$ 模拟抗原，可刺激机体产生与 Ab_1 具有同等免疫效应的 Ab_3，由此制成的疫苗称为抗独特型抗体疫苗或内影像疫苗。抗独特型抗体疫苗不仅能诱导体液免疫，亦能诱导细胞免疫，并不受 MHC 的限制，而且具有广谱性，即对易发生抗原性漂移的病原能提供良好的保护力。单克隆抗体技术以及“独特型网络”的发现意味着 Ig 可被用作“替代”抗原。对糖类和脂类抗原来说，这一方法可以制造一个“蛋白质拷贝”，而蛋白质作为疫苗具有一定的优点。

4. 基因工程活载体疫苗（genetic engineering live vaccine） 包括基因缺失疫苗和活载体疫苗两类。

（1）基因缺失疫苗（gene deleted vaccine）：是用基因工程技术将强毒株毒力相关基因切除构建的活疫苗。该苗安全性好、不易返祖；其免疫接种与强毒感染相似，机体可对病毒的多种抗原产生免疫应答；免疫力坚实，免疫期长，尤其是适于局部接种，诱导产生黏膜免疫力，因而是较理想的疫苗。目前已有多种基因缺失疫苗问世，例如霍乱弧菌 A 亚基基因中切除 94%的 A_1 基因，保留 A_2 和全部 B 基因，再与野生菌株同源重组筛选出基因缺失变异株，获得无毒的活菌苗；将大肠杆菌 LT 基因的 A 亚基基因切除，将 B 亚基基因克隆到带有粘着菌毛（K_{88}、K_{99}、987P 等）的大肠杆菌中，制成不产生肠毒素的活菌苗。另外，将某些疱疹病毒的 T_K 基因切除，其毒力下降，而且不影响病毒复制并有良好的免疫原性，可成为良好的基因缺失苗。

（2）活载体疫苗（live vector vaccine）：是用基因工程技术将保护性抗原基因（目的基因）转移到载体中使之表达的活疫苗。目前有多种理想的病毒载体，如痘病毒、腺病毒和疱疹病毒等都可以用于活载体疫苗的制备。痘病毒的 T_K 基因可插入大量的外源基因，大约能容纳 25kb，而多数的基因都在 2kb 左右，因此可在 T_K 基因中插入多种病原的保护性抗原基因，制成多价苗或联苗，一次注射可产生针对多种病原的免疫力。国外已研制出以腺病毒为载体的乙肝疫苗、以疱疹病毒为载体的新城疫疫苗等。活载体疫苗具有传统疫苗的许多优点，而且又为多价苗和联苗的生产开辟了新路，是当今与未来疫苗研制与开发的主要方向之一（图 15－2）。

5. DNA 疫苗（DNA vaccine） 这是一种最新的分子水平的生物技术疫苗，应用基因工程技术把编码保护性抗原的基因与能在真核细胞中表达的载体 DNA 重组，这种目的基因与表达载体的重组 DNA 可直接注射（接种）到动物（如小鼠）体内，目的基因可在动物体内表达，刺激机体产生体液免疫和细胞免疫。

6. 菌壳疫苗（bacterial ghost vaccine） 是近年发展起来的一种新型细菌疫苗。菌壳仅有细菌外壳，而无菌细胞内容物。其形成是由 PhiX174 噬菌体的裂解蛋白 E 在细菌表面形成一种孔状结构，菌细胞内容物通过这种结构排出，从而形成无活性、无胞质内容物的细菌外壳。利用菌壳作为候选疫苗来预防细菌性传染病是一种具有突破性进展的新型免疫方法。这种非变性方法制备成的菌壳，具有原活菌的完全抗原性，其非变性的失活过程不会引起细菌表面抗原结构的化学变性。而制作灭活疫苗的传统方法是用加热或福尔马林灭活微生物，但这会造成细菌表面结构组分变性，从而降低疫苗的免疫性能。

（五）多价苗与联苗

1. 多价苗（polyvalent vaccine） 是指将同一种细菌（或病毒）的不同血清型混合制成

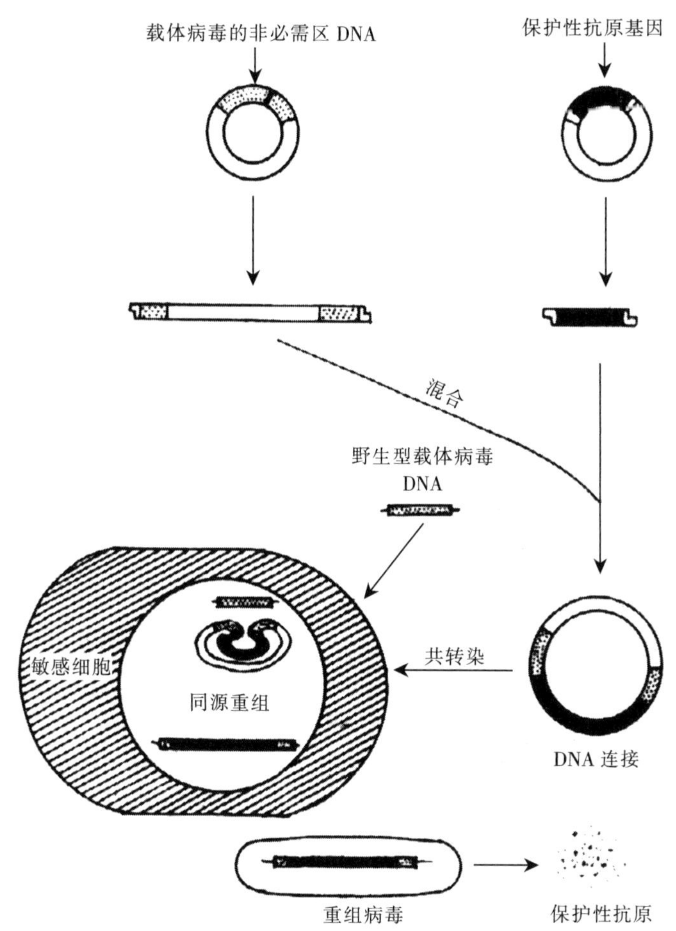

图 15－2 重组活载体疫苗示意图

的疫苗。如巴氏杆菌多价苗、大肠杆菌多价苗等。

2. 联苗（combined vaccine） 是指两种或两种以上的细菌（或病毒）联合制成的疫苗，一次免疫可达到预防几种疾病的目的。如猪瘟-猪丹毒-猪肺疫三联苗、新城疫-减蛋综合征（EDS－76）-传染性腔上囊病三联苗等。

（六）佐剂及疫苗增强剂

为了使疫苗的有效性最大化，特别是那些抗原性较弱的灭活疫苗或者含有高纯度抗原的疫苗，常在抗原中加入佐剂。佐剂可以显著增强机体对抗原的免疫应答，从而减少注射抗原的数量和次数，而且也是诱导可溶性抗原的持续性免疫反应所必需的。一般来讲，佐剂根据作用机制分为三大类：第一类是储存型佐剂，可保护抗原避免被快速降解从而延长免疫应答时间；第二类是颗粒型佐剂，可有效地将抗原运送给抗原递呈细胞，从而增强对抗原的递呈作用；第三类是免疫刺激佐剂，包括促进细胞因子的产生并选择性地刺激 Th1 或 Th2 细胞，提供合适的辅助性刺激而增进免疫应答。储存型佐剂包括氢氧化铝、磷酸铝、硫酸铝钾（明矾）和弗氏不完全佐剂等；颗粒型佐剂包括乳胶、微颗粒、脂质体（以脂类为基础的微颗粒）和免疫刺激复合物（ISCOM，是复合的脂类微颗粒），兽用疫苗中应用尚不广泛；免疫刺激佐剂包括细菌脂多糖（或其衍生物）、灭活的厌氧棒状杆菌、痤疮丙酸杆菌、皂素（三萜葡萄糖甙）和葡聚糖等。

此外，把颗粒佐剂或储存型佐剂与一种免疫刺激剂联合起来可以组成非常强有力的佐剂称为联合佐剂。例如，一个油类储存型佐剂能够与灭活的结核分枝杆菌相混合制成油包水乳液，这个混合物称为弗氏完全佐剂（FCA）。FCA 可形成一个储存库，激活巨噬细胞和树突状细胞，FCA 通过皮下或皮内注射而且抗原剂量较低时其效果最好。FCA 促进 IgG 产生的能力比 IgM 强，FCA 能抑制耐受性的产生，可使迟发型变态反应延迟，可加速对移植物的排斥反应，促进对肿瘤的抵抗力。

ISCOM 是一种含有类固醇、磷脂、皂素和抗原稳定的复合型佐剂，是用蛋白抗原和皂树皮提取的一种称为皂素分子（Quil A）的混合物构成的微胶粒，这些免疫刺激性复合物是非常有效的佐剂，其毒副作用很小。它们在向专职抗原处理细胞运输抗原上非常有效，同时皂素可以激活这些细胞从而促进细胞因子的产生，以及促进共刺激分子的表达。因所运输的抗原不同，免疫刺激性复合物可能刺激 Th1 细胞应答，也可能是 Th2 细胞应答。

鉴于许多佐剂都是由刺激产生细胞因子而起作用的，因而一些细胞因子作为有效的佐剂被应用。虽然 IL－12 作为 Th1 细胞刺激剂特别有效，能增强 IFN－γ 的产生，IL－3 似乎能增强某些 DNA 疫苗的免疫效果，但大多数细胞因子都有不可接受的毒性。

迄今商业化兽用疫苗应用最广的佐剂就是储存型佐剂，如氢氧化铝、磷酸铝或硫酸铝钾（明矾）和油佐剂，这些佐剂都是以胶乳的形式生产的，抗原可吸附其上。它们在保存中很稳定，虽然在注射局部产生肉芽肿，但不会在肌肉中留下痕迹，故不影响大部分动物食品的消费。

此外，有些研究者主张将动物疫苗按其使用的重要性进行分类。第一类是必需疫苗（或核心疫苗），它们针对的是那些常见的危险性疾病，如果不使用，动物就会有患病甚至死亡的极大风险。第二类是可选性疫苗（非核心疫苗），即使不接种疫苗，该类疫病的风险也很低。在很多情况下，这类疾病的风险取决于动物所处的区域或生活方式。可选性疫苗的使用要由兽医人员根据相应疾病发生的风险来决定。第三类疫苗是指那些只在一些特殊情况下才使用的疫苗。通常这类疫苗所针对的是一些临床意义很小、患病风险不大的疾病。当然所有疫苗的使用都应当是在畜主知情的基础上进行，在决定进行免疫接种之前，应该使畜主了解所涉及的风险与利害。

二、疫苗的使用

疫苗的使用除了需要了解疫苗的种类，还要考虑疫苗预防接种的类型，了解应注意的事项等，因为这些将直接影响疫苗的使用效果。

（一）疫苗预防接种的类型

疫苗的预防接种可以分为以下几种情况：①有组织的定期预防接种；②环状预防接种（包围预防接种）；③屏障（国境）预防接种；④紧急接种。有组织的预防接种是将疫苗强制性地、有计划地定期在易感动物全群使用。此种接种多为全国性的，如我国的猪瘟疫苗和鸡新城疫疫苗接种、法国及德国的口蹄疫疫苗接种、日本的猪瘟疫苗接种均属此类。环状预防接种是以疾病发生地点为中心，划定一个范围，对范围内所有易感动物全部免疫。屏障预防接种是以防止病原体从污染地区向非污染地区侵入为目的而进行的，对接近污染地区境界的非污染地区的易感性动物进行免疫。土耳其在其国境的东部及南部沿着国境进行口蹄疫预防接种。南非共和国的 Kruger 国家公园是口蹄疫常在地，所以在公园周围约 30km 以内给所有易感性动物投给疫苗以形成屏障，控制疾病扩散。紧急接种是在某种不定期接种疫苗的传染病发生时，为了迅速控制和扑灭疫病的流行，而对疫区和受威胁区尚未发病的动物进行的应急性接种，只是受到威胁的地区均应接种。

（二）使用疫苗应注意的事项

1. 掌握疫情和接种时机 在疫苗接种前，应当了解当地疫病发生情况，有针对性地做好疫苗和血清的准备工作。注意接种时机，应在疫病流行季节之前 1～2 个月进行预防接种，如夏初流行的疫病，应在春季免疫接种。但也不能过早，否则免疫力降低以至消失，到了流行季节得不到相应的保护。最好在疫病流行期前完成全程免疫，当流行高峰时节，畜群免疫力达到最高水平。

2. 注意病原体的型别 使用生物制品时，应注意病原有无型别问题。如口蹄疫病毒分为 A、O、C、SAT－1、SAT－2、SAT－3、Asia－1 等 7 个主型，将近 70 个亚型，主型之间交互免疫差，甚至同一主型的不同亚型也不能完全交叉免疫。因此，如有型的区别，则需要相应型的疫苗或多价苗。

3. 注意多抗原疫苗的使用 工作中为了方便起见，通常将多种微生物混合后制成多抗原苗，其中抗原种类较多，有的可达 6 种以上，如给犬接种的疫苗可能含有如下抗原：犬瘟热病毒、犬腺病毒 1 型、犬腺病毒 2 型、犬细小病毒- 2 型、犬副流感病毒、钩端螺旋体以及狂犬病病毒。混合多抗原疫苗可用于疾病无法确定确切病原的传染病，或者作为同时预防多种传染病的一种简便方法。但利用混合疫苗也可能也是一种浪费，因为某些相关的微生物并没引起发病。给动物注射混合抗原疫苗可能存在抗原间竞争，因此疫苗生产商必须相应调整疫苗组合。不同的疫苗不应当随意混合，因为其中一种成分可能在混合抗原中占主导，就可能干扰机体对其他抗原成分的应答。

4. 注意接种密度 预防接种首先是保护被接种动物，即个体免疫。传染病的流行过程，就是传染源（患畜或带菌动物）向易感动物传播的过程。对广大畜群进行预防接种，使之对某一传染病产生了免疫，当免疫的动物保护率达到 75％～80％以上时，免疫动物群即形成了一个免疫屏障，从而可以保护一些未免疫的动物不受感染，这就是群体免疫。如果预防接种既达到个体免疫又达到了群体免疫的目的，就能收到最好的预防效果。为了达到群体免疫，既要注意整个地区的接种率，如果某个具体单位接种率低，易感动物比较集中，一旦传染源传入，也可引起局部流行。

5. 注意免疫程序 免疫程序受多种因素、尤其母源抗体及疫苗性质的影响，因此必须予以注意，否则必然影响免疫效果。虽然不能为现有的每一种兽用疫苗都制定出具体的接种程序，但对所有主动免疫方法来说，有些原则是一样的。大多数疫苗都需要进行首次免疫以启动机体的保护性免疫，然后间隔一定时间进行再免（强化免疫），以确保这种保护性免疫维持在足够水平。

6. 注意被免疫动物的体质及疫病情况 注意被免疫动物的体质情况、年龄及是否怀孕等。年幼的、体弱的或有慢性病的动物，由于抵抗力差，可能引起较明显的注射反应。怀孕动物由于追赶和捕捉，可能导致流产，如果不是受到传染的威胁，这类动物可以暂时不免疫接种。

弱毒疫苗在给健康的成年动物使用时通常不会带来副作用，但是对于孕畜，弱毒疫苗有可能进入胎儿体内，引起流产、死胎或畸形，这种情况曾见于羊蓝舌病病毒疫苗、人的风疹病毒疫苗和某些猪丹毒疫苗。

在免疫接种后的一定时间内，应注意观察动物的情况，注意有无异常现象。有些疫苗允许使用后出现某种程度的反应。

在疫病流行地区，应注意畜群及个体疫病的发生与潜伏情况。应逐头检查和观察症状，对所有正常无病的动物，可以立即免疫接种。对已有症状的动物，应迅速隔离并注射抗血清而不注射疫苗。注射血清不仅达到紧急预防的目的，且可收到早期治疗效果，而注射疫苗则可能发生偶合反应，激发传染病的发生。但是，在无血清而又要尽可能多地保护全群动物时，也可以考虑全群免疫接种。

7. 注意疫苗的外观及理化性状 首先应注意疫苗是否过期，要使用有效期内的疫苗。生物制品使用前，要逐瓶检查，剔除破损、封口不严制品。制品的物理性状（色泽、外观、透明度、异物等）应与说明书及标签相符。此外，还要注意疫苗的储存条件是否与说明书相符。

氢氧化铝胶灭活苗、油乳剂苗和蜂胶苗冻结后其免疫力均降低。

8. 注意消毒灭菌 使用生物制品所需的用具，如注射器、针头等，都要清洗灭菌后方可使用。大多数疫苗都是通过注射给予的，注射这些疫苗时应细心并考虑动物的解剖生理学结构，以免对动物造成伤害或引起感染。所有的注射器针头都应当清洁、锋利，钝或不洁的针头易造成注射部位的组织损伤和感染。注射器和针头要尽量做到每头动物换一个，绝不能用一个针头连续注射。要用清洁的针头吸药，使用完毕，要将疫苗瓶连同剩余疫苗及给药用具一起消毒灭菌。注射部位的皮肤必须清洁干燥，避免过度使用酒精进行皮肤表面消毒。

9. 稀释后的疫苗要及时用完 需要稀释后使用的冻干疫苗，要用规定的稀释液稀释。有些疫苗对 pH 很敏感，如猪瘟兔化疫苗稀释液的 pH 不得超过 7.0。稀释液不得含有异物，并必须在冷暗处存放，不得用热稀释液稀释疫苗。稀释后的疫苗要振荡均匀再抽取使用。稀释后的疫苗要及时使用，气温 15℃左右当天用完；15～25℃，6h 用完；25℃以上，4h 以内用完，过期废弃。有些疫苗要求在 1h 内用完。

10. 注意抗菌药物的干扰 在使用由细菌制成的活苗（如巴氏杆菌苗、猪丹毒杆菌苗）时，动物在接种前、后 10d 内不能使用抗生素和磺胺类药物，也不能喂给含抗生素的饲料，以免造成免疫失败。随意将病毒疫苗与弱毒菌苗混合使用，因病毒苗中加有抗生素可杀死弱毒菌苗而导致免疫失败。

11. 疫苗剂量及免疫次数 疫苗应按标准剂量使用，而这个标准不因动物的个体大小而异，也不因体重和年龄不同而变化。必须有足够数量的抗原才能激活免疫系统，从而激发产生免疫应答，这个剂量与动物体型大小无关（但小体型动物发生不良反应的风险更大，因此从安全角度考虑有必要适当调整剂量）。疫苗剂量低于一定限度，会影响机体免疫应答，抗体不能形成或检测不出，达不到应有的免疫效果。在最小用量以上，抗体产生量与疫苗剂量成正比。但抗原过多，抗体的产生反而会受到抑制，这种现象称为免疫麻痹（immune paralysis）。因此，疫苗的剂量应按规定使用，不得任意增减。

对于免疫次数来说，由于兽用疫苗的种类、剂型以及接种动物的种类和用途不同而异，但对所有主动免疫方法来说，有些原则是通用的。大多数疫苗都需要进行首次免疫以启动机体的保护性免疫，然后间隔一定时间进行再次免疫（强化免疫），以确保这种保护性免疫维持在足够水平。

一般来讲，灭活疫苗接种剂量相对较大，免疫次数也较多；弱毒疫苗接种剂量较小，免疫次数也较少，因弱毒为活的微生物，在动物体内弱毒微生物可进行适当繁殖使数量增加，从而保证有效的免疫作用。接种一次灭活苗，往往产生抗体量低而且消失快，如果在第一次接种后 2～4 周再接种一次，抗体量迅速升高，3～5d 即达高峰，持续时间也长（再次应答），所以灭活苗可接种两次或更多次，以获得理想的免疫效果。

两次之间的间隔时间视免疫力形成的快慢而定。有些疫苗产生免疫较快，可间隔 7～10d，毒素免疫力产生较慢，故间隔不得少于 4 周。

12. 免疫途径 免疫途径主要考虑两个方面：一是病原体的侵入门户及定位，这种途径符合自然情况，不仅全身的体液免疫系统和细胞免疫系统可以发挥防病作用，同时局部免疫也可尽早地发挥免疫效应；二是要考虑制品的种类与特点，如新城疫Ⅰ系活苗多用注射途径，人的痘苗只能皮肤划痕接种，虽然天花是呼吸道传染病，但痘苗却不能气雾免疫，因为这种疫苗病毒可以通过黏膜感染，进入眼内可以造成角膜感染，甚至失明，故只能皮肤划痕接种。

（1）注射免疫：皮下接种是主要的免疫途径，凡引起全身性广泛损害的疾病，以此途径免疫为好。此法优点是免疫确实，效果良好，吸收较皮内接种快；缺点是用药量较大，副作用也较皮内接种稍大。

皮内接种目前只适用于羊痘苗和某些诊断液等。优点是使用药液少，注射局部副作用小，产生的免疫力比相同剂量的皮下接种为高。缺点是操作需要一定的技术与经验。

肌肉注射接种药液吸收快，接种部位多在颈部和臀部。极少数疫苗及血清用此法接种。优点是操作简便，吸收快；缺点是有些疫苗会损伤肌肉组织，如果注射部位不当，可能引起跛行。

这些方法都需捕捉动物，占用较多的人力，同时动物产生应激反应，影响生产力。

（2）经口免疫：有些病原体常在入侵部位造成损害，免疫机制以局部抗体为主，如呼吸道病常以呼吸道局部免疫为主，而消化道传染病可用经口免疫模拟病原微生物的侵入途径进行免疫。过去曾认为经口免疫抗原在消化道会遭到破坏而使免疫失败。近年研究表明，皮下、黏膜下众多淋巴样组织形成免疫力的 2/3。胃肠道黏膜下淋巴样组织丰富，可以接受抗原刺激而形成局部免疫。但是，抗原在到达肠道的过程中，确实会受到一定程度的破坏，所以疫苗口服时，必须注意以下问题：口服免疫适用于大型鸡群，此法省时省力，简单方便，反应也最小；口服苗必须是活苗，灭活苗免疫力差，不适于口服；加大疫苗的用量，一般认为口服苗的用量应为注射量的 10 倍以上；免疫前，一般应停饮或停喂半天，以保证喂饮疫苗时每个动物尽可能食入足够的剂量。⑤饮水或拌料口服均可，但饮水比拌料效果好，因为饮水并非只进入消化道，还要经过与口腔黏膜、扁桃体等接触，而这些部位有较丰富的淋巴样组织。对喂饲的饲料品质及水质要选择，过酸的饲料或过高的温度均影响抗原的活力。同是饮水免疫，不同的饮水习性免疫效果不相同，鸭饮水免疫的效果比鸡好，因为鸭饮水常将整个鼻部浸在水中，增加了鼻咽黏膜接触疫苗的机会。饮水免疫或拌料免疫由于个体饮水和采食的差异，每头动物所获得的疫苗量不同，因而免疫程度不同。

（3）点眼与滴鼻免疫：点眼与滴鼻免疫是有效的免疫途径，鼻腔黏膜下有丰富的淋巴样组织，能产生良好的局部免疫。许多国家对点眼途径较为多用，点眼与滴鼻的免疫效果相同，比较方便、快速。据报道，眼部的哈德尔腺（Harderian gland）呈现局部应答效应，不受血清抗体的干扰，因而抗体产生迅速。

（4）气雾免疫：通过气雾发生器，用压缩空气将稀释的疫苗喷射出，使之形成雾化粒子浮游在空气中，通过口腔、呼吸道黏膜等部位以达到免疫作用。气雾免疫包括气溶胶（aerosol）和喷雾两种形式，但最主要使用的是气溶胶免疫（aerosol immunization）。气溶胶根据粒子大小及运动性质可以分为三种：高分散度气溶胶，又称蒸发性气溶胶，雾粒直径在 0.01μm 以下，粒子随空气布朗运动而上升；中分散度气溶胶，又称浮游性气溶胶，粒子直径为 0.01～10μm，布朗运动和重力下降作用相平衡，在大气中较稳定漂浮；低分散度气溶胶，粒子直径在 10～100μm，粒子大，易下沉。气雾发生器喷出的疫苗雾粒多为高分散度和中分散度气溶胶，90%以上小于 5μm。动物吸入后产生免疫应答。气雾免疫不受或少受母源抗体的干扰。

气雾免疫的效果与粒子大小直接有关，据认为直径 4～5μm 以下的气雾粒子容易通过上呼吸道屏障进入肺泡，有利于吞噬细胞的吞噬，产生良好的免疫力。气雾免疫的优点是省力、省工、省苗；缺点是容易激发潜在的慢性呼吸道病，这种激发作用与粒子大小成反相关，粒子越小，激发的危险性越大。所以有鸡慢性呼吸道病（支原体病）潜在危险的鸡群，不应采用气雾免疫法，但可用粗分散度气溶胶（雾粒直径 60μm 左右）法以减少激发病的发生。

（5）静脉注射：此法奏效快，可以及时抢救患畜，主要用于注射抗病血清进行紧急预防或治疗。注射部位，马、牛、羊在颈静脉，猪在耳静脉，鸡则在翼下静脉。疫苗因残余毒力等原因，一般不做静脉注射。

（6）其他免疫途径：一些传染病可以给母畜免疫接种，使仔畜通过初乳获得被动免疫，对肠道传染病，如仔猪大肠杆菌病、猪传染性胃肠炎等都是将疫苗投给妊娠母猪。猪传染性胃肠炎疫苗于分娩前给母猪注射 2 次，或者第一次经鼻投给活苗，第二次皮下注射灭活苗或者将二者的顺序颠倒进行。

对养殖鱼类的预防接种疫苗投予方法有腹腔注射法、口服法和浸渍法等。口服方法简便但效果欠佳。少量鱼免疫可用腹腔注射法。浸渍法一般是将鱼体先用 3%～4%食盐溶液浸渍几分钟，然后再用疫苗浸渍 48～110h。据报道，疫苗吸收以侧线吸收为主，以鳃吸收次之。

第三节　免疫失败的原因及防控对策

疫苗接种是预防动物传染病的有效方法之一，但是免疫接种能否成功，不但取决于接种疫苗的质量、接种途径和免疫程序等外部条件，还取决于机体的免疫应答能力这一内部因素，接种疫苗后的机体免疫应答是一个极其复杂的生物学过程。许多内外环境因素都可影响机体免疫力的产生、维持和终止。所以，接种过疫苗的动物不一定都产生坚强的免疫力，甚至有些动物虽然接种了各种各样的疫苗，但还会有传染病的暴发和流行，给养殖业造成了很大的经济损失。因此，这就需要根据生产实践和调查结果，找出疫苗免疫失败的原因，并根据情况采取相应的防控措施，以保证疫苗接种的有效免疫，减少动物发病和死亡。

现将免疫失败的原因及防控对策归纳如下。

一、动物机体因素

（一）遗传因素

动物机体对接种抗原的免疫应答在一定程度上是受遗传控制的，因此不同品种，甚至同一品种不同个体的动物，对同一种抗原的免疫反应强弱也有差别。有的动物个体甚至有先天性免疫缺陷，从而导致免疫失败。一般来讲，在接种疫苗的动物群体中，不同个体免疫应答的强弱呈正态分布。绝大多数动物接种疫苗后都能产生较强的免疫应答，但因个体差异，少数动物应答能力差（仅产生很弱的免疫应答），还有个别动物应答能力很强（图 15－3）。

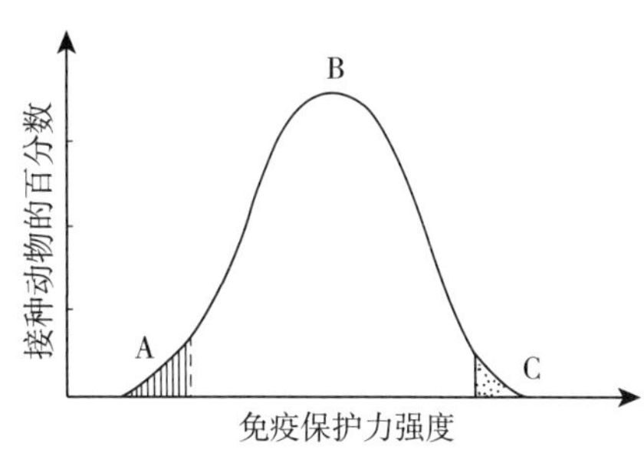

图 15－3　免疫接种群体中免疫反应的正态分布
A. 反应差，保护力弱　B. 正常反应，有足够保护力　C. 反应好，保护力强

免疫反应微弱的动物虽然也接种了有效疫苗，但可能得不到相应的抗感染免疫保护。所以，要想通过疫苗接种而使一个随机的动物群体获得 100%的保护基本上是不可能的。群体中无应答动物的比例随疫苗而异，其重要性则又取决于疾病的性质。对于那些群体免疫力很差且疾病传播迅速的高度传染性疾病（如口蹄疫），未获免疫保护动物的存在将会使疾病扩散蔓延，从而使防控工作遭到破坏。同样对于像宠物这样每个个体都重要的动物，未获免疫保护也会带来很大问题。相反对于狂犬病等传播性不强的疾病来说，70%的保护就足以有效阻断疾病在群体中的传播，所以从公共卫生的角度来说这样的保护率也相当满意。

（二）营养状况不良

动物的营养状况也是影响免疫应答的因素之一。维生素（尤其是 A、B、D、E）、多种微量元素及氨基酸的缺乏都会使机体的免疫功能下降，例如维生素 A 缺乏会导致动物淋巴器官的萎缩，影响淋巴细胞的分化、增殖、受体表达与活化，导致体内的 T 淋巴细胞、NK 细胞数量减少，吞噬细胞的吞噬能力下降，B 细胞产生抗体的能力降低，因而营养状况是不可忽视的。饲喂新鲜的饲料，特别是在夏季应注意添加多维素，因为许多维生素在夏季容易氧化或被还原而失败。

（三）母源抗体的干扰

由于种畜种禽个体免疫应答的差异以及不同批次的动物来自不同的种畜种禽等原因，造成新生幼畜和雏禽母源抗体水平参差不齐。如果所有幼畜或雏禽固定同一日龄进行接种，若母源抗体水平过高，反而干扰了后天免疫，不产生应有的免疫应答。即使同一批动物不同个体之间母源抗体滴度也不一致，高母源抗体干扰活疫苗毒株在体内的复制，从而影响免疫效果。

对策：通过母源抗体水平的检测，制定合理的免疫程序。对某些疫病，如鸡新城疫可采取活疫苗和灭活疫苗同时免疫的方法。

（四）疾病的影响

1. 免疫抑制性疾病的影响　有些可引起免疫抑制的疾病将会严重影响疫苗的免疫效果，如鸡马立克病（MD）、白血病（AL）、传染性腔上囊病（IBD）、鸡传染性贫血（CIA）、网状内皮增生病（RE）、中毒病、寄生虫病等，均能损害动物的免疫器官和组织，从而影响其他疫苗的免疫效果。动物发病期间如接种疫苗，还可能产生严重的反应，甚至引起死亡。

对策：一般情况下，动物发生大量寄生虫病、患重病或高热均不应接种疫苗。要认真观察，发现疾病及时治疗，等疾病好转或动物康复后再进行免疫。如注射免疫时，应先注射健康者，防止人为造成疾病传播。

2. 当地流行病原与疫苗血清型不同 有些病的病原含有多个亚型，如鸡传染性支气管炎病毒、大肠杆菌等，动物感染的病原与使用的疫苗毒株，在抗原上可能存在较大差异或不属于一个血清（亚）型，从而导致免疫失败。

对策：针对血清型制作自家苗或使用多价苗，从而取得良好的免疫效果。

3. 野毒早期感染或强毒株感染 机体接种疫苗后需要一定时间才能产生免疫力，而这段时间恰恰是一个潜在的危险期，一旦有野毒入侵或机体尚未完全产生抗体之前感染强毒，就会导致疾病的发生，造成免疫失败。

对策：活疫苗和灭活苗联合应用，同时发挥活苗产生 IgG 快还能诱发 IgA、IgM，而灭活苗诱发的 IgG 抗体反应持续时间长的特点，从而使抗感染作用更加有效。也可以通过免疫母畜而产生母源抗体并传递给子代，使初生动物获得一定的被动免疫力。

二、环境因素

（一）应激反应

应激的例子包括妊娠、疲劳、营养不良及过冷过热等。动物机体的免疫功能在一定程度上受到神经、体液和内分泌的调节，在环境过冷过热、湿度过大、通风不良、拥挤、饲料突然改变、运输、转群、疫病等应激因素的影响下，机体肾上腺皮质激素分泌增加。此激素的增加能显著损伤 T 细胞，对巨噬细胞也有抑制作用，并可增加 IgG 的分解代谢。所以，当动物处于应激反应敏感期时接种疫苗，就会减弱其免疫力。

对策：加强饲养管理，减少应激反应，合理选用免疫促进剂。在免疫前后 24h 内应尽量减少动物应激，不改变饲料品质，不安排转群、断喙，减少意外噪声。控制好温度、湿度、饲养密度、通风，勤换垫草，饲喂全价配合饲料。适当增加蛋氨酸、缬氨酸及维生素 A、B、C、D 及 n－3、n－6 脂肪酸等的含量，确保免疫力。接种疫苗时要处置得当，防止动物受到惊吓。遇到不可避免的应激时和疫苗接种前，应在接种前后 3～5d 内，在饮水中加入抗应激剂，如电解多维、维生素 C 和维生素 E，或在饲料中加入利血平、氯丙嗪等抗应激药物，有效地缓解和降低各种应激反应，增强免疫效果。

（二）卫生状况

环境卫生状况不良，圈舍及周围环境中存在大量的病原微生物，在使用疫苗期间动物已受到病原的感染，这些都会影响疫苗的效果，导致免疫失败。实践中发现，抗体水平较高的动物群体，只要环境中有大量的病原，也存在着发病的可能。

对策：做好消毒工作，创造良好的卫生环境，增强机体的抗病力。动物未引进前应对环境进行彻底清洗消毒 2～3 次，有动物后应定期带动物进行消毒。

三、疫苗及免疫程序

（一）疫苗因素

1. 疫苗质量 是免疫成败的关键因素。如果弱毒活苗没有足够活力的病毒或菌体、灭活苗抗原含量不够、油乳苗出现破乳现象等，均为疫苗质量问题，均可影响免疫效果。在弱毒活疫苗的质量方面，特别要注意不能有外源病毒污染疫苗。

对策：从正规生产单位购买疫苗，保证疫苗效价和抗原含量以及疫苗的正常理化性状等，确保疫苗质量和免疫效果。

2. 疫苗保存和运送 是免疫预防工作中十分重要的环节。保存与运送不当，会使疫苗质量下降，甚至失效，从而降低免疫效果或造成免疫失败。

对策：湿苗和冻干苗应低温冻结保存，灭活苗应于2～8℃保存，严防冻结，确保免疫效果。

3. 疫苗选择不当 某些肉鸡场忽视肉鸡生长快、抵抗力相对较弱的特点，选用一些中等毒力的疫苗，如选择中等偏强毒力的传染性腔上囊疫苗、新城疫Ⅰ系疫苗大量饮水，这不仅起不到免疫作用，相反造成病毒毒力增强和病毒扩散及免疫麻痹，致使免疫失败。

对策：要选择毒力相对较弱并且免疫原性较好的疫苗，如Clone－30、D78等弱毒苗免疫，并合理掌握免疫剂量。

4. 疫苗稀释剂 疫苗稀释剂的合格与否直接影响疫苗的免疫效果。未经灭菌或受污染而将杂质带进疫苗，不使用专用稀释剂（如鸡马立克病疫苗），饮水免疫时水质问题或饮水器未消毒并未充分清洗，这些都会造成免疫失败。

对策：正确选择和使用合格的疫苗、稀释剂，选择国家定点生产厂家生产的优质疫苗。

5. 疫苗的使用 在疫苗的使用过程中，有很多因素影响免疫效果，例如疫苗稀释方法，饮水免疫、气雾免疫、接种途径、免疫程序等都是影响免疫效果的重要因素。

对策：各环节均应高度重视，按疫苗厂家的说明书要求严格执行，不得随意改动而另行其事。

6. 不同疫苗的相互干扰作用 将两种或两种以上有干扰作用的活疫苗同时接种，会降低机体对某种疫苗的免疫应答反应，如鸡传染性支气管炎对新城疫苗的免疫有干扰作用。干扰的原因可能有两个方面：一是两种病毒感染的受体相似或相等，产生竞争作用；二是一种病毒感染细胞后产生干扰素，影响另一种病毒的复制。

对策：尽量避免疫苗联合使用，二者要间隔1周以上接种。

（二）免疫程序

免疫程序（vaccination program）是一个地区（或单位）根据实际情况制订的合理的预防接种计划，也叫免疫计划（immunization schedule），即依据疫病在本地区流行情况及规律，畜禽的用途、年龄、母源抗体水平和饲养条件，使用疫苗的种类、性质、免疫途径。

实际工作中，免疫程序根据当地疫情、动物机体状况（主要是指母源及后天获得的抗体消长情况）以及现有疫（菌）苗的性能，为使动物机体获得稳定的免疫力，选用适当的疫苗，安排在适当的时间给动物进行免疫接种。

影响免疫程序因素：①当地动物疾病的流行情况及严重程度；②母源抗体水平；③上次接种后残余抗体的水平；④动物的免疫应答能力；⑤疫苗的种类、特性、免疫期；⑥免疫接种方法；⑦各种疫苗接种的配合；⑧免疫对动物健康及生产能力的影响等。养殖场需根据当地疫病流行情况和本场实际而制定合理免疫程序。

对策：根据本地区或本场疫病流行情况和规律，动物的病史、品种、日龄，母源抗体和免疫抗体水平，饲养管理条件以及疫苗的种类、性质等因素制定出合理科学的免疫程序、监督实施，并视具体情况进行调整。

四、其他因素

（一）饲养管理不当

鸡饲喂霉变的饲料或垫料发霉、真菌毒素能使胸腺、腔上囊萎缩，毒害巨噬细胞而使其不能吞噬病原微生物，从而引起严重的免疫抑制。

对策：不喂霉变饲料。

（二）免疫方法不当

滴鼻、点眼免疫时，疫苗未能进入眼内、鼻腔；肌注注射免疫时，出现“飞针”。疫苗根本没有注射进去或注入的疫苗从注射孔流出，造成疫苗注射量不足并导致疫苗污染环境。饮水免疫时，免疫前未限水或饮水器内加水量太多，使配制的疫苗未能在规定时间内饮完而影响免疫质量。各种疫苗的免疫途径不一，对于鸡痘苗只能刺种不能注射；腔上囊活苗只能口服，不能注射、点眼；鸡传染性喉气管炎疫苗只能点眼、涂肛；灭活苗只能注射不能口服，否则影响免疫效果。

对策：疫苗接种操作方法正确与否直接关系到疫苗免疫效果的好坏。饮水免疫不得使用金属容器，必须用凉开水，水中不得有消毒剂、金属离子，可在疫苗溶液中加入0.3%的脱脂奶粉作为保护剂。在疫苗饮水前可适当限水以保证疫苗在1h内饮完，并设置足够饮水器以保证每只鸡都能同时饮到疫苗水。气雾免疫不能用生理盐水稀释疫苗，并保证雾粒直径在50μm左右。点眼、滴鼻免疫，要保证疫苗进入眼内、鼻腔。刺种痘苗必须刺一下浸一下，保证刺种针每次浸入疫苗溶液中，用连续注射器接种疫苗，注射剂量要反复校正，使误差小于0.01mL，针头不能太粗，以免拔针后疫苗流出。各种疫苗的正确免疫途径必须严格执行。

（三）化学物质的影响

许多重金属（铅、镉、汞、砷）均可抑制免疫应答而导致失败；某些化合物质（卤化苯、卤素、农药）可引起动物免疫系统组织部分甚至全部萎缩以及活性细胞的破坏，进而引起免疫失败。

对策：必须对饲料进行监测，以确保不含真菌毒素和其他化合物质。

（四）滥用药物

许多药物（如卡那霉素、庆大霉素等）对B细胞的增殖有一定抑制作用，能影响疫苗的免疫应答反应。有的鸡场为防病而在免疫期间使用抗菌药物或药物性饲料添加剂，从而导致机体免疫细胞的减少，以致影响机体的免疫应答反应。合理使用抗生素，不要乱用抗生素，现在大部分肉鸡饲养户几乎在整个饲养期间天天用抗生素，致使机体的免疫器官受到抑制，免疫效果不理想，很容易发生疾病。

对策：合理选用有增强免疫效果的药物，例如左旋咪唑、卡介苗、维生素等免疫促进剂。疾病发生之前慎用抗生素，发生疾病后及时选用有效药物，最好进行药敏试验，从中选择有效药物，有针对的用药才能受到较好的防治效果。

（五）器械和用具消毒不严

免疫接种时不按要求消毒注射器、针头、刺种针及饮水器等，使免疫接种成了带菌

（毒）传播，反而引发疫病流行。

对策：免疫接种时，应先接种健康动物，后接种可疑感染动物，如每接种 10 只鸡换一次接种针头。有条件的最好一个动物换一个针头，并且注意其他用具的消毒。

复习思考题

1. 抗感染的免疫制剂有哪些？
2. 疫苗有哪些种类？
3. 使用疫苗应注意哪些事项？
4. 造成疫苗免疫失败的原因有哪些？如何防止？
5. 解释名词：主动免疫，被动免疫，母源抗体，免疫程序。

（许兰菊、魏战勇编写，徐建生、魏战勇审稿）

第十六章　其他临床免疫

内 容 提 要

自身免疫性疾病是由于机体免疫系统对自身成分发生免疫应答而造成的一类疾病，是由自身抗体和（或）自身应答性T细胞介导的对自身抗原发生的免疫应答反应，其发病机理类似于Ⅱ、Ⅲ、Ⅳ型超敏反应。人类和动物都会出现一些自身免疫病。自身免疫性疾病可以分为器官特异性自身免疫病和影响多种器官的全身性自身免疫病。

异体之间的器官移植，会引起接受器官移植者对移植的器官进行免疫排斥，最终导致移植的器官丧失功能。移植免疫的机理主要属于Ⅳ型变态反应。利用主要组织相容性抗原配型和免疫抑制药物的使用可提高器官移植的成功率或延长移植物的存活时间。

肿瘤是机体某部位组织异常增生而形成的一种新生物，肿瘤细胞通常含有大量与起源组织细胞相同的成分。某些肿瘤细胞也含有一些特殊抗原成分，即肿瘤特异性抗原或肿瘤相关抗原。机体免疫系统针对这些抗原可产生一定程度的免疫反应，参与机体对体内不断形成的肿瘤细胞的免疫监视而发挥抗肿瘤作用。

免疫系统的四个主要组分，即T细胞、B细胞、巨噬细胞和补体，在保护机体抵抗病原中各自发挥着重要功能，而且相互间又紧密地构成一个完整的系统负责机体的免疫防御功能。因此，它们中任何一个或者多个组分的功能出现缺失或者缺陷，就会造成其他组分乃至整个免疫系统的功能受到损害，这就是免疫缺陷。免疫缺陷可以是原发的（绝大多数是先天性的/遗传性的），也可以是继发性的（因其他疫病及其治疗所导致），可依据某个特定免疫组分及其功能的异常来确定。

第一节　自身免疫和自身免疫性疾病

一、概　　述

（一）自身免疫和自身免疫性疾病的概念

自身免疫（autoimmunity）是指机体免疫系统对自身成分发生免疫应答的现象。自身免疫性疾病（autoimmune disease）是因机体免疫系统对自身成分发生免疫应答而导致的疾病状态，机体对自身细胞或组织抗原发生免疫应答时，自身的细胞或组织不断地受到攻击，结果使机体进入疾病状态，从器官特异性的（如人的糖尿病、甲状腺炎）到系统性（非器官特异性）的［如系统性红斑狼疮（SLE）和类风湿性关节炎（RA）］都是免疫性疾病的具体表现。

（二）自身免疫性疾病的基本特征

自身免疫性疾病的基本特征是：①患病动物血液中可测到高滴度的自身免疫抗体（autoimmune antibody）和/或自身应答性 T 细胞。②自身免疫抗体和/或自身应答性 T 细胞作用于表达相应抗原的组织细胞，造成组织损伤或功能障碍。③用患病动物的血清或致敏淋巴细胞可使疾病被动转移，某些自身免疫抗体可通过胎盘传递给新生动物而引起自身免疫性疾病。④病情的转归与自身免疫应答的强度密切相关。⑤反复发作和慢性迁延。⑥有遗传倾向。

（三）自身免疫性疾病的发生机制

自身免疫性疾病是由自身抗体和/或自身应答性 T 细胞介导的对自身抗原发生的免疫应答所致，其发病机制类似于Ⅱ、Ⅲ、Ⅳ型超敏反应。自身免疫性疾病的三种类型及其发病机制如下。

1. 由Ⅱ型超敏反应引起的自身免疫性疾病 在这种自身免疫性疾病的发生过程中，由针对自身细胞表面或细胞外周抗原物质的自身抗体 IgG 和 IgM 引发了自身细胞和组织的损伤，包括如下几种类型：

（1）抗血细胞表面抗原的抗体引起的自身免疫性疾病：自身免疫性溶血性贫血是由抗红细胞表面抗原的自身抗体引起的溶血性疾病。药物引起的溶血性贫血、新生家畜溶血症和传染性溶血都属于自身免疫性的溶血性贫血性疾病。

（2）抗细胞表面受体的抗体引起的自身免疫性疾病：毒性弥漫性甲状腺肿瘤患者表现甲状腺功能亢进的症状，其血清中有抗促甲状腺激素受体（rSHR）的 IgG 抗体，此 IgG 作用于 rSHR 受体后，刺激甲状腺细胞分泌过多的甲状腺激素。

（3）自身抗原与引起感染的微生物存在的共同抗原：当侵入机体的病原体的某些抗原成分与机体器官组织中的某一成分相同时，机体不但与这些病原体成分发生免疫反应，而且还与相应的自身抗原发生交叉反应，导致自身免疫。例如猪发生气喘病时，针对猪肺炎支原体的抗体与猪肺组织发生交叉反应；在发生牛肺疫时，针对丝状支原体的抗体与正常牛肺组织有交叉反应。A 群链球菌细胞壁与心肌有共同抗原。风湿性心脏病，即是由于感染链球菌后诱导产生的抗心肌抗体所引起的自身免疫性疾病。

（4）病毒引起的自身免疫病：越来越多的迹象表明，目前认为的自身免疫病中，有很多与病毒感染有关。某些病毒，特别是感染淋巴组织的病毒，可以干扰机体免疫系统的稳定机制，促使自身免疫反应的发生。新西兰黑小鼠（NZB 小鼠）的一种由 C 型反转录病毒引起的持续感染，可导致抗核酸和红细胞的自身抗体的产生；犬和人的全身性红斑狼疮也与其相似，患者含有对各不同器官的自身抗体，此病可能与 C 型反转录病毒或副黏病毒感染有关。此外，某些病毒抗原可吸附于宿主红细胞表面，导致抗红细胞自身抗体的产生，从而引起自身免疫性的溶血性贫血，如马传染性贫血。乙型肝炎患者除能检出抗肝炎病毒抗体外，在某些慢性、迁延型的病例还常常能检出抗平滑肌和抗核的抗体。

（5）正常被抑制的免疫应答禁株细胞被激活：在正常情况下，对自身抗原有反应的免疫应答禁株细胞受免疫自身稳定机制特别是抑制性 T 细胞所调节和控制。胸腺、骨髓、淋巴组织等都是保持免疫稳定的重要组织器官。当这些器官发生病变时，如胸腺萎缩、胸腺瘤、淋巴组织瘤、多发性骨髓瘤等，则机体免疫稳定功能紊乱，抑制性 T 细胞减少，使原来被抑制的禁株细胞重新激活，并与自身抗原发生免疫反应，从而导致自身免疫性疾病。

2. 由自身抗体-免疫复合物（Ⅲ型变态反应）**引起的自身免疫性疾病** 在某些情况下，机体有核细胞普遍表达的抗原可刺激自身抗体的产生，这种自身抗体和相应抗原结合形成的免疫复合物可引起自身免疫性疾病，此类疾病属于Ⅲ型变态反应引起的免疫复合物疾病。系统性红斑狼疮（SLE）是此类疾病的代表，SLE 患者对自身细胞的核抗原如核体、胞质小核糖蛋白复合体等发生免疫应答，持续产生针对这些自身核抗原的抗体。自身 IgG 抗体和细胞核抗原形成大量的免疫复合物，沉积在肾小球、关节和其他器官的小血管内，通过激活补体，进而造成附近组织细胞的损伤。损伤的细胞释放更多的核抗原，持续刺激生成更多的自身抗体，形成更多的免疫复合物，结果导致持续性的自身免疫反应。

3. 由 T 细胞对自身抗原应答（Ⅳ型变态反应）**引起的炎症性伤害** T 细胞对自身抗原发生免疫应答，可引起自身免疫性疾病：$CD8^+$ CTL 和 Th1 都可造成自身细胞的免疫损伤，引起自身免疫性疾病。胰岛素依赖型糖尿病（IDDM）患者体内的 $CD8^+$ CTL 可对胰岛的 β 细胞发生免疫应答，并将其特异性杀伤。

二、常见的自身免疫性疾病

自身免疫性疾病临床上可分为器官特异性自身免疫性疾病（organ specific autoimmune disease）和非器官特异性自身免疫性疾病（non-organ specific autoimmune disease）。患器官特异性自身免疫性疾病的动物病变常局限于某一特定的器官。非器官特异性自身免疫性疾病，又称全身性或系统性自身免疫性疾病，患病动物的病变可见于多种器官及结缔组织，故这类疾病又称结缔组织病或胶原病。

（一）器官特异性自身免疫病

1. 自身免疫性甲状腺炎 犬和鸡均可自然发生，发病率由遗传素质决定。在犬，通常发生于皮格尔种小猎犬，患犬体内可检出抗甲状腺球蛋白、滤泡细胞微粒体和一种胶质抗原的自身抗体。其发病机制也有细胞免疫参与。在临床上表现为肥胖、不活动、部分脱毛和不育；在鸡，自身免疫性甲状腺炎自然发生于 OS（obese）品系的来航鸡，在病鸡体内可检出抗甲状腺球蛋白的自身抗体，表现为甲状腺机能低下。这一品系的鸡胸腺异常，T 细胞系统过早成熟，抑制性 T 细胞减少，免疫稳定功能紊乱，从而导致禁株细胞激活，激发自身免疫反应的产生。

2. 自身免疫性脑炎和神经炎 在正常情况下，大脑是被血脑屏障隔开的，机体未能形成对自身脑组织的免疫耐受，故易诱发实验性自身免疫性脑炎。以前使用含有脑组织的古老狂犬病疫苗，常引起明显的脑炎，在免疫接种后 4～15d 出现临床症状。这种疫苗后来被细胞苗所取代。此外，犬瘟热发病之后的脱髓鞘淋巴脑病也可能是一种自身免疫性疾病。

3. 自身免疫性繁殖障碍 注射经弗氏完全佐剂乳化的睾丸提取物的公牛会发生睾丸炎。在一些动物，特别是睾丸损伤和输精管长期阻塞的动物，血清中可查到抗精子的自身抗体。这种抗体在达到一定高水平时，则引起不育。公畜因睾丸损伤或输精管阻塞，或患布鲁菌病引起的睾丸炎，均可导致精子抗原进入血流，产生抗精子抗体，使精子活性降低，造成雄性不育。最典型的例子是感染布鲁菌的公犬发生慢性附睾丸炎。

4. 自身免疫性皮肤病 人、犬和猫的天疱疮是一种自身免疫性皮肤病。此病有多种类型，比较严重的是普通天疱疮。其症状为：在皮肤黏膜接合处，特别是鼻、唇、眼、包皮和肛门的周围，还有舌及耳的内侧出现水疱，破溃后，常引起继发感染。本病是由于在体内产生了针对皮肤细胞间介质的自身抗体所致。此种自身抗体与细胞间介质结合，使附近细胞释放出蛋白酶，破坏细胞间的黏附，引起棘皮层溶解并出现水疱。除天疱疮外，犬的疱疹样皮炎也是一种自身免疫性皮肤病，其自身抗体针对的抗原是真皮层的乳头状细胞。

5. 自身免疫性肾炎 肾小球肾炎有两种免疫病理型：一种是免疫复合物型，结合有补体的免疫复合物沉积于肾小球基底膜，引起肾小球肾炎，如水貂的阿留申病。另一种在体内形成抗肾小球基底膜自身抗体，抗体吸附于基底膜上，激活补体，导致基底膜的损害。如A型溶血链球菌与肾小球基底膜有共同抗原，其感染后可产生与该共同抗原有交叉反应的抗肾小球基底膜自身抗体，此抗体吸附于基底膜上，激活补体，结果导致自身免疫性肾小球性肾炎。

6. 自身免疫性溶血性贫血 常见于犬和猫，牛和马也有报道。针对红细胞的自身抗体可使红细胞大量破坏，导致贫血。红细胞的破坏可以由补体参与的血管内溶血引起，也可由肝和脾中的巨噬细胞清除抗体结合的红细胞所引起。自身抗体的类型为IgG和IgM。

7. 传染病引起的自身免疫性贫血 某些传染性病原体的抗原成分具有吸附到红细胞上的特性，例如沙门菌的脂多糖、马传染性贫血病毒和阿留申病病毒、边缘无浆体、梨形虫和巴贝斯虫等的某些抗原成分都有这种作用。吸附有异物的红细胞可被当作外来物被免疫系统清除，而引起自身免疫溶血性贫血，这就是这些传染病发生时临诊病例表现严重贫血的原因。

8. 初生幼畜溶血症 常见于骡、马和猪，犬亦有发生。当胎儿的红细胞经胎盘向母体血流渗漏时，如血型不合，即可使母畜产生抗胎儿红细胞的抗体。初生幼畜可通过初乳摄入母源抗体，此抗体与幼畜红细胞结合，在补体作用下迅速溶解，引起自身免疫性溶血性贫血。初生动物的溶血性疾病主要发生在骡，马亦常见。由于骡的亲代血型抗原差异较大，有8%～10%初生骡驹发生本病。

初生犊牛的溶血性疾病较少发生，通常由注射边缘无浆体病或巴贝斯虫病的疫苗所引起。这种疫苗是用人工感染犊牛的血液制成的。引起同种异体抗体的产生，主要是A和F-V血型系统的血型抗原。母牛被疫苗中的红细胞抗原致敏后，如与带有该血型的公牛交配，则可通过初乳把母源抗体传给带有该血型的初生犊，引起溶血。初生的犊牛通常健康，但产后12h至5d开始表现症状。急性病例常在24h内死亡。病畜出现呼吸症状和血红蛋白尿，不太严重的病例则表现贫血和黄疸，常在1周龄以内因弥散性血管内凝血而致死。

犬的血型系统中只有A系统可引起初生小犬的溶血症。如A阴性母犬与A阳性公犬交配，而母犬又通过输血被A阳性红细胞致敏，则所生小犬在摄入初乳后可发生溶血性贫血。

9. 自身免疫血小板减少症 由抗血小板自身抗体引起，在马、犬和猫已有报道。

10. 乳汁过敏反应 某些品种的牛可对自己乳中的酪蛋白产生过敏反应。在正常情况下酪蛋白在乳腺中合成，不进入血流，但当推迟挤乳，乳房内压力上升，可使乳蛋白回流到血液，产生抗体，引起自身免疫性过敏反应。轻者表现皮肤荨麻疹和轻度不适；重者导致全身过敏反应，导致死亡。

11. 重症肌无力 是人、犬和猫发生的一种以轻微运动后即异常疲乏为特征的骨骼肌疾病，是由产生针对乙酰胆碱受体的自身抗体所致。这种自身抗体不仅阻断乙酰胆碱受体，而且加速乙酰胆碱的降解。

（二）全身性自身免疫病

1. 全身系统性红斑狼疮（SLE） 人、犬和猫中均有报道，发病犬中多是母犬。全身性红斑狼疮是由于失去对 B 细胞系统的控制所致，禁株细胞活化，常伴有抑制性 T 细胞功能缺陷。患病动物产生很多种针对正常器官和组织的自身抗体，其中最主要的最特征性的是抗 DNA 的自身抗体。

全身性红斑狼疮的发病机制尚不很清楚。在人类，遗传素质是一个很重要的因素，因为往往伴有家族发病率高和与某些组织相容性抗原基因相连锁的现象。已有大量资料证明，除遗传素质外，本病是由病毒感染而启动的，其中副流感病毒Ⅰ型、麻疹病毒和 C 型反转录病毒等的感染均与本病有关。从患犬的子代发病率高这一事实出发，推断本病可能是垂直传播的。犬发生 SLE 亦与感染 C 型反转录病毒有关，患犬可检出抗 DNA 抗体和吞噬细胞吞噬自身细胞核的 LE 细胞，以其脾无菌滤液人工感染健犬和小鼠，可诱导产生抗 DNA 抗体。

水貂阿留申病是由一种细小病毒引起的，主要表现为浆细胞增多和高球蛋白症，是一种与 SLE 极为相似的自身免疫性疾病。

人的 SLE 则与麻疹病毒、副流感病毒Ⅰ型、单纯疱疹病毒和 EB 病毒的感染有关。

2. 风湿性关节炎（RA） 风湿性关节炎常发生于人，也可发生于各种动物，其中以犬最常见。风湿性关节炎的直接原因尚不明了，产生抗 IgG 的自身抗体是本病的特征，这些自身抗体称为类风湿因子，属于 IgG 和 IgM 类，针对 IgG 的 C_{H2} 区上的抗原决定簇，只有当 IgG 与特定的抗原结合后，此决定簇才暴露。类风湿因子不仅存在于风湿性关节炎的患者体内，而且还存在于全身性红斑狼疮和其他有广泛形成免疫复合物的病例中。

三、自身免疫性疾病的治疗

（一）抗炎药物疗法

免疫反应所导致的炎症反应是自身免疫性疾病的主要病理之一，因此采用皮质激素、水杨酸制剂、前列腺素抑制剂及补体拮抗剂等抑制炎症反应，可减轻自身免疫性疾病的症状。

肾上腺皮质激素可能是最常用以治疗自身免疫病的一类药物。

（二）免疫抑制疗法

1. 细胞毒制剂 细胞毒制剂根据其作用机理，可分为相特异性和环选择性两类。相特异性药物属 S 相毒剂，它们在细胞有丝分裂的 S 相抑制 DNA 的合成；环选择性药物对增殖中的细胞和有丝分裂间期的细胞具有细胞毒作用，尤以对分裂中的细胞作用更强。

环磷酰胺可能是目前治疗自身免疫病最常应用的细胞毒制剂，它对类风湿性关节炎、系统性红斑狼疮、血管炎等的抗炎作用可能高于其他烷化剂，其毒副作用也极为明显。由于其高效应，它已成为治疗红斑狼疮危象、类风湿性血管炎以及其他严重自身免疫病的主要药物之一。除了传统认为它具有的对抗体生成细胞的影响外，最近的研究还证明它对辅助性 T 细胞有抑制作用，从而对细胞免疫和体液免疫功能都产生影响。

2. 免疫抑制剂 一些真菌代谢物如环孢菌素 A 和 FK506 对多种自身免疫性疾病的治疗

有明显的临床疗效。这两种药物均可抑制激活 IL－2 基因的信号转导通路，使 IL－2 的表达受阻，进而抑制 T 细胞的分化和增殖。特异性 TCR 受体拮抗肽，可通过抑制特异性 T 细胞的功能而抑制某些自身免疫性疾病的进展。

3. 手术疗法 如果有可能除去自身抗原或自身抗体的来源而又不严重影响患者的健康，手术就可作为自身免疫病的治疗手段之一。可行的手术有脾脏切除、胸腺切除、甲状腺切除等。

（三）细胞因子治疗调节

采用细胞因子调节 Th1 和 Th2 细胞功能的平衡，可望成为治疗自身免疫性疾病的新方法。动物实验表明，应用 IL－4、IL－10 或 IL－13 可抑制变态反应性脑脊髓炎的发展。

（四）特异性抗体治疗

某些特异性抗体表现出对某些自身免疫性疾病的治疗作用，如抗 TNF－α 抗体对类风湿关节炎有疗效；抗 MHC Ⅱ类抗原或 CD4 分子的抗体，可减轻系统性红斑狼疮及类风湿性关节炎的病情。

（五）预防和控制病原体的感染

多种病原体的感染可通过抗原模拟的方式诱发自身免疫性疾病，所以采用疫苗和抗生素控制病原体的感染可降低自身免疫性疾病的发生率。

采用口服抗原的方法通过肠相关淋巴组织诱导特异性的免疫耐受，可预防或抑制自身免疫性疾病的发生。在人类，已开始了以口服耐受的方法治疗多发性硬化症、类风湿性关节炎的临床研究。以口服重组胰岛素的方法，预防和治疗糖尿病；以口服Ⅱ型胶原的方法，预防和治疗类风湿关节炎的试验也已开始。

第二节　移植免疫

机体丧失的器官功能，可以通过器官移植重建其生理功能。其中以肾移植最多，存活期也最长。除肾脏移植外，肝脏移植、脾脏移植、肺脏移植和心脏移植也有很多成功的报道。在兽医方面，除犬、猫的器官移植外，其他动物器官移植的临床意义不大。20 世纪 60 年代后期起，由于人类的细胞抗原（HLA）配型技术和免疫抑制药物的应用，使临床器官移植成功率大幅度提高。80 年代以后，由于环孢素 A 及 FK－506（一种真菌代谢产物）等高效免疫抑制剂的临床应用，进一步提高了移植器官的存活率，使临床器官移植进入了一个新的阶段。

一、器官移植与免疫排斥

（一）主要组织相容性抗原与器官移植

用同种异体细胞或组织进行移植，可引起免疫排斥反应。只有遗传性完全相同的纯系动物或同卵双生的动物可以互相移植而不引起排斥反应。移植排斥反应所针对的抗原是一种存在于所有有核细胞表面的糖蛋白，称为组织相容性抗原。细胞表面有多种抗原，其中有些抗原性较强，称为主要组织相容性抗原（详见第六章）。

（二）移植的类型

就供体和受体的关系而言，组织和器官的移植可分为自体移植、同系移植、同种异体移植和异种移植四种类型。

1. 自体移植 是在同一个体的不同部位之间进行的移植，移植后不发生免疫排斥反应。

2. 同系移植 是纯系动物或同卵双生动物之间的移植，因为遗传基因型完全相同，也不发生移植物排斥反应。

3. 同种异体移植 是同种不同个体间进行的移植，大部分器官移植均属此类。同种异体移植又分两类：一类为支架组织移植，如骨骼、软骨和血管等不活泼组织的移植。此类组织移植后，其中活细胞逐渐死亡，留下大部分无生命力的不活泼组织，仅起支架作用，不引起排斥反应；另一类为生命组织的移植，如皮肤和脏器的移植。此类组织移植后仍能生长繁殖，保持其生命功能，但由于异体间组织相容性抗原不同，移植物只能生长较短时间，即遭排斥。

4. 异种移植 是不同种动物之间进行的移植，由于供体和受体的基因型和组织相容性抗原差异很大，故引起的排斥反应比同种异体移植更为强烈。

从免疫学角度来看，在医学临床上及研究工作中，最有意义的是同种异体移植。

二、器官移植排斥的类型

（一）宿主抗移植物反应

受者对供者组织器官产生的排斥反应称为宿主抗移植物反应（host versus graft reaction，HVGR）。根据移植物与宿主的组织相容程度，以及受者的免疫状态，HVGR 主要表现为三种不同的类型：

1. 超急性排斥（hyper acute rejection） 反应一般在移植后 24h 发生。目前认为，此种排斥主要由于 ABO 血型抗体或抗Ⅰ类主要组织相容性抗原的抗体引起的。受者反复多次接受输血、妊娠或既往曾做过某种同种移植，其体内就有可能存在这类抗体。在肾移植中，这种抗体可结合到移植肾的血管内皮细胞上，通过激活补体直接破坏靶细胞，或通过补体活化过程中产生的多种补体裂解片段，导致血小板聚集、嗜中性粒细胞浸润并使凝血系统激活，最终导致严重的局部缺血及移植物坏死。超急性排斥一旦发生，就无有效方法治疗，终将导致移植失败。因此，通过移植前 ABO 及 HLA 配型可筛除不合适的器官供体，以预防超急性排斥的发生。

2. 急性排斥（acute rejection） 是排斥反应中最常见的一种类型，一般于移植后数天到几个月内发生，进行迅速。肾移植发生急性排斥时，可表现为体温升高、局部胀痛、肾功能降低、少尿甚至无尿、尿中白细胞增多或出现淋巴细胞尿等临床症状。细胞免疫应答是急性排斥的主要原因，$CD4^{+}$ T（Th1）细胞和 $CD8^{+}$ T 细胞是主要的效应细胞。即使进行移植前 HLA 配型及免疫抑制药物的应用，仍有 30%～50%的移植受者会发生急性排斥。大多数急性排斥可通过增加免疫抑制剂的用量而得到缓解。

3. 慢性排斥（chronic rejection） 一般在器官移植后数月至数年发生，主要病理特征是移植器官的毛细血管内皮细胞增生，使动脉腔狭窄，并逐渐纤维化。慢性免疫性炎症是导致上述组织病理变化的主要原因。目前对慢性排斥尚无理想的治疗措施。

（二）移植物抗宿主反应

如果免疫攻击方向是由移植物针对宿主，即移植物中的免疫细胞对宿主的组织抗原产生免疫应答并引起组织损伤，则称为移植物抗宿主反应（graft versus host reaction，GVHR）。

GVHR的发生需要一些特定的条件：①宿主与移植物之间的组织相容性不合。②移植物中必须含有足够数量的免疫细胞。③宿主处于免疫无能或免疫功能严重缺损状态。GVHR主要见于骨髓移植后。此外，脾、胸腺移植时，以及免疫缺陷的新生儿接受输血时，均可发生不同程度的GVHR。

急性GVHR一般发生于骨髓移植后10～70d内。如果去除骨髓中的T细胞，则可避免GVHR的发生，说明骨髓中T细胞是引起GVHR的主要效应细胞。但临床观察发现，去除骨髓中的T细胞后，骨髓植入的成功率也下降，白血病的复发率、病毒和真菌的感染率也都升高。这说明，移植骨髓中的T细胞具有抗白血病病毒等微生物的作用，可以阻抑残留的宿主免疫细胞对移植物的排斥作用，也可以在宿主免疫重建不全时，发挥抗微生物感染的作用。因此，选择性地去除针对宿主移植抗原（transplantation antigen，TA）的T细胞，而保留其余的T细胞，不但可以避免GVHR，而且可以保存其保护性的细胞免疫功能。

三、移植排斥反应的防止

（一）不被排斥的移植物

1. 特殊部位的移植物 身体的某些部位，如眼前房、角膜和脑，缺乏有效的淋巴通路，虽然这些部位移植物抗原可达到淋巴组织，但细胞毒性效应细胞却不能到达移植物。所以，这些部位的移植物相对来说较易存活。角膜的同种异体移植在人和犬都是容易成功的移植手术。

2. 经培养或冻存的器官 一个器官如经组织培养或冰冻保存，则移植成功的可能性大大增加。这可能是由于存在于移植组织中的淋巴细胞被破坏了。因此经长时间组织培养后的甲状腺细胞和胰岛细胞，可成功地移植到同种异体的宿主。冻干的猪表皮，可用来覆盖马和犬的大面积烧伤创面。在家畜中，将主动脉和骨骼等组织经液氮保存后，再进行同种异体移植已有成功的报道。

3. 免疫学上“受偏爱”的器官 有时犬和猪在移植整个肝脏后，对其他移植物不表现同种异体排斥反应。有时虽有反应但较微弱，易被免疫抑制剂所抑制。肝移植物的存在能保护同一供体的其他移植物，例如肝脏同种异体移植时，可使肾移植物长时间存活。这可能是由于从肝释放出来的免疫抑制因子如肝糖铁蛋白和胆红素等的抑制作用所致。

（二）移植排斥反应的防止

主要通过供、受者之间的配型以及采取免疫抑制措施来防止移植排斥的发生。

1. HLA配型 器官的供、受者之间组织相容性程度越高，器官存活的几率就越大。因此，在器官移植前，慎重选择供者至关重要。一般供者的ABO血型必须与受者一致，这是比较容易做到的。此外，供者的HLA组织型别也应尽可能与受者相近。在HLA各座中，DR座最为重要，其他座配型不同，通过免疫抑制治疗可控制其排斥强度，而DR座配型不同，则器官存活率明显降低。一般有亲缘关系的供、受者之间HLA型别相近的机会大得多。

2. 免疫抑制 采取免疫抑制措施可以有效地抑制移植排斥的发生。

（1）免疫抑制药物：免疫抑制药物的应用，促进了人体器官移植的发展。20世纪60年代，由于硫唑嘌呤的问世，使器官移植存活率有了很大的提高。这个时期，硫唑嘌呤、皮质激素以及抗人胸腺细胞球蛋白的应用，使肾、肝、心的移植都能在临床开展起来，并取得了部分成功。70年代末，由于新一代高效免疫抑制剂环孢素A（CsA）的出现，使各种器官移植有了突破性的进展。CsA不但具有更强的免疫抑制作用，而且可以相对选择性地作用于T细胞。近年来，临床采用CsA与强的松的二联疗法、CsA与泼尼松和硫唑嘌呤的三联疗法以及CsA与泼尼松、硫唑嘌呤和抗人胸腺细胞球蛋白的四联疗法，都取得了很好的效果。80年代初期发现的另一种真菌代谢产物FK-506，具有比CsA更强的免疫抑制作用和相同的靶细胞选择性。目前，FK-506已应用于临床肾、肝、心及肺的移植中，并发现与CsA合用效果更佳。

（2）抗胸腺细胞球蛋白和抗T细胞单克隆抗体：抗胸腺细胞球蛋白和抗T细胞单克隆抗体可与T细胞特异性结合，通过活化补体去除T细胞。抗CD3单克隆抗体还可以阻止T细胞识别移植抗原，防止移植排斥的发生。这两种抗体在临床上已得到广泛应用。

（3）移植耐受的诱导：由于免疫抑制药物本身的毒性，长期使用免疫抑制剂来防止移植排斥会产生许多严重的副作用。解决移植排斥的根本方法，是诱导供、受体间的免疫耐受。因此，如何诱导成年个体间的免疫耐受具有重要的实际意义。近年来，移植耐受的研究已取得了许多重要的进展，主要有以下几种诱导耐受的方法。

①全淋巴照射（TLI）：小鼠经全淋巴照射后输入大量异基因骨髓，可形成不同程度的嵌合体。由于异基因骨髓在受体内分化、发育，并经过胸腺的选择，可以导致耐受的产生。所以嵌合体的水平越高，移植物存活时间越长。这种模式已应用于临床的肾移植，可减少免疫制剂的用量。

②紫外线照射：用紫外线照射小鼠，同时在照射部位涂布抗原，可以灭活朗罕细胞的抗原递呈功能，使其对相应抗原的细胞免疫反应下降；胰岛移植前，将供体的血液用紫外线照射后输给受体，可诱导免疫耐受，使以后植入的胰岛长期存活；异基因骨髓移植前经紫外线照射也可以降低GVHR。紫外线照射除对APC的作用外，可诱导抑制性T细胞活性，抑制免疫应答。

③环磷酰胺（CY）诱导耐受：从静脉注射供体脾细胞，48h后腹腔注射CY的方法，可诱导H-2不同的受体小鼠产生不完全耐受。

移植耐受的研究已经取得了许多重要进展。近来研究证明，不但未成熟的T细胞在胸腺内可经程序性死亡途径导致克隆排除，成熟的T细胞也可经此途径导致克隆排除，因此，移植耐受的研究必将对器官排斥的最终解决做出贡献。

第三节　抗肿瘤免疫

早在20世纪初就曾有人设想肿瘤细胞可能存在着与正常组织不同的抗原成分，通过检测这种抗原成分可以达到诊断目的，或用这种抗原成分诱导机体的抗肿瘤免疫应答，达到治疗肿瘤的目的，但在以后的几十年中没有取得明显的进展。直到50年代，由于发现了肿瘤特异性移植抗原以及发现机体免疫反应具有抗肿瘤作用，免疫学在肿瘤的诊断和治疗上的应用才引起了重视；60年代以后，大量的体外实验证明，肿瘤患者的淋巴细胞、巨噬细胞和细胞毒抗体等均有抗肿瘤效应；60年代末提出了免疫监视（immune surveillance）概念，为肿瘤免疫学理论体系的建立打下了基础；70年代单克隆抗体的问世，推动了肿瘤免疫诊断技术和肿瘤免疫治疗方法的发展；特别是到了80年代中后期，随着分子生物学和免疫学的迅速发展和交叉渗透，对肿瘤抗原的性质及其递呈过程、抗体的抗肿瘤免疫机制等有了新的认识，推动了肿瘤免疫的发展，同时也促进了肿瘤免疫诊断与治疗的应用。

一、肿瘤抗原的分类

根据肿瘤抗原特异性可将肿瘤抗原分为肿瘤特异性抗原和肿瘤相关抗原两类。

（一）肿瘤特异性抗原

在肿瘤细胞膜上出现的新抗原称为肿瘤特异性抗原（tumor specific antigen，TSA）。TSA 是肿瘤细胞特有的或只存在于某种肿瘤细胞而不存在于正常细胞的抗原。这类抗原是人们于 20 世纪 50 年代在遗传背景基本相同的小鼠中，通过移植排斥的实验方法发现的，故又称为肿瘤特异性移植抗原（tumor specific transplantation antigen，TSTA）或肿瘤排斥抗原（tumor rejection antigen，TRA）。

（二）肿瘤相关抗原

并非某一肿瘤所特有的、在其他肿瘤细胞或正常细胞上也存在的抗原分子称为肿瘤相关抗原（tumor associated antigen，TAA）。此类抗原只是在细胞癌变时其含量明显增加，即仅表现出量的变化而无严格的肿瘤特异性。

在肿瘤相关抗原中，最常见的是胚胎抗原。胚胎抗原为在胚胎发育中曾出现过，出生后在血清中含量很低，但在组织癌变后又可重现的抗原。主要有以下几种：

1. 甲胎蛋白（αFP） 是一种 α 球蛋白，在肝癌患者的血清中显著升高。患马立克病的鸡在肿瘤细胞膜上表达有鸡 αFP，可用荧光抗体检出。

2. 癌胚抗原（CEA） 是一种 β 球蛋白，在胃癌、结肠癌、食道癌、胰腺癌、肺癌、乳腺癌、尿道癌等患者的血清中均可检出。

3. 酸性硫糖蛋白（FSA）**和 α_2 糖蛋白**（α_2GP） 二者均可从胃癌患者的胃液和血清中检出。

二、抗肿瘤免疫的机理

（一）特异性抗肿瘤免疫

抗肿瘤免疫是一种伴随免疫，瘤细胞存在时有免疫反应，若瘤细胞被清除，免疫力亦消失。抗肿瘤免疫的机理主要是通过各种形式的细胞毒作用，包括以下几方面：

1. 补体依赖的细胞毒作用 抗体（IgG 和 IgM）与瘤细胞结合后，在补体参与下使细胞膜溶解穿孔，导致瘤细胞崩解。

2. ADCC 作用 粒细胞、巨噬细胞和 K 细胞与抗体（IgG 和 IgM）的 Fc 片段结合，特异性地杀伤肿瘤细胞。

3. 杀伤性 T 细胞的杀伤作用 此类细胞不仅能特异性地识别和杀伤肿瘤细胞，还能分泌多种细胞因子，活化巨噬细胞杀伤肿瘤细胞。

4. 自然杀伤细胞（NK 细胞）**的细胞毒作用** NK 细胞能直接杀伤肿瘤细胞，并能产生干扰素以增强其自身活性。

（二）机体的免疫监视与肿瘤的免疫逃逸

机体抗肿瘤免疫监视随瘤细胞抗原性强弱、细胞数量和机体免疫状态不同而呈动态变化，反应十分复杂。在患瘤早期，由于肿瘤抗原性弱，数量少，可能很难被免疫系统识别。

当肿瘤细胞发展至一定数量，则免疫监视引起明显的杀肿瘤效应。但如瘤细胞发展很快，瘤块达到一定大小，则又可引起免疫抑制。

机体虽然具有免疫监视功能，但肿瘤细胞在体内还存在着免疫逃逸机制，阻碍和抑制了免疫系统对肿瘤的杀伤作用。其机制主要有以下几种：

1. 抗原封闭 肿瘤细胞上出现的新抗原可以被某些封闭因子所阻断而不被识别，如胚胎抗原被封闭性抗体（被证明为 IgG）所封闭、循环中 TSA 与抗体形成了免疫复合物。肿瘤抗原被封闭后，效应淋巴细胞不能发挥细胞免疫作用。

2. 抗原隐蔽 肿瘤细胞上的 TSA 本身为弱抗原，加之在增殖过程中往往发生抗原性变化，致使 TSA 隐蔽或消失，导致肿瘤细胞逃逸免疫监视，快速增殖。很多肿瘤细胞在细胞膜上不表达 B7 分子，不能激活 T 细胞，故能逃避免疫应答。

3. 诱导免疫耐受 瘤细胞的可溶性抗原与血清中的抗体所形成的免疫复合物，能作为一种耐受原信号，诱导免疫耐受。少量的瘤细胞能刺激产生抑制性 T 细胞，诱导低剂量免疫耐性，当肿瘤细胞大量增殖，抗原过多时，则引起免疫麻痹。在癌症晚期，免疫功能衰竭即是明证。

4. 产生免疫抑制物质 肿瘤患者血清中可出现抑制淋巴细胞转化的物质，如酸性蛋白、αFP 等。肿瘤细胞还能产生趋化抑制因子，使巨噬细胞不能在瘤区集聚，降低局部的抗瘤效应。

三、肿瘤的免疫诊断

（一）检测肿瘤相关抗原

较常用的是胚胎抗原的检查，包括以下几种：

1. αFP 正常人血清 αFP 含量＜20ng/mL，而肝癌患者 αFP 含量通常≥500ng/mL，但应注意排除因其他肝病引起的假阳性。

2. CEA 特异性不强，诊断意义不大，但可作为手术或化疗后的效果检查。术后显著下降，长期正常，说明手术彻底；如术后 CEA 上升，常为复发或转移征兆。

（二）放射免疫肿瘤定位

用放射性核素标记抗 TAA 的单克隆抗体，输入机体后能定向地与癌细胞相结合，经一定时间后，用 γ-闪烁照相术做全身扫描，可检出肿瘤所在部位。

（三）致瘤病毒抗原及其抗体的检测

致瘤病毒，如马立克病病毒、禽白血病病毒、猫白血病病毒、牛白血病病毒、兔黏液瘤病毒以及人的 EB 病毒、乳头状瘤病毒等，均能产生特异性抗原，并刺激产生相应抗体。应用它们不仅可检出肿瘤细胞上的病毒抗原，还可检出游离的抗原-抗体复合物。马立克病通常用琼脂扩散试验检出羽囊中的游离抗原，也可用已知的抗原检测相应抗体；牛白血病主要用琼脂双扩散试验检测牛白血病毒 gP 和 P24 抗体，隐性感染的牛通常只出现 gP 抗体，表现淋巴细胞增多症或淋巴肉瘤时，出现 gP 抗体和 P24 抗体双阳性显著增高。但所有上述检测出致瘤病毒抗原或抗体的结果仅可作为预示是否发生肿瘤的辅助诊断依据。

（四）其他特定产物的检测

某些组织（如腺体）的肿瘤常可诱发特定产物的异常增高。如绒毛膜上皮癌、睾丸恶性间质细胞瘤等能大量释放人绒毛膜促性腺激素（hCG），血清 hCG 含量可高达 1.0～

30.0μg/mL，在排除妊娠因素后，可作为某些生殖道肿瘤的辅助诊断；甲状腺肿瘤可引起甲状腺蛋白（TG）的异常释放，但甲状腺炎、甲亢等也可引起TG升高，测定TG含量仅适用于术后判断是否残留肿瘤或有无转移，不能作为早期诊断。此外，如铁蛋白、碱性胎儿蛋白、糖链抗原（CA19－9）等也常与某些肿瘤有关，此类抗原的异常升高，亦可作为某些肿瘤的辅助诊断依据。

四、肿瘤的免疫学治疗

（一）肿瘤的非特异性免疫预防和治疗

机体免疫系统具有防止肿瘤发生和发展的免疫监视功能，免疫功能的降低是肿瘤发生和发展的内在因素。提高机体免疫功能，特别是细胞免疫功能，能有效地防止肿瘤发生，减缓肿瘤发展，甚至促使肿瘤消退。因此，如何加强免疫功能，提高整体免疫水平，以达到预防和治疗肿瘤的目的，就成为肿瘤免疫学研究的重点之一。

1. 卡介苗（BCG） BCG是目前所了解的最有效的免疫刺激剂，其功能是多方面的，包括：①刺激骨髓干细胞，使之分化成熟为免疫功能细胞。②刺激免疫功能细胞（T细胞、B细胞、K细胞、巨噬细胞等）增生。③在注射局部引起迟发型变态反应（肉芽肿样炎症），吸引淋巴细胞至局部并增强其功能；如注射于瘤体内，瘤细胞可作为“无辜在场者”而被消灭。BCG对瘤细胞没有直接杀伤效应，而是通过加强机体细胞免疫功能发挥作用。

BCG单独或与肿瘤疫苗合用对多种肿瘤有一定疗效，尤其是体表肿瘤，将其注入瘤体内，可使肿瘤消退，但它对内脏肿瘤的效果较差。

2. 棒状杆菌 短小棒状杆菌是一种革兰阳性厌氧菌，寄生于人和动物的骨髓和内脏中，无致病性。通常将其制成灭活疫苗应用，能活化巨噬细胞，促进巨噬细胞-B细胞的协同作用，增强ADCC和K细胞活性，降低和防止瘤细胞转移。棒状杆菌苗与化疗或理疗合用可获良好疗效，亦可直接注入瘤体内，促使肿瘤消退。

3. 左旋咪唑和四咪唑 均为抗寄生虫药，能增强T细胞功能，促进淋巴细胞转化，并可促进巨噬细胞作用，尤其是对细胞免疫水平已降低了的患者，能恢复其免疫功能，可与化疗药物合用。其优点是能口服。

4. 聚核苷酸 包括PolyI∶C和PolyA∶U，均为干扰素诱生剂，能增强腺苷酸环化酶的活性，提高细胞内的cAMP的水平，活化T、B细胞，并能诱导细胞产生干扰素，发挥抗病毒和抗肿瘤作用。

5. 二硝基氯苯（DNCB） 用于体表的肿瘤，注入肿瘤内可引起迟发型变态反应，即所谓的“无辜在场者反应”，从而杀伤瘤细胞。

6. 植物多糖体及中药 植物多糖体多取自真菌菌丝体及某些植物，如日本常用的PSK即为取自云芝菌丝体的蛋白多糖。中药中的黄芪、香菇、猪苓、桑寄生、梅寄生、灵芝等多糖体均可增强T细胞功能，逆转抑制性T细胞的活性，能使实验性瘤体缩小并抑制瘤细胞转移。经实验，自甘蔗、麦秆、稻草、葵花盘提取的多糖，也有一定的抑瘤作用。实验证明，补气中药能加强免疫系统的功能，如黄芪、党参、灵芝等均有类似的作用；针灸能迅速加强吞噬功能并刺激T细胞增多。但由于中医中药的作用比较复杂，涉及因素较多，分析也比较困难，其作用机理有待进一步研究。

（二）特异性免疫治疗

1. 肿瘤疫苗 除由病毒引起的肿瘤外，肿瘤疫苗由于 TSA 的多样性，进展缓慢，至今尚未从分子水平上确定对机体免疫系统有特异性刺激作用的抗原。故目前只能用患者自身的肿瘤组织作为疫苗，给患者注射以激发机体特异性免疫，作为手术后辅助治疗。

（1）致瘤病毒疫苗：作为预防肿瘤发生的特异性疫苗，目前只在病毒引起的肿瘤中获得成功，如鸡的马立克病疫苗是最早研究的肿瘤疫苗。又如用兔纤维瘤病毒疫苗可以预防致死性的兔传染性黏液瘤。这是因为兔纤维瘤病毒和兔黏液瘤病毒两者均为兔痘病毒属的病毒，其抗原性有交叉，因此可用不引起纤维瘤的病毒变异株做成异源疫苗

（2）肿瘤组织疫苗：除病毒性肿瘤外，对大多数肿瘤来说几乎无抗原性，以致难以确定其 TSA。故目前肿瘤疫苗制备的策略仍然是采用患者自身的肿瘤制成组织灭活疫苗，以激发肿瘤特异性免疫，来治疗自身肿瘤。在接种自家疫苗时，通常还同时注射卡介苗等作为佐剂以增强细胞免疫。如人的肾脏肿瘤和黑色素瘤等，应用自家瘤苗后可见病情稳定，部分缓解，甚至完全缓解的报道。

2. 肿瘤的过继性免疫 通过转输免疫淋巴细胞来治疗肿瘤和其他疾病的疗法称为过继性免疫疗法（adoptive immunotherapy，AIT）。近年来，由于 IL－2 的发现和体外诱导培养对肿瘤具有杀伤活性的免疫淋巴细胞方法的建立，从理论上和实践上解决了难以获得大量自身的抗肿瘤免疫活性细胞这一关键问题，使应用 AIT 治疗肿瘤取得了重大进展。主要包括如下几种方法：

（1）LAK 细胞疗法：从荷瘤患者或正常动物外周血分离淋巴细胞，在含 IL－2 的营养液中培养后，可诱导出能溶解和杀伤自身瘤细胞和广谱抗瘤效应的淋巴细胞，称之为淋巴因子活化的杀伤细胞（lymphokine-activated killer cell），即 LAK 细胞。将体外诱导的小鼠 LAK 细胞转输给已移植肿瘤细胞的同系小鼠，在 IL－2 的协同下，能明显减少肿瘤的发生和转移；对部分实验小鼠还可使已发生或转移的肿瘤消退，从而治愈患瘤小鼠。淋巴细胞与 IL－2 共育 3～5d 即可形成 LAK 细胞，且可连续培养传代，不仅在数量上大大增加，以满足治疗需要，还能使其杀伤活性显著增强。转输至体内的 LAK 细胞，其杀伤瘤细胞活性的发挥和维持，有赖于一定水平的 IL－2。因此在转输 LAK 细胞时必须同时注射 IL－2，才能达到使肿瘤消退的疗效。

（2）TIL 细胞疗法：从手术后的肿瘤组织或胸腹腔渗出液中分离获得的、有特异性杀伤活性的淋巴细胞称为肿瘤浸润淋巴细胞（tumor-infiltrating lymphocytes，TIL），即 TIL 细胞。在体外培养诱导 TIL 时，除加入 IL－2 外，还必须添加自瘤组织中提取的 TSA 或肿瘤细胞悬液，在体外长期连续培养，在 IL－2 和 TSA 的诱导下，可形成对自身肿瘤有高度特异性杀伤活性的 TIL 细胞系。TIL 转输后能在体内增殖并聚集到肿瘤局部，其在体内的抗瘤活性要比 LAK 细胞强 50～100 倍，且其抗瘤作用不依赖于外源性 IL－2。转输 TIT 细胞与化疗药物联合使用时，可消除小鼠肺和肝脏中较大的转移灶，这是 LAK 细胞和 IL－2 联合疗法所不能做到的。如在此基础上同时给予低剂量 IL－2 可进一步增强疗效。

（3）CD3AK 细胞：被 CD3 抗体活化扩增的 T 细胞称为 CD3 活化的杀伤细胞，即 CD3AK 细胞，它和 LAK 细胞一样具有杀伤肿瘤细胞活性。

3. 细胞因子疗法 DNA 重组技术的问世，使不少细胞因子均能通过基因工程生产，使细胞因子的研究和应用迅猛发展，成为肿瘤免疫治疗的重要支柱之一。

（1）IL－2疗法：毒副作用是应用IL－2治疗肿瘤的主要障碍，故通常与LAK细胞配伍使用。单独应用仅获准用于治疗最有侵袭性的肿瘤，如肾细胞瘤、黑色素瘤等。与铂制剂化疗合用治疗转移性黑色素瘤，特别是在加用IFN－α时，效果令人鼓舞。

（2）IL－6疗法：IL－6与IFN－β_2是同一物质，具有自发分泌生长抑制因子的功能，可限制细胞增殖，防止细胞恶性生长。研究表明IL－6对乳腺癌、白血病及淋巴瘤细胞的增殖有明显抑制作用。

（3）肿瘤坏死因子：给诱生肿瘤的动物注射卡介苗和内毒素（脂多糖）后，血清中可产生一种可引起肿瘤出血坏死而对正常细胞无细胞毒作用的活性因子，称为肿瘤坏死因子（tumor necrosis factor，TNF）。单独应用TNF对人体肿瘤没有明显疗效，但与其他药物，尤其是细胞因子如与IL－2、IFN－α等，联用则可显著提高其抗瘤疗效。

（4）集落刺激因子（CSF）：此类细胞因子包括C－CSF、GM－CSF、MCSF、TPO、EPO等。现代肿瘤治疗中常用的放疗和化疗经常引起严重的骨髓抑制，导致保护性白细胞群体数目减少，患者抵抗力下降，出现细菌或真菌感染等。由于CSF无论对正常或骨髓抑制者都有调节造血功能作用，可帮助机体恢复由放疗和化疗所致的骨髓抑制以抵制细菌感染，也可激活宿主细胞，引起抗肿瘤反应。由于CSF对提高白细胞数作用十分明显，可有效降低放、化疗所致的骨髓抑制的发病率及死亡率。

4. 免疫毒素疗法 将细胞毒素、抗癌药等与抗体连接形成导向药物，称为免疫毒素（immune toxin）。应用某些能识别肿瘤细胞和正常细胞的单克隆抗体，与植物毒素蛋白或细菌毒素的A链（毒作用链）相连接制成免疫毒素。常用的有蓖麻毒素、相思子毒素、白喉毒素和绿脓杆菌毒素等，使它们能特异性地作用于肿瘤细胞。

第四节 免疫缺陷性疾病

免疫系统中的多个细胞性和分子性组分及其相互作用所构成的免疫应答，通常可对细菌性、病毒性或者真菌性的感染提供足够的保护。然而，任何导致机体某项免疫功能不足的异常情况的出现就属于免疫缺陷病（immunodeficiency diseases）。准确来说，免疫缺陷就是机体对感染的易感性（susceptibility）增加。它可以从每个病例发生的某种异常和感染时所表现出来的某个免疫组分（T细胞、B细胞、巨噬细胞和补体）的应答及其相应功能的缺陷就可得到证据。这四个系统，尽管它们各自具有某种程度的独立性，相互间紧密地构成一个完整的系统负责机体的免疫防御功能，即使当它们中任何的一个组分的功能出现缺失（absent）或者缺陷（deficient），都会削弱整个免疫系统的功能，特别是这些系统之间的相互依赖需要多种细胞的合作、趋化因子的刺激以及各种活化因子，加重了任何一种系统的异常给整个系统所造成的潜在后果。然而，某方面的缺失或者异常虽然可削弱整体的功能，但并非都是致命的，因为系统中其他组分的功能往往会补偿这一缺失。

一个患者发生反复或者异常的感染，往往是免疫功能异常和免疫缺陷的主要指征。有多种情况可造成这种免疫功能的削弱，包括遗传的、肿瘤、放射性照射、肿瘤化疗、营养缺乏、年老等。尽管免疫缺陷可能是整体的，可影响免疫系统的多个组分（如严重的综合性免疫缺陷），但在绝大多数情况下，免疫缺陷往往仅局限于系统中的一个组分。这样的缺陷通常仅仅导致机体对某个病原感染的易感，而非对所有病原都易感。例如，涉及T细胞缺乏的疾病使得患者倾向于患细胞内寄生的微生物包括分枝杆菌、一些真菌、病毒所引起的感染；相反，涉及其他三个系统缺乏的，则倾向于患细胞外寄生的其他多种微生物的感染。换言之，某种特定微生物的感染，往往是免疫系统中某个组分功能缺陷的反映。此外，通常可以通过对免疫缺陷病之某项免疫功能及其组分的定量并与正常的数值进行比较，即可确定是哪个组分及其功能出现了异常。更为重要的是，这样可以尽可能准确地确定是哪种缺陷，以便有可能对其进行纠正（correction）治疗。

免疫缺陷病可分成原发的（primary），通常是先天性的（congenital）（体液免疫或者细胞免疫正常发育受阻之结果），和继发性的（secondary），即获得性的（acquired）（因其他疫病及其治疗所导致）。大量的免疫系统之特异的先天性或者继发性的功能异常已得到了确诊，它们是造成临床上患者对复发性感染（recurrent infections）易感的原因。这些异常从最初的免疫系统对多种抗原的反应受到影响到最终的免疫细胞的分化成熟受到影响而导致特定功能缺陷之间的各种程度都有。原发的疾病比较少，而继发性的则比较常见。每个免疫组分及其功能的异常可通过病理生理学（pathophysiology）来鉴定。所以，需要对免疫系统进行细胞（淋巴细胞、巨噬细胞）和/或分子（抗体、细胞因子、补体）的定量或者定性的分析。

复习思考题

1. 机体免疫系统为什么有时不能对肿瘤细胞发挥免疫作用？
2. 通过哪些方法可改善机体对肿瘤的免疫作用？
3. 细胞免疫功能检测在肿瘤免疫中的应用？
4. 在遗传性质不同的生物之间进行器官移植会发生什么反应？
5. 如何延长移植物的存活时间？
6. 哪些人或动物个体容易发生自身免疫性疾病？
7. 如何利用免疫抑制方法治疗自身免疫性疾病？
8. 简述免疫缺陷的概念以及免疫缺陷病的类型及其鉴定方法。

（韦平编写，田文霞、王桂军审稿）

第十七章　免疫学检测技术

内　容　提　要

免疫学检测技术包括血清学检测与细胞免疫检测。在血清学检测技术方面，主要有凝集性反应、沉淀反应、免疫标记技术、补体参与的反应、中和反应、免疫电镜技术、免疫沉淀、免疫印迹等。凝集性反应有直接凝集试验、间接凝集试验、Coombs 试验三种技术类型。直接凝集试验由颗粒性抗原与相应抗体直接结合，出现肉眼可见的凝集块。间接凝集试验是将可溶性抗原（或抗体）吸附于与免疫无关的小颗粒载体表面，用以检测相应抗体（或抗原）的试验技术。Coombs 试验主要用于检测单价的不完全抗体（封闭抗体），在正常血凝试验时，应用本法亦可提高其灵敏度。沉淀反应有液体内沉淀试验和凝胶内沉淀试验两种。免疫标记技术包括免疫荧光技术、免疫酶技术、放射免疫测定、SPA 免疫检测技术、生物素-亲和素系统免疫检测技术、胶体金免疫检测技术。有补体参与的反应包括溶解反应、补体结合试验、免疫黏附红细胞凝集试验、团集试验和团集性补体吸收试验。中和反应可用于病毒种型鉴定、病毒抗原分析、中和抗体效测定等。在细胞免疫检测方面，包括免疫细胞数量的检测、免疫细胞活性和功能检测，如淋巴细胞转化试验和细胞毒性 T 细胞试验；杀伤细胞的活性检测包括 K 细胞活性测定和 NK 细胞活性测定；细胞介素、干扰素等免疫活性物质的测定等。通过免疫活性物质的测定，评价细胞免疫功能和机体细胞免疫的水平。

第一节　血清学检测技术

一、概　　论

抗原与抗体的特异性结合既可以在体内进行，亦可以在体外进行，体外进行的抗原抗体反应习惯上称作血清学反应（serological reaction）。这是由于传统免疫学技术多采用人或动物的血清作为抗体的样品来源，实际上现代的抗原抗体反应早已突破了血清学时代的概念。抗原和抗体的体外反应是应用最为广泛的一种免疫学技术，为疾病的诊断、抗原和抗体的鉴定和定量提供了良好方法。

（一）血清学反应的一般规律

1. 抗原抗体结合的胶体形状变化 抗体为蛋白质，溶解于水呈胶体溶液，亲水胶体表面有大量的氨基和羧基残基，在溶液中带有电荷，由于静电作用，在蛋白质分子周围出现了带相反电荷的电子云。如在 pH 7.4 时，某蛋白质带负电荷，其周围出现极化的水分子和阳离子，这样就形成了水化层，再加上电荷的相斥，就保证了蛋白质不会自行聚合而产生沉淀。抗原抗体的结合使电子云消失，蛋白质由亲水胶体转化为疏水胶体。此时，如再加入电解质，如 NaCl，则进一步使疏水胶体物相互靠拢，形成肉眼可见的抗原抗体复合物。

2. 抗原抗体作用的结合力 抗原抗体的结合实质上是抗原表位与抗体超变区中抗原结合位点之间的结合。由于两者在化学结构和空间构型上呈互补关系，所以抗原与抗体的结合具有高度的特异性。较大分子的蛋白质常含有多种抗原表位。如果两种不同的抗原分子上有相同的抗原表位或抗原、抗体间构型部分相同，皆可出现交叉反应。抗原的特异性取决于抗原决定簇的数目、性质和空间构型，而抗体的特异性则取决于 Fab 片段的可变区与相应抗原决定簇的结合能力。抗原与抗体不是通过共价键，而是通过很弱的短距引力而结合，如范德华引力、静电引力、氢键及疏水性作用等。

3. 抗原抗体结合的比例 在抗原抗体特异性反应时，生成结合物的量与反应物的浓度有关，但只有在两者分子比例合适时才出现最强的反应。以沉淀反应为例，若向一排试管中加入一定量的抗体，然后依次向各管中加入递增量的相应可溶性抗原，根据所形成的沉淀物及抗原抗体的比例关系可绘制出反应曲线，曲线的高峰部分是抗原抗体分子比例合适的范围，称为抗原抗体反应的等价带（zone of equivalence）。

当抗原抗体充分结合，沉淀物形成最多，上清液中几乎无游离抗原或抗体存在，表明抗原与抗体浓度的比例最为合适，称为最适比（optimal ratio）。当抗原或抗体过量时，由于其结合价不能相互饱和，就只能形成较小的沉淀物或可溶性抗原抗体复合物，无沉淀物形成，为带现象（zone phenomenon）。出现在抗体过量时，称为前带（prezone），出现在抗原过剩时，称为后带（postzone）。

4. 抗原与抗体结合的可逆性 因抗原与抗体两者为非共价键结合，犹如酶和底物的结合一样，两分子间不形成稳定的共价键，因此在一定条件下可以解离。抗原抗体复合物解离取决于两方面因素：一是抗体对相应抗原的亲和力；二是环境因素对复合物的影响。高亲和性抗体的抗原结合点与抗原表位的空间构型上非常适合，两者结合牢固，不容易解离，反之亦然。解离后的抗原或抗体均能保持未结合前的结构、活性及特异性。

5. 抗原抗体反应的阶段性 第一阶段为抗原抗体特异性结合，需时短，仅几秒到几分钟的时间。第二阶段为可见反应阶段，需时较长，数分钟到数日，表现为凝集、沉淀、细胞溶解等。

（二）血清抗体的制备原则

抗原反复多次注射同一动物体，能够生产高效价的血清抗体，该血清又称免疫血清（immune serum）或抗血清（antiserum）。由于抗原分子具有多种抗原决定簇，每一决定簇可激活相应抗原受体的 B 细胞产生相应抗原决定簇的抗体。因此，将抗原注入机体所产生的抗体是针对多种抗原决定簇的混合抗体，故称之为多克隆抗体（polyclonal antibodies）。

1. 动物的免疫 供免疫用的动物有哺乳类和禽类，常选用家兔、山羊或绵羊、马、骡和豚鼠等。选择动物主要是根据抗原的特性和所要获得抗体的量和用途来确定。如马匹常用于制备大量抗毒素血清，但其沉淀素抗体的等价带较窄，用于免疫电泳不理想；豚鼠适用于制备抗酶类抗体和供补体结合试验用的抗体，但抗血清产量较少；对于难以获得的抗原，且抗体需要量少，可用纯系小鼠制备。免疫用动物应选适龄、健壮，最好为雄性。由于动物个体间的个体差异较大，每批免疫最好同时使用数只动物。

2. 抗原及佐剂 不同抗原免疫原性的强弱取决于其分子质量、化学活性基团、立体结构、物理性状和弥散速度等。抗原的免疫剂量依照抗原的种类、免疫次数、注射途径、受体动物的种类、免疫周期等不同而异。剂量过低不能形成足够强的免疫刺激，但剂量过高，又有可能造成免疫耐受。在一定范围内，抗体效价随注射抗原的剂量而增高，蛋白质抗原的免疫剂量比多糖类抗原范围大。一般来说，小鼠首次抗原剂量为 50～400μg/次；大鼠为 100～1 000μg/次；兔为 200～1 000μg/次，加强免疫的剂量为首次剂量的 1/5～2/5，如需制备高度特异性的抗血清，可选用低剂量抗原短程免疫法；反之，欲获得高效价的抗血清，宜采用大剂量抗原长程免疫法。

对可溶性抗原常需加用佐剂，以增强抗原的免疫原性或改变免疫反应的类型，以刺激机体产生较强的免疫应答。如用可溶性蛋白质抗原免疫家兔或山羊，在加用佐剂时，一次注入量一般为 0.5～1mg/kg，如不加佐剂，则抗原剂量应加大 10～20 倍。佐剂有弗氏佐剂（Freund's adjuvant）、脂质体佐剂及氢氧化铝佐剂等。其中最常用的是弗氏佐剂，根据其组成分为弗氏完全佐剂（Freund's complete adjuvant，FCA）与弗氏不完全佐剂（Freund's incomplete adjuvant，FIA）两种。弗氏不完全佐剂通常由羊毛脂 1 份、石蜡 5 份组成。每毫升弗氏不完全佐剂中加入 1～20mg 卡介苗即为弗氏完全佐剂。

3. 免疫方案 通常根据抗原性质、免疫原性及动物的免疫反应性决定注射途径、免疫次数、间隔时间等。注射途径可选用皮内、皮下、肌肉、静脉或淋巴结内等不同途径。一般常采用背部、足掌、淋巴结周围、耳后等处皮内或皮下多点注射。初次免疫与第二次免疫的间隔时间多为 2～4 周。常规免疫方案为抗原加弗氏完全佐剂皮下多点注射进行基础免疫；再以免疫原加弗氏不完全佐剂做 2～5 次加强免疫，每次间隔 2～3 周。皮下或腹腔注射加强免疫。完成免疫程序后，先取少量血清测试，抗体效价达到要求时，采血分离血清，应注意避免红细胞溶血。虽然血红蛋白不会妨碍大多数试验的进行，但它显然会干扰像补体结合试验那样的反应，因为溶血是补体结合试验的指标，而且血红蛋白可能有抗补体作用。有时也可以用加了抗凝剂的全血做试验。还可用其他分泌物，如阴道黏液、奶、初乳或乳清来做试验，后者是加凝乳酶于初乳中而得到的。在掌握了更多的关于 IgA 型抗体在诊断上的重要性以后，也可以用粪便和唾液来作为抗体制剂。

4. 血清的保存 血清应在－20℃或以下保存。如果在普通冰箱或常温下，最好血清中加入少量防腐剂，如 0.1%叠氮钠、0.01%柳硫汞、0.25%石炭酸或等量的中性甘油，但需注明血清样品已加入的防腐剂名称，因为有些防腐剂可以干扰要进行的试验。亦可将抗血清冷冻干燥后保存。

（三）影响血清学反应的因素

影响抗原抗体反应的因素很多，既有反应物自身的因素，亦有环境条件因素。

1. 抗体 抗体是影响血清学反应的关键因素。抗体的来源、浓度和特异性与亲和力直接影响血清学反应的结果。抗体的来源不同，反应性存在差异。家兔等多数实验动物的免疫血清具有较宽的等价带。通常在抗原过量时才易出现可溶性免疫复合物；人和马等大动物的免疫血清的等价带较窄，抗原或抗体的少量过剩便易形成可溶性免疫复合物，家禽免疫血清不能结合哺乳动物的补体；在抗原抗体反应中，合适的抗体是必需的，因此需滴定抗体的水平；抗体的特异性与亲和力是血清学反应中的两个关键因素。早期获得的动物免疫血清特异性较好，但亲和力偏低；后期获得的免疫血清一般亲和力较高；单克隆抗体的特异性毋庸置疑，但其亲和力较低。

2. 抗原 抗原的理化性状、抗原决定簇的数目和种类等均可影响血清学反应的结果。例如可溶性抗原与相应抗体的反应类型是沉淀，而颗粒性抗原的反应类型是凝集；单价抗原与抗体结合不出现可见反应；粗糙型细菌在生理盐水中易发生自凝；红细胞同 IgG 类抗体结合不直接出现凝集，这些都需要在实验中加以注意。

3. 电解质 电解质是抗原抗体反应系统中不可缺少的成分，它可使免疫复合物出现可见的沉淀或凝集现象。一般用 8.5g/L 浓度的 NaCl 溶液作为抗原和抗体的稀释剂与反应溶液，特殊需要时也可选用较为复杂的缓冲液。如果反应系统中电解质浓度低甚至无，抗原抗体不易出现可见反应，尤其是沉淀反应；但如果电解质浓度过高，则会出现非特异性蛋白质沉淀，即盐析。

4. 酸碱度 血清学反应一般在 pH 6～9 的范围内进行，超出这个范围，均可影响反应的结果，出现假阳性或假阴性。不同类型的抗原抗体反应合适范围不同，例如对流免疫电泳时缓冲液 pH 应为 8.6；补体参与的溶解反应 pH 7.3～7.4 时最合适；做细菌凝集试验时，pH 低到细菌等电点（pH 4～5）左右时，会导致酸凝集。

5. 温度 抗原抗体反应的温度范围是 15～40℃，常用温度为 37℃。每种试验都有其最适反应温度，例如冷凝集素在 4℃左右最好，20℃以上反而解离。温度主要影响反应速度，较少影响反应结果。温度偏低时，反应速度减慢，但抗原抗体结合较牢固，更易于观察。此外，适当振荡也可促进抗原抗体分子的接触，加速反应。

6. 时间 时间因素主要因反应速度来体现，反应速度取决于抗原抗体亲和力、反应类型、反应介质、反应温度等因素。例如在液相中抗原抗体反应很快达到平衡，但在固相中就慢得多。不同类型的试验结果观察的时间不同。时间意味着效率，理想实验方法的标准之一就是快速，人们一直在想方设法加快反应速度，缩短实验时间，新设备、新仪器、新技术不断涌现，为实现免疫实验的简便、省时取得了显著的成效。

(四) 血清学反应的应用

血清学检查是一种特异性的诊断方法，通过对样品中抗原或抗体定性、定位或定量检测，达到临床检查，疾病诊断和流行病学调查。

1. 抗原抗体的定性检测 动物血清中存在抗体，说明该动物曾经与同源抗原接触过。抗体的出现意味着动物现在正患病或过去患过病，或动物接种疫苗已经产生效力。如果在一个时期内测定抗体几次，就有可能判明出现的抗体是属于哪种情况产生的。如果抗体水平迅速升高，表明感染正在被克服。如果抗体水平下降，表示这些抗体可能是传染病或接种疫苗的残余抗体。接种疫苗后测定抗体，可以明确人工免疫疗效的程度，而作为以后是否需要再接种疫苗的参考。在抗原的定性检测方面，用于传染病病原诊断、微生物的分类和鉴定以及对菌苗、疫苗的研究；生物体内各种大分子物质，包括各种血清蛋白、可溶性血型物质、抗原肽类激素、细胞因子及癌胚抗原等；人和动物细胞的表面分子，如细胞表面各种分化抗原、同种异型抗原、病毒相关抗原和肿瘤相关抗原等；各种半抗原物质，如某些药物、激素和炎症介质等。

2. 抗原或抗体的定量检测 根据抗原抗体免疫复合物多少来推算样品中抗原或抗体的含量；也可对抗原或抗体进行效价滴定。固定抗原或抗体浓度低的成分，将浓度高的另一成分做系列稀释，稀释度最高的出现反应为其效价；利用免疫组化技术对抗原定量检测，通过胶体金（银）技术、胶体铁技术、图像分析、流式细胞等技术进行的一种抗原定量方法，特别是与基因探针、核酸分子杂交、原位 PCR 等，使免疫组化更为精确。

3. 抗原的定位检测 利用免疫组化技术，采用已知抗体对抗原定位测定。将抗原抗体反应的特异性和组织化学的可见性巧妙地结合起来，借助荧光显微镜、电子显微镜、共聚焦技术等的显像和放大作用，在细胞、亚细胞水平检测各种抗原物质。

二、血清学反应的类型

在抗原抗体反应中，由于抗原或抗体的性质不同、进行抗原抗体反应的方法不同，出现结果的特征不同等，有多种反应类型。

（一）凝集性反应

颗粒性抗原与相应抗体结合后，在有适量电解质存在下，抗原颗粒相互凝集成肉眼可见的凝集块，称为凝集反应。参加反应的抗原称为凝集原，抗体称为凝集素。

1. 直接凝集试验（direct agglutination test） 直接凝集是将颗粒性抗原直接与相应抗体反应出现肉眼可见的凝集块。按操作方法分为玻片（平板）凝集试验、试管凝集试验和生长凝集试验三种。

玻片（平板）凝集试验是将含已知抗体的诊断血清与待测菌液各一滴滴在玻片或玻璃板上，混合 1～3min 后即可观察结果，凡呈现细小或粗大颗粒即为阳性，如进行血型鉴定、沙门菌分型等。也可用已知的抗原与待检血清各一滴滴在玻片上，混合后出现颗粒性或絮状凝集，即为阳性反应，如布氏杆菌病检疫、鸡白痢检疫等都采用此方法。此方法简便快速，但只能进行定性测定。

试管凝集常用已知抗原检测待检血清中是否存在相应抗体或抗体的效价，先判断各试管中的凝集强度，凝集强度分别表示为＋＋＋＋（100％）、＋＋＋（75％）、＋＋（50％）、＋（25％）、－（不凝集），根据凝集强度再判定凝集价，能使 50％抗原凝集的血清最高稀释度为该血清凝集价。试管凝集试验亦可改用 96 孔微量凝集板进行，以节省抗原和抗体的用量，特别适于大规模的流行病学调查。

生长凝集试验是抗体与活的细菌（或支原体）结合，在没有补体存在时，虽不能杀死或抑制细菌生长，但能使细菌呈凝集生长，借显微镜观察培养物是否凝集成团，以检测加入培养基中的血清是否含相应抗体。如猪喘气病的微粒凝集试验。

2. 间接凝集试验（indirect agglutination test） 可溶性抗原或抗体吸附于与免疫无关的颗粒载体表面，此吸附抗原或抗体的载体颗粒与相应抗体或抗原结合，在有电解质存在的适宜条件下发生的凝集反应，称为间接凝集反应。常用的载体有动物红细胞（常用绵羊红细胞或人 O 型血红细胞）、聚苯乙烯乳胶微球、活性炭等。根据试验所用的载体颗粒不同分别称为间接血凝试验、乳胶凝集试验、碳素凝集试验等。间接凝集试验的灵敏度比直接凝集试验高 2～8 倍，适用于抗体和各种可溶性抗原的检测，其特点是微量、快速、操作简便、无须特殊设备，应用范围广泛。可溶性抗原致敏载体颗粒，用于检测相应抗体，为正向间接凝集试验；抗体致敏载体颗粒，用于检测抗原为反向间接凝集试验；若将待测抗原（或抗体）与特异性抗体（或抗原）先行混合，作用一定时间后，再加入相应的致敏载体悬液，为间接凝集抑制试验。若前者抗原抗体为特异性反应，加入致敏载体就不发生反应，为阳性，反之依然，该方法主要检测间接凝集试验的特异性。

3. Coombs 试验 又称为抗球蛋白试验（antiglobulin test），主要用于检测单价不完全抗体（封闭抗体），单价抗体与颗粒状抗原结合后，不引起可见的凝集反应。但抗体本身是一种良好的抗原，用其免疫异种动物即可获得抗球蛋白抗体（抗抗体）。抗抗体与抗原颗粒上吸附的单价抗体结合，即可使其凝集，其实质也是一种间接凝集试验。该试验由 Coombs 创立，故又称 Coombs 试验。有直接法和间接法，直接法主要用于初生幼畜免疫溶血性贫血的检查。初生幼畜脐带血中含有的红细胞已被自身抗体所致敏，因而采脐带血并将此红细胞洗涤后，直接加入抗球蛋白血清，阳性者红细胞发生凝集。间接法是将抗原与待检血清按常规方法进行凝集试验，判定结果（完全抗体效价）后，将不凝集的管，经离心沉淀，弃上清，沉淀物重悬浮于半量的稀释液中，再加入适当稀释的抗球蛋白血清，37℃水浴 2h，置冰箱过夜判定结果。本法多用于检测布氏杆菌不完全抗体。

4. 固相免疫吸附血凝技术（solid phase，SPISHA） 该技术将血凝试验与固相免疫吸附技术相结合，基本原理与酶联免疫吸附试验（ELISA）和固相放射免疫测定（SPRIA）相似。但用新鲜红细胞、抗原或抗体致敏的红细胞作为指示系统，代替酶或核素标记抗体，通过肉眼观察（亦可用分光光度计测定）红细胞被吸附在固相载体上出现的凝集现象来判定试验结果。根据试验中使用的红细胞性质不同，可分为固相血凝试验（SP－HA），是将血凝试验与固相免疫吸附技术相结合，使用新鲜红细胞作为指示剂，多用于检测抗体，如鸡新城疫病毒、禽流感病毒的诊断；固相间接血凝试验（SP－PHA），此法是将间接血凝试验与固相免疫吸附技术相结合，使用抗原致敏的红细胞作为指示系统，用于检测特异性抗体；固相反向间接血凝试验（SP－RPHA），是将反向间接血凝试验与固相免疫吸附技术相结合，特异性抗体致敏的红细胞作为指示系统，用于检测抗原，亦可用于抗体检测。

（二）沉淀反应

可溶性抗原（细菌的外毒素、内毒素、菌体裂解液、病毒、血清、组织浸出液等）与相应抗体结合，在适量电解质存在下，形成肉眼可见的沉淀物，称为沉淀反应。所用抗原称为沉淀原，抗体称为沉淀素。沉淀反应的抗原可以是多糖、蛋白质、类脂等，抗原分子较小，单位体积内所含的量多，与抗体结合的面积大，故在做定性试验时，常出现抗原过剩，形成后带现象，所以通常稀释抗原，并以抗原稀释度作为沉淀反应效价。

1. 絮状沉淀试验 抗原、抗体在试管内混合，有电解质存在时，抗原抗体复合物可形成浑浊沉淀或絮状沉淀物。抗原抗体比例最适时，沉淀物出现最快，浑浊度最大；抗原过剩或抗体过剩，则反应出现时间延迟，沉淀减少，甚至不出现沉淀，形成前带或后带现象。故将抗原抗体同时稀释，以方阵法测定抗原、抗体反应最适比例。

2. 环状沉淀试验 在小口径试管内加入已知抗血清，然后小心加入待检抗原于血清表面，使之成为分界明显的两层，数分钟后，两层液面交界处出现白色环状沉淀，即为阳性反应，主要用于抗原定性测定，如炭疽 Ascoli 氏反应；也可用于沉淀素效价滴定，出现白色沉淀带的最高抗原稀释倍数，即为血清的沉淀价。

3. 免疫浊度测定 该试验是将现代光学测量仪器与自动分析检测系统相结合应用于沉

淀试验，可对微量的抗原、抗体及其他生物活性物质进行定量测定，包括透射比浊法（transmission turbidimetry）、散射比浊法（nephelometry）、免疫乳胶浊度测定法（immunolatex turbidimetry）、速率抑制免疫比浊法（rate inhibition immunoturbidimetry）等多种方法。免疫浊度测定法已广泛应用于各种免疫球蛋白、补体成分、循环免疫复合物（CIC）及其他血浆蛋白质（如载脂蛋白、转铁蛋白、C反应蛋白等）的定量测定以及临床治疗药物的监测。

4. 免疫扩散试验（immunodiffusion test） 1%以下的琼脂凝胶中可形成大于85nm的微孔，可溶性抗原或抗体能在其中自由扩散，并由近及远形成浓度梯度，抗原和抗体在比例适当处相遇，形成颗粒较大的抗原抗体复合物而不再扩散，出现肉眼可见的白色沉淀线。一种抗原抗体系统只出现一条沉淀线，复合抗原中的多种抗原抗体系统均可根据自己的浓度、扩散系数、最适比等因素，形成自己的沉淀线。

本试验的主要优点是能将复合的抗原成分加以区分，根据出现沉淀线的数目、位置以及相邻两条沉淀线之间的融合交叉、分支等情况，即可了解该复合抗原的组成，并可将所得沉淀线用特异染色方法（蛋白质、多糖、脂类的鉴别染色）、生物活性（酶活性）和同位素标记方法，鉴定抗原的成分。试验的方法类型见图17-1。

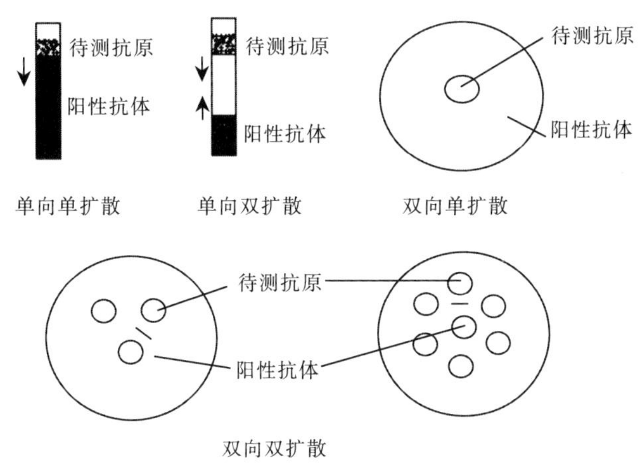

图17-1 免疫扩散试验图示

（1）单向单扩散（simple diffusion in one dimension）：0.3%～0.5%琼脂溶解后冷却至45℃时，加入1∶10～20阳性抗体，并分装于内径3mm的小管，高35～45mm。凝固后在其上滴加待检抗原，高约30mm，置于密闭恒温湿盒中。抗原在含阳性血清的琼脂凝胶中扩散，形成浓度梯度，在抗原抗体比例最适处出现沉淀线。此沉淀线随着抗原扩散而向下移动，直至平衡。最初形成的沉淀线，因抗原抗体浓度逐渐增高造成抗原过剩而重新溶解，故沉淀线前缘模糊。沉淀线至琼脂面的距离与反应物浓度、扩散系数以及温度、时间等因素有关。如其他因素固定不变，则沉淀的距离与抗原的浓度呈正比。如反应物存在两种以上的抗原抗体系统时，则每一对抗原抗体系统均可出现各自的沉淀线，这些沉淀线可用增加或减少某一种成分而加以区分。

（2）单向双扩散（double diffusion in one dimension）：用内径8mm的试管，先将含有阳性血清的琼脂加于管底，高约6mm，中间加一层同样浓度的琼脂，凝固后加待测抗原

0.25mL，37℃或室温扩散数日。抗原抗体在中间层相向扩散，在平衡点上形成沉淀线。此法目前较少应用。

（3）双向单扩散（simple diffusion in two dimension）：试验在玻璃板或平皿上进行，用1.6%～2.0%琼脂加一定浓度的等量抗体浇成凝胶板，厚度为2～3mm，在其上打直径为2mm的小孔，孔内滴加抗原液。抗原在孔内向四周辐射扩散，与凝胶中的抗体接触形成白环。此白环随扩散时间而增大，直至平衡为止。沉淀环面积与抗原浓度成正比，因此可用已知浓度的抗原制成标准曲线，即可用以测定抗原的量。

此法在兽医临床已用于传染病的诊断，如马立克病的诊断，可将马立克病高免血清制成血清琼脂平板，拔取病鸡新换的、有髓质的羽毛数根，将毛根剪下，插于此血清平板上，阳性者毛囊中病毒向四周扩散，与琼脂凝胶中含有的抗体形成白色沉淀环。

（4）双向双扩散（double diffusion in two dimension）：又称琼脂扩散沉淀试验，简称琼扩试验。在琼脂凝胶打成梅花孔，在中央孔和周围孔分别加抗原或抗体，抗原抗体在其中自由扩散，当二者在比例适当处相遇，形成白色沉淀带。一种抗原抗体系统只出现一条沉淀带，多种抗原抗体系统则形成多条沉淀带。该方法可以鉴定抗原或抗原成分，也可以测定抗体效价。

5. 免疫电泳试验（immuno-electrophoresis，IEP） 免疫电泳试验是将区带电泳与双向免疫扩散相结合的一种免疫化学分析技术。一般用琼脂凝胶作为电泳支持物。在琼脂凝胶中电泳时，因琼脂带 SO_4^{2-} 使溶液因静电感应产生正电，因而形成一种向负极的推力，称为电渗作用力。带正电的颗粒，在电渗力作用下，加速了向负极的泳动速度；而带负电的颗粒则需克服电渗力的作用，才能逆流而上泳向正极。各种抗原根据所带电荷性质和净电荷多少，按各自的迁移率向两极分开，扩散后与相应抗体形成沉淀带。该试验可用于提纯抗原或抗体的纯度鉴定、血清蛋白组分分析等。

6. 对流免疫电泳（counter-immuno-electrophoresis，CIEP） 是用电泳加速抗原抗体定向扩散的双向免疫电泳扩散技术。在pH 8.6的琼脂电泳中，琼脂中含琼脂果胶，有一种从阳极向阴极的电渗作用力。大部分抗原带较强的负电，克服电渗作用力，向阳极泳动。而大多数IgG带微弱负电，向阳极泳动的速度很慢，在电渗力作用下，反向阴极倒退。故将抗原加在阴极，抗体加在阳极。二者相向泳动，在相遇处形成沉淀线。该方法快速、特异、敏感（图17-2）。

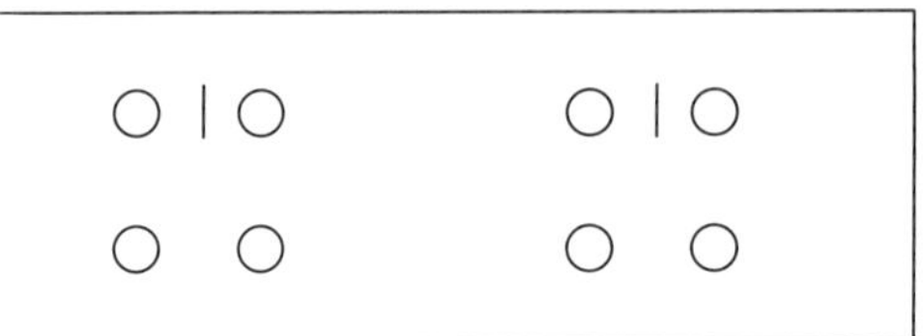

图17-2 对流免疫电泳示意图

7. 火箭免疫电泳（rocket immuno-electrophoresis，RIEP） 在pH 8.2进行电泳时，IgG基本不泳动，在琼脂中混入抗血清，浇板后在电泳阴极侧打孔，加入抗原。电泳时，抗原在含定量抗体的琼脂中向阳极泳动，形成梯度浓度，在适当区域形成状如火箭的沉淀峰（图17-3）。因峰的高度与抗原含量成正比，故用于样品中抗原含量测定。

（三）免疫标记技术

免疫标记技术（immunolabelling techniques）是指用荧光素、酶、放射性同位素、SPA、生物素-亲和素、胶体金等作为示踪物，对抗体或抗原标记后进行抗原抗体反应，并借助于荧光显微镜、射线测定仪、酶标检测仪等精密仪器，对试验结果直接镜检观察或进行

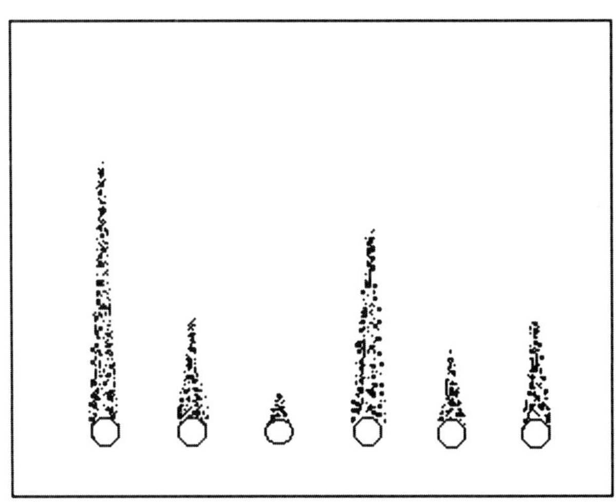

图 17-3 火箭免疫电泳

自动化测定，可以在细胞、亚细胞或分子水平上，对抗原抗体反应进行定性和定位研究；或应用各种液相和固相免疫分析方法，对体液中的半抗原、抗原或抗体进行定性和定量测定。因此，免疫标记技术在敏感性、特异性、精确性及应用范围等方面远远超过一般血清学方法。

根据试验中所用标记物和检测方法不同，免疫标记技术分为免疫荧光技术、免疫酶技术、放射免疫技术、SPA 免疫检测技术、生物素-亲和素免疫检测技术、胶体金免疫检测技术等。

1. 免疫荧光技术（immunofluorescence technique，IFT） 在实践中更多的是使免疫荧光标记抗体技术，简称荧光抗体技术（fluorescent antibody technique，FAT）。即将具有荧光特性的荧光材料连接到提纯的抗体分子上，制成荧光抗体，荧光抗体同样保持特异性结合抗原的能力。当抗原与荧光抗体结合，在荧光显微镜下观察，即可对待检的抗原进行定性和定位测定。常用的荧光材料是异硫氰酸荧光素（FITC）。一个 IgG 分子最多能标记 15～20 个荧光素分子。

（1）直接法：荧光素标记于抗体分子，进行检测组织中细菌、病毒抗原。此法的优点是简单、特异。缺点是检查每种抗原均需制备相应的特异性荧光抗体，且敏感性低于间接法。

（2）间接法：用荧光素标记抗球蛋白抗体，简称标记抗抗体。抗原抗体作用一定时间后，洗去未结合的抗体；然后滴加标记抗抗体，如果第一步中的抗原抗体已发生结合，形成抗原-抗体-标记抗抗体复合物，并显示特异性荧光。此法的优点是敏感性高于直接法，而且只需制备一种荧光素标记的抗球蛋白抗体，就可用于检测同种动物的多种抗原抗体系统。亦可用荧光素标记葡萄球菌 A 蛋白，代替标记抗抗体用于间接法荧光染色，且不受第一抗体来源的种属限制，但敏感性低于标记抗抗体法。

（3）补体法：此法是间接法的一种改良，系利用补体结合试验的原理，即在抗原抗体反应时加入补体（多用豚鼠补体），再用荧光素标记的抗补体抗体进行示踪。检测过程也分为两步，首先将已知阳性抗体和补体加在待测抗原标本片上，作用一定时间后，洗去未结合的抗体和补体，然后滴加荧光素标记的抗补体抗体。如果在第一步中抗原抗体发生特异性结合，则补体被固定，此时加入的标记抗补体抗体即与补体发生结合，形成抗原-抗体-补体-标记抗补体抗体的大分子免疫复合物。此法的主要优点是只需制备一种荧光素标记的抗补体抗体，即可用于检测各种抗原抗体系统（凡是能固定补体者），不受抗体来源的动物种属限制，敏感性也较高。但其缺点是容易出现非特异性染色，而且操作过程较复杂。

2. 免疫酶技术（immuno-enzymatic technique） 免疫酶技术是将抗原抗体反应的特异性和酶的高效催化作用相结合，由此建立的一种非放射性标记免疫检测技术。主要原理是将特定的酶连接于抗体分子上，制成酶标抗体，抗原抗体特异性结合，并通过酶对底物的高效催化作用而显色，从而对抗原（或抗体）进行定性、定位、定量测定。常用的酶有辣根过氧化物酶、碱性磷酸酶等。

（1）免疫酶沉淀技术：将酶标记于抗原或抗体上，通过琼脂扩散、免疫电泳、对流电泳或火箭电泳等方法检测标本中的抗原或抗体。抗原抗体形成的沉淀线，用底物显色，从而提高检测敏感性。

（2）免疫酶定位技术：有免疫酶组化染色技术和酶免疫电镜技术两大类，前者用于细胞水平定位，后者用于亚细胞水平定位。免疫酶组化染色技术又可分为直接法和间接法。直接法是将病理组织经冰冻切片或石蜡切片后，加酶标抗体染色标本，PBS 冲洗，然后浸于含有相应底物和显色剂的反应液中，通过显色反应检测抗原抗体复合物的存在。本法的优点是不需特殊的荧光显微镜设备，且标本可长期保存。间接法同荧光抗体技术的间接法，标本用相应的阳性抗体染色后，PBS 冲洗，再加入酶标记的抗球蛋白抗体，然后经显色，显示抗原-抗体-标记抗抗体复合物的存在。

（3）免疫酶测定技术：用于抗原或抗体的定性或定量测定，又分为液相和固相两类。液相法常用的有双抗体法和均相法两种。双抗体法的原理与放射免疫测定中的顺序饱和法相似，将待测抗原与少量已知量的抗体结合，再加入一定量的酶标记抗原，使与剩余的抗体结合，最后加入抗体，使抗原抗体复合物沉淀，在沉淀物中加相应的底物显色。待测抗原的量与显色反应强度成反比。均相法主要是用竞争法原理检测溶液中的小分子半抗原，如药物、抗生素、激素等。

（4）酶联免疫吸附测定（enzyme linked immuno sorlent assay，ELISA）：是将抗原或抗体吸附于固相载体，在载体上进行免疫酶染色，底物显色后用肉眼或酶联免疫测定仪判定结果的一种方法。本法特异性高，敏感性强，可批量检测，应用广泛。

固相载体为聚苯乙烯微孔型塑料板。新板无需处理即可应用，一般一次性使用。一般病毒糖蛋白、细菌脂多糖、脂蛋白、变性 DNA、免疫球蛋白易于吸附，较大的病毒、细菌或寄生虫难以吸附，需用超声波打碎或化学方法提取抗原成分，才能吸附。根据试验的方法和检测目的的不同，可有多种检查方法（图 17－4）。

①间接法：用于测定未知抗体或抗体效价。将抗原包被于酶标板并封闭残存孔隙，加入待检血清或不同稀释度的血清，作用一定时间后，再加入酶标抗抗体，最后加入酶催化的底物液，在酶的催化作用下底物产生有色物质而判定结果。颜色的深浅与被测样品中抗体浓度成正比。

②双抗体夹心法：用于测定抗原分子。将纯化的抗体包被于酶标板并封闭残存孔隙，加入待测抗原，作用一定时间后，洗涤除去未结合物，再加入酶标抗体，使之与固相载体表面的抗原结合，再洗涤除去多余的酶标抗体，最后加入底物显色而判定结果。

③竞争法：用于测定小分子抗原及半抗原。用特异性抗体吸附于固相载体上，加入含待测抗原的溶液和一定的酶标记抗原共同作用一定时间，对照仅加酶标抗原，洗涤后加底物溶液，被结合的酶标记抗原的量由酶催化底物反应产生有色物质的量来确定。如待测溶液中抗原越多，被结合的酶标记抗原的量越少，有色产物越少。根据有色产物的变化求出未知抗原的量。

④夹心间接法：用于测定多种大分子抗原。将阳性抗体（Ab1，如豚鼠免疫血清）吸附于固相载体上，洗涤除去未吸附的抗体，加入待测抗原（Ag），使之与固相载体上的抗体结合；洗涤除去未结合的抗原，再加入不同种动物制出的特异性相同的抗体（Ab2，如兔免疫血清），使之与固相载体上的抗原结合；洗涤后加入酶标抗 Ab2 抗体（如羊抗兔球蛋白抗体），使之结合在 Ab2 上，最后形成 Ab1 - Ag - Ab2 -酶标抗 Ab2 抗体的复合物，洗涤后加底物显色而判定结果。本法的优点是只需制备一种酶标抗体即可检测各种抗原抗体系统。

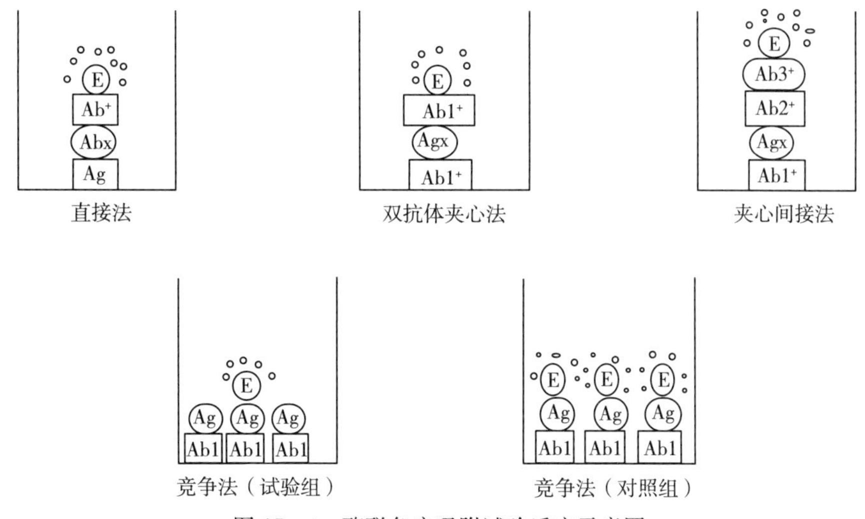

图 17 - 4 酶联免疫吸附试验反应示意图

⑤Dot - ELISA 技术（dot-enzyme linked immuno sorlent assay）：Dot - ELISA 是由 Hawkes 建立。用吸附蛋白质能力很强的硝酸纤维素膜（NC 膜）为载体，将少量抗原（1～2μL）点加于膜上，干燥后经过封闭液处理，滴加待检血清和酶标抗抗体（间接法）；或是先在 NC 膜上滴加待检血清（2～5μL），干燥后加封闭液处理，滴加特异性抗原和酶标抗体（双抗体夹心法）进行反应。洗涤后滴加能形成不溶性有色沉淀的底物溶液（HRP 常用二氨基联苯胺、4 -氯乙萘酚），阳性反应在膜上出现肉眼可见的着色斑点。Dot - ELISA 在各种病毒性疾病、寄生虫病的临床诊断和流行病学调查中广泛应用，还可用于单克隆抗体杂交瘤细胞的检测。本方法具有特异性强、敏感性高、试剂用量少、操作简便等优点。

3. 放射免疫测定（radio immuo assay，RIA） 将放射性同位素标记于标准的纯化抗原或抗体上，通过抗原抗体反应，通过测定其放射性强弱，对待测抗原、抗体进行定性、定量、定位分析。

（1）液相放射免疫测定：主要用于待测抗原的定性和定量。首先制备标准曲线，用不同量已知抗原、定量抗体、定量的标记抗原反应，测定 B 值和 F 值，其中 B 代表结合型标记抗原的放射性强度，F 代表游离型标记抗原的放射性强度。计算 B/（B＋F）值，以 B/

（B+F）值为纵坐标，不同量已知抗原（皮克或纳克）为横坐标，即可制出标准曲线。其次进行试验测定，将待测抗原先与定量抗体结合，温育一定时间后，再加标记抗原，作用一定时间。然后加入适宜的分离试剂，将结合型标记抗原与游离型抗原分开，常用的分离方法有吸附法、化学沉淀法、双抗体沉淀法、微孔薄膜法。最后分别测定其放射性，计算 B/（B+F）值，B/（B+F）值越高，说明结合型标记抗原越高，待测抗原越低，并从标准曲线中查得待测抗原的量。

（2）固相放射免疫测定：是将抗原或抗体连接于固相载体（常用聚苯乙烯塑料板）上，通过抗原抗体特异性结合，使标记抗原或标记抗体连接于塑料板上，未结合者洗去，测定孔中放射性同位素强度。

4. SPA 免疫检测技术 SPA 即葡萄球菌 A 蛋白（Staphylococcal protein A），可从金黄色葡萄球菌细胞壁中提取，为 395 个氨基酸组成的多肽，有 4 个能与 IgG 的 Fc 结合的位点，即一个 SPA 分子可结合 4 个 IgG 分子。SPA 可与人、猪、犬、小鼠、豚鼠、成年牛、绵羊等 20 多种动物 IgG 结合，而与兔 IgG 的结合力报道不一，鸡、马、山羊、犊牛 IgG 不能与 SPA 结合。因此，制备 SPA 标记物后，可应用于多种动物，不受种属限制，可应用于同一种动物的各种免疫检测（如猪的各种传染病的酶标检测），有了 SPA 标记物，就不需标记各种抗体或抗原，即 SPA 标记物可作为一个通用试剂，它使免疫检测方法向更简便、更商品化进了一大步。SPA 免疫检测技术的应用主要有以下几方面：

（1）SPA 放射免疫分析：在固相放射免疫分析中，可利用 I^{125}－SPA 代替标记的抗抗体。先将抗原包被于固相载体，然后加入被检血清作用洗涤后，加入 I^{125}－SPA 作用，洗去未结合的部分，计数测定管中的放射活性。此法灵敏度高，可测出 ng/mL 的抗体含量，需时短，重复性好。同样也可建立检测抗原的 SPA 放射免疫分析。

（2）SPA 酶标检测技术：用辣根过氧化物酶标记的 SPA（HRP－SPA）可用于酶免疫组织化学法染色。由于 HRP－SPA 比 HRP－IgG 分子小，能更好地穿过细胞膜，使在免疫电镜亚细胞水平定位分析中具有更好的辨析力。用 HRP－SPA 建立的 ELISA 则具更多的优越性，即它可作为多种动物，以及同一种动物多种抗原抗体检测的通用试剂，已经得到了广泛的应用。如国内已建立了检测猪瘟的 SPA－ELISA 试剂盒。

（3）SPA 荧光抗体技术：荧光 SPA 主要用于淋巴细胞表面标志研究，亦可代替荧光抗体技术进行病毒抗原、肿瘤抗原等的检测。

（4）SPA 其他标记技术：包括 PA 胶体金、SPA－发光免疫技术等。

5. 生物素-亲和素系统（biotin-avidin system，BAS）**免疫检测技术** 生物素与亲和素具有高度亲和力及多级放大效应，与荧光素、酶、同位素等免疫标记技术有机地结合，使各种示踪免疫分析的特异性和灵敏度进一步提高。既可用于微量抗原、抗体的定性、定量检测及定位观察研究，亦可制成亲和介质用于上述各类反应体系中反应物的分离、纯化。

生物素（biotin，B）广泛分布于动、植物组织中，在机体内以辅酶形式参与各种羧化酶反应，故又称为辅酶 R 或维生素 H。有两个环状结构，其中Ⅰ环为咪唑酮环，是与亲和素结合的主要部位；Ⅱ环为噻吩环，C_2 上有一戊酸侧链，其末端羧基是结合抗体和其他生物大分子的唯一结构。

亲和素（avidin，A）亦称抗生物素蛋白、卵白素或亲和素，是从卵白蛋白中提取的一种碱性糖蛋白，由 4 个相同的亚基组成，能结合 4 个分子的生物素。亲和素与生物素之间的亲和力极强，具有高度特异性和稳定性。

BAS与多种标记技术，组成了一个完整的新型生物反应放大系统，已广泛应用于免疫学、微生物学、免疫化学、免疫病理学及分子生物学等许多学科的研究领域。在免疫组织化学方面，BAS与荧光素、酶、胶体金、铁蛋白和凝集素等标记技术相结合，用于各种细胞表面标志（抗原、受体）和细胞内微量抗原物质的检测和定位研究。在固相和液相免疫测定中，可提高各种液相和固相免疫测定的灵敏度与稳定性，使其更加适用于微量抗原、抗体及其他生物活性物质的定性和定量检测；在分子生物学方面，可建立一种非放射性标记的核酸探针技术，采用斑点杂交法、Southern或Northern印迹杂交和原位杂交等。

6. 胶体金免疫检测技术 胶体金（colloidal）是由氯金酸（$HAuCl_4$）在还原剂如白磷、抗坏血酸、枸橼酸钠和鞣酸等作用下，聚合成特定大小的金颗粒，并由于静电作用成为一种稳定的胶体状态，故称为胶体金。利用它在碱性环境中带负电的性质，与蛋白质分子的正电荷借静电吸引而形成牢固结合。除抗体蛋白外，胶体金还可与其他多种生物大分子，如SPA、PHA、ConA等结合，在免疫学、组织学、病理学及细胞生物学研究工作中得到广泛应用。

（1）胶体金标记抗体在流式细胞术中的应用：胶体金标记抗体IgG，应用于流式细胞术（flow cytometry），可分析不同类型细胞的表面抗原。金标抗体染色的细胞在波长632.8nm时，90°散射角可放大10倍以上，同时不影响细胞活性。而且，细胞可同时被与荧光素和胶体金结合的抗体所标记，两者互不干扰。因此，胶体金可作为多参数细胞分析和分选的有效标记物。

（2）胶体金标记在液相免疫测定中的应用：用胶体金标记抗体进行微量凝集试验检测相应抗原，结果如同间接血凝试验一样，可用肉眼直接观察结果。

（3）胶体金标记在固相免疫测定中的应用：主要有斑点免疫金染色法（dos-IGS/IGSS），即蛋白质抗原通过直接点样或转移电泳吸附在硝酸纤维素膜（NC膜）上，与特异性抗体反应后，再滴加胶体金标记的第二抗体（或A蛋白），结果在抗原抗体反应处发生金颗粒聚集，形成肉眼可见的粉红色斑点，称为斑点免疫金染色。

（四）有补体参与的反应

有补体参与的反应分为两大类，一类是补体被激活后直接引起的溶解反应；另一类是补体与抗原抗体复合物结合后不引起可见反应，但可作为指示系统测定补体是否已被结合，从而间接地检测反应系统是否存在抗原抗体复合物。

1. 溶解反应 是指抗原抗体结合后吸引补体，导致细胞和菌体的裂解。主要包括：红细胞（通常是绵羊红细胞）与相应抗体（溶血素）结合后，在有补体存在时，红细胞被溶解，称为溶血试验；吸附抗原的红细胞，在有相应抗体和补体存在时，出现红细胞溶解反应，称为被动红细胞溶血试验；某些革兰阴性细菌结合相应抗体后，在补体的作用下，可引起菌体溶解死亡，称为溶菌反应或杀菌反应。

2. 补体结合试验（complement fixation test，CFT） 可溶性抗原（如蛋白质、多糖、类脂质、病毒等）与相应抗体结合成抗原抗体复合物后，能与定量补体全部或部分结合，则不再引起指示系统的红细胞溶血，结果为阳性；如果抗原、抗体不相适应，则不能结合补体，补体反过来使指示系统的红细胞溶血，结果为阴性。

（1）补体结合试验成分：补体试验的成分由溶血指示系统、补体和反应系统三部分组成。溶血指示系统由绵羊红细胞与兔抗绵羊红细胞抗体（溶血素）等量混合而成，一般在试验前30min制备，室温放置10min应用。绵羊红细胞常用浓度为10^9个/mL，溶血素常用2个溶血素单位。在过量补体作用下，能使定量红细胞完全溶解的最高稀释度称为一个溶血素单位，故溶血素用前要滴定其效价。

补体使用豚鼠血清。常用CH_{100}或CH_{50}表示补体效价。在2单位溶血素条件下，能使标准量红细胞全部溶解的最小补体量为一个CH_{100}（100%溶血单位）；使50%标准量红细胞溶血的最小补体量称为CH_{50}（50%溶血单位）。正式试验时用2个CH_{100}或4～5个CH_{50}。补体用量对实验结果影响很大，如偏小，则出现假阳性；偏大，则出现假阴性。

反应系统为抗原抗体系统，可用已知抗原检测未知抗体，也可用已知抗体检测未知抗原。阳性抗原和阳性抗体如来自血清，应先1∶2稀释后，56℃灭活30min，以去除其中的补体。阳性抗原和阳性抗体也需滴定其效价，常用方阵滴定法，以能产生完全不溶血的最高阳性抗原和阳性抗体稀释度作为阳性抗原和阳性抗体的一个效价单位。正式实验时阳性抗原用4～8个单位，阳性抗体用2～4个单位。

（2）正式试验：分为全量法、半量法、半微量法、微量法，其抗原、抗体、补体用量根据方法不同，依次各为1mL、0.5mL、0.1mL、0.25mL，指示系统的红细胞加倍。前两种在试管内进行，后两种在微孔塑料板上进行。

3. 免疫黏附红细胞凝集实验（immune adherence hemagglutination test，IAHT） 指抗原抗体复合物与补体前四种成分（C1、C2、C3、C4）依次结合后，使C3活化，活化的C3能免疫黏附于灵长类动物的红细胞，使之发生凝集，从而指示抗原抗体是否特异结合，达到诊断的目的。常用已知抗体检测待测抗原，故一般固定抗体，稀释抗原。实际上，补体C3致敏红细胞，起到替代补体结合反应系统的溶血系统，作为指示剂用。

4. 团集试验和团集性补体吸收试验（conglutination and conglutinative complement absorption test） 在新鲜牛血清中除含有补体外，还存在一种能引起与异种动物红细胞发生凝集反应的物质，称为团集素（conglutinin，Co），其特性类似抗补体抗体。抗原加等量抗血清，再加等量的新鲜牛血清，混合后，置37℃水浴作用30min。新鲜牛血清中既含有补体，又含有团集素，因此在上述反应中最终引起团集反应，可增强凝集反应或沉淀反应，提高其敏感性。团集性补体吸收试验（简称CCFT）与补体结合试验（CFT）极为相似，所不同的是以团集反应代替溶血反应作为指示系统，所用的补体为非溶血性（马）补体。牛血清中存在对绵羊红细胞的天然抗体和团集素，均需事先加以滴定效价。此外，马补体和最适抗原稀释度亦需事前滴定。

（五）病毒中和试验

病毒抗原与相应中和抗体结合后，可使病毒失去吸附细胞的能力，或抑制其侵入和脱壳，失去感染力，从而保护易感动物、禽胚或单层细胞，称为病毒中和试验（virus neutralization test，VNT）。中和试验可用于病毒种型鉴定、病毒抗原分析、中和抗体效价测定等。

中和试验是以病毒对宿主细胞的毒力为基础的，首先需根据病毒特性选择适合的细胞、鸡胚或实验动物，然后测定其毒价，再比较用免疫血清和正常血清中和后的毒价，进而判定该免疫血清中和病毒的能力，即中和价。毒素和抗毒素亦可进行中和试验，其方法与病毒中和试验基本相同。

1. 固定病毒稀释血清法 本法需先滴定病毒毒价，然后将其稀释成每一单位剂量含

$200LD_{50}$（或 EID_{50}、$TCID_{50}$），与等量的递进稀释的待检血清混合，置 37℃经 1h。每一稀释度接种 3～6 只试验动物（或鸡胚、细胞），记录每组动物的存活数和死亡数，按内插法或 Karber 法计算其半数保护量（PD_{50}），即该血清的中和价。

2. 固定血清稀释病毒法 将病毒原液作 10 倍递进稀释，分装两列无菌试管，第一列加等量正常血清（对照组）；第二列加待检血清（中和组），混合后置 37℃经 1h，分别接种实验动物（或鸡胚、细胞），记录每组死亡数，分别计算 LD_{50} 和中和指数。中和指数＝中和组 LD_{50}/对照组 LD_{50}。

（六）免疫电镜技术

免疫电镜技术（immunoelectron microscopy）是把抗原抗体反应的特异性与形态学有机地结合起来。目前免疫电镜技术主要分为有标记物和无标记物两大类。

无标记物免疫电镜常用方法为抗原-抗体直接作用后形成的免疫复合物的电镜观察。标记物类免疫电镜主要有：由 Singer 在 1959 年建立铁蛋白（ferritin）标记抗体技术，该技术应用间位苯二甲基二异氰酸（m-xylylenediisocyanate），将铁蛋白偶联于抗体球蛋白分子上，组织经过处理后渗入细胞，与抗原结合，铁蛋白分子在电镜下呈黑色颗粒，能极精确地显示出抗原所在部位；Nakane 和 Pierce 在 1968 年建立酶标记抗体技术，组织标本经福尔马林预固定后，漂洗除去福尔马林，再切成厚 20μm 的薄片，即可用酶标记抗体或其他间接染色法处理，在反应液中显色后，即可用于电镜检查；本法在电镜下的反差不及铁蛋白抗体清晰；Faulk 和 Taylor 在 1971 年建立胶体金标记技术，可应用铀标记抗体和胶体金标记抗体等。铀离子能非特异性结合在整个抗体分子上，因此需先将抗原与抗体结合，以保护其特异性结合部位。将此复合物与铀离子结合，再将抗原与抗体分开，除去抗原成分，即得未失去免疫活性的铀标记抗体。胶体金亦能吸附于免疫球蛋白上，吸附的抗体可经 3 000r/min 离心沉淀。胶体金标记抗体在 5℃可保存 6 个月，但不耐冻结。

（七）免疫沉淀法

免疫沉淀法（immunoprecipitation）可应用于蛋白质混合物中靶抗原的定性与定量，其独特优点是选择性好。可从蛋白质混合物中提纯出抗原-抗体复合物。该法与十二磺酸钠-聚丙烯酰胺凝胶电泳（SDS－PAGE）结合应用是研究原核细胞、真核细胞或体外翻译系统表达外源抗原蛋白的合成与加工过程的理想技术。

在免疫沉淀法中细胞的裂解是最关键的一步操作。已发现可以影响蛋白质溶解性能以及随后免疫沉淀效率的种种可变因素包括：裂解缓冲液的离子强度和 pH、所用去污剂的类型和浓度以及二价阳离子、辅助因子和稳定性配体存在与否。许多可溶性的核蛋白和细胞质蛋白能被含有非离子去污剂 Nonidet P－40（NP－40）的裂解缓冲液溶解下来。

在免疫沉淀法中，先把抗靶蛋白的特异性抗体加于一定量的细胞裂解物中，形成抗原-抗体复合物，然后使其吸附于与 Sepharose 磁珠共价偶联的金黄色葡萄球菌 A 蛋白上，通过离心使抗原-抗体复合物沉淀下来。

通常用于洗涤 A 蛋白-抗原-抗体复合物的缓冲液有多种，其目的都是去除非特异吸附于 A 蛋白基质上的杂蛋白而只保留完整的特异性结合的三级复合物。如果抗原-抗体间的结合较牢固，可使用更严格的洗涤条件。事先应通过预试验来确定特定抗原-抗体组合的最适洗涤缓冲液。洗涤后，取适量样品进行 SDS－PAGE 分析，其余样品于－20℃保存。

SDS－PAGE 大多在不连续缓冲系统中进行，其电泳槽缓冲液的 pH 与离子强度不同于配胶缓冲液。当两电极间接通电流后，凝胶中形成移动界面，并带动加入凝胶的样品中所含的SDS抗原肽复合物向前推进。样品通过高度多孔性的浓缩胶后，复合物在分离胶表面聚集成一条很薄的区带（或称浓缩）。由于不连续缓冲系统具有把样品中的复合物全部浓缩于极小体积的能力，故大大提高了SDS-PAGE的分辨率。

最广泛使用的不连续缓冲系统最早是由Ornstein（1964）和Davis（1964）设计的，样品和浓缩胶中含Tris·Cl（pH 6.8），上下槽缓冲液含Tris-甘氨酸（pH 8.3），分离胶中含Tris·Cl（pH 8.8）。系统中所有组分都含有0.1%的SDS（Laemmli，1970）。样品和浓缩胶中的氯离子形成移动界面的先导边界，而某些氨基酸分子则组成尾随边界，在移动界面的两边界之间是一电导较低而电位滴度较陡的区域，它推动样品中的抗原肽前移并在分离胶前沿积聚。此处pH较高，有利于甘氨酸的离子化，所形成的甘氨酸离子穿过堆集的抗原肽并紧随氯离子之后，沿分离胶泳动。从移动界面中解脱后，SDS抗原肽复合物成一电位和pH均匀的区带泳动穿过分离胶，并被分离而依各自的大小得到分离。

经SDS-PAGE分离的抗原肽可用甲醇+冰乙酸固定，并同时用考马斯亮蓝R250染色，用不加染料的甲醇-乙酸溶液脱色。为保留永久性记录，可对已染色的凝胶进行拍照，或把染色的凝胶干燥成胶片保存。用干胶机干胶，然后取下已黏附于滤纸上3mm厚的凝胶，撕下Saran包装膜，进行放射自显影。

（八）免疫转印

SDS-PAGE完成后，进行免疫转印（western blotting）检测。目前进行的免疫转印反应大多还是从凝胶上直接把蛋白质转移至硝酸纤维素滤膜之上，然后封闭硝酸纤维素滤膜的免疫球蛋白结合位点。

免疫转印检测分两步进行：首先靶蛋白特异性的非标记抗体在封闭液中先与硝酸纤维素滤膜一同温育。经洗涤后，再将滤膜与二级试剂——放射性标记的或与辣根过氧化物酶或碱性磷酸酶偶联的抗免疫球蛋白抗体或A蛋白一同温育。进一步洗涤后，通过原位酶反应来确定抗原-抗体-抗抗体或抗原-抗体-A蛋白复合物在硝酸纤维素滤膜上的位置。

对于辣根过氧化物酶标记的抗体，底物为二氨基联苯胺（DAB）或4-氯-1-萘酚或5-氨基水杨酸。在9mL的0.01mol/L Tris·Cl（pH 7.6）溶液中溶解6mg的二氨基联苯胺，加入1mL的0.3%（m/V）的$NiCl_2$或$CoCl_2$。于室温轻轻摇动温育之。碱性磷酸酶标记的抗体，底物是5-溴-4氯-3-吲哚磷酸/氮蓝四唑（BCIP/NBT）。取66μL NBT溶液与10mL碱性磷酸酶缓冲液混匀，加入33μL BCIP溶液。这种底物混合液应在30min内使用。最后拍摄滤膜照片，留作永久实验记录。

三、血清学反应在兽医学上的应用

血清学试验在兽医学领域已广泛应用，它是实验室或现场检测特异性诊断的重要依据。可直接或间接从传染病、寄生虫病的感染组织、血清、体液中检出相应的抗原或抗体，从而做出确切诊断。对由细菌、病毒或其他微生物引起的动物传染病来说，几乎均能采用血清学试验进行确诊。

在病原检测方面，利用已知的抗体通过建立的各种血清学方法即可确定或检测出待检可疑病料中的某种病原微生物，从而为疫病的鉴别诊断提供重要的依据。对于抗体检测试验来说，由于是利用已知的抗原来检测样品（通常是血清）中存在的针对某种病原微生物的抗体及其效价高低，可用于判断动物特别是一个群体是否感染过此病原微生物，但不能将抗体反应阳性与否直接用于鉴别诊断。这是因为，不论在感染哪种传染病后，其抗体的发生都有潜伏期，即要滞后一段时间，往往要7～10d甚至更长才能检测出抗体，在发病表现临床症状时还不一定出现抗体反应。而且，一旦发生，抗体反应可能持续较长时间，即使已完全康复但抗体仍然阳性。然而，对于规模化养殖的动物来说，用于抗体检测的血清学反应在流行病学研究或调查中是一种广泛应用的重要检测方法。抗体有无阳性及群体的阳性率乃是判断该群体是否感染或感染过某一传染病及其感染严重程度的重要依据。对于一些采取净化措施来预防控制的传染病来说，如鸡白血病，这可用作鸡群净化状态的主要依据和检测方法。此外，在对某种传染病实施疫苗免疫后，对群体的抗体检测可用于判断免疫的可靠性。即使在经免疫的动物群体，抗体检测技术仍可用于某些传染病传染过程的鉴别诊断。例如，产蛋鸡群在用对新城疫、禽流感或鸡传染性支气管炎疫苗免疫后仍然可能感染这些病而造成产蛋下降。在这种情况下，可通过测定并比较鸡群产蛋下降前后采集的两次血清样品对相应不同病毒的抗体效价，来确定到底是那种病毒感染造成这次产蛋下降。

目前很多检测试剂盒均是依据于抗原和抗体反应的特异性研制而成的。实验室只要备有各种诊断试剂盒和相应的设备，即可对多种疾病做出确切诊断。在动物疫病的群体检疫、疫苗免疫效果监测和流行病学调查中，也已广泛应用了血清学试验以检测抗原或抗体。血清学试验还广泛应用于生物活性物质的超微定量、物种及微生物鉴定和分型等方面。此外，血清学试验也用于基因分离，克隆筛选，表达产物的定性、定量分析和纯化等，已经成为现代分子生物学研究的重要手段。

第二节　细胞免疫检测技术

一、T细胞免疫检测的方法

依据T细胞的表面标志不同、细胞内不同的酶类以及T细胞功能不同，常采用下列测定方法。

(一) T细胞数量的测定

T细胞数量测定主要是依据T细胞表面的不同标志进行T细胞的数量测定。

1. E玫瑰花环试验　T细胞表面的红细胞受体（erythrocyte receptor，ER）能与某些异种动物的红细胞结合。E玫瑰花环试验就是利用T细胞膜上的异种动物红细胞受体，定量检测外周血液中T细胞的一种实验方法。T细胞的E玫瑰花环试验是在不同试验条件下（孵育的温度和时间）形成的E花环，代表不同性质和状态的T细胞。4℃条件下作用2h形成的花环，代表T细胞总数，称为总E花环（erythrocyte total rosette，EtR）；不经4℃作用，细胞混合后立即反应生成的花环，代表T细胞的一个亚群，对红细胞的亲和性高，称为活性E花环（erythrocyte active rosette，EaR）或早期E花环；在37℃下孵育30min形成的花环代表未成熟的稳定T细胞，称为稳定E花环（erythrocyte stable rosette，EsR）。在一定条件下，T细胞能与不同数量的红细胞相结合，红细胞包围T细胞表面，镜检呈花环状，以此来区分T细胞和B细胞。

通过E玫瑰花环试验，可了解机体T细胞总数及百分率。但是，由于实验条件不同，动物个体差异，测得的正常值范围较宽，差异较大。另外，日龄与ERFC函数也有密切关系，日龄越小E玫瑰花环形成率越高。根据资料报道，马的ERFC百分数为38%～66%，牛为32%～62%，绵羊为28%～80%，猪为30%～46%，鸡为15%～50%。通过E玫瑰花环结果，也可分析某些疾病的发病机理和机体的免疫状态，推测某些疾病的预后。如结核病、病毒性疾病、恶性肿瘤等疾病过程中，ERFC百分数均降低。

2. 酸性α醋酸萘酯酶测定（酯酶染色法） T细胞的胞质内存在酸性α醋酸萘酯酶（ANAE），在弱酸性条件下，能使底物醋酸萘酯水解，产生醋酸离子和α萘酚。α萘酚与六偶氮副品红偶联，生成不溶性的红色沉淀物，沉积在T细胞胞质内酯酶所在的部位，经甲基绿复染后，反应颗粒变暗而呈深紫红色。

ANAE活性是小鼠T细胞的特征，其在B细胞则为阴性。在生物学特性上，ANAE是非特异性同工酶，属溶酶体酶系。溶酶体是重要的细胞器，它与一些疾病的发生及转归密切相关；在生物学作用上，ANAE参与淋巴细胞吞噬消化作用，同时也参与对靶细胞的杀伤作用，并能强化T细胞的某种免疫功能。不同种类的淋巴细胞所含酶类不同，成熟的T淋巴细胞可显示ANAE活性，这种活性被认为是哺乳类动物成熟T细胞的一种特征。

3. 流式细胞术测定T细胞亚群 流式细胞仪（flow cytometry，FCM）又名荧光激活细胞分类仪（fluorescent actived cell sorter，FACS），是集现代电子物理技术、激光技术、光电测量技术、电子计算机技术、细胞荧光化学技术、单克隆抗体技术于一体的先进科学仪器，具有对细胞分析和分选的功能。其基本原理是以激光为光源，将被检细胞用荧光标记抗体结合后输入流式细胞仪，通过高速流动系统将细胞排列成行，逐个流经检测区，当细胞从流动室喷嘴处流出时，超声振荡搅动液流，使液流断裂成一连串均匀的小滴，每滴内最多只含有1个细胞，细胞经荧光探针的光反应和标记物的光散射能力中获取信息，由光电倍增管接收并转化成脉冲信号，并进行增强，数据经电脑处理、分辨细胞的类型从而检测出各类淋巴细胞。不同的T细胞或不同分化程度的T细胞表面有不同的细胞表面标志，如CD1存在于胸腺细胞、朗格罕细胞，CD3在所有的T细胞，CD4存在于辅助-诱导T细胞和单核细胞表面，CD8存在于抑制-细胞毒性T细胞和NK细胞表面等，利用这些表面分子标志可以制成不同的单克隆抗体，并标记不同颜色的荧光素，进行直接法或者利用荧光素标记的抗鼠二抗间接法测定不同的T细胞亚群数量。

（二）T细胞功能的测定

T细胞功能的测定反映了机体的细胞免疫状态，常见有下列几种测定方法。

1. 淋巴细胞转化试验（lymphocyte transformation test，LTT） 是体外检测T细胞功能的一种方法。淋巴细胞在体外培养时，如受到抗原或促有丝分裂原等的刺激，可由小的淋巴细胞转化为淋巴母细胞。转化的淋巴细胞不仅呈现成熟的母细胞形态以及蛋白质和核酸的增加，而且还能合成和释放淋巴毒素、移动抑制因子等细胞因子。因此，引起T细胞转化的刺激物大致分为非特异性与特异性两类。非特异性刺激因子，如植物血凝素（PHA）、刀豆素A（ConA）、美洲商陆（PWM）、黄豆凝集素等。特异性刺激物主要是特异性抗原，通过活体免疫，分离淋巴细胞，体外再用同一种抗原刺激，观察淋巴细胞转化情况。

淋巴细胞转化试验主要有三种方法，即形态学方法、^3H-胸腺嘧啶核苷（^3H-TdR）掺入法和MTT比色法。形态学是在显微镜下观察计数一定数量淋巴细胞转变为母细胞的转化率。^3H-TdR掺入法是根据小淋巴细胞在转化为原始母细胞过程中，合成DNA增加，能够吸收^3H标记的胸腺嘧啶（^3H-TdR）以合成DNA，测定^3H-TdR掺入细胞内的相关数量

（以脉冲数表示），以确定 T 细胞转化率。MTT 比色法的原理是活细胞内线粒体脱氢酶能将四氮唑化物（MTT）由黄色还原为蓝色的甲臜，后者溶于有机溶剂（二甲基亚砜、无水乙醇等），甲臜与活细胞数成正比，并可在 560nm 波长用酶标检测仪进行检测。

淋巴细胞转化能力的高低反映机体的免疫机能状态，如果用某种特异性抗原作为刺激物，则既能反应机体的免疫状况，又可表示被检动物对该抗原的特异性免疫水平。在器官移植的研究工作中，发现供体与受体的淋巴细胞混合培养时，转化率低的组移植的器官存活期长。细胞免疫缺陷时，转化率显著降低，甚至看不到这种转化现象。患恶性肿瘤或其他疾病时，这种转化功能也降低。在兽医临床中，美国已将此试验用于牛布鲁菌病和结核病的诊断。

2. 细胞毒性 T 细胞试验 细胞毒性 T 细胞（CTL）又称 CD_8^+ T 细胞，主要作用是特异性地直接杀伤靶细胞，是细胞免疫应答的重要组成部分。CTL 杀伤的靶细胞主要有肿瘤细胞和病毒感染的细胞，因此在抗肿瘤免疫和抗病毒免疫中发挥重要的作用。

细胞毒性 T 细胞试验（cytotoxic t lymphocyte test，CTL test）的基本原理是将靶细胞，如肿瘤细胞、病毒转化细胞等，与同种抗原致敏的淋巴细胞混合培养，然后检测靶细胞的死亡情况。需要说明的是，通常情况下，CTL 杀伤靶细胞的作用受 MHC Ⅰ类抗原限制，即只有带有与 CTL 相同的 MHC Ⅰ类抗原的靶细胞才能被 CTL 杀灭。细胞毒性 T 细胞试验有形态学检查法和同位素释放法两种方法。形态学方法不需要特殊设备，仅用显微镜计数靶细胞的存活数，操作方便。^{51}Cr 释放法需要放射性试验设备，如闪烁计数器等，但可自动测量，重复性好。

目前 CTL 试验已成为医学体外测定肿瘤等患者细胞免疫反应的一种常用方法，例如利用靶细胞与淋巴细胞的相互关系来证明靶细胞的抗原性，可证明肿瘤抗原的存在。也用以直接测定机体免疫活性细胞直接杀伤肿瘤细胞的能力，判断肿瘤患者的预后。本试验还可以用于鉴定 CTL 细胞亚群。

二、B 细胞免疫检测的方法

B 淋巴细胞是产生体液免疫应答的免疫活性细胞，对 B 细胞的测定主要有数量测定和功能测定。

（一）B 细胞数量的测定

在 B 细胞表面有很多特异性分化抗原，如 CD9、CD10、CD19、CD20、CD21、CD22 和 CD29 等标志，同时在 B 细胞的膜表面也有受体物质，如 SmIg、Fc 受体、补体受体和小鼠红细胞受体等，其中以 SmIg 为 B 细胞所特有，是鉴定 B 细胞可靠的指标。未成熟的 B 细胞表面有 SmIgM，成熟的 B 细胞表面为 SmIgG、SmIgA 和 SmIgD。根据 B 细胞表面抗原和受体可用相应的系列单克隆抗体，通过间接荧光抗体技术加以检测。也可用酶免疫组化法、红细胞（E）-抗红细胞抗体（A）-补体（C）复合物（EAC）花环试验、红细胞形成花环试验进行数量的测定。

（二）B 细胞功能的测定

1. 免疫应答能力测定 B 细胞受抗原或促有丝分裂原刺激后，可行分裂增殖并分化成熟为抗体生成细胞，且分泌相应的 Ig。B 细胞功能减低或缺陷，对外源性抗原的应答能力减弱或缺如，仅产生极低或不能产生特异性抗体，故临床定量测定特异性抗体水平，可判断 B

细胞功能，也是诊断体液免疫缺陷的指标。

2. B 细胞活性和增殖指标的测定 B 细胞经不同抗原激发即开始分化增殖，初期表现为体积增大，可用仪器加以检测。早期激活的 B 细胞表面 MHC Ⅱ类抗原的表达增多，可用相应的单克隆抗体通过荧光抗体技术或 ABC 法检测。另外，抗 IgM 抗体和细菌脂多糖均能刺激 B 细胞增殖，培养 1～3d 以后，加^{3}H－TdR，与淋巴细胞增殖试验一样，测定细胞中的每分钟脉冲数（CPM），计算促有丝分裂原对淋巴细胞的刺激指数。也可用台盼蓝法计算细胞增殖数量或用 DNA 特异性染色观察胞内 DNA 或 RNA 的分化程度。

3. 溶血空斑形成试验 其原理是将绵羊红细胞（SRBC）免疫小鼠，4d 后取出脾细胞，加入 SRBC 及补体，混合在温热的琼脂溶液中，浇在平皿内或玻片上，使成一薄层，置 37℃温育。由于脾细胞内的抗体生成细胞可释放抗 SRBC 抗体，使其周围的 SRBC 致敏，在补体参与下导致 SRBC 溶血，形成一个肉眼可见的圆形透明溶血区而成为溶血空斑（plaque）。每一个空斑表示一个抗体形成细胞，空斑大小表示抗体生成细胞产生抗体的多少。这种直接法所测至的细胞为 IgM 生成细胞，其他类型 Ig 由于溶血效应较低，不能直接检测，可用间接检测法，即在小鼠脾细胞和 SRBC 混合时，再加抗鼠 Ig 抗体（如兔抗鼠 Ig），使抗体生成细胞所产生的 IgG 或 IgA 与抗 Ig 抗体结合成复合物，此时能活化补体导致溶血，称为间接空斑试验。

但是上述直接和间接空斑形成试验都只能检测抗红细胞抗体的产生细胞，而且需要事先免疫，难以检测动物的抗体产生情况。如果用一定方法将 SRBC 用其他抗原包被，则可检查与该抗原相应的抗体产生细胞，这种非红细胞抗体溶血空斑试验称为空斑形成试验，它的应用范围较大。

现在常用的为 SPA－SRBC 溶血空斑试验。SPA 能与人及多数哺乳动物 IgG 的 Fc 段呈非特异性结合，利用这一特征，首先将 SPA 包被 SRBC，然后进行溶血空斑测定，可提高敏感度和应用范围。在该测试系统中，加入抗人 Ig 抗体，可与受检细胞产生的免疫球蛋白结合形成复合物，复合物上的 Fc 段可与连接在 SRBC 上的 SPA 结合，同时激活补体，使 SRBC 溶解形成空斑。此法可用于检测人类外周血中的 IgG 产生细胞，与抗体的特异性无关。用抗 IgA、IgG 或 IgM 抗体包被 SRBC，可测定相应免疫球蛋白的产生细胞，这种试验称为反相空斑形成试验。

三、其他免疫细胞检测的方法

（一）K 细胞活性测定

动物机体有些免疫细胞，通过抗体依赖细胞介导的细胞毒作用（ADCC）杀伤靶细胞，如 NK 细胞、活化的 T 细胞、巨噬细胞等，这类细胞统称为 K 细胞。K 细胞的活性不仅反映机体细胞免疫的能力，而且与体液免疫也有直接的关系。K 细胞活性检测的方法有同位素释放试验法、溶血空斑法、细胞剥离法和靶细胞接合试验。同位素释放试验较为敏感和准确，溶血空斑法则较为简单，这里仅介绍同位素释放法。

NK 细胞是具有天然杀伤靶细胞活性的淋巴样细胞，其杀伤作用不需要抗体、补体的参加，所杀伤靶细胞通常为肿瘤细胞和病毒感染或转化的细胞。这样，可以将来源于同种动物的肿瘤细胞系或病毒转化的细胞系，作为检测 NK 细胞活性的指示细胞。NK 细胞活性测定多采用^{51}Cr 释放法试验，其原理与细胞毒性 T 细胞试验中所采用的^{51}Cr 释放法试验相同。

用同位素 3H－TdR 标记的靶细胞与淋巴细胞共同培养时，靶细胞可被 NK 细胞杀伤。同位素便从被杀伤的靶细胞中释放出来，其释放的量与 NK 细胞活性成正比。通过测定靶细胞 3H－TdR 的释放率即可反应 NK 细胞的活性。

（二）巨噬细胞吞噬功能的测定

巨噬细胞是重要的免疫细胞，具有处理与传递抗原、产生细胞因子，以及吞噬异物或异常细胞的功能。巨噬细胞体积大、吞噬力强，可用羊或鸡的红细胞作为吞噬作用的指标，检测巨噬细胞的吞噬功能。

（三）嗜中性粒细胞吞噬功能的检测

对嗜中性粒细胞吞噬功能的检测常用形态学检查方法。将抗凝血 1～2mL 经过离心沉淀，取出压积细胞表面的白细胞层（可混入一些红细胞），将此细胞与一定数量的细菌悬液混合，于 37℃培养一段时间。用低速离心方法洗去白细胞外的细菌，将白细胞作涂片染色，于显微镜下观察。顺序观察 100～200 个嗜中性粒细胞，并记下吞噬细菌的细胞数及被吞噬的细菌数。100 个嗜中性粒细胞中吞噬细菌的细胞数称为吞噬百分率。在 100 个白细胞中，平均每个细胞吞噬的细菌数称为吞噬指数。在做嗜中性粒细胞吞噬功能检测时，常需要同时计算出吞噬百分率和吞噬指数以综合评价其吞噬功能。

四、细胞免疫活性物质的检测

（一）白细胞介素的测定

根据检测原理和手段的不同，白细胞介素的检测技术大致分为三类，即生物学方法、免疫学方法和分子生物学方法。

生物学检测是根据白细胞介素特定的生物活性而设计的检测方法。根据某一白细胞介素能特异地刺激或抑制某些指示细胞的增殖，通过^{3}H－TdR 掺入或四氮唑化合物（MTT）比色法，反映待检细胞因子的活性水平。如 IL－2 刺激 T 细胞生长、IL－3 刺激肥大细胞生长、IL－6 刺激浆细胞生长等。利用这一特性，现已筛选出一些对特定细胞因子起反应的细胞株，即细胞因子依赖细胞株（简称依赖株）。这些依赖株在通常情况下不能存活，只有在加入特定细胞因子后才能增殖。因此，通过测定细胞增殖情况（如使用 3H－TdR 掺入法、MTT 比色法等）定量 IL－2 的含量。除依赖株外，还有一些短期培养的细胞，如胸腺细胞、骨髓细胞、促有丝分裂原刺激后的淋巴母细胞等，均可作为靶细胞来测定某种细胞因子活性。IL－8 对多形核细胞、淋巴细胞具有趋化作用，可用小室法或软琼脂趋化法，外周血单核细胞或淋巴细胞作为指示细胞，以细胞趋化的程度来反映样品中 IL－8 的活性水平。

免疫学检测法的基本原理是细胞因子（或受体）与特异性抗体（单克隆抗体或多克隆抗体）结合，通过同位素、荧光或酶等标记技术加以放大和显示，从而定性或定量显示细胞因子（或受体）的水平。这类方法的优点是实验周期短，很少受抑制物或相似生物功能因子的干扰，一次能检测大量标本，易标准化。

分子生物学方法主要检测白细胞介素的基因表达水平，该法尤其适用含量极少或容易降解的白细胞介素。主要分为反转录 PCR（RT－PCR）和 Northern 杂交两种方法，其中 RT－PCR 方法发展较快。对于表达低或者体内只能得到数量极少的细胞产生的白细胞介素，因其含量太低，免疫学和生物学方法难以测定，可采用 RT－PCR 法。应用 RT－PCR 法还可同时测定多种细胞因子。

(二) 干扰素的检测

干扰素是一种具有种属特异性和多种生物学活性蛋白质，是一类重要的细胞因子。干扰素具有抗病毒、抗肿瘤和调节免疫等功能，根据这些功能采用相应的方法检测干扰素的生物学活性。目前测定干扰素活性的方法一种是通过测定干扰素抑制病毒细胞病变的程度，确定其活性水平，其基本过程为：先用干扰素等抗病毒细胞因子处理细胞，使细胞建立抗病毒状态；再用一定量病毒攻击细胞；被干扰素保护的细胞不发生病变，而未建立抗病毒状态的细胞被病毒感染发生病变并死亡，干扰素的浓度与建立抗病毒状态的细胞数成正比，可根据细胞病变的百分率确定干扰素的活性单位。第二种是用细胞株检测干扰素抗肿瘤活性。用这种方法检测抗病毒活性更能反映干扰素的抗肿瘤活性和免疫调节活性。用不同稀释度的含有可溶性 IFN 受体的样品与定量 IFN 相互作用，再检测反应物中的细胞株生长抑制活性，可以了解样品中可溶性 IFN 受体的含量。

五、细胞免疫检测技术在兽医学上的应用

细胞免疫是机体特异性免疫应答的重要组成部分，测定细胞免疫中免疫活性细胞的数量和功能有助于了解机体的免疫力。不同种类的免疫活性细胞及其细胞因子具有不同的临床意义，在兽医实践中有助于分析病情，对科学治疗与预防疾病具有重要的参考价值。

正常机体中各淋巴细胞亚群相互作用，维持着机体正常的免疫功能，当不同淋巴细胞的数量和功能发生异常时，就可导致免疫功能紊乱，并可发生一系列的病理变化。目前，越来越多的研究表明，T 细胞的数量，在各类临床疾病如自身免疫性疾病、免疫缺陷病、再生障碍性贫血、病毒感染、恶性肿瘤等发生过程中都有异常改变。因此，T 细胞数量的检测对了解疾病的发生发展及指导临床治疗都有极其重要的意义。通过测定细胞因子也可以评价动物机体的免疫状态，了解病原微生物感染（特别是持续性感染）、免疫抑制性疾病等。

复习思考题

1. 简述凝集试验的技术类型。
2. 简述对流免疫电泳的原理。
3. 简述补体结合试验的原理。
4. 简述酶联免疫吸附试验的方法类型。
5. 说明 E 玫瑰花环试验、酯酶染色法的基本原理。
6. 简述淋巴细胞转化试验的原理和检测方法。
7. 试述细胞毒性 T 细胞试验和 NK 细胞活性测定的原理和应用。
8. 试述白细胞介素测定和干扰素检测的基本原理。

（李一经编写，许兰菊、秦爱建审稿）

附　　录

兽医免疫学常用缩略语英汉对照

A

Ab	antibody　抗体
ACA	active cutaneous anaphylaxis　自动皮肤过敏反应
	anticomplementary activity　抗补体活性
AD	antigenic determinant　抗原决定簇
ADCC	antibody dependent cell mediated cytotoxicity　抗体依赖性细胞介导细胞毒
AFC	antibody-forming cell　抗体形成细胞
Ag	antigen 抗原
AHA	acquired hemolytic anemia　获得性溶血性贫血
	autoimmune hemolytic anemia　自身免疫性溶血性贫血
AHD	acquired hemolytic disease　获得性溶血性疾病
AIDS	acquired immunodeficiency syndrome　获得性免疫缺陷综合征；艾滋病
AIT	adoptive immunotherapy　过继性免疫治疗
ALA	anti-lymphocyte antibody　抗淋巴细胞抗体
ALG	antilymphocyte globulin　抗淋巴细胞球蛋白
ALL	acute lymphocytic leukemia　急性淋巴细胞性白血病
ALS	antilymphocyte serum　抗淋巴细胞血清
ANA	antinuclear antibody　抗核因子
ANF	anti-nucleus factor　抗核抗体
APC	antigen-presenting cells　抗原递呈细胞
	antigen-processing cells　抗原加工细胞
ARC	AIDS-related complex　艾滋病相关综合征
A-RFC	active rosette forming cell　活性玫瑰花环形成细胞
ASO	antistreptolysin O　抗链球菌溶血素 O
ATG	antithymocyte globulin　抗胸腺细胞球蛋白

AVP	antiviral protein 抗病毒蛋白

B

BAF	B cell-activating factor B 细胞活化因子
BALT	bronchus-associated lymphoid tissue 支气管相关淋巴组织
BAS	biotin-avidin system 生物素-亲和素系统
BCDF	B cell differentiation factor B 细胞分化因子
BCG	bacille Calmette-Gtlerin 卡介苗
BCGF	B cell growth factor B 细胞生长因子
BCR	B cell antigen receptor B 细胞抗原受体
Bf	properdin factor B 备解素 B 因子
BGG	bovine gamma globulin 牛 γ 球蛋白
BRM	biological response modifiers 生物应答调节剂
BSF	B cell stimulating factor B 细胞刺激因子

C

C	complement 补体
CALL	common antigen of acute lymphocytic leukemia 急性淋巴细胞性白血病共同抗原
CAM	cell adhesion molecule 细胞黏附分子
cAMP	cyclic adenosine monophosphate 环磷酸腺苷
CCDF	cytotoxic cell differentiation factor 细胞毒细胞分化因子
CD	cluster of differentiation 分化抗原
CDC	complement dependent cytotoxicity 补体依赖细胞毒作用
cDNA	complementary DNA 互补 DNA
CDR	complementarity-determining region 互补决定区
CEA	carcinoembryonic antigen 癌胚抗原
CEDIA	cloned enzyme-donor immunoassay 克隆酶供体免疫分析
CELIA	competitive enzyme-linked immunoassay 竞争酶联免疫测定
CF	chemotactic factor 趋化性因子
	cytotoxic factor 细胞毒因子
CFT	complement fixation test 补体结合试验
CFU	colony-forming unit 集落形成单位
CGG	chicken gamma globulin 鸡 γ 球蛋白
cGMP	cyclic guanosine monophosphate 环磷酸鸟苷
C_H	constant domain of H chain 重链恒定区
CIC	circulatory immune complex 循环免疫复合物
CID	combined immunodeficiency 联合免疫缺陷
CIg	cytoplasmic immunoglobulin 胞质免疫球蛋白

C1INH　C1 inhibitor　C1 抑制因子
CK　cytokine　细胞因子
CKR　cytokine receptor　细胞因子受体
CL　cytolysin　溶细胞素
C_L　constant domain of L chain　轻链恒定区
CLL　chronic lymphocytic leukemia　慢性淋巴细胞性白血病
CLIA　chemiluminescence immunoassay　化学发光免疫测定
CLMF　cytotoxic lymphocyte maturation factor　细胞毒性淋巴细胞成熟因子
CMC　cell-mediated cytotoxicity　细胞介导细胞毒作用
CMI　cell-mediated immunity　细胞介导免疫应答
COAG　co-agglutination　协同凝集
Con A　concanavalin A　刀豆素 A
CPE　cytopathogenic effect　细胞致病作用
C3PA　C3-proactivator　C3 激活前体
CR　complement receptor　补体受体
CRP　C-reactive protein　C 反应蛋白
CSF　colony stimulating factor　集落刺激因子
CSIF　cytokine synthesis inhibitory factor　细胞因子合成抑制因子
CTL　cytotoxic (cytolytic) T lymphocyte　细胞毒性 T 淋巴细胞
CT　cytotoxicity test　细胞毒性试验

D

DAF　decay accelerating factor　衰变加速因子
DC　dendritic cell　树突状细胞
DIFA　dot-immuno filtration assay　斑点免疫渗滤测定法
DIGFA　dot-immunogold filtration assay　斑点免疫金渗滤测定法
DTH　delayed type hypersensitivity　迟发型变态反应

E

E　erythrocyte　红细胞
EaR　erythrocyte active rosette　活性 E 花环
EA　early antigen　（病毒）早期抗原
　egg albumin　卵白蛋白
EBV　Epstein-Barr virus　EB 病毒
ECF　eosinophilic chemotactic factor of anaphylaxis　嗜酸粒细胞趋化因子
ECM　extracellular matrix　细胞外基质
EFA　enhancing factor of allergy　变态反应增强因子

EGF	epidermal growth factor 表皮生长因子
EIA	enzyme immunoassay 酶免疫分析
EITB	enzyme linked 1mmunoelectrotransfer blot 酶联免疫电转移斑点法
EL	electroimmunodiffusion 电免疫扩散
ELAM－1	endothelial leukocvte adhesion molecule－1 内皮的白细胞黏附分子
ELD_{50}	median embryonal lethal dose 胚半数致死量
ELIA	electro immunoassay 电免疫测定
ELISA	enzyme linked immuno sorbent assay 酶联免疫吸附测定
EMIA	enzyme multiplied immunoassay 酶介导物免疫测定
ER	erythrocyte receptor 红细胞受体
EsR	erythrocyte stable rosette 稳定 E 花环
ETAF	epithelial-thymic activating factor 上皮胸腺活化因子
EtR	erythrocyte total rosette 总 E 花环

F

FA	fluorescent antibody 荧光抗体
Fab	fragment antigen-binding 抗原结合片段
FAT	fluorescent antibody technique 荧光抗体技术
Fc	fragment crystallizable 可结晶片段
FCA	Freund's complete adjuvant 弗氏完全佐剂
FCM	flow cytometry 流式细胞术
FcαR	Fc receptor specific for IgA IgA 特异性 Fc 受体
FcγR	Fc receptor specific for IgG IgG 特异性 Fc 受体
FcεR	Fc receptor specific for IgE IgE 特异性 Fc 受体
FCS	fetal calf serum 胎牛血清
FDC	follicular dendritic cell 滤泡树突状细胞
FGF	fibroblast growth factor 成纤维细胞生长因子
FIA	Freund's incomplete adjuvant 弗氏不完全佐剂
FIM	factor increasing monocytopoiesis 单核细胞生成促进因子
FITC	fluorescein isothiocyanate 异硫氰酸荧光素
FITC	fluoresceinisothibcyanate 异硫氰酸荧光素
FLA	fluoroimmunoassay 荧光免疫检测
FN	fibronectin 纤维粘连蛋白

G

GALT	gut-associated lymphoid tissue 肠相关淋巴样组织
G-CSF	granulocyte colony-stimulating factor 粒细胞集落刺激因子

GM-CSF granulocyte-macrophage colony stimulating factor 粒细胞-巨噬细胞集落刺激因子
GMP granule membrane protein 颗粒膜蛋白
GOD glucose oxidase 葡萄糖氧化酶
GVHR graft versus host reaction 移植物抗宿主反应
GP glycoprotein 糖蛋白

H

H（链） heavy chain 重链
HA hemagglutination 血凝反应
hemagglutinin 血凝素
HAE hereditary angioneurotic edema 遗传性血管神经性水肿
HAI hemagglutination inhibition 血凝抑制剂
HBcAg hepatitis B core antigen 乙型肝炎核心抗原
HBeAg hepatitis B e antigen 乙型肝炎 e 抗原
HBsAg hepatitis B surface antigen 乙型肝炎表面抗原
HCD heavy chain disease 重链病
hCG human chorionic gonadotropin 人绒毛膜促性腺激素
HEL hen egg lysozyme 卵清溶菌酶
HI humoral immunity 体液免疫
hemagglutination inhibition 血凝抑制
HIV Human immunodeficiency virus 人类免疫缺陷病毒
HLA human leukocyte antigen 人类白细胞抗原
HP hapten 半抗原
HR histamine receptor 组胺受体
HRF histamine releasing factor 组胺释放因子
HSF hepatocyte-stimulating factor 肝细胞刺激因子
HSA human serum albumin 人血清白蛋白
HSP heat-shock（stress）protein 热休克（应激）蛋白
HTC homozygous typing cell 纯合子分型细胞
HuFcR human Fc receptor 人 Fc 受体
HVGD host-versus-graft disease 宿主抗移植物病

I

IBF immunoglobulin binding factor 免疫球蛋白结合因子
IC immune complex 免疫复合物
ICC immune competent cell，immunological competent cell 免疫活性细胞
ICD immune complex disease 免疫复合物病

ICAM　intercellular adhesion molecule　细胞间吸附分子
Id　idiotype　独特型
ID　immunodiffusion　免疫扩散
IEP　immunoelectrophoresis　免疫电泳
IFAT　indirect fluorescent antibody technique　间接荧光抗体技术
IFN　interferon　干扰素
IFT　immunofluorescence technique　免疫荧光技术
Ig　immunoglobulin　免疫球蛋白
IGS　immunogold staining　免疫金染色法
IGSS　immunogold-silver staining　免疫金银染色法
IHA　indirect hemagglutination　间接血凝反应
IHAT　indirect hemagglutination test　间接血凝试验
IMS　immuno microsphere　免疫微球
IL　interleukin　白细胞介素
IP　immunoprecipitate　免疫沉淀
Ir　immune response　免疫应答
iRNA　immune ribonucleic acid　免疫核糖核酸
IS　immumo sensor　免疫传感器
ISCOM　immunostimulating complex　免疫刺激复合物
IUIS　International Union of Immunology Societies　国际免疫学会联合会

K

Kc　killer cell　杀伤细胞

L

LAF　lymphocyte-activating factor　淋巴细胞活化因子
LAK　lymphokine-activated killer（cell）　淋巴因子激活杀伤（细胞）
LAR　lymphocyte antigen related protein family　淋巴细胞抗原相关蛋白家族
LATS　long-acting thyroid stimulator　长作用甲状腺刺激素
LAV　lymphadenopathy-associated virus　淋巴结病相关病毒
LC　Langerhan's cell　朗罕细胞
LCA　leukocyte common antigen　白细胞共同抗原
LCT　lymphocytotoxicity test　淋巴细胞毒性试验
ICF　leukocyte chemotactic factor　白细胞趋化因子
LDC　lymphoid dendritic cell　淋巴样树突状细胞
LFA　lymphocyte function-associated antigen　淋巴细胞功能相关抗原

LGL	large granular lymphocyte　大颗粒淋巴细胞
LIA	luminescent immunoassay　发光免疫分析
LIF	leukocyte inhibitory factor　白细胞抑制因子
LK	lymphokine　淋巴因子
LM	laminin　层粘连蛋白
LMC	lymphocyte mediated cytotoxicity　淋巴细胞介导细胞毒作用
LMF	lymphocyte mitogenic factor　淋巴细胞有丝分裂因子
LMI	leucocyte migration inhibition　白细胞移动抑制
LMIF	leucocyte migration inhibition factor　白细胞移动抑制因子
LMIT	leucocyte migration inhibition test　白细胞移动抑制试验
LMP	low molecular weight polypeptides　低分子质量抗原肽
	Large multifunctional protease　巨大多功能性蛋白酶
LPL	lamina propria lymphocyte　固有层淋巴细胞
LPS	lipopolysaccharide　脂多糖
LT	lymphotoxin（lymphocytotoxin）　淋巴毒素（淋巴细胞毒素）
LTF	lymphocyte transformation factor　淋巴细胞转化因子
ITA	lipoteichoicacid　脂磷壁酸
LTT	lymphocyte transformation test　淋巴细胞转化试验
Lyb	lymphocyte antigen on murine B cell　小鼠 B 淋巴细胞抗原
Lyt	lymphocyte antigen on murine T cell　小鼠 T 淋巴细胞抗原

M

MAA	melanoma-associated antigen　黑色素瘤相关抗原
MAC	membrane attack complex　攻膜复合物
MACIF	MAC inhibitory factor　MAC 抑制因子
Mφ	macrophage　巨噬细胞
Mac－1	macrophage－1 glycoprotein　巨噬细胞－1 糖蛋白
MAF	macrophage-activating（-arming）factor　巨噬细胞活化（武装）因子
MAG	myelin associated glycoprotein　髓磷脂相关糖蛋白
MALT	mucosa-associated lymphoid tissue　黏膜相关淋巴样组织
MBP	myelin basic protein　髓磷脂碱性蛋白
McAb（mAb，MoAb）	monoclonal antibody　单克隆抗体
MCF	macrophage chemotactic factor　巨噬细胞趋化因子
MCP	membrane cofactor protein　膜辅助因子蛋白
	macrophage chemotactic protein　巨噬细胞趋化蛋白
M-CSF	macrophage colony-stimulating factor　巨噬细胞集落刺激因子
MCTD	mixed connective tissue disease　混合结缔组织病
MEIA	microparticle-capture enzyme immunoassay　微粒捕获酶免疫

	测定
MF	mitogenic factor 促分裂因子
MGF	monocyte growth factor 单核细胞生长因子
MHC	major histocompatibility complex 主要组织相容性复合体
MI	migration index 移动指数，游走指数
MIEA	magnetic immunoenzymatic assay 磁性免疫酶测定
MIF	migration inhibition factor 移动抑制因子
mIg	membrane immunoglobulin 膜型免疫球蛋白
MIS	mucosal immune system 黏膜免疫系统
MIT	migration inhibition test 移动（游走）抑制试验
MLC	mixed lymphocyte (leukocyte) culture 混合淋巴细胞培养
MLR	mixed lymphocyte (leukocyte) reaction (response) 混合淋巴细胞（白细胞）反应（应答）
MMC	macrophage-mediated cytotoxicity 巨噬细胞介导细胞毒作用
MPI	monocyte production inhibitor 单核细胞生成抑制因子
MPO	myeloperoxidase 髓过氧化物酶
MPS	mononuclear phagocyte system 单核-吞噬细胞系统
MS	multiple sclerosis 多发性硬化症
MSP	macrophage stimulating factor 巨噬细胞刺激因子
Multi－CSF	multipotential colony-stimulating factor 多克隆集落刺激因子

N

NA	neuraminidase 神经氨酸酶
NAF	neutrophil-activating factor 中性粒细胞活化因子
NC	natural cytotoxic cell 自然细胞毒细胞
NCAM	neural cell adhesion molecule 神经细胞黏附分子
NCF	neutrophil chemotactic factor 嗜中性粒细胞趋化因子
NGF	neutrophile chemotactic factor 神经生长因子
NK-A	neurokinin A 神经激肽 A
NKC	natural killer cell 自然杀伤细胞，NK 细胞
NK-LCF	natural killer leukocyte chemotactic factor 自然杀伤细胞白细胞趋化因子
NKSF	natural killer cell stimulatory factor 自然杀伤细胞刺激因子
NF-AT	nuclear factor of activated T cell 活化 T 细胞核因子
NRS	normal rabbit serum 正常家兔血清
NSB	non-specific binding 非特异性结合
NP	nucleoprotein 核蛋白
NT	neutralization test 中和试验

O

OAF	osteoclast activating factor 破骨细胞活化因子
OT	old tuberculin 旧结核菌素
OVA	ovalbumin 卵清白蛋白

P

PAF	platelet-activating factor 血小板活化因子
PAGE	polyacrylamide gel electrophoresis 聚丙烯酰胺凝胶电泳
PAP	peroxidase-antiperoxidase 过氧化物酶-抗过氧化物酶
PBL	peripheral blood lymphocyte 外周血淋巴细胞
PCA	passive cutaneous anaphylaxis 被动皮肤过敏反应
PCD	programmed cell death (apoptosis) 细胞程序性死亡（凋亡）
PCFIA	particle concentration fluorescence immunoassays 颗粒浓度荧光免疫分析
PCGAIT	passive colloided gold agglutination inhibition test 被动胶体金凝集抑制试验
PCGAT	passive colloided gold agglutination test 被动胶体金凝集试验
PCR	polymerase chain reaction 聚合酶链反应
PDGF	platelet-derived growth factor 血小板衍生的生长因子
PEC	peritoneal exudates cell 腹腔渗出细胞
PFC	plaque forming cell 空斑形成细胞
PFGE	pulsed field gradient gel electrophoresis 脉冲场梯度凝胶电泳
PFP	pore forming protein 通道形成蛋白
PFU	plaque forming unit 空斑形成单位
PHA	phytohemagglutinin 植物血凝素
PID	primary immunodeficiency disease 原发性免疫缺陷病
PKC	protein kinase C 蛋白激酶 C
PLC	phospholipase C 磷酸酯酶 C
PMN	polymorphonuclear leukocyte 多形核白细胞
PNA	peanut agglutinin 花生凝集素
POD	peroxidase 过氧化物酶
PPA	peroxidase-labeled protein A 过氧化物酶标记 A 蛋白
PPD	purified protein derivative of tuberculin 结核菌素纯蛋白衍生物

R

RA	rheumatoid arthritis 类风湿性关节炎
RCA	regulator of complement activation 补体活化调节物

RES	reticuloendothelial system 网状内皮系统
RF	rheumatoid factor 类风湿因子
RFLP	restriction fragment length polymorphism 限制性片段长度多态性
RIA	radioimmunoassay 放射免疫测定
RIST	radioimmunosorbent test 放射免疫吸附试验
RNP	ribonucleoprotein 核糖核蛋白

S

SCF	stem cell factor 干细胞因子
SCID	severe combined immunodeficiency disease 严重联合免疫缺陷病
SDS	sodium dodecyl sulfate 十二磺酸钠
SDS-PAGE	sodium dodecyl sulfate-polyacrylamide gel electrophoresis 十二磺酸钠-聚丙烯酰胺凝胶电泳
SE	staphylococcal enterotoxin 葡萄球菌肠毒素
SEDCC	staphylococcal enterotoxin dependent cell-mediated cytotoxicity 葡萄球菌肠毒素依赖细胞介导细胞毒作用
sIg	secreted immunoglobulin 分泌型免疫球蛋白
SK-SD	streptokinase-streptodornase 链激酶
SLE	systemic lupus erythematosus 系统性红斑狼疮
Slp	sex-limited protein 性限蛋白
SMAF	specific macrophage arming factor 特异性巨噬细胞武装因子
SPA	staphylococcal protein A 葡萄球菌 A 蛋白
SRF	skin-reactive factor 皮肤反应因子
SRBC	sheep red blood cell 绵羊红细胞
SRS-A	slow-reacting substance of anaphylaxis 慢反应物质（过敏反应）
SSPE	subacute sclerosing panencephalitis 亚急性硬化性全脑炎

T

TA	transplantation antigen 移植抗原
TAA	tumor-associated antigen 肿瘤相关抗原
Tac	T cell activated (antigen) T 细胞活化（抗原）
TAF	T cell activating factor T 细胞活化因子
TAP	transporter of antigen peptide 抗原加工相关转运子
TATA	tumor-associated transplantation antigen 肿瘤相关移植抗原
Tc（细胞）	cytotoxic (cytolytic) T cell 细胞毒性 T 细胞，杀伤性 T 细胞
TCGF	T cell growth factor T 细胞生长因子

TCR	T cell receptor　T 细胞受体
TDTH	T cell for delayed type of hypersensitivity　迟发型变态反应 T 细胞
TGF	transforming growth factor　转化生长因子
Th（细胞）	helper T cell　辅助性 T 细胞
TIL	tumor-infiltrating lymphocyte　肿瘤浸润淋巴细胞
TLR	Toll-like receptor　Toll 样受体
TNF	tumor necrosis factor　肿瘤坏死因子
TRA	tumor rejection antigen　肿瘤排斥抗原
TRF	T cell replacing factor　T 细胞替代因子
Tr（细胞）	regulatory T cells　调节性 T 细胞
Ts（细胞）	suppressor T cell　抑制性 T 细胞
TSA	tumor-specific antigen　肿瘤特异抗原
TSF	T cell suppressor factor　T 细胞抑制因子
TSS	toxic shock syndrome　毒性休克综合征
TSTA	tumor specific transplantation antigen　肿瘤特异移植抗原

V

VC	veiled cell　隐蔽细胞
VCA	viral capsid antigen　病毒衣壳抗原
VCAM-1	vascular cell adhesion molecule-1　血管细胞黏附分子-1
VEA	viral envelope antigen　病毒包膜抗原
VIP	vasoactive intestinal peptide　血管肠抗原肽
V_H	variable domain of heavy chain　重链可变区
V_L	variable domain of light chain　轻链可变区

W

WBC	white blood cell　白细胞

主 要 参 考 书 目

陈慰峰．2004. 医学免疫学．第四版．北京：人民卫生出版社．
杜念兴．2000. 兽医免疫学．第二版．北京：中国农业出版社．
何维．2005. 医学免疫学．北京：人民卫生出版社．
金伯泉．2001. 细胞和分子免疫学．第二版．北京：科学出版社．
阮幼冰，武忠弼．1998. 免疫病理学．武汉：湖北科学技术出版社．
王家鑫．2009. 免疫学．北京：中国农业出版社
杨贵贞．2002. 医学免疫学．第五版．北京：高等教育出版社．
杨汉春．2003. 动物免疫学．第二版．北京：中国农业大学出版社
塔克・马可，玛丽・桑德斯．2012. 免疫应答导论．吴玉章，等译．北京：科学出版社．
Kindt T J，Goldsby R A，Osborne B A，Kuby J. 2006. Kuby Immunology. W. H. Freeman & Co Ltd.
Lydyard P M，Whelan A，Fanger M W. 2000. Instant Notes in Immunology. Bios Scientific Publishers Limited.
Tizard I R. 2012. Veterinary Immunology. 9th ed. New York：W. B. Saunders Company.